L'impératif d'innovation

CONTRIBUER À LA PRODUCTIVITÉ, À LA CROISSANCE ET AU BIEN-ÊTRE

Cet ouvrage est publié sous la responsabilité du Secrétaire général de l'OCDE. Les opinions et les interprétations exprimées ne reflètent pas nécessairement les vues de l'OCDE ou des gouvernements de ses pays membres.

Ce document et toute carte qu'il peut comprendre sont sans préjudice du statut de tout territoire, de la souveraineté s'exerçant sur ce dernier, du tracé des frontières et limites internationales, et du nom de tout territoire, ville ou région.

Merci de citer cet ouvrage comme suit :
OCDE (2016), *L'impératif d'innovation : Contribuer à la productivité, à la croissance et au bien-être*, OCDE Publishing, Paris.
DOI: http://dx.doi.org/10.1787/9789264251540-fr

ISBN 978-92-64-25120-5 (print)
ISBN 978-92-64-25154-0 (PDF)

Les données statistiques concernant Israël sont fournies par et sous la responsabilité des autorités israéliennes compétentes. L'utilisation de ces données par l'OCDE est sans préjudice du statut des hauteurs du Golan, de Jérusalem Est et des colonies de peuplement israéliennes en Cisjordanie aux termes du droit international.

Crédit photo : Ilhan Eroglu

Les corrigenda des publications de l'OCDE sont disponibles sur : *www.oecd.org/about/publishing/corrigenda.htm*.

© OCDE 2016

Vous êtes autorisés à copier, télécharger ou imprimer du contenu OCDE pour votre utilisation personnelle. Vous pouvez inclure des extraits des publications, des bases de données et produits multimédia de l'OCDE dans vos documents, présentations, blogs, sites Internet et matériel d'enseignement, sous réserve de faire mention de la source OCDE et du copyright. Les demandes pour usage public ou commercial ou de traduction devront être adressées à *rights@oecd.org*. Les demandes d'autorisation de photocopier une partie de ce contenu à des fins publiques ou commerciales peuvent être obtenues auprès du Copyright Clearance Center (CCC) *info@copyright.com* ou du Centre français d'exploitation du droit de copie (CFC) *contact@cfcopies.com*.

Préface

L'innovation fournit les bases de la création d'entreprises et d'emplois, comme celles des gains de productivité, et est un moteur important de la croissance et du développement économiques. Elle peut contribuer à répondre à certains problèmes sociaux et mondiaux pressants, tels que l'évolution démographique, les risques sanitaires, la raréfaction des ressources et le changement climatique. Les économies innovantes se distinguent par une productivité supérieure aux autres, davantage de résilience et une meilleure adaptation au changement, et sont plus propices à une élévation des niveaux de vie. Renforcer l'innovation apparaît dès lors comme un défi fondamental pour les économies en quête de prospérité et d'une vie meilleure pour les populations. Le présent rapport de l'OCDE, intitulé *L'impératif d'innovation – Contribuer à la productivité, à la croissance et au bien-être*, se veut une boîte à outils à l'usage des gouvernements qui entendent accentuer l'innovation et la mettre davantage au service d'une croissance verte et inclusive.

La liste des **politiques en faveur de l'innovation** est longue et déborde le champ de la recherche et de la technologie. Le présent rapport nous révèle qu'il importe d'agir tout particulièrement dans quatre directions. En premier lieu, l'innovation dépend d'une **main-d'œuvre qualifiée** à même de développer des idées et des technologies nouvelles, de les mettre en application et de les lancer sur le marché. Il est essentiel de porter remède aux déficits et inadéquations touchant les compétences pour que la population active puisse s'adapter aux évolutions technologiques et structurelles et pour promouvoir une croissance inclusive. Deuxièmement, l'innovation suppose un **environnement économique** sain qui encourage l'investissement dans la technologie et le capital intellectuel, permette aux entreprises innovantes de mettre à l'essai des idées, des technologies et des modèles économiques nouveaux, et les aide à grandir, se développer et gagner des parts de marché. Troisièmement, il faut à l'innovation un **système robuste et efficace de création et de diffusion de la connaissance**, dédié à la quête systématique des connaissances fondamentales et à leur diffusion dans l'ensemble de la société. Enfin, des **politiques d'innovation** spécifiques sont nécessaires pour lever différents freins à l'innovation et à l'activité entrepreneuriale.

Les retombées des politiques en faveur de l'innovation sont fortement tributaires de la manière dont on en assure la gouvernance et la mise en œuvre, et notamment de la confiance dans l'action publique et de la volonté de tirer des enseignements de l'expérience. L'évaluation des politiques doit faire partie intégrante du processus et non être envisagée a posteriori. Le présent rapport fait une large place aux modalités d'application des politiques en faveur de l'innovation telles qu'on peut les envisager dans différents contextes, notamment afin d'impulser une croissance inclusive et durable, ainsi qu'aux obstacles à surmonter dans la mise en œuvre de ces politiques.

L'une des idées forces de ce rapport est que les décideurs sont en mesure de mieux canaliser l'innovation pour servir les grands objectifs de politique publique et ne doivent pas manquer de le faire. Les politiques en faveur de l'innovation doivent s'inscrire dans une démarche stratégique. La Stratégie de l'OCDE pour l'innovation, telle que nous l'avons développée en mobilisant les compétences de toute l'Organisation, donne à voir aux gouvernements comment mener des politiques d'innovation meilleures pour des vies meilleures.

Angel Gurría
Secrétaire général de l'OCDE

Table des matières

Tableaux

Graphiques

Suivez les publications de l'OCDE sur :

 *http://twitter.com/OECD_Pubs*

 *http://www.facebook.com/OECDPublications*

 *http://www.linkedin.com/groups/OECD-Publications-4645871*

 *http://www.youtube.com/oecdilibrary*

 *http://www.oecd.org/oecddirect/*

Remerciements

L'OCDE a lancé sa Stratégie pour l'innovation en 2010. Il s'agissait alors de l'un de ses premiers projets horizontaux. Très bien accueillie, la Stratégie a depuis son lancement influé sur l'évolution des politiques dans de nombreux pays. Dans ses Orientations stratégiques pour 2013, le Secrétaire général a mis en évidence la nécessité de revoir et d'actualiser cette stratégie. En 2014, la Réunion du Conseil de l'OCDE au niveau des Ministres a souligné l'importance d'une mise à jour.

La Stratégie 2015 de l'OCDE pour l'innovation est l'aboutissement de cette mise à jour coordonnée par la Direction de la science, de la technologie et de l'innovation (DSTI). Le Comité de la politique scientifique et technologique (CPST) et le Comité de l'industrie, de l'innovation et de l'entrepreneuriat (CIIE) de l'OCDE ont piloté le processus, d'autres comités de l'Organisation apportant une contribution de fond dans leurs domaines de compétence respectifs. Ce sont en tout 14 directions de l'OCDE qui ont ainsi pris part au projet, comme suit :

Le **Chapitre 1** a reçu la contribution de la Direction de l'environnement (ENV), de la Direction des statistiques (STD) et de la DSTI. Nous remercions ici Shardul Agrawala et Ivan Haščič (ENV), Paul Schreyer (STD) et Alistair Nolan (DSTI) de leur concours.

Le **Chapitre 2** s'appuie sur diverses études de la DSTI, de parution récente ou prochaine. Nos remerciements vont à Sandrine Kergroach, Dominique Guellec et Alessandra Colecchia (DSTI).

Le **Chapitre 3**, sur la promotion des talents et des compétences, repose sur les contributions de la Direction de l'éducation et des compétences (EDU), du Centre pour l'entrepreneuriat (CFE), du Département des affaires économiques (ECO) et de la DSTI. Nous tenons ici à remercier Stephan Vincent-Lancrin (EDU), Jonathan Potter (CFE), Muge Adalet McGowan et Dan Andrews (ECO), ainsi que Silvia Appelt, Fernando Galindo-Rueda, Mario Cervantes et Sarah Box (DSTI).

Le **Chapitre 4**, consacré au climat des affaires propice à l'innovation, a bénéficié de l'apport d'ECO, de la Direction des échanges et de l'agriculture (TAD), de la Direction des affaires financières et des entreprises (DAF), du CFE et de la DSTI. Merci à Dan Andrews (ECO), à Frank van Tongeren (TAD), à Mike Gestrin (DAF), à Jonathan Potter (CFE), ainsi qu'à Chiara Criscuolo et Nick Johnstone (DSTI).

Le **Chapitre 5**, qui porte sur la création, la diffusion et la commercialisation de la connaissance, a mobilisé différents membres de la DSTI. Nous voulons remercier Christian Reimsbach-Kounatze, Rudolf van der Berg, Jeremy West, Carthage Smith, Giulia Ajmone Marsan et Mario Cervantes d'avoir pris part à son élaboration.

Le **Chapitre 6**, sur les politiques d'innovation efficaces, est le fruit d'un travail commun au CFE, à la Direction de la gouvernance publique et du développement territorial (GOV), au Centre de politique et d'administration fiscales (CTPA) et à la DSTI. Nous tenons à remercier Jonathan Potter (CFE), Karen Maguire (GOV), Thomas Neubig (CTPA), ainsi que Brigitte Acoca, Chiara Criscuolo, Dominique Guellec, Sandrine Kergroach, Mario Cervantes et Nick Johnstone (DSTI) pour leur apport.

Le **Chapitre 7** repose quant à lui sur des contributions de l'ensemble de l'OCDE. La section sur le programme national en faveur de l'innovation (section 7.1) a reçu celles de la DSTI, du Centre de développement (DEV) et de TAD. Nous adressons à cet égard nos remerciements à Annalisa Primi et Carl Dahlman (DEV), à Frank van Tongeren (TAD), ainsi qu'à Dominique Guellec, Gernot Hutschenreiter, Micheal Keenan, Dimitrios Pontikakis et Alistair Nolan (DSTI).

La section consacrée à l'innovation inclusive (section 7.2) est étayée par un rapport préparé récemment par Caroline Paunov et Dominique Guellec (DSTI).

La section sur l'innovation dans le domaine de la santé (section 7.3) s'appuie sur la contribution de la Direction de l'emploi, du travail et des affaires sociales (ELS) et sur celle de la DSTI. Merci à Francesca Colombo, Isabelle Vallard et Jillian Oderkirk (ELS), ainsi qu'à Hermann Garden et Elettra Ronchi (DSTI) pour leur participation.

La section sur l'innovation verte (section 7.4) a été rédigée par la DSTI, avec le concours d'ENV. L'Agence internationale de l'énergie (AIE) et l'Agence pour l'énergie nucléaire (AEN) ont eu l'amabilité de communiquer des éléments d'information issus de leurs travaux en cours. Nos remerciements vont à Nathalie Girouard, Kumi Kitamori, Tomasz Koźluk, Elisa Lanzi, Ivan Haščič, Nils-Axel Braathen et Ryan Parmentier (ENV), à Nick Johnstone et Carlo Menon (DSTI), à Cecilia Tam (IEA) et à Henri Paillère (AEN).

Enfin, la section portant sur l'innovation dans le secteur public (section 7.5) est l'œuvre commune de GOV, d'EDU et de la DSTI. Nous voulons remercier ici Marco Daglio et Edwin Lau (GOV), Dirk van Damme et Stephan Vincent-Lancrin (EDU), ainsi qu'Alessandra Colecchia et Fernando Galindo-Rueda (DSTI).

Le **Chapitre 8**, traitant de la gouvernance et de la mise en œuvre des politiques d'innovation, doit être mis à l'actif de GOV, d'ENV et de la DSTI. Merci à Andrew Davies et Karen Maguire (GOV), à Bob Diderich et Peter Kearns (ENV), ainsi qu'à Carthage Smith (DSTI) pour leur contribution.

La révision de la Stratégie de l'OCDE pour l'innovation a été coordonnée par Alistair Nolan et Dirk Pilat, sous la supervision d'Andrew Wyckoff, tous trois membres de la DSTI. De chaleureux remerciements sont à adresser à Stella Horsin, pour l'aide apportée à la préparation du rapport, ainsi qu'à Erin Crum, Janine Treves, Kate Brooks et James Arkinstall, qui ont prêté leur concours à la mise en forme et à l'édition.

Les nombreuses observations de Tera Allas et Ken Warwick sur la version préliminaire ont été particulièrement appréciées, au même titre que celles formulées lors de l'atelier inter-comités des 5 et 6 février 2015 ou des réunions du CPST et du CIIE, et que les commentaires écrits des délégations auprès de l'OCDE.

L'impératif d'innovation
Contribuer à la productivité, à la croissance et au bien-être
© OCDE 2016

Résumé

Il est urgent de trouver de nouvelles sources de croissance afin d'aider le monde à s'engager sur la voie d'une croissance plus solide, inclusive et durable au lendemain de la crise financière. L'innovation, qui recouvre la conception et la diffusion de nouveaux produits, procédés et méthodes, peut être un élément essentiel de la solution. Si elle n'est pas une fin en soi, l'innovation fournit néanmoins les bases de la création d'entreprises et d'emplois, comme des gains de productivité, ce qui fait d'elle un moteur important de la croissance et du développement économiques. Elle peut contribuer à répondre, et qui plus est au meilleur coût, à certains problèmes sociaux et mondiaux pressants, tels que l'évolution démographique, la raréfaction des ressources et le changement climatique. Les économies innovantes se distinguent par une productivité supérieure aux autres, davantage de résilience et une meilleure adaptation au changement, et sont plus propices à une élévation des niveaux de vie.

Tirer parti de l'innovation nécessite des politiques qui soient en prise sur l'activité innovante dans ses modalités d'aujourd'hui. L'innovation n'est pas réductible à la science et à la technologie mais appelle des investissements en direction d'une vaste palette d'actifs intellectuels qui ne se limitent pas à la recherche-développement (R-D). Ses dimensions sociale et organisationnelle, avec notamment les nouveaux modèles économiques, prennent de plus en plus d'importance en complément de sa composante technologique. L'innovation, c'est aussi un éventail de plus en plus large d'acteurs travaillant souvent en étroite collaboration – entreprises, fondations, organismes sans but lucratif, universités, instituts scientifiques, organismes du secteur public, citoyens et consommateurs. C'est également une implantation solide dans l'économie numérique qui ne cesse de s'affermir à la faveur de l'essor des télécommunications mobiles, de la convergence voix/vidéo/données sur l'internet et du développement rapide des données massives et des systèmes de capteurs (qui forment l'internet des objets). C'est enfin un domaine où les économies émergentes occupent une place toujours plus grande, à commencer par la République populaire de Chine, qui a ravi dernièrement à l'Union européenne la deuxième place, derrière les États-Unis, pour les dépenses de R-D. L'innovation s'ouvre ainsi toujours plus largement à la mondialisation pour mettre à profit des connaissances et des idées glanées de partout, même si elle repose encore fréquemment sur les atouts propres à tel ou tel lieu ou à telle ou telle région.

Les pouvoirs publics jouent un rôle de premier plan pour ce qui est de susciter des conditions propices, de pourvoir aux investissements nécessaires en amont, d'aider les entreprises à surmonter certains obstacles à l'innovation et de faire en sorte que celle-ci serve de grands objectifs de politique publique. Trouver le bon dosage des politiques peut les aider à orienter et renforcer la contribution de l'innovation aux performances économiques et au bien-être social. Ces *politiques en faveur de l'innovation* sont beaucoup plus vastes que celles que l'on considère souvent comme les « politiques d'innovation » au sens strict – telles celles destinées à soutenir la R-D des entreprises, le financement du capital-risque, etc. Elles doivent viser l'amélioration du système dans son ensemble afin d'éviter que des maillons faibles ne nuisent à son bon fonctionnement. Le degré de priorité affecté à chaque élément dépendra de la nature et de l'état du système d'innovation – il va sans dire qu'il n'existe pas de recette universelle. L'analyse de l'OCDE tend à démontrer qu'un environnement propice à l'innovation présentera les caractéristiques suivantes, toutes examinées en détail dans la Stratégie 2015 pour l'innovation :

- Une **main-d'œuvre qualifiée**, capable de développer des idées et des technologies nouvelles, de les commercialiser et de les mettre en application sur son lieu de travail, et de s'adapter au progrès technique comme à l'évolution structurelle de la société.
- Un **environnement économique** sain qui encourage l'investissement dans la technologie et le capital intellectuel, permette aux entreprises innovantes de mettre à l'essai des idées, des technologies et des modèles économiques nouveaux, et les aide à grandir, se développer et gagner des parts de marché.
- Un **système robuste et efficace de création et de diffusion de la connaissance**, dédié à la quête systématique des connaissances fondamentales et à leur diffusion dans l'ensemble de la société par divers canaux, notamment les ressources humaines, le transfert de technologies et la création de marchés de la connaissance.
- Des **politiques qui encouragent l'innovation et l'activité entrepreneuriale**. Des politiques d'innovation plus spécifiques sont souvent nécessaires pour venir à bout de certains obstacles. Nombre d'entre elles comportent des mesures à mettre en œuvre à l'échelon régional ou local. L'innovation doit également pouvoir compter de plus en plus sur des consommateurs bien informés, mobilisés et qualifiés.
- Un **soin particulier apporté à la gouvernance et à la mise en œuvre**. Les retombées des politiques en faveur de l'innovation sont fortement tributaires de la manière dont on en assure la gouvernance et la mise en œuvre, et notamment de la confiance dans l'action publique et de la volonté de tirer des enseignements de l'expérience. L'évaluation des politiques doit faire partie intégrante du processus et non être envisagée après coup.

Cinq grandes priorités se dégagent de cette panoplie. Elles constituent ensemble la base d'une approche exhaustive et pragmatique de l'innovation et sont même, pour la plupart, compatibles avec un contexte de contraintes budgétaires. Ces priorités sont les suivantes :

1. **Renforcer l'investissement dans l'innovation et stimuler le dynamisme des entreprises.** Les pouvoirs publics doivent améliorer leurs politiques de soutien à l'investissement dans le capital intellectuel, qui est aujourd'hui le premier poste d'investissement des entreprises. Il conviendrait par ailleurs de favoriser le développement des petites et moyennes entreprises innovantes, dont le potentiel en termes de croissance économique et d'emploi est encore bridé du fait notamment que certaines des mesures en vigueur continuent en général de s'adresser essentiellement aux entreprises en place.
2. **Élaborer, en y consacrant les investissements nécessaires, un système efficace de création et de diffusion de la connaissance**. L'investissement dans la recherche fondamentale demeure hautement prioritaire ; l'essentiel des technologies qui nous sont aujourd'hui indispensables proviennent de la recherche publique. Il est à craindre que les investissements dans ce domaine ne tendent à privilégier les résultats à court terme, au détriment de ceux qui ne se matérialiseront que dans le temps long. Des

politiques d'innovation plus efficaces, inspirées de bonnes pratiques recensées au niveau international, sont à même de donner un davantage de retentissement à l'action publique.

3. **Mettre à profit les retombées bénéfiques de l'économie numérique**. Les technologies numériques sont encore loin d'avoir délivré tout leur potentiel d'innovation et de croissance. Il convient cependant de préserver le caractère ouvert de l'internet, de répondre aux préoccupations touchant la protection de la vie privée et de garder les marchés accessibles et concurrentiels. L'innovation par le numérique réclame en outre de nouvelles infrastructures (haut débit, fréquences, élargissement de l'espace d'adressage internet, etc.).
4. **Promouvoir les talents et les compétences, et optimiser leur utilisation**. La question des compétences est un enjeu majeur : les deux tiers des travailleurs ne sont pas suffisamment qualifié pour s'adapter à l'innovation à forte composante technologique. L'innovation a donc absolument besoin d'une stratégie ambitieuse et inclusive en matière de développement des compétences.
5. **Améliorer la gouvernance et la mise en œuvre des politiques en faveur de l'innovation**. Si bien conçues que soient les stratégies d'innovation, c'est la manière dont elles sont régies et mises en application, et notamment la confiance en l'action publique et la volonté de tirer des enseignements de l'expérience, qui en déterminent les retombées. L'évaluation des politiques doit faire partie intégrante du processus et non être envisagée après coup.

La mise en œuvre par les pouvoirs publics d'une stratégie efficace en faveur de l'innovation revêt d'autant plus d'importance que certaines grandes tendances – le développement des chaînes de valeur mondiales, l'importance accrue du capital intellectuel et sa prise en compte de plus en plus systématique, et l'accélération du progrès technologique, avec notamment l'essor de l'économie numérique – annoncent une « nouvelle révolution de la production ». Dans le contexte actuel, marqué par la faiblesse de la reprise mondiale, les chefs d'entreprise et les décideurs publics se doivent de mettre à profit ces différentes tendances pour hâter les transformations structurelles grâce auxquelles l'économie sera, demain, plus vigoureuse, plus inclusive, plus durable et porteuse de nouveaux emplois et débouchés.

L'impératif d'innovation
Contribuer à la productivité, à la croissance et au bien-être
© OCDE 2016

Chapitre 1

Rôle de l'innovation et justification des politiques publiques

Le présent chapitre s'appuie sur la Stratégie de l'innovation 2010 de l'OCDE pour évaluer la contribution de l'innovation à la croissance économique. Il élargit le champ de l'édition 2010 en intégrant dans le cadre conceptuel de la politique de l'innovation une réflexion sur la croissance verte et la croissance inclusive, reconnaissant ainsi le rôle de plus en plus important de ces objectifs dans le programme d'ensemble de l'action publique, mais aussi dans le contexte de l'innovation. Ce chapitre examine également les diverses justifications des politiques de l'innovation et le cadre général d'action dans ce domaine.

L'innovation – qui implique la création et la diffusion de méthodes, de procédés et de produits nouveaux (encadré 1.1) – occupe une place centrale dans les économies avancées et émergentes ; dans de nombreux pays de l'OCDE, les entreprises investissent autant dans les actifs intellectuels qui font avancer l'innovation, comme les logiciels, les bases de données, la recherche-développement (R-D), les compétences propres à l'entreprise et le capital organisationnel, que dans le capital physique, comme les machines, le matériel ou les bâtiments. L'utilisation des technologies de l'information s'est universalisée en quelques décennies seulement, et de nouvelles applications apparaissent presque chaque jour. Cependant, pour paraphraser la boutade de Robert Solow (1987)[1], si l'innovation est partout aujourd'hui, ses effets sont indétectables dans les statistiques de la productivité. D'autres objectifs d'action importants, comme la croissance verte, nécessitent également de revoir à la hausse la contribution de l'innovation.

Le présent rapport cherche à démontrer que les responsables de l'élaboration des politiques peuvent et doivent mieux mobiliser la puissance de l'innovation afin qu'elle contribue à la réalisation des objectifs fondamentaux des politiques publiques. Considérer l'innovation comme un outil central de l'action publique ne peut que favoriser la cohérence des politiques, car celles intéressant l'innovation relèvent nécessairement de plusieurs ministères et touchent un large éventail de parties prenantes. Il peut être utile également d'intégrer l'innovation dans une boîte à outils plus large pour s'assurer qu'elle concourt à améliorer le bien-être général. En effet, si l'innovation est une source de croissance et d'emplois nouveaux, par exemple, elle contribue aussi à en détruire, d'où la nécessité de mesures complémentaires pour permettre le redéploiement des emplois et l'amélioration des compétences des travailleurs qui perdent leur emploi.

L'innovation n'est pas seulement importante pour la croissance, mais également pour la santé, l'environnement et divers autres objectifs d'action liés au bien-être. Cependant, les liens entre l'innovation et ces autres objectifs n'ont pas fait l'objet d'études très détaillées et appellent un examen plus approfondi. Le présent chapitre prolonge l'étude proposée dans la Stratégie de l'innovation 2010 de l'OCDE (OCDE, 2010), tout d'abord en examinant la relation entre innovation et croissance économique, puis en intégrant explicitement une réflexion sur la croissance verte et la croissance inclusive dans le cadre conceptuel de la politique de l'innovation. Ce faisant, il fait ressortir le rôle de plus en plus important de ces objectifs dans le programme d'ensemble de l'action publique, mais aussi dans le contexte de l'innovation. Ce chapitre se penche également sur les justifications des politiques de l'innovation et sur le cadre général d'action dans ce domaine.

Encadré 1.1. **Définir et mesurer l'innovation**

On s'accorde de plus en plus à reconnaître que l'innovation englobe un large éventail d'activités, indépendamment de la R-D : changement organisationnel, formation, essais, commercialisation et conception. La dernière (troisième) édition du *Manuel d'Oslo* (OCDE/Eurostat, 2005) définit l'innovation comme la mise en œuvre d'un produit (bien ou service) ou d'un procédé nouveau ou sensiblement amélioré, d'une nouvelle méthode de commercialisation ou d'une nouvelle méthode organisationnelle dans les pratiques de l'entreprise, l'organisation du lieu de travail ou les relations extérieures.

Par définition, toute innovation doit comporter un élément de nouveauté. Le *Manuel d'Oslo* distingue trois types de nouveauté : nouveauté pour l'entreprise, pour le marché et pour le monde entier. Le premier type de nouveauté se rapporte à la **diffusion** d'une innovation existante auprès d'une entreprise – bien que l'innovation ait déjà été mise en œuvre par d'autres entreprises, elle est neuve pour celle-ci. Une innovation est une nouveauté pour le marché lorsque l'entreprise est la première à la lancer sur ce marché. Enfin, on parle de nouveauté pour le monde entier lorsque l'entreprise est la première à lancer une innovation qui n'existe sur aucun marché ni dans aucun secteur d'activité.

Il est clair qu'ainsi définie, la notion d'innovation dépasse largement la R-D ou le changement technologique et qu'elle est donc influencée par un large éventail de facteurs, dont certains peuvent eux-mêmes être modifiés par l'action publique. L'innovation peut intervenir dans n'importe quel secteur de l'économie, y compris les services publics, dans le domaine de la santé ou de l'éducation, par exemple. Cela étant, même si elle est également importante pour le secteur public, le cadre de mesure actuel s'applique à l'innovation dans l'entreprise (voir section 7.5).

La notion d'innovation au sens large provient également des travaux de l'OCDE sur le capital intellectuel (OCDE, 2013), qui mettent en avant une série d'investissements que les entreprises sont susceptibles d'effectuer en dehors du domaine technologique (capital technologies de l'information et des communications [capital TIC], par exemple) ou dans la R-D. De plus en plus souvent, les entreprises investissent aussi dans d'autres formes de capital intellectuel, telles que les données, la propriété intellectuelle, les compétences qui leur sont propres ou le capital organisationnel.

1.1. L'innovation au service d'une croissance vigoureuse, verte et inclusive

Contribution de l'innovation à la croissance économique

On s'accorde généralement à reconnaître que l'innovation est un important moteur de croissance, notamment à long terme, mais cela ne diminue en rien la complexité des liens conceptuels et empiriques entre innovation et croissance. L'innovation n'est pas un processus linéaire simple dessinant un lien direct entre les investissements qui y sont consacrés et les résultats économiques ou sociaux obtenus. En outre, les indicateurs utilisés pour mesurer certains de ses aspects présentent des limites. Il est donc difficile de déterminer le rôle que les politiques de l'innovation – au sens large – peuvent jouer dans l'orientation ou le renforcement des performances en matière d'innovation, car la plupart des analyses ne s'attachent qu'à certaines dimensions de cette dernière, comme les dépenses de R-D. Malgré ces obstacles, notre compréhension des moteurs et des effets de l'innovation continue de progresser, et ce rapport présente quelques données probantes et enseignements stratégiques nouveaux qui ressortent des travaux récents.

Les décideurs publics s'intéressent depuis longtemps à la contribution potentielle de l'innovation à la croissance économique. Pour examiner la relation entre innovation et croissance économique, on a coutume de recourir à une fonction de production, dans laquelle la croissance de la production est le résultat d'apports en main-d'œuvre et en capital (à la fois corporel et incorporel) et d'augmentations de la productivité multifactorielle (PMF), ces dernières correspondant à la part de la croissance de la production qui ne peut pas être expliquée par une augmentation des facteurs. Dans un tel cadre, la contribution de l'innovation à la croissance intervient à trois niveaux (graphique 1.1) :

1. Contribution découlant du progrès technologique incorporé dans le capital physique (investissements dans des machines plus évoluées ou de nouveaux ordinateurs, par exemple). L'étude sur la croissance réalisée par l'OCDE en 2004 a permis de déterminer qu'entre 1985 et 2000, la part de croissance du produit intérieur brut (PIB) liée à ce progrès technologique incorporé était comprise entre 0.2 et 0.4 point de pourcentage (OCDE, 2004). Entre 1995 et 2013, les dernières estimations de l'OCDE montrent qu'environ 0.35 point de croissance du PIB peut être attribué aux seuls investissements dans le capital TIC (graphique 1.2 ; OCDE, 2015a).
2. Contribution découlant des investissements dans des actifs incorporels (capital intellectuel), tels que la R-D, les logiciels, la conception, les données, les compétences propres à l'entreprise ou le capital organisationnel. Ce type d'investissements a augmenté régulièrement dans la zone OCDE (OCDE, 2013) et une récente analyse de Corrado et al. (2012) indique qu'entre 1995 et 2007, il a contribué à la croissance du PIB pour environ 0.5 point dans les pays de l'Union européenne (UE) et 0.9 point aux États-Unis. Ce facteur n'a pas encore été intégré dans les estimations de l'OCDE qu'illustre le graphique 1.2.
3. Contribution liée à une croissance plus importante de la PMF, elle-même due à une plus grande efficience dans l'utilisation de la main-d'œuvre et du capital ; ce gain d'efficience peut en grande partie être attribué à l'innovation (notamment sociale et organisationnelle) ainsi qu'aux retombées des investissements dans les technologies ou le capital intellectuel, y compris au niveau mondial. La PMF a représenté 0.7 point de croissance du PIB entre 1995 et 2013 dans les pays mentionnés dans le graphique 1.2, soit environ un tiers de la croissance totale du PIB (voir aussi OCDE, 2015a)[2].

Le cadre de la fonction de production met en avant des éléments importants pour l'analyse de l'innovation, mais aborde celle-ci de façon plutôt statique et linéaire, sans tenir compte de sa nature dynamique. Comme l'a suggéré Schumpeter (1942), l'innovation s'accompagne d'une « destruction créatrice » : l'entrée sur le marché de nouvelles entreprises, qui parfois grossissent rapidement et augmentent ainsi leur part de marché, se fait au détriment d'autres entreprises, faiblement productives, qui sont en perte de vitesse, voire finiront par fermer. Cette caractéristique dynamique de l'innovation, qui implique une montée en puissance et une réaffectation des ressources (OCDE, 2015b), est un autre élément important du lien entre innovation et croissance économique, qui a également des implications spécifiques en termes d'action gouvernementale.

Andrews et Criscuolo (2013) ont élaboré une approche de conceptualisation et de quantification de cette contribution dynamique, en divisant le processus d'innovation en trois phases distinctes. Dans la première phase, les entreprises investissent dans l'innovation pour développer de nouvelles idées ou adapter de nouvelles technologies ; dans la deuxième, elles mettent en œuvre et commercialisent ces idées ; dans la troisième, elles concrétisent les avantages de l'innovation en augmentant leurs parts de marché et leur rentabilité. Cette troisième phase fait ressortir les avantages dynamiques offerts par l'innovation, qui passent par une évolution des parts de marché et une réaffectation des ressources, des entreprises sur le déclin vers celles en pleine croissance. L'analyse de ce type d'avantages permet de s'affranchir de la vue statique de l'innovation issue du cadre de la fonction de production. Les conséquences de cette approche plus dynamique pour l'action des pouvoirs publics seront examinées plus loin dans le rapport.

Graphique 1.1. **Cadre simplifié d'analyse de la croissance économique**

Marchés, institutions et politiques	Moteurs	Facteurs de production	
Politiques du marché du travail, politiques de l'éducation, politiques sociales, etc.	Croissance démographique, taux d'activité, investissement dans le capital humain, autres facteurs	**Travail**	Croissance économique
Politiques macroéconomiques, politique d'investissement, marchés financiers, etc.	Investissement dans des actifs corporels, entrée et sortie d'entreprises, évolution des parts de marché, **progrès technologique incorporé**	**Actifs corporels**	
Politiques d'investissement, politiques générales, concurrence sur les marchés de produits	**Investissement dans des actifs incorporels, entrée et sortie d'entreprises, évolution des parts de marché**	**Capital intellectuel**	
Politiques de l'innovation, soutien à l'entrepreneuriat, etc.	**Innovation non technologique, retombées** gains d'efficience, autres facteurs	**Croissance de la productivité multifactorielle**	

Source : d'après OCDE (2000), *Une nouvelle économie ? Transformation du rôle de l'innovation et des technologies de l'information dans la croissance*, Éditions OCDE, Paris, *http://dx.doi.org/10.1787/9789264282124-fr*.

Graphique 1.2. **Contributions à la croissance du PIB**

Ensemble de l'économie, contribution annuelle en points de pourcentage, 1995-2013

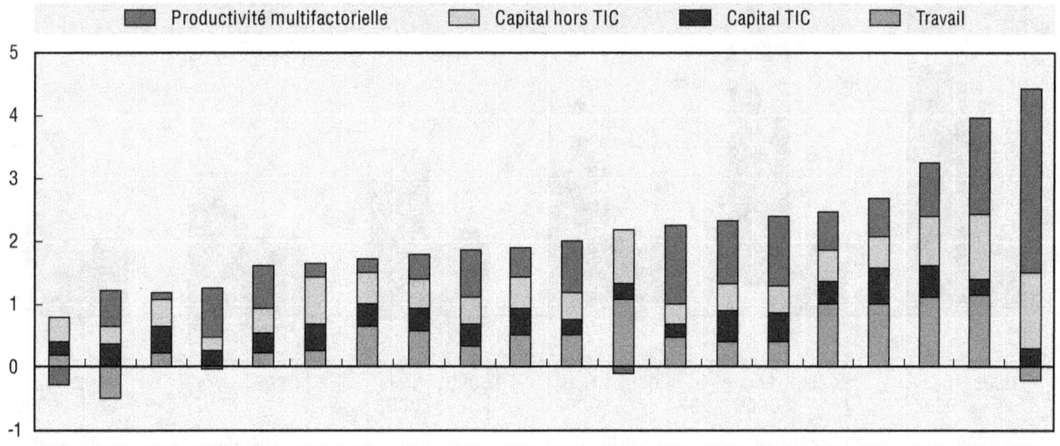

Source : OCDE (2015a), *OECD Compendium of Productivity Indicators 2015*, Éditions OCDE, Paris, *http://dx.doi.org/10.1787/pdtvy-2015-en*.

Ensemble, les trois éléments du cadre de la fonction de production, combinés à la perspective plus dynamique adoptée par Andrews et Criscuolo (2013), peuvent représenter une part substantielle de la croissance économique, selon le pays, le niveau de développement économique et la phase du cycle économique. Même si tous ces éléments ne peuvent pas être intégralement attribués à l'innovation et même s'il est probable qu'il subsiste quelques doubles comptages, il n'en reste pas moins que les différentes composantes de l'innovation combinées contribuent souvent pour au moins 50 % à la croissance économique[3]. À long terme, en effet, il est difficile d'imaginer une croissance sans innovation, car elle devrait principalement provenir de l'accumulation de facteurs de production, comme une augmentation de la main-d'œuvre (quand bien même il s'agirait de main-d'œuvre plus qualifiée) ou une augmentation d'un type de capital donné.

Les études sur le développement économique à long terme selon les pays montrent que l'importance relative de la croissance de la PMF comme moteur de croissance augmente généralement à mesure que les pays épuisent certaines de leurs possibilités d'investissement productif dans des actifs corporels. En outre, une grande part des écarts de niveaux de revenu entre les pays est due à des différences de PMF (OCDE, 2015b). Par ailleurs, dans de nombreux pays de l'OCDE et dans certaines économies émergentes, le travail a perdu progressivement de son importance en tant que facteur de production, du fait du vieillissement de la population et du déclin amorcé de la population active. Pour cette seule raison, beaucoup de pays de l'OCDE privilégient de plus en plus la productivité induite par l'innovation comme principale source de croissance dans l'avenir. Les scénarios à long terme élaborés par l'OCDE font également ressortir l'importance grandissante de la croissance de la PMF pour la croissance économique à long terme (graphique 1.3) (Braconier, Nicoletti et Westmore, 2014)[4].

Graphique 1.3. **La productivité multifactorielle : un moteur de plus en plus important de la croissance future**

Contribution à la croissance du PIB par habitant ; 2000-60 (moyenne annuelle)

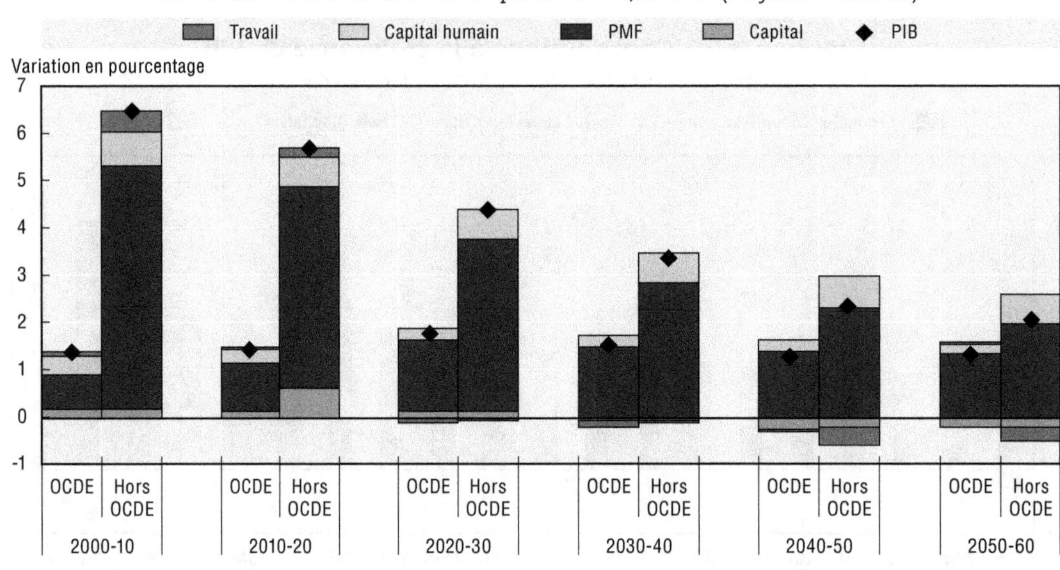

Note : Les pays du G20 non membres de l'OCDE sont l'Afrique du Sud, l'Arabie saoudite, l'Argentine, le Brésil, la Chine, la Fédération de Russie, l'Inde et l'Indonésie.

Source : Braconier, Nicoletti et Westmore (2014), « Policy challenges for the next 50 years ».

Les liens conceptuels entre innovation et croissance économique énoncés ci-dessus ne prennent pas explicitement en compte d'autres objectifs essentiels des politiques publiques, tels que l'environnement ou le bien-être, sur lesquels l'innovation a aussi une incidence. Cependant, l'OCDE a étudié dans des travaux récents comment on pouvait tenir compte des effets sur l'environnement dans la mesure de croissance de la PMF (Brandt, Schreyer et Zipperer, 2014) et quelle était l'incidence de la rigueur des politiques environnementales sur cette productivité (Albrizio et al., 2014). D'autres travaux de l'OCDE visent à dépasser le cadre du PIB et à prendre en considération un plus large éventail de mesures liées au bien-être (OCDE, 2014a). Ces questions sont examinées en détail dans les sections qui suivent.

Au-delà de la croissance : tenir compte de l'environnement

La première notion à intégrer dans un cadre d'analyse élargi intéresse la relation entre innovation et croissance verte (ou durable). Dans sa Stratégie pour une croissance verte (OCDE, 2011), l'OCDE a noté qu'avec les technologies de production existantes et le comportement actuel des consommateurs, on ne pouvait espérer obtenir de résultats positifs que jusqu'à un certain point, une frontière au-delà de laquelle l'épuisement du capital naturel avait des conséquences négatives sur la croissance globale. En repoussant cette frontière, l'innovation peut aider à découpler la croissance de l'épuisement des ressources naturelles. L'innovation et le processus connexe de destruction créatrice donneront également naissance à de nouvelles idées, de nouveaux entrepreneurs et de nouveaux modèles économiques, contribuant ainsi à la création de marchés et, au final, d'emplois. L'innovation est donc essentielle pour conjuguer croissance et écologie.

La première dimension importante de la relation entre innovation et croissance verte a trait à la mesure de la production et de la productivité et à ce que cela implique pour l'évaluation des arbitrages et des synergies entre innovation et croissance verte (Brandt, Schreyer et Zipperer, 2014). Dans les pays où la croissance de la production repose dans une large mesure sur l'épuisement du capital naturel, il est très facile de surestimer la croissance de la productivité qui résulte du cadre de la fonction de production représenté dans le graphique 1.1. On peut aboutir à une estimation beaucoup trop optimiste du potentiel économique et de la croissance économique à long terme. Un raisonnement similaire peut être tenu pour les pays qui maintiennent des coûts de production bas en recourant à des technologies très polluantes. Cette stratégie peut certes entraîner une augmentation de la production de biens et de services à court terme, mais elle génère également des coûts externes plus élevés, avec des effets potentiels sur le bien-être et la durabilité du développement économique. À l'inverse, les performances économiques et la durabilité d'une économie qui investit dans une utilisation plus efficiente de l'environnement dans la production risquent d'être sous-estimées, étant donné que certains intrants ne servent pas à augmenter la production actuelle de biens et de services. Ces intrants sont en effet destinés à réduire les externalités négatives associées à la production, en améliorant la santé humaine ou en préservant l'intégrité de l'environnement et la stabilité du climat. C'est pourquoi il peut être utile, lorsqu'on mesure la productivité, de considérer comme des extrants non seulement les biens et services qui entrent dans le PIB, mais aussi les externalités, ou « extrants indésirables », tels que la pollution atmosphérique et les émissions de dioxyde de carbone (CO_2)[5].

Les résultats présentés dans le document de Brandt, Schreyer et Zipperer (2014) portent à croire qu'on pourrait encore réduire considérablement les émissions pour un coût raisonnable. La faible élasticité des extrants indésirables décrits par les auteurs laisse penser que la baisse de croissance du PIB qu'il faudrait accepter pour obtenir une réduction très importante des émissions au cours des prochaines décennies est modérée, même en l'absence de nouveaux progrès dans les technologies environnementales. Réciproquement, le gain de productivité supplémentaire nécessaire pour obtenir le même niveau de réduction des émissions sans ralentir la croissance de la production n'est pas excessif. Des politiques efficaces et efficientes, qui mesurent le coût des externalités liées aux extrants indésirables, associées à la promotion de la R-D et du déploiement de nouvelles technologies à l'aide de politiques d'éducation judicieuses, pourraient aider les pays à obtenir les progrès technologiques dont ils ont besoin pour réduire leurs extrants indésirables sans subir de perte de revenu. En outre, bien que l'innovation verte puisse avoir certaines répercussions à court terme sur le taux de croissance économique (tel qu'il est traditionnellement mesuré), ces effets négatifs devraient être largement compensés par la viabilité à long terme de l'économie que ce type d'innovation favorise, puisqu'il peut aider à éviter les conséquences à long terme d'une diminution de l'efficacité des puits environnementaux, notamment un changement climatique qui pourrait être catastrophique.

Cela étant, des arbitrages et des synergies entre innovation et croissance verte sont possibles. L'une des questions centrales est de savoir comment la mise en avant de l'innovation verte au moyen d'un durcissement des politiques environnementales agira sur le rythme des progrès technologiques à l'échelle de l'économie, mesuré par le taux de croissance de la PMF (Albrizio et al., 2014). D'un côté, les partisans de l'« hypothèse de Porter » prétendent que les politiques environnementales peuvent renforcer l'incitation à innover et amener les entreprises à rechercher des gains d'efficience jusque-là insoupçonnés. De l'autre, les politiques qui incitent à réorienter les ressources consacrées à l'innovation vers une réduction du coût des effets sur l'environnement – non pris en compte dans la méthode traditionnelle de mesure de la productivité – peuvent déboucher sur une chute globale de la croissance de la productivité mesurée, du fait de la diminution de la quantité de ressources dirigée vers l'innovation « productive ». De récents travaux de l'OCDE sur cette question ont constaté que le durcissement des politiques environnementales au cours des deux dernières décennies avait eu peu d'effet sur la croissance globale de la productivité (voir ci-après) (Albrizio et al., 2014).

Un autre argument parfois avancé en faveur de l'innovation verte est qu'elle pourrait bien avoir des retombées plus importantes que les autres formes d'innovation, justement parce que le marché est encore sous-développé et susceptible d'offrir un très fort potentiel d'innovation et de croissance dans l'avenir. En levant les obstacles à l'innovation verte – prédominance des technologies et des systèmes existants, environnement réglementaire favorisant les acteurs déjà en place ou accès au capital –, on pourrait ouvrir la voie à de nouvelles vagues d'innovation, comparables à celles observées lors d'autres grandes révolutions technologiques. L'innovation verte pourrait également tirer parti de l'intérêt croissant du secteur privé pour une utilisation plus efficiente des ressources. Malheureusement, cet argument ne pourra être totalement validé qu'une fois que ce type d'innovation aura pris de l'ampleur et commencera à produire des effets plus importants et plus visibles sur l'économie et la société.

Encadré 1.2. **La politique environnementale a-t-elle des répercussions sur la croissance de la productivité ? Principales constatations**

Le degré de rigueur des politiques environnementales, défini comme le prix explicite et implicite des externalités environnementales induit par les politiques mises en œuvre, a beaucoup augmenté depuis une vingtaine d'années dans les 24 pays de l'OCDE couverts par la nouvelle analyse. Un indicateur composite de la rigueur des politiques environnementales, récemment élaboré et couvrant une série de politiques fondées ou non sur le jeu du marché, montre que les politiques environnementales mises en œuvre sont de plus en plus strictes dans ces 24 pays de l'OCDE, malgré des écarts notables, que ce soit globalement ou entre les différents instruments d'action.

Les pays ont généralement recours à des instruments de types similaires, mais présentent néanmoins de nettes différences quant au degré de rigueur respectif des ensembles d'instruments mis en œuvre, axés ou non sur le jeu du marché. Ainsi, le Royaume-Uni, la Pologne et l'Australie font preuve d'une plus grande rigueur dans les instruments de politique environnementale qui sont axés sur le marché, comme les écotaxes ou les permis négociables, tandis que la Finlande, l'Allemagne et l'Autriche ont tendance à durcir les politiques non axées sur le marché – les normes, par exemple. Les autres pays de l'OCDE affichent un plus grand équilibre dans la rigueur relative des différents instruments d'action.

Aucune donnée empirique ne vient prouver qu'un durcissement de la politique environnementale a des effets permanents, positifs ou négatifs, sur la croissance de la PMF. Une analyse basée sur une nouvelle série de données transnationale offrant une couverture chronologique sans précédent met en évidence que tous les effets tendent à disparaître en moins de cinq ans.

On n'observe aucune répercussion négative durable sur la productivité, que ce soit au niveau macroéconomique ou sectoriel, ou au niveau des entreprises. Au contraire, le durcissement des politiques environnementales est suivi d'une accélération temporaire de la croissance de la productivité, aboutissant à une amélioration globale de l'efficience productive d'une grande partie des industries manufacturières.

De même, au niveau macroéconomique, l'anticipation d'un durcissement de la politique de l'environnement peut parfois entraîner un ralentissement temporaire de la croissance de la productivité – peut-être sous l'effet d'une augmentation des investissements effectués à titre préventif. Les niveaux de productivité se redressent ensuite du fait de l'accélération temporaire de la croissance.

Les effets temporaires sur la croissance de la productivité ne sont pas fonction de la rigueur des politiques environnementales déjà en vigueur, mais peuvent dépendre de la souplesse des instruments utilisés. On note, en particulier, que les instruments économiques ont en général un effet positif plus robuste sur la croissance de la productivité.

Les secteurs et les entreprises les plus en pointe enregistrent les plus grands gains de productivité, alors que les entreprises moins productives risquent davantage de subir des effets négatifs. Les entreprises très productives, qui sont bien souvent les plus grandes de leur secteur, sont peut-être mieux placées pour tirer rapidement parti de l'évolution des règles du jeu – en exploitant de nouveaux débouchés, en déployant rapidement de nouvelles technologies ou en réalisant des gains d'efficience auparavant insoupçonnés. Il leur est aussi parfois plus facile d'externaliser ou de délocaliser leurs activités de production à l'étranger. Les entreprises moins avancées auront sans doute besoin d'effectuer de plus gros investissements pour se conformer à la nouvelle réglementation, d'où un ralentissement sensible, quoique temporaire, de leur productivité.

Le redéploiement rapide du capital et la réduction au minimum des obstacles à l'entrée sont des conditions indispensables pour que les gains d'efficience générés par le durcissement des politiques environnementales se traduisent par une croissance économique plus forte. Une part non négligeable des gains de productivité découleront probablement de la sortie du marché des entreprises les moins productives. Dans la mesure où elles ne sont pas dues à un alourdissement de la réglementation et où les ressources peuvent être redéployées au profit des entreprises à forte croissance, ces évolutions peuvent avoir un effet positif au niveau macroéconomique.

Encadré 1.2. **La politique environnementale a-t-elle des répercussions sur la croissance de la productivité ? Principales constatations** *(suite)*

Concevoir des mesures en faveur de l'environnement qui ne créent pas d'obstacles à l'entrée ni à la concurrence peut aider les pouvoirs publics à atteindre tout à la fois les objectifs économiques et environnementaux. Ainsi, l'OCDE a récemment évalué dans quelle mesure la conception des politiques environnementales alourdissait inutilement les coûts fixes, imposait des charges administratives supplémentaires – liées aux procédures d'octroi de licences et de permis –, aboutissait à l'absence d'informations cohérentes et pertinentes ou faussait la concurrence du fait de la différentiation de la réglementation en fonction de la date d'entrée sur le marché, ou de politiques fiscales ou de subventions fondées sur les performances passées.

Les données internationales indiquent que les politiques environnementales rigoureuses ne se caractérisent pas nécessairement par des obstacles élevés à l'entrée et à la concurrence. Le nouvel indicateur de l'OCDE montre au contraire que ces politiques peuvent être plus respectueuses de la concurrence, n'imposer que des charges administratives relativement légères et ne créer que peu de discriminations à l'encontre des nouveaux entrants. Cela a été le cas aux Pays-Bas, en Autriche, en Suisse et peut-être au Royaume-Uni. À l'inverse, en Grèce, en Italie, en Hongrie et en Israël, les politiques environnementales ne paraissent pas particulièrement rigoureuses, mais gagneraient à réduire les obstacles à l'entrée et les distorsions de la concurrence qu'elles créent.

Source : Albrizio et al., 2014.

Innovation et croissance inclusive

Ces dernières années, il est apparu de plus en plus clairement que la croissance économique, telle que mesurée par le PIB, ne pouvait plus être le but prioritaire de l'action publique, pas plus qu'elle ne pouvait être une fin en soi. Les pouvoirs publics orientent de plus en plus leur action vers une croissance inclusive, cherchant à améliorer le niveau de vie et à partager plus équitablement entre les groupes sociaux les avantages d'une plus grande prospérité. Cette évolution est particulièrement visible dans les pays à revenu élevé et les économies émergentes, où l'inégalité des revenus a atteint des niveaux sans précédent durant la période d'après-guerre. Il devient aussi incontestable que les inégalités qui se creusent dans d'autres domaines, comme le niveau d'instruction, l'état de santé et les possibilités d'emploi, influent non seulement sur le bien-être, mais aussi sur la croissance.

L'innovation occupe une place importante dans le débat sur la croissance inclusive. L'analyse qui suit s'attache aux trois dimensions examinées dans le cadre de l'OCDE pour une croissance inclusive (OCDE, 2014a), à savoir les revenus, l'emploi et la santé, même si l'innovation peut influer sur d'autres aspects de la cohésion sociale, comme l'éducation. Ce nouveau cadre conçu par l'OCDE a pour objet d'établir un lien clair entre les dimensions individuelles du bien-être et les politiques menées (OCDE, 2014a).

Le graphique 1.4 en propose une description synthétique. Le côté droit du diagramme montre que le niveau de vie et la protection sociale dépendent à la fois du niveau et de la répartition des dimensions clés du bien-être (revenus, santé, emploi, éducation, sécurité). Le côté gauche présente quelques-unes des politiques susceptibles d'influer sur les résultats et leur répartition. On peut voir qu'un large éventail de facteurs intervient entre les politiques et les résultats.

L'innovation a été intégrée dans ce cadre à divers titres. Premièrement, comme nous l'avons vu plus haut, l'innovation, par le biais de la production, a une incidence majeure sur la croissance de la productivité, et agit donc sur le rendement du capital humain, du capital physique et du capital intellectuel. Elle tend à faire monter les **revenus** globaux, ce qui a un effet bénéfique sur le niveau de vie, mais elle peut aussi contribuer à accentuer l'inégalité des revenus. Cela s'explique en partie par le processus de destruction créatrice inhérent à l'innovation, qui crée inévitablement des gagnants et des perdants, certaines entreprises et certains individus obtenant des rendements considérables du travail et du capital qu'ils ont investis. En outre, une grande partie de l'évolution technologique des dix dernières années favorise plutôt les travailleurs les plus qualifiés, au détriment parfois de ceux qui sont moyennement ou peu qualifiés. Les technologies numériques, en particulier, permettent que de faibles écarts de compétences, de travail ou de qualité engendrent d'importantes différences de rendement, en partie parce qu'elles augmentent la taille du marché susceptible d'être servi par une seule personne ou entreprise. Ainsi, le revenu moyen des écrivains de fiction n'a pas évolué considérablement au cours des dernières décennies, mais un petit nombre d'entre eux sont devenus multimillionnaires, profitant du fait que le numérique permet de transmettre facilement des mots, des images et des produits au monde entier[6]. Cependant, le creusement des inégalités dû à l'innovation n'est pas forcément source de préoccupation, si ceux qui forment la base de la pyramide voient également leur bien-être et leurs revenus augmenter notablement. C'est ainsi que la croissance de la Chine au cours des dernières décennies, bien qu'ayant entraîné un accroissement des inégalités mesurées, peut être considérée comme inclusive, parce qu'elle a aussi permis à des millions de personnes de sortir de la pauvreté.

Graphique 1.4. **Cadre OCDE d'analyse des politiques en faveur d'une croissance inclusive**

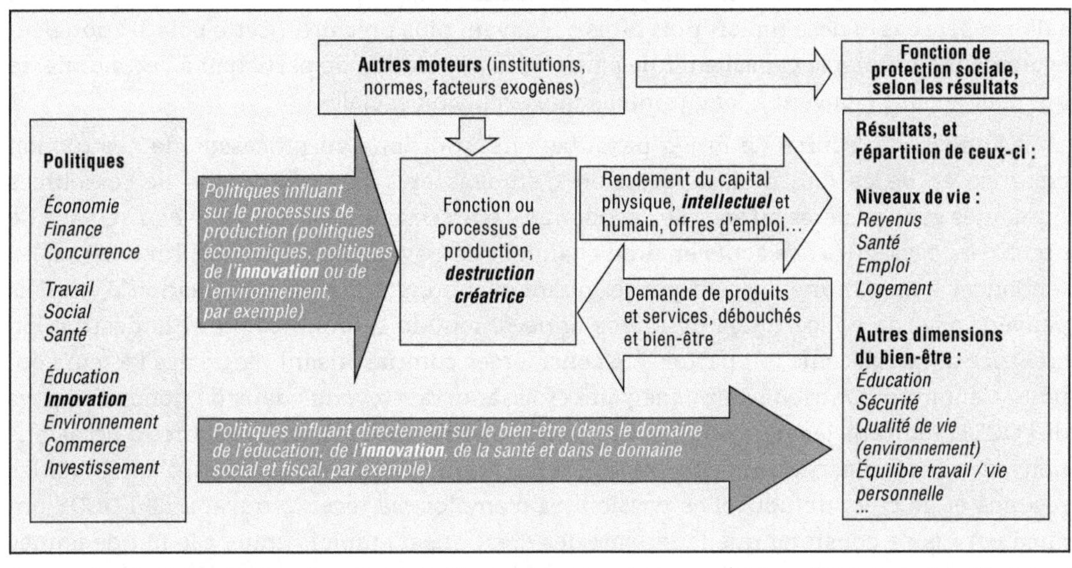

Source : d'après OCDE, 2014a, *All on Board: Making Inclusive Growth Happen*, Éditions OCDE, Paris, *http://dx.doi.org/10.1787/9789264218512-en*.

Les politiques publiques ont une forte incidence sur la relation entre innovation et croissance inclusive. Nombre de celles qui visent à stimuler l'innovation ne sont pas neutres dans leurs effets sur le processus de production. Souvent, par exemple, les politiques de l'innovation favorisent l'excellence et ont tendance à encourager la concentration de ressources humaines, financières et intellectuelles dans les institutions scientifiques, les entreprises et les régions les plus performantes. Cette concentration est effectivement propice à la croissance, mais elle a des conséquences sur la répartition des résultats du processus d'innovation au sein de l'économie. Il arrive également que les politiques de l'innovation finissent par favoriser les acteurs déjà en place, ce qui n'est pas non plus sans incidence sur l'inclusivité des résultats de l'innovation. De récents travaux de l'OCDE ont cherché à déterminer si les politiques de l'innovation pouvaient devenir plus inclusives, notamment en accordant davantage d'attention aux besoins des citoyens les plus pauvres (OCDE, 2015c). Les responsables de leur élaboration doivent analyser soigneusement l'alternative qui s'offre à eux, à savoir rendre l'innovation elle-même plus inclusive ou accepter qu'elle crée des inégalités, puis mettre en place des politiques de redistribution qui amélioreront les résultats en matière de bien-être pour tous les citoyens. La section 7.2 du présent rapport étudie plus en détail le lien entre innovation et croissance inclusive.

Deuxièmement, étant donné qu'ils favorisent parfois la main-d'œuvre qualifiée, les effets de l'innovation ont tendance à réduire les perspectives d'**emploi** de certaines catégories de travailleurs dans l'économie. Ainsi, les récentes évolutions technologiques, notamment en rapport avec les TIC, laissent entrevoir un risque important de nouvelles suppressions d'emplois et de destruction créatrice liées aux TIC, qui pourraient toucher certains groupes de compétences. S'il est vrai que cela ne débouchera pas nécessairement sur une perte nette d'emplois au niveau global, le changement structurel qui en résultera nécessitera des mesures d'accompagnement, notamment des politiques efficaces sur le plan des compétences et du marché du travail et sur le plan social. Un changement technologique qui favorise la main-d'œuvre qualifiée contribue également à une polarisation croissante du marché du travail : certains groupes dont les compétences sont en phase avec ce changement en tirent profit, du fait de salaires et de revenus plus élevés, tandis que d'autres, qui ne disposent pas des qualifications appropriées, se voient proposer des salaires plus bas et des emplois plus rares et souvent plus précaires. Cette polarisation peut également diminuer la capacité d'une partie de la population de participer à l'économie, ce qui peut aboutir (souvent à long terme) à une exclusion sociale[7].

L'innovation, source de fortes perturbations, contribue au processus de destruction créatrice et, de ce fait, à la suppression d'emplois et à la réaffectation de ressources humaines et financières au sein de l'économie. Le processus n'est pas nouveau et, dans de nombreux pays, 20 % des actifs environ changent de travail chaque année. Par ailleurs, les tendances à long terme laissent penser qu'innovation, productivité et création d'emplois peuvent aller de concert. Ces dernières années, toutefois, l'innovation et la destruction créatrice qui en découle ont parfois été considérées comme faisant partie des facteurs qui pourraient avoir contribué à une inégalité croissante des revenus dans de nombreux pays de l'OCDE. Pourtant, le processus de destruction créatrice peut aussi être source d'occasions nouvelles de faire participer des groupes exclus au processus d'innovation, d'améliorer les revenus et de créer de nouvelles possibilités d'emploi. De récents travaux de l'OCDE ont ainsi permis de constater que la plupart des créations d'emplois étaient le fait de jeunes entreprises existant depuis moins de cinq ans (Criscuolo, Gal et Menon, 2014).

Troisièmement, l'innovation dans le secteur de la **santé** a été un important facteur d'amélioration du bien-être et du niveau de vie. Elle a contribué à faire progresser les soins, mais aussi les diagnostics et les traitements, avec notamment des médicaments plus efficaces qui ont largement concouru à augmenter la longévité. Les innovations de ce type ne sont pas seulement technologiques, elles sont aussi sociales, lorsqu'elles visent par exemple à prévenir les maladies et à faire évoluer les styles de vie. Cependant, si elles ont contribué à améliorer le niveau général de bien-être, les difficultés liées à leur accessibilité et à leur tarification demeurent, ce qui signifie que certains groupes de la société en bénéficient parfois davantage que d'autres. La section 7.3 du présent rapport s'intéresse plus en détail à quelques-unes des principales dimensions de l'innovation dans la santé.

L'innovation et les politiques qui s'y rapportent ont également une incidence sur d'autres aspects du bien-être, notamment l'éducation et la sécurité des personnes. Les liens entre innovation et éducation seront abordés aux sections 3.1 et 7.5. Cependant, plusieurs des interactions entre innovation et croissance inclusive ne sont pas encore bien comprises et nécessitent une analyse plus poussée.

Il est important aussi d'admettre que l'innovation n'est pas toujours une force positive de changement, et qu'elle peut faire autant de mal que de bien. C'est pourquoi les États ont mis en place diverses politiques qui visent à gérer les risques liés à l'innovation, dans des domaines tels que la santé et la sécurité, par exemple, mais aussi concernant l'économie numérique ou les marchés financiers. La gestion et la gouvernance des risques liés à l'innovation influent donc fortement sur la relation entre celle-ci et un ensemble plus large de déterminants du bien-être. Le rôle de la gouvernance des risques sera examiné au chapitre 8.

1.2 Justification et rôle des politiques de l'innovation

Justification des politiques de l'innovation

La justification des politiques de l'innovation fait l'objet d'un vaste débat parmi les universitaires et les responsables de l'élaboration des politiques. Le point de vue néoclassique n'admet qu'un ensemble limité de défaillances du marché, telles que les externalités et l'asymétrie de l'information. D'autres écoles de pensée font état d'un éventail bien plus large de facteurs et de contraintes qui affectent l'innovation et peuvent justifier l'élaboration de politiques, tout en précisant que ces facteurs varient d'un pays à l'autre et dépendent également du domaine d'innovation considéré, et notamment du secteur de l'économie (BIS, 2014). Le graphique 1.5 présente un cadre de diagnostic des principales contraintes qui s'exercent sur l'innovation[8]. Celles-ci y sont définies comme des facteurs limitant le rendement des investissements dans l'innovation. Elles peuvent être réparties en deux catégories :

- La première catégorie se rapporte au **faible rendement économique** et regroupe les facteurs qui créent de l'inertie dans les systèmes économiques (c'est-à-dire les obstacles fondamentaux – systémiques – au changement et à l'innovation, tels que les obstacles à la concurrence, le manque de coopération au sein d'un système d'innovation, les normes et habitudes dominantes, ainsi que le verrouillage technologique) et les contraintes qui tiennent aux capacités, ou facteurs de « faible rendement social », qui sont souvent liés à un manque de compétences ou d'infrastructures, ou à des institutions inadéquates.
- La seconde catégorie se rapporte à la **faible appropriabilité des rendements**, une situation dans laquelle les défaillances du marché et de l'action publique empêchent les entreprises ou autres acteurs de l'innovation de tirer le meilleur parti de leurs investissements dans l'innovation, et les conduisent ainsi à sous-investir. Citons comme exemple les externalités associées aux investissements dans la R-D, qui font qu'une entreprise ne peut jamais s'approprier la totalité des rendements du fait des retombées inhérentes aux investissements dans le savoir. On peut aussi citer l'exemple des externalités négatives liées aux atteintes à l'environnement. Bien souvent, le prix de ces dommages n'est pas fixé par le marché, ce qui ajoute aux difficultés rencontrées par les investisseurs privés pour s'approprier pleinement les rendements de l'innovation.

Graphique 1.5. **Possible justification des politiques de l'innovation**

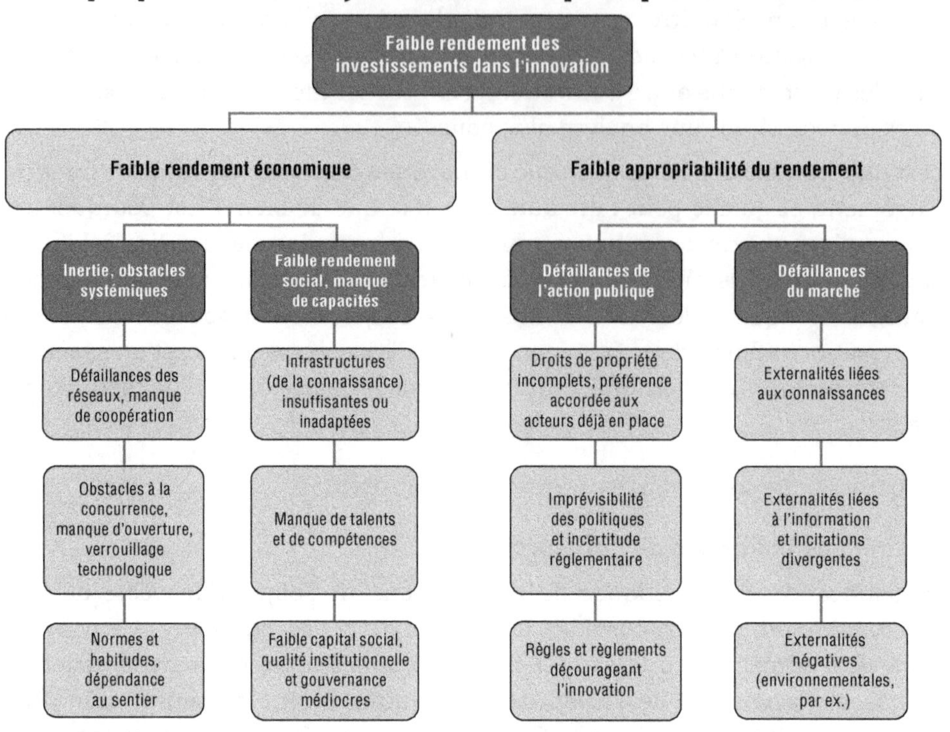

Source : d'après OCDE (2011), *Vers une croissance verte*, tiré de Hausmann, Velasco et Rodrik (2008), « Growth diagnostics ».

Les faibles rendements économiques dus à l'inertie et aux obstacles systémiques peuvent freiner la propagation de techniques de production ou de technologies nouvelles ou innovantes, ou d'autres formes d'innovation. Ces contraintes résultent souvent d'un mélange de défaillances et d'imperfections du marché. Les effets de réseau (tels que les obstacles à l'entrée résultant de rendements d'échelle croissants dans les réseaux) et le biais du marché en faveur des technologies existantes sont des exemples d'imperfections du marché. Diverses mesures peuvent être mises en œuvre pour lever ces obstacles, notamment des politiques de la concurrence et des politiques de réglementation, mais il peut se faire qu'une intervention plus active des pouvoirs publics soit nécessaire, sous la forme de politiques spécifiques de l'innovation, pour remédier au manque de coopération au sein d'un système d'innovation, par exemple, ou pour faire sauter un verrouillage technologique (OCDE, à paraître)[9]. Cependant, les mesures prises par les pouvoirs publics pour remédier à ces défaillances ou imperfections du marché peuvent elles-mêmes présenter des défauts (elles peuvent créer des obstacles réglementaires à la concurrence, par exemple, notamment en maintenant des monopoles d'État dans les industries de réseau). Les politiques qui peuvent aider à lever ces obstacles sont examinées au chapitre 4, qui décrit l'environnement économique de l'innovation, et au chapitre 6, consacré aux politiques efficaces en matière d'innovation.

Un **faible rendement social** implique l'absence de conditions propices à un investissement productif dans l'innovation. Ces contraintes limitent les choix des en treprises et d'autres acteurs en matière d'investissement dans l'innovation. Des infrastructures des TIC inadéquates, par exemple, peuvent réduire les possibilités des entreprises de bénéficier des effets de réseau associés à la technologie. La contrainte peut aussi résulter d'un capital humain insuffisant : les entreprises manquent alors de savoir-faire pour déployer de nouvelles technologies ou s'y adapter par un changement organisationnel. Parmi les autres obstacles, on peut citer le déficit de capital social et la médiocrité des institutions, qui influent sur le rendement des investissements dans l'innovation. Pour y remédier, il est généralement nécessaire de renforcer les capacités, au moyen d'investissements à la fois publics et privés dans les infrastructures, l'éducation et les compétences, ainsi que dans les institutions. Certaines des politiques qui peuvent aider à lever ces obstacles sont examinées au chapitre 3, qui traite des talents et compétences, au chapitre 5, qui porte sur la création et la diffusion des savoirs, et au chapitre 8, consacré à la gouvernance et à la cohérence des politiques.

Les **défaillances de l'action publique**, qui contribuent à une faible appropriabilité des rendements, peuvent affecter de nombreux domaines du système d'innovation. Le graphique 1.5 n'en donne que quelques-uns, comme la préférence accordée aux acteurs déjà en place qui marque parfois l'élaboration des politiques liées à l'innovation (point abordé aux chapitres 4 et 6) ; le manque de prévisibilité et de stabilité des politiques qui caractérise souvent les politiques de l'innovation (question examinée tout au long du présent rapport) ; et les obstacles réglementaires qui pénalisent l'innovation (étudiés principalement aux chapitres 4 et 6). Parer à ces défaillances de l'action publique peut également nécessiter des réformes – et de l'innovation – dans le secteur public, point abordé à la section 7.5 et à la section 8.1 de ce rapport.

Les **défaillances du marché** offrent la principale justification néoclassique des politiques de l'innovation, et renvoient à des domaines d'action bien connus, comme le soutien de l'État à la R-D des entreprises (sous la forme de crédits d'impôt et de subventions, par exemple, voir chapitre 6), l'investissement public dans les infrastructures de base du savoir et de la R-D (voir chapitre 5) ou les politiques qui visent à réduire les externalités environnementales négatives, au moyen de taxes carbone par exemple, et soutiennent ainsi l'innovation verte (voir section 7.4).

Les catégories de contraintes décrites dans le graphique 1.5 ne sont pas toujours dissociables. On constate par exemple des chevauchements entre défaillances du marché et défaillances de l'action publique. L'insuffisance de la protection assurée par les droits de propriété est dans bien des cas une défaillance du marché, mais elle figure également dans les défaillances de l'action publique car elle peut résulter de politiques inadéquates (système inadapté de droits de propriété intellectuelle, par exemple). De même, l'incertitude réglementaire est une entrave importante à l'investissement privé dans de nombreux domaines d'innovation, tels que la croissance verte ou la santé, même si certains de ces domaines pâtissent également de défaillances du marché.

L'importance des contraintes qui freinent l'innovation varie selon le niveau de développement, le contexte socioéconomique et le cadre d'action économique et environnemental en place. Un capital humain insuffisant, des infrastructures inadéquates et des institutions médiocres sont généralement (mais pas exclusivement) associés à des niveaux moins élevés de développement économique. La suppression de ces contraintes sera une tâche hautement prioritaire et, peut-être, une condition préalable à la levée de bien d'autres obstacles.

Lorsque le capital humain est relativement abondant et les infrastructures correctement développées, l'action s'oriente en priorité sur la correction des défaillances de l'action publique et de celles du marché. Cependant, pour que l'innovation soit suivie d'effets, il faut aussi s'occuper de certains désavantages dont peuvent souffrir les entreprises et technologies nouvelles par rapport à celles déjà en place, ainsi que des politiques susceptibles de faire avancer les choses[10]. L'ordre chronologique des réformes peut avoir son importance dans ce contexte, notamment dans les domaines où les défaillances du marché sont nombreuses (innovation environnementale, par exemple). Améliorer les rendements des activités à faible impact environnemental, au moyen de taxes carbone, par exemple, peut contribuer à créer des conditions de marché propices à l'adoption de nouvelles technologies vertes.

La détermination des contraintes les plus importantes n'est cependant pas un processus entièrement séquentiel. En particulier, quand, dans certains pays, les institutions ne sont pas à même de lever les obstacles à l'innovation, il peut être nécessaire de remédier aux défaillances de l'action publique ou aux incitations divergentes. L'une des contraintes sans doute commune à tous les pays, quel que soit leur niveau de développement, a trait à la certitude réglementaire, c'est-à-dire la mesure dans laquelle les pouvoirs publics élaborent et, dans l'idéal, mettent en place par voie législative un plan clair en vue de combler les écarts entre rendements privés et rendements sociaux de façon que les entreprises et les autres acteurs du système d'innovation puissent prévoir et agir sans avoir trop à craindre que les pouvoirs publics ne modifient les règles du jeu. Étant donné la dimension à long terme des investissements dans l'innovation, il s'agit là d'un problème important pour les politiques élaborées dans ce domaine, qui sera examiné de manière plus approfondie au chapitre 8.

Pour diagnostiquer les principales contraintes, il faut disposer de données et d'informations sur l'ensemble de l'économie d'un pays, et comprendre la place et les performances de celui-ci dans le contexte mondial. Les indicateurs de l'innovation élaborés par l'OCDE et mentionnés tout au long du présent rapport fournissent quelques-unes des mesures de haut niveau qui peuvent servir à éclairer le diagnostic des contraintes freinant l'innovation. C'est également le cas de l'analyse menée par l'OCDE sur les politiques structurelles, notamment dans le domaine de la politique de l'innovation.

Outre les nombreux obstacles à l'innovation qui, comme nous l'avons vu plus haut, sont communs à toute l'économie, d'autres sont liés à des secteurs ou à des problèmes particuliers (BIS, 2014) et nécessitent donc une action gouvernementale plus ciblée. Ainsi, les politiques publiques destinées à résoudre des problèmes sociétaux complexes (promotion des villes intelligentes, par exemple) devront prendre en compte l'ensemble des obstacles à l'échelle du système qui influent sur le problème en question (OCDE, à paraître), les pouvoirs publics ayant un rôle actif à jouer dans le soutien et la gestion de la transition vers un système plus durable.

Le graphique 1.5 appelle une autre remarque, sur le contexte général de l'innovation et de l'élaboration des politiques liées à celle-ci. Comme nous le verrons au chapitre 2, l'innovation est en effet une activité de dimension mondiale, dont une grande partie est menée hors des frontières nationales. Le contexte international influe donc sur la portée de l'élaboration de politiques nationales (en matière d'attraction de talents et de compétences, par exemple), mais offre également aux pouvoirs publics des occasions importantes de bénéficier des innovations qui voient le jour à l'étranger.

Enfin, et ce point est déterminant, s'il est vrai qu'il existe de nombreux obstacles à l'innovation et, pour les pouvoirs publics, de multiples motifs d'agir pour la renforcer, les responsables de l'élaboration des politiques devront toujours soigneusement vérifier qu'ils disposent des outils et de la compréhension de l'innovation dans leur économie dont ils ont besoin pour prendre des mesures efficaces. Il convient également de considérer les autres mesures par lesquelles les autorités sont susceptibles d'améliorer les choses, ainsi que la manière dont elles peuvent collaborer avec d'autres acteurs et les encourager à agir.

La mise en œuvre est l'une des principales contraintes des politiques de l'innovation ; elle nécessite un cadre institutionnel efficient et bien conçu, de solides capacités d'évaluation et de suivi, et une administration publique efficiente et compétente. Cette question est examinée plus en détail au chapitre 8.

Rôle de l'action publique

Partant de la réflexion conceptuelle menée ci-dessus pour relier l'innovation aux objectifs fondamentaux de l'action gouvernementale, et à la lumière de l'examen de la justification de l'élaboration de politiques, la question est maintenant de savoir quelles politiques influent sur les divers facteurs en jeu et comment les pouvoirs publics peuvent façonner, et éventuellement renforcer, la contribution de l'innovation aux performances. Il s'agit ici de l'ensemble des mesures que les pouvoirs publics doivent envisager lors de l'élaboration de politiques de l'innovation. Il va sans dire que cet ensemble de mesures est bien plus vaste que ce que l'on considère souvent comme des politiques de l'innovation au sens strict – mesures de soutien à la R-D des entreprises, financement du capital-risque, etc. – et qui, pour importantes qu'elles soient, ne forment qu'une partie de l'ensemble complet de mesures influant sur les performances en matière d'innovation. Autre point, les pouvoirs publics doivent examiner comment l'innovation et les politiques de l'innovation influent sur d'autres objectifs de l'action gouvernementale, et recenser les mesures complémentaires à mettre en place pour que les objectifs globaux soient atteints, en matière de croissance, d'emploi et de distribution des revenus, par exemple, ainsi que sur le plan de la santé et de l'environnement.

Quelles sont donc les politiques qui déterminent la contribution de l'innovation à la croissance économique ? Les travaux de l'OCDE donnent à penser que l'innovation prospère dans un environnement caractérisé par les éléments décrits ci-après et qui, tous, seront analysés en détail dans la suite du présent rapport.

- **Une main-d'œuvre qualifiée,** qui dispose du savoir et des compétences nécessaires pour donner naissance à des idées et des technologies nouvelles, les commercialiser et s'adapter aux changements technologiques à l'œuvre dans la société. Il est donc de la plus haute importance, pour favoriser l'innovation, de réformer les systèmes d'enseignement et de formation et, plus généralement, les politiques d'amélioration des compétences. Cela comprend notamment les mesures visant les diplômés en science, technologies, ingénierie et mathématiques (STIM), mais ne doit pas se limiter à ce groupe et chercher au contraire à couvrir une plus large palette de qualifications. On n'oubliera pas non plus que la mobilité internationale des talents joue un rôle de plus en plus grand lorsqu'il s'agit de satisfaire les besoins émergents en compétences. Ces politiques sont examinées au chapitre 3 du présent rapport.
- **Un environnement économique sain,** qui favorise l'investissement dans la technologie et le capital intellectuel et qui permette aux entreprises innovantes de mettre à l'essai des idées, des technologies et des modèles économiques nouveaux et les aide à se développer, à accroître leur part de marché et à monter en puissance. Une série d'analyses empiriques de ces questions a montré que les performances en matière d'innovation pouvaient être améliorées par des réformes structurelles des marchés de produits (en encourageant la concurrence et en permettant l'entrée de nouveaux acteurs) ; des marchés du travail (en favorisant une meilleure affectation des ressources) ; et des marchés financiers (en aidant à trouver des fonds pour les investissements risqués). La réforme de la réglementation est tout aussi essentielle et devrait favoriser, plutôt qu'étouffer, l'innovation. Une attitude

d'ouverture à l'égard des sources de connaissances étrangères est également cruciale (l'innovation ayant lieu pour une grande part hors des frontières nationales) et nécessite des réformes visant à ouvrir davantage l'économie au commerce, à l'investissement, aux flux de connaissances et aux personnes. Ces politiques sont examinées au chapitre 4.

- **Un système robuste et efficient de création et de diffusion des connaissances,** dédié à une quête systématique des connaissances fondamentales et à leur diffusion dans la société par divers mécanismes, notamment les ressources humaines, le transfert de technologies et la création de marchés de la connaissance. Il est donc essentiel, pour renforcer les performances en matière d'innovation, de disposer d'universités et d'instituts de recherche publics puissants et bien administrés, et de mécanismes susceptibles d'appuyer et de faciliter le dialogue entre les institutions et l'économie du savoir, et la société. Il en va de même de l'investissement dans les infrastructures de la connaissance, notamment les réseaux haut débit et autres réseaux numériques, qui jouent un rôle critique dans la coopération et la mise en place de nouvelles plateformes d'innovation. Par ailleurs, la création de connaissances et l'innovation intervenant toutes deux à l'échelle mondiale, les politiques qui visent une meilleure articulation de la science et des activités d'innovation dans le monde occupent une place cruciale dans le programme de l'action publique en faveur de l'innovation. Ces politiques sont examinées au chapitre 5.
- **Des politiques qui encouragent les entreprises à lancer des projets d'innovation et des activités entrepreneuriales.** Des politiques plus ciblées sont souvent nécessaires pour venir à bout de divers obstacles à l'innovation. Un dosage de politiques approprié peut comprendre des incitations fiscales à investir dans la R-D, un soutien public direct au moyen de dons, de subventions et de concours d'innovation, et des mesures visant à faciliter la coopération et la mise en réseau, mais aussi des incitations indirectes par l'intermédiaire des marchés publics, et d'autres politiques dites « de la demande ». Les mesures de ce type peuvent aider à renforcer les marchés de l'innovation et à orienter celle-ci sur des défis et des possibilités spécifiques, comme la croissance verte. Elles comportent souvent des mesures mises en œuvre à l'échelon régional ou local. L'innovation ayant aussi besoin de consommateurs bien informés, dynamiques, engagés et qualifiés, des politiques spécifiques à l'égard de ceux-ci peuvent leur permettre de jouer leur rôle dans ce domaine. Ces politiques sont examinées au chapitre 6.

La mise en œuvre exacte des différentes politiques de l'innovation présentées dans les chapitres 3 à 6 variera en fonction du contexte national. Elle peut également dépendre du secteur ou de la technologie concernés, et des objectifs spécifiques définis en matière d'innovation. Le chapitre 7 s'intéressera à plusieurs aspects de la mise en œuvre des politiques de l'innovation, et examinera le programme d'action national en la matière (section 7.1), le rôle de l'innovation pour une croissance inclusive (section 7.2), notamment dans le domaine de la santé (section 7.3), ainsi que l'innovation dans le programme d'action pour une croissance verte (section 7.4). Une attention particulière sera également portée à l'innovation dans le secteur public (section 7.5), essentielle pour améliorer l'efficacité et l'efficience de l'administration, mais qui peut également contribuer à soutenir l'innovation dans l'ensemble de l'économie.

Le chapitre 8 sera consacré à la gouvernance et à la mise en œuvre des politiques en faveur de l'innovation. Compte tenu de leur diversité, il est important de veiller à l'alignement de toutes les politiques publiques qui ont des répercussions dans ce domaine, non seulement à l'échelon de l'administration centrale, mais également entre celle-ci et les administrations régionales et locales. L'élaboration et la mise en œuvre des politiques d'innovation nécessitent également de solides capacités au sein du secteur public, y compris pour renforcer la confiance dans l'action publique et veiller à ce que cette action reçoive le soutien de l'ensemble des acteurs.

Élaborer une stratégie nationale pour l'innovation est une chose, la mettre en œuvre en est une autre. Dans la formulation des politiques, il convient de reconnaître la complexité, le dynamisme et le caractère aléatoire de l'environnement au sein duquel elles interviennent, un environnement dans lequel l'action publique n'est pas toujours infaillible. Une volonté de procéder au suivi et à l'évaluation des politiques, et de tirer les enseignements de l'expérience pour adapter progressivement l'action publique peut contribuer à l'efficacité de celle-ci et l'aider à atteindre ses objectifs au moindre coût. En outre, la mise en œuvre des politiques repose sur un cadre institutionnel efficient et bien conçu, de solides capacités d'évaluation et de suivi, et une administration publique efficiente et compétente.

Enfin, il est important de voir que les politiques de l'innovation font partie d'un programme d'action plus large, qui cherche à atteindre une série d'objectifs de politique publique. Le renforcement de l'innovation peut contribuer à la réalisation de ces autres objectifs (en matière de croissance, par exemple), mais peut aussi avoir sur certaines d'entre eux des conséquences défavorables auxquelles il faudra éventuellement remédier par des mesures complémentaires, pour s'assurer que les bénéfices de l'innovation sont largement répartis, par exemple, ou pour s'attaquer aux problèmes spécifiques découlant d'une innovation puissante, comme des applications préjudiciables de certaines technologies. Gérer ces risques et y remédier lorsque cela est nécessaire fait donc partie aussi des grands défis que les politiques de l'innovation doivent relever. Ce point sera également abordé au chapitre 8.

Avant que l'on passe à un examen plus détaillé des politiques de l'innovation, le chapitre 2 brosse rapidement le tableau de l'innovation aujourd'hui.

Notes

1. R. M. Solow, (1987), « We'd better watch out », *The New York Times Book Review*, 12 juillet 1987, p. 36.
2. La manière dont la société utilise son capital naturel et produit des extrants indésirables constitue un autre facteur lié à l'innovation. Ce point est développé plus loin.
3. Le capital TIC et la croissance de la PMF, ensemble, représentent plus de la moitié de la croissance du PIB dans le graphique 1.2. Même si la croissance de la PMF comprend d'autres facteurs que l'innovation, le graphique 1.2 exclut la plupart des investissements dans le capital intellectuel – les investissements dans les logiciels étant intégrés dans la contribution du capital TIC – ainsi que les effets dynamiques de l'innovation sur la croissance et la productivité.
4. Une étude récente de l'OCDE (OCDE, 2015b) donne une évaluation complète de la croissance de la productivité dans l'avenir, ainsi que des différents leviers, notamment ceux liés à l'innovation, dont les pouvoirs publics disposent pour renforcer les performances en matière d'innovation.
5. De récents travaux de l'OCDE (OCDE, 2014b), par exemple, semblent indiquer que le coût de la pollution atmosphérique pour la société est bien plus important qu'on ne le pensait. Mesuré d'après le consentement à payer pour éviter les décès et les problèmes de santé liés à la pollution de l'air extérieur, ce coût s'élevait à environ 1 700 milliards USD en 2010 dans les pays de l'OCDE. Il a été estimé à 1 300 milliards USD pour la Chine uniquement, et à 500 milliards USD pour l'Inde.
6. Ce phénomène qui fait que « le gagnant rafle la mise » est également observable sur la répartition des bénéfices entre les entreprises, où les écarts se creusent, notamment dans les secteurs dans lesquels les entreprises investissent massivement dans les TIC.

7. Les effets de l'innovation sur l'emploi commencent aussi à apparaître dans les travaux de l'OCDE sur la croissance verte (OCDE, 2012). On constate par exemple que, d'un pays à l'autre, le passage à une économie sobre en carbone aura des effets différents sur l'emploi. Les pays qui possèdent des industries très polluantes et des marchés du travail rigides sont plus exposés à des effets préjudiciables que ceux dont le marché du travail offre une certaine souplesse et qui sont susceptibles de devenir des leaders mondiaux des technologies vertes. Globalement, on s'attend à ce que la redistribution des emplois au sein du marché du travail soit peu importante et n'ait guère d'incidence sur le niveau global de la demande d'emplois et de compétences.
8. Ce cadre a déjà été utilisé dans le contexte de la stratégie de l'OCDE pour une croissance verte et a été légèrement adapté pour les politiques de l'innovation (voir OCDE, 2011, annexe 1).
9. L'OCDE (OCDE, à paraître) examine les obstacles à une innovation à l'échelle du système, lorsque les politiques visent à résoudre des problèmes sociétaux complexes, dans des domaines tels que les villes intelligentes, la construction écologique, les transports ou le vieillissement en bonne santé, par exemple.
10. La nature de ces désavantages varie selon le cadre de réglementation existant. Dans certains cas, celui-ci est tel que les entreprises en place sont avantagées par rapport aux nouveaux entrants. Dans d'autres cas, l'absence d'un réseau de soutien peut empêcher le déploiement de technologies innovantes.

Références

Albrizio, S., et al. (2014), « Do Environmental Policies Matter for Productivity Growth? Insights from new cross-country measures of environmental policies », *Documents de travail du Département des affaires économiques de l'OCDE*, n° 1176, Éditions OCDE, Paris, *http://dx.doi.org/10.1787/5jxrjncjrcxp-en*.

Andrews, D. et C. Criscuolo (2013), « Knowledge-Based Capital, Innovation and Resource Allocation: A Going for Growth Report », *Documents d'orientation du Département des affaires économiques de l'OCDE*, n° 4, Éditions OCDE, *http://dx.doi.org/10.1787/5k46bh92lr35-en*.

BIS (Department for Business, Innovation and Skills) (2014), *The Case for Public Support of Innovation*, Ministère des Entreprises, de l'innovation et des compétences du Royaume-Uni, Londres.

Braconier, H., G. Nicoletti et B. Westmore (2014), « Policy Challenges for the Next 50 Years », *Documents d'orientation du Département des affaires économiques de l'OCDE*, n° 9, Éditions OCDE, *http://dx.doi.org/10.1787/5jz18gs5fckf-en*.

Brandt, N., P. Schreyer et V. Zipperer (2014), « Productivity measurement with natural capital and bad outputs », *Documents de travail du Département des affaires économiques de l'OCDE*, n° 1154, Éditions OCDE, Paris, *http://dx.doi.org/10.1787/5jz0wh5t0ztd-en*.

Corrado, C. et al. (2012), « Intangible capital and growth in advanced economies: Measurement methods and comparative results », *IZA Discussion Paper*, n° 6733, et projet INTAN-Invest sur l'investissement incorporel, *www.INTAN-Invest.net*.

Criscuolo, C., P. N. Gal et C. Menon (2014), « The Dynamics of Employment Growth: New Evidence from 18 Countries », *Document d'orientation de la Direction de la science, de la technologie et de l'industrie*, n° 14, Éditions OCDE, Paris, *http://dx.doi.org/10.1787/5jz417hj6hg6-en*.

Hausmann, R., A. Velasco et D. Rodrik (2008), « Growth diagnostics », in Stiglitz, J. et N. Serra (dir. pub.), *The Washington Consensus Reconsidered: Towards a New Global Governance*, Initiative for Global Governance Series C, Oxford University Press, Oxford.

OCDE (à paraître), *Synthesis Report on System Innovation*, Éditions OCDE, Paris.

OCDE (2015a), *OECD Compendium of Productivity Indicators 2015*, Éditions OCDE, Paris, *http://dx.doi.org/10.1787/pdtvy-2015-en*.

OCDE (2015b), *The Future of Productivity*, Éditions OCDE, Paris. *http://www.oecd.org/eco/growth/OECD-2015-The-future-of-productivity-book.pdf*.

OCDE (2015c), *Innovation Policies for Inclusive Development*, Éditions OCDE, Paris, *http://dx.doi.org/10.1787/9789264229488-en*.

OCDE (2014a), All on Board: Making Inclusive Growth Happen, Éditions OCDE, Paris, *http://dx.doi.org/10.1787/9789264218512-en*.

OCDE (2014b), *Le coût de la pollution de l'air. Impacts sanitaires du transport routier*, Éditions OCDE, Paris, DOI: *http://dx.doi.org/10.1787/9789264220522-fr*.

OCDE (2013), Supporting Investment in Knowledge Capital, Growth and Innovation, Éditions OCDE. *http://dx.doi.org/10.1787/9789264193307-en.*

OCDE (2012), « The Jobs Potential of a Shift Towards a Low-Carbon Economy », *OECD Green Growth Papers*, vol. 2012, n° 1, Éditions OCDE, Paris, *DOI: http://dx.doi.org/10.1787/5k9h3630320v-en.*

OCDE (2011), *Vers une croissance verte*, Études de l'OCDE sur la croissance verte, Éditions OCDE, Paris, *http://dx.doi.org/10.1787/9789264111332-fr.*

OCDE (2010), *La stratégie de l'OCDE pour l'innovation : Pour prendre une longueur d'avance*, Éditions OCDE, Paris, *http://dx.doi.org/10.1787/9789264084759-fr.*

OCDE (2004), *Les sources de la croissance économique dans les pays de l'OCDE*, Éditions OCDE, Paris, *http://dx.doi.org/10.1787/9789264299429-fr.*

OCDE (2000), *Une nouvelle économie ? : Transformation du rôle de l'innovation et des technologies de l'information dans la croissance*, Éditions OCDE, Paris, *http://dx.doi.org/10.1787/9789264282124-fr.*

OCDE/Eurostat (2005), *Manuel d'Oslo : Principes directeurs pour le recueil et l'interprétation des données sur l'innovation, 3e édition*, La mesure des activités scientifiques et technologiques, Éditions OCDE, Paris, *http://dx.doi.org/10.1787/9789264013124-fr.*

Schumpeter, J.A. (1942), *Capitalism, Socialism and Democracy*, Routledge, Londres.

Solow, R.M. (1987), « We'd better watch out », *The New York Times Book Review*, 12 juillet, p. 36.

L'impératif d'innovation
Contribuer à la productivité, à la croissance et au bien-être
© OCDE 2016

Chapitre 2

L'innovation aujourd'hui

L'innovation figure en bonne place parmi les priorités des décideurs publics et des autres acteurs du système d'innovation, mais son évolution est rapide. Côté offre, le rôle croissant de l'internet, les investissements dans le capital intellectuel et la mondialisation sont les principales forces sous-jacentes qui s'exercent sur l'innovation. Côté demande, différents facteurs, tels que les défis environnementaux et sociétaux (vieillissement de la population, inégalités) et ceux consécutifs au ralentissement de la croissance économique, ont également une incidence sur sa dynamique et son orientation. Le présent chapitre propose un bref aperçu de ces tendances et éléments moteurs récents.

Les données statistiques concernant Israël sont fournies par et sous la responsabilité des autorités israéliennes compétentes. L'utilisation de ces données par l'OCDE est sans préjudice du statut des hauteurs du Golan, de Jérusalem-Est et des colonies de peuplement israéliennes en Cisjordanie aux termes du droit international.

L'innovation n'a jamais occupé une place aussi élevée dans les priorités de tous les acteurs : pouvoirs publics, entreprises, universités, société civile, etc. Dans le même temps, les conditions dans lesquelles les activités d'innovation sont menées, tout comme les mécanismes et même la définition de l'innovation, subissent de profonds changements dans un contexte de transformations plus générales du monde. Côté offre, le rôle croissant de l'internet, les investissements dans le capital intellectuel et la mondialisation sont les principales forces sous-jacentes qui s'exercent sur l'innovation. Côté demande, différents facteurs, tels que les défis environnementaux et sociétaux (vieillissement de la population, inégalités) et ceux consécutifs au ralentissement de la croissance économique, ont également une incidence sur sa dynamique et son orientation. Le présent chapitre propose un bref aperçu de quelques tendances et éléments moteurs récents de l'innovation, sans toutefois prétendre à l'exhaustivité. D'autres indicateurs et des informations plus détaillées sont disponibles dans certains des rapports de l'OCDE parus récemment (OCDE, 2013a, 2014b, 2015a, 2015d, 2016).

2.1. L'investissement dans l'innovation est resté relativement soutenu

Dans l'ensemble, la faiblesse de la demande a freiné les investissements des entreprises, y compris dans les activités à forte intensité de savoir et la recherche-développement (R-D) (graphique 2.1). Les investissements dans les actifs physiques ont été plus lents à reprendre que ceux consacrés au capital intellectuel, notamment dans la R-D ou le logiciel, ce qui témoigne à la fois du rôle pivot des actifs intellectuels dans la compétitivité et de la réticence des entreprises à renforcer leur capacité de production. Les demandes déposées auprès des trois principaux offices de brevets, en Europe, aux États-Unis et au Japon donnent une autre indication sur l'activité d'innovation : elles ont augmenté après 2011, mais sont restées basses comparées aux niveaux antérieurs (OCDE, 2014a).

Dans la situation d'assainissement des finances publiques que connaissent de nombreux pays, les ressources publiques mobilisables ont baissé et les budgets de R-D ont souvent commencé à plafonner, voire à reculer (OCDE, 2014a). Sur la période 2008-09, les États ont partiellement compensé la baisse des dépenses de R-D des entreprises en augmentant le financement public, mais l'effet d'amortissement généré par la recherche publique durant la crise économique s'est estompé par la suite (graphique 2.2). L'intensité moyenne de R-D des économies de l'OCDE a toutefois continué de croître, passant de près de 2 % du produit intérieur brut (PIB) en 1995 à 2.4 % du PIB en 2013. Les dépenses de R-D des entreprises (DIRDE) constituent les deux tiers environ de ce chiffre, tandis que la part des dépenses de R-D du secteur de l'enseignement supérieur (DIRDES) a légèrement progressé, d'à peine plus de 16 % en 1995 à près de 18 % en 2013. La part des dépenses intérieures de R-D de l'État (DIRDET) a marqué un léger recul, passant de plus de 14 % en 1995 à 11 % en 2013 (graphique 2.2b).

Graphique 2.1. **L'investissement des entreprises dans les actifs intellectuels a repris plus tôt**

OCDE, index 2005 = 100

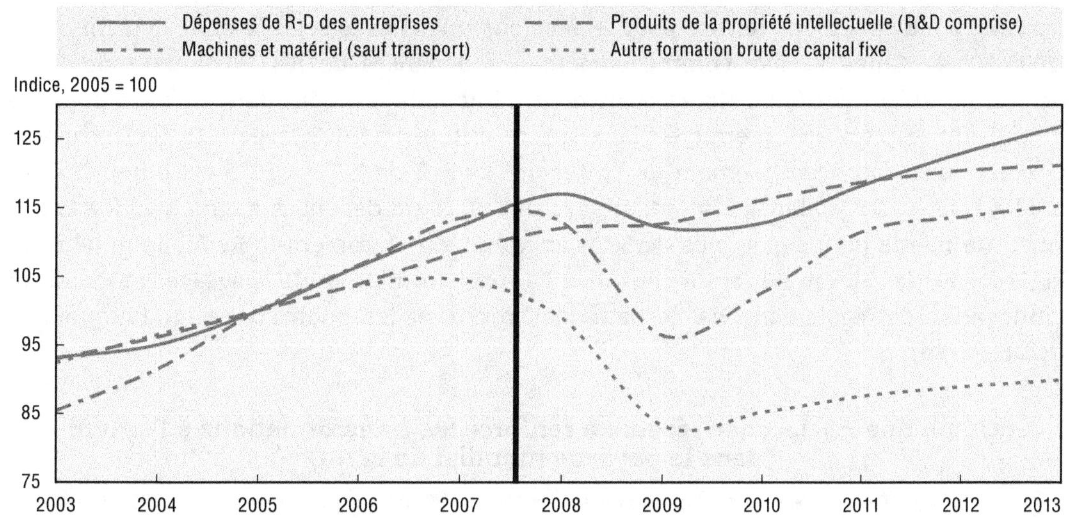

Source : OCDE (2015b), *Principaux indicateurs de la science et de la technologie 2014-II* ; OCDE (2015c), *base de données des Comptes nationaux des pays de l'OCDE, http://stats.oecd.org/*, consultée en mars 2015, d'après OCDE (2015d), *Science, technologie et industrie : Perspectives de l'OCDE 2014, www.oecd.org/fr/sti/perspectives.htm.*

Graphique 2.2. **Dépenses intérieures brutes de R-D par secteur d'exécution**

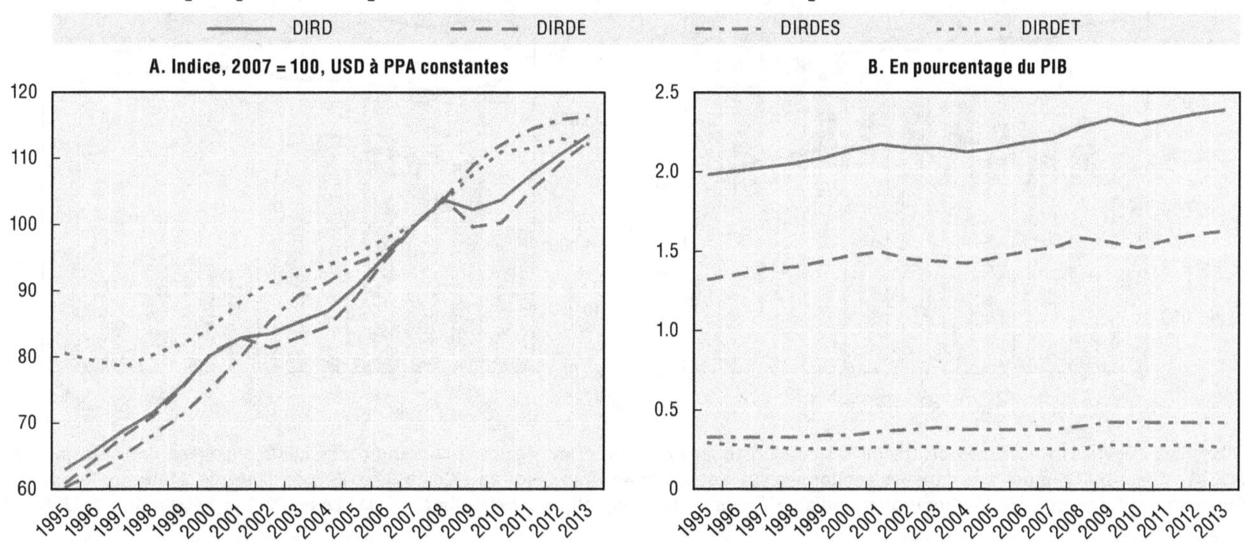

Note : PPA = parité de pouvoir d'achat.

Source : OCDE (2015b), *Principaux indicateurs de la science et de la technologie 2014-II, www.oecd.org/fr/sti/pist.htm.*

Les activités mondiales de R-D se déroulent de plus en plus souvent à l'extérieur de la zone OCDE, dont la part dans la R-D mondiale a baissé de façon régulière, passant de 90 % à 70 % au cours de la dernière décennie. La République populaire de Chine (ci-après « la Chine ») est bien partie pour conquérir la première place du classement mondial des dépenses de R-D d'ici à la fin de la décennie si les tendances actuelles se maintiennent (graphique 2.3). En effet, bien que ses dépenses aient progressé plus lentement qu'au cours de la période 2001-08, elles ont doublé sur la période 2008-12. L'intensité de R-D de la Chine est désormais au niveau de celle de l'Union européenne (UE28). L'essor de la Chine est entraîné par le dynamisme économique du pays et son engagement à long terme dans la science, la technologie et l'innovation. Dans son plan stratégique national à moyen et long termes pour le développement de la science et de la technologie (2006-20), la Chine se fixe comme objectif des dépenses de R-D à hauteur de 2.5 % de son PIB d'ici à 2020. En Corée également, l'intensité de R-D a fait un bond sensible, propulsant le pays à la première place sur ce critère en 2013, avec 4.15 %. Derrière la Corée, le plus fort accroissement de l'intensité de R-D de 2008 à 2013 est enregistré par la Slovénie (+0.96 %). Plusieurs autres pays ont vu leurs dépenses augmenter fortement sur cette même période, de plus de 50 % en volume, notamment la République tchèque, la Pologne, la Slovaquie et la Turquie. La transformation du paysage mondial de l'innovation est également visible dans les brevets et les publications (graphique 2.3 ; OCDE, 2015d).

Graphique 2.3. **La crise récente a renforcé les transformations à l'œuvre dans le paysage mondial de la R-D**

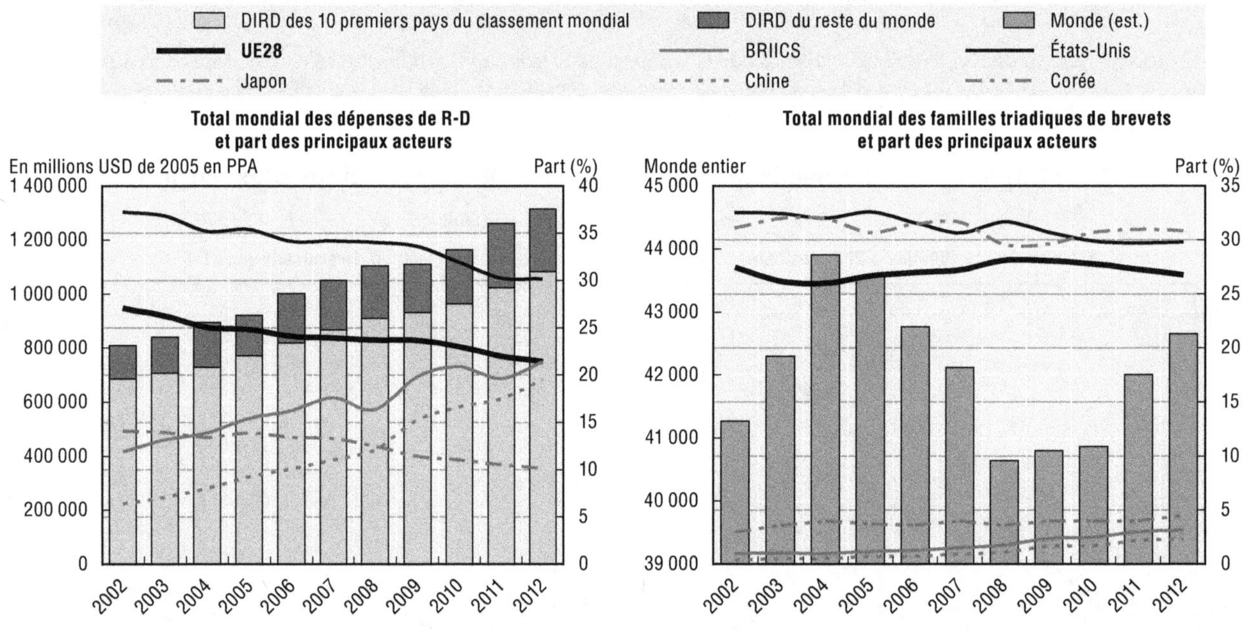

Note : Les dépenses mondiales brutes de R-D sont estimées comme étant égales à la somme des DIRD engagées dans les pays de l'OCDE et les BRIICS ainsi que dans les économies suivantes : Argentine, Colombie, Costa Rica, Égypte, Lettonie, Malaisie, Roumanie, Singapour et Taipei chinois. L'estimation mondiale s'élèverait donc à quelque 1 260 milliards USD PPA en 2011 et 1 400 milliards USD PPA en 2012.

Source : OCDE (2015d), *Science, technologie et industrie : Perspectives de l'OCDE - 2014*, Éditions OCDE, Paris, *http://dx.doi.org/10.1787/sti_outlook-2014-fr*.

Ces dix dernières années, nous avons assisté à une migration sans précédent de talents de l'Asie vers la zone OCDE, les immigrants asiatiques étant en moyenne plus qualifiés que les autres migrants et même, pour ce qui est des nouveaux arrivants, plus qualifiés que les nationaux des pays de l'OCDE. D'après les nouveaux indicateurs bibliométriques, toutefois, la Chine, la Corée et le Taipei chinois sont aussi devenus les principales destinations des auteurs scientifiques des États-Unis et enregistrent un gain net de cerveaux sur la période 1996-2011 (OCDE, 2015d). Dans le même temps, la croissance économique des pays formant le groupe des BRIICS (Brésil, Fédération de Russie, Inde, Indonésie, Chine et Afrique du Sud) s'est considérablement ralentie, faisant craindre que certains d'entre eux ne demeurent pris dans le « piège du revenu intermédiaire ». Les BRIICS s'efforcent donc de se recentrer sur des activités à plus forte valeur ajoutée, et changent de positionnement (à la fois vers l'amont et vers l'aval) dans les chaînes de valeur mondiales. L'innovation est la clé de la revalorisation des capacités. Les ressources de R-D industrielle se sont développées à un rythme rapide dans ces régions et la progression régulière des chiffres d'intensité de R-D indique une concurrence mondiale en augmentation dans les actifs de R-D.

Bien que la part des États-Unis, de l'Union européenne et du Japon dans la R-D, les dépôts de brevets et les publications scientifiques à l'échelle mondiale aille en déclinant, les États-Unis conservent une avance dans les secteurs les plus en pointe (technologies de l'information et des communications [TIC], biotechnologies) et tirent profit d'universités de renommée mondiale. Le Japon montre les signes d'un regain de dynamisme, mais ses entreprises ont du mal à reconstituer leurs capacités de R-D, et il a fallu attendre 2013 pour dépasser les niveaux de DIRDE de 2007 (avec une progression de 116 milliards USD à 121 milliards USD PPA). D'autres acteurs de premier plan ont vu leur intensité de R-D baisser depuis 2002 (dans la plupart des cas, ce recul s'est produit avant la crise). La Suède, l'Islande et le Canada ont enregistré les baisses les plus fortes. L'intensité de R-D des entreprises du groupe UE28 pris globalement (1.21 % en 2013) pèse sur les performances générales de la zone OCDE. Cela étant, les écarts entre pays européens sont allés en se creusant, certains pays se rapprochant de leur ratio R-D/PIB cible tandis que d'autres, en particulier dans le sud de l'Europe, accentuaient leur retard.

2.2. L'économie numérique continue de gagner du terrain

L'économie numérique est aussi l'un des principaux moteurs de l'innovation (OCDE, 2014). La proportion d'internautes dans les pays de l'OCDE est passée de moins de 60 % de la population adulte en 2005 à 80 % environ en 2013, atteignant même 95 % chez les jeunes, avec de forts contrastes d'un pays à l'autre de même qu'au niveau national. Dans la zone de l'OCDE, les jeunes de 15 ans consacrent en temps normal environ trois heures par jour à l'internet, qu'ils sont plus de 70 % à utiliser à l'école. Par ailleurs, 62 % des internautes fréquentent des réseaux sociaux et 35 % ont recours aux services d'administration électronique. Pas loin de la moitié des ressortissants des pays de l'OCDE achètent des biens et des services en ligne et près de 20 % des Britanniques, des Coréens, des Danois et des Suédois le font depuis un appareil mobile.

En 2014, 76 % des entreprises de la zone OCDE disposaient de leur propre site ou page web et 21 % proposaient des produits à la vente en ligne (graphique 2.4). Plus de 80 % des entreprises faisaient usage des services d'administration électronique (OCDE, 2014). En dépit de ces chiffres, on observe toujours de grandes différences dans l'utilisation des outils et des activités des TIC d'un pays à l'autre, ce qui laisse penser que la marge d'adoption et d'utilisation de ces technologies est encore importante (graphique 2.4).

L'accélération des débits, la baisse des prix et l'apparition des appareils intelligents ont encouragé le développement d'applications nouvelles, à forte intensité de données. Le nombre d'abonnés au haut débit hertzien a plus que doublé dans la zone de l'OCDE en tout juste quatre ans : en juin 2014, plus de trois personnes sur quatre disposaient d'un accès au haut débit avec leur abonnement de téléphonie mobile[1]. Le haut débit mobile s'est aussi démocratisé dans bon nombre de pays émergents et de pays moins avancés (OCDE, 2013a). Ainsi, en Afrique subsaharienne, le nombre d'abonnements a bondi de 14 millions à 117 millions entre 2010 et 2013.

Graphique 2.4. **Diffusion d'une sélection d'outils et d'activités des TIC dans les entreprises, 2014**

Pourcentage d'entreprises employant dix personnes et plus

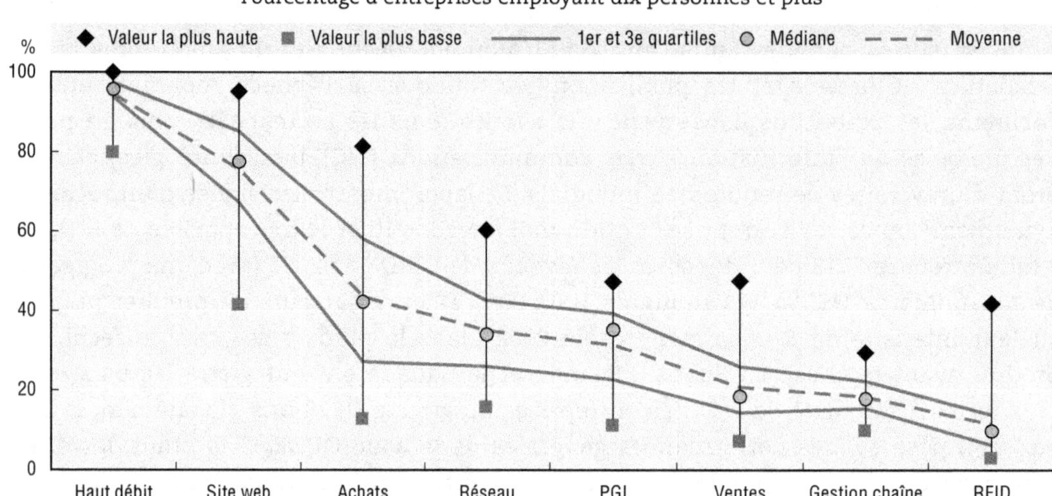

Note : PGI = progiciel de gestion intégré (ERP) ; EAD = échange automatique de données ; RFID = identification par radiofréquence.

Source : OCDE (2015a), *Perspectives de l'économie numérique de l'OCDE 2015*, Éditions OCDE, Paris, *http://dx.doi.org/10.1787/9789264243767-fr*.

On estime qu'en moins de deux ans, la part des pages consultées depuis un appareil mobile ou une tablette est passée de 15 % à 30 % du total des consultations. En 2013, plus de 75 % des utilisateurs actifs de Facebook se sont connectés au réseau social depuis un appareil mobile. De nets écarts subsistent cependant entre pays pour ce qui est des débits offerts et des prix pratiqués, y compris dans la zone OCDE. En décembre 2013, la proportion d'abonnés au très haut débit (supérieur à 10 mégabits par seconde [Mbit/s]) dans les pays de la zone allait de plus de 70 % à moins de 2 %. D'un pays de l'OCDE à l'autre, le prix payé par les utilisateurs de smartphones peut varier du simple au septuple pour un panier de services mobiles comparables.

Les industries productrices de TIC ainsi que les secteurs de l'édition, des médias numériques et de la création de contenus ont réalisé en 2011 près du quart des DIRDE totales de l'OCDE. En 2014, un tiers de l'ensemble des demandes de brevets déposées devant les principaux organismes compétents visaient des technologies liées aux TIC. Sur les dix dernières années, la proportion de brevets touchant l'extraction de données a plus que triplé ; elle a été multipliée par six pour la communication de machine à machine (M2M).

Nombreuses sont les technologies émergentes qui reposent sur des innovations dans le domaine des TIC. Dans les pays de l'OCDE, 25 % environ des brevets sur les TIC portent également sur d'autres domaines. Grâce aux TIC, l'accès aux inventions et aux innovations est meilleur, plus rapide et moins cher, la technologie faisant partie de la culture de masse. L'adoption généralisée du haut débit a ouvert aux utilisateurs un monde de contenus numériques. L'infonuagique a prouvé qu'elle pouvait contribuer fortement au développement de nouveaux services. Elle a nettement réduit les obstacles liés aux TIC auxquels se heurtaient les petites et les moyennes entreprises (PME), ce qui permet à celles-ci de se développer plus rapidement et d'innover. Les cours en ligne ouverts et massifs (MOOC) commencent à transformer l'enseignement supérieur, offrant un nouveau champ à l'informatique au service de l'apprentissage, ce qui pourrait fournir aux universités un retour d'information inédit.

Les données massives, quant à elles, pourraient ouvrir un espace d'innovation technologique et non technologique. La baisse du coût de la collecte, du stockage et de l'analyse de données, conjuguée au déploiement croissant des applications intelligentes des TIC, génère des quantités considérables de données qui peuvent devenir une ressource majeure pour l'innovation et les gains d'efficience, à condition que les problèmes de protection de la vie privée soient résolus. Cela pourrait aussi avoir pour avantage une amélioration de la R-D basée sur les données. Ainsi, le développement de techniques de deuxième génération intégrant des algorithmes d'extraction de données a fait chuter le coût de séquençage d'un génome humain, d'un million de dollars à mille dollars, en l'espace de cinq ans à peine (2009-14).

2.3. Les changements technologiques ne se limitent pas aux TIC

Les TIC ne sont pas les seules technologies caractérisées par un changement rapide. L'investissement dans la R-D réalisé par les plus grandes entreprises du monde se concentre sur un petit nombre de secteurs, notamment les produits pharmaceutiques et les biotechnologies, le matériel et les équipements technologiques, et l'automobile, qui représentent plus de la moitié du total. Les secteurs liés aux TIC et ceux liés à la santé demeurent parmi les plus dynamiques. Au cours de la dernière décennie, une accélération du progrès technologique (comme le montre la forte poussée enregistrée dans les dépôts de brevets) a pu être observée dans les domaines suivants (graphique 2.5) :

- atténuation du changement climatique (éclairage, énergie électrique, véhicules électriques et hybrides, production d'énergie, batteries et moteurs, par exemple)
- vieillissement, santé et sécurité alimentaire (chimie et biotechnologies, par exemple)
- gestion de l'information et des communications (y compris les infrastructures nécessaires aux données massives et aux paiements virtuels)
- nouveaux procédés de fabrication (chimie, nanotechnologies, matériaux composites, nouveaux matériaux, impression en 3D, technologie laser, etc.).

La convergence des TIC et des biosciences, des nanosciences et des sciences cognitives peut conduire à « la prochaine révolution industrielle ». Il faudra mobiliser une série de spécialités de façon à pouvoir mettre en œuvre une recherche pluridisciplinaire.

Graphique 2.5. **Accélération du brevetage de technologies, 1996-2001 et 2006-11**

Les 50 premiers co-développements, selon les classes de la CIB, en fonction de la vitesse de développement observée dans les années 2000

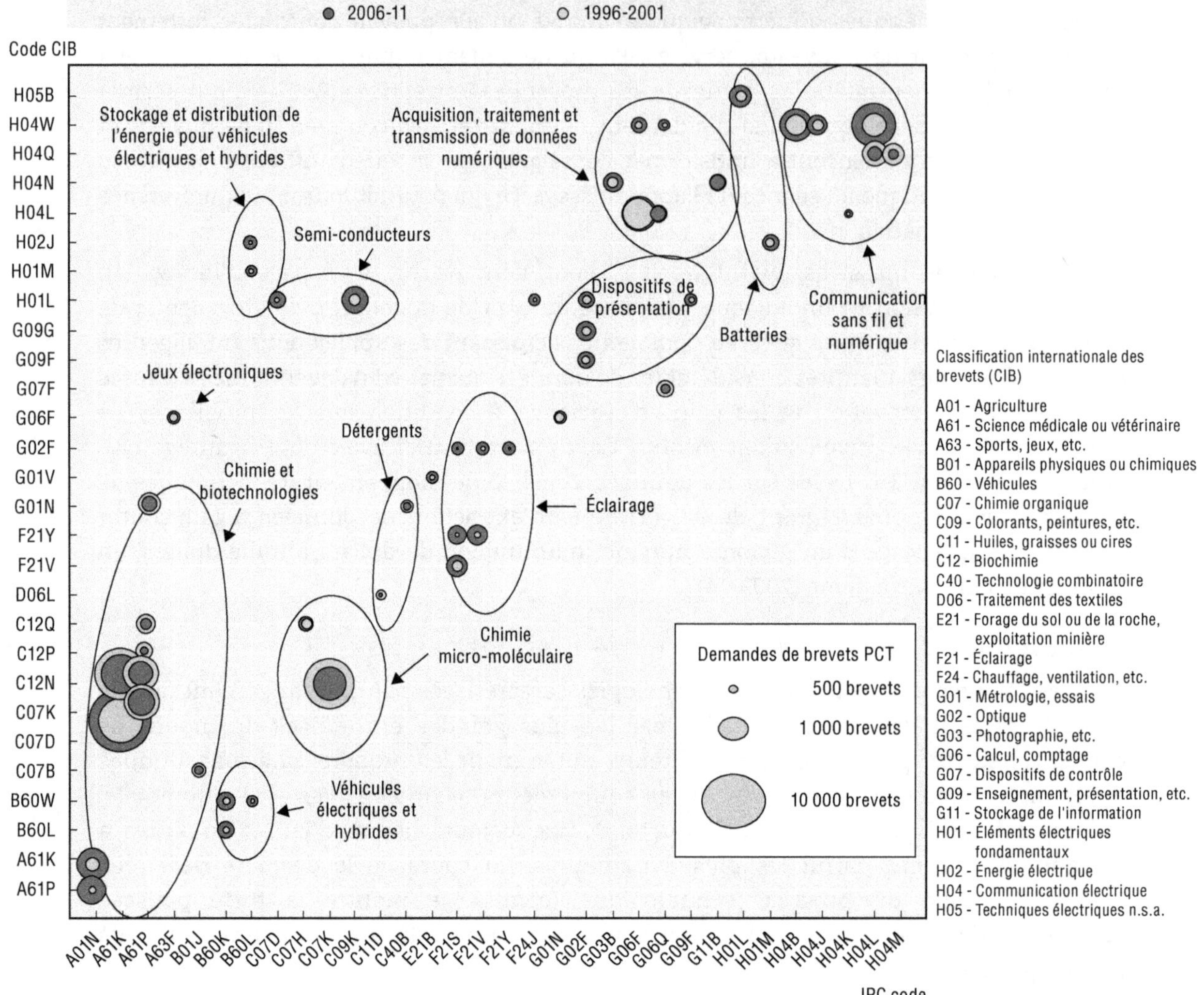

Source : OCDE (2013a), *Science, technologie et industrie : Tableau de bord de l'OCDE 2013*, Éditions OCDE, Paris, *http://dx.doi.org/10.1787/sti_scoreboard-2013-fr*.

2.4. L'innovation est un phénomène très large, aux multiples caractéristiques

Le progrès technologique est l'un des principaux moteurs du changement, mais l'innovation ne s'y réduit pas. Les données sur les entreprises révèlent des stratégies panachant différents types d'innovation (encadré 2.1) : les entreprises les plus innovantes introduisent de nouvelles méthodes de commercialisation ou d'organisation à côté d'innovations de produits ou de procédés, car celles-ci sont souvent complémentaires. De fait, de nouvelles méthodes d'organisation peuvent faciliter l'introduction d'un nouveau procédé de production ou même être imposées par le nouveau procédé, et ce tant pour les grandes entreprises que pour les PME, aussi bien dans le secteur manufacturier que dans les services.

Dans la plupart des pays, la proportion des entreprises qui innovent dans l'organisation et la commercialisation est relativement similaire entre grands secteurs (graphique 2.6), même si, en Islande et au Portugal, elle est sensiblement plus élevée dans les services (de 19.2 et 13.4 points de pourcentage, respectivement). En Israël et au Brésil, plus de 20 % du total des entreprises manufacturières et 30 % de celles des services n'ont introduit que des innovations d'organisation ou de commercialisation.

Encadré 2.1. **Définitions de l'innovation établies par l'OCDE**

L'édition actuelle du Manuel d'Oslo recense quatre types d'innovations :

- **L'innovation de produit :** l'introduction d'un bien ou d'un service nouveau ou sensiblement amélioré sur le plan de ses caractéristiques ou de l'usage auquel il est destiné. Cela inclut les améliorations sensibles des spécifications techniques, des composants et des matières, du logiciel intégré, de la convivialité ou d'autres caractéristiques fonctionnelles.
- **L'innovation de procédé :** la mise en œuvre d'une méthode de production ou de distribution nouvelle ou sensiblement améliorée. Cette notion implique des changements significatifs dans les techniques, le matériel et/ou le logiciel.
- **L'innovation de commercialisation :** la mise en œuvre d'une nouvelle méthode de commercialisation impliquant des changements significatifs de la conception ou du conditionnement, du placement, de la promotion ou de la tarification d'un produit.
- **L'innovation d'organisation :** la mise en œuvre d'une nouvelle méthode organisationnelle dans les pratiques, l'organisation du lieu de travail ou les relations extérieures de la firme.

Source : OCDE/Eurostat (2005), Manuel d'Oslo : *Principes directeurs pour le recueil et l'interprétation des données sur l'innovation, 3e édition*, Éditions OCDE, Paris, *http://dx.doi.org/10.1787/9789264013124-fr*.

L'innovation implique souvent une coopération, et un grand nombre d'entreprises, grandes et petites, font état d'une collaboration dans le cadre d'activités d'innovation. Il peut s'agir de codévelopper leurs innovations avec d'autres sociétés, d'acquérir des services (de R-D ou de conception) ou des droits d'exploitation de l'invention d'un tiers, ou simplement d'imiter des innovations conçues et adoptées ailleurs. Dans la plupart des pays, plus de 30 % des entreprises faisant de l'innovation de service ont fait appel à une forme ou une autre de développement externe entre 2008 et 2010 (OCDE, 2013a). Les grandes entreprises sont nettement plus susceptibles de collaborer sur des projets d'innovation que les PME. Dans les deux tiers des pays étudiés, entre 20 % et 40 % des PME innovantes travaillent en collaboration. Pour les grandes entreprises innovantes, ce taux varie de plus de 70 % au Royaume-Uni, en Autriche, en Belgique, en Finlande, au Danemark et en Slovénie, à moins de 30 % au Brésil, au Mexique et au Chili.

De façon générale, les entreprises actives en R-D ont tendance à collaborer plus fréquemment en matière d'innovation que celles qui ne le sont pas. Quant aux travaux en collaboration avec des universités ou avec des établissements publics de recherche, ils constituent une source importante de transfert de connaissances pour les grandes entreprises essentiellement. Dans la plupart des pays, celles-ci sont deux à trois fois plus susceptibles que les PME d'engager une telle collaboration. Les entreprises collaborent plus souvent avec d'autres acteurs du marché, notamment leurs fournisseurs et leurs clients. Pour les grandes entreprises, les fournisseurs jouent un rôle prépondérant compte tenu de l'intégration croissante le long des chaînes de valeur. En Finlande, au Royaume-Uni, en Corée, en Afrique du Sud et en Islande, la collaboration avec les clients est tout aussi importante, voire plus encore, que ce soit pour les grandes entreprises ou pour les PME, ce qui signale le poids croissant de l'innovation induite par l'utilisateur.

Graphique 2.6. **Innovation dans le secteur manufacturier et dans les services, 2008-10**

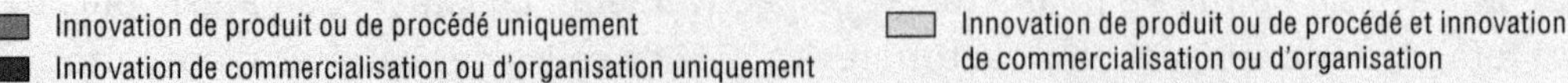

Secteur manufacturier, en pourcentage de l'ensemble des entreprises manufacturières

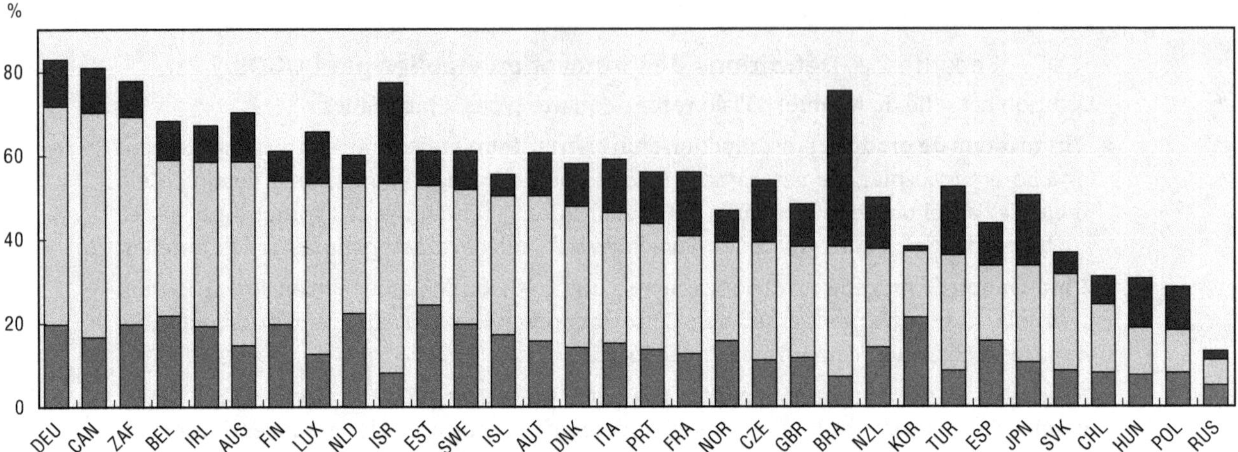

Secteur des services, en pourcentage de l'ensemble des entreprises de services

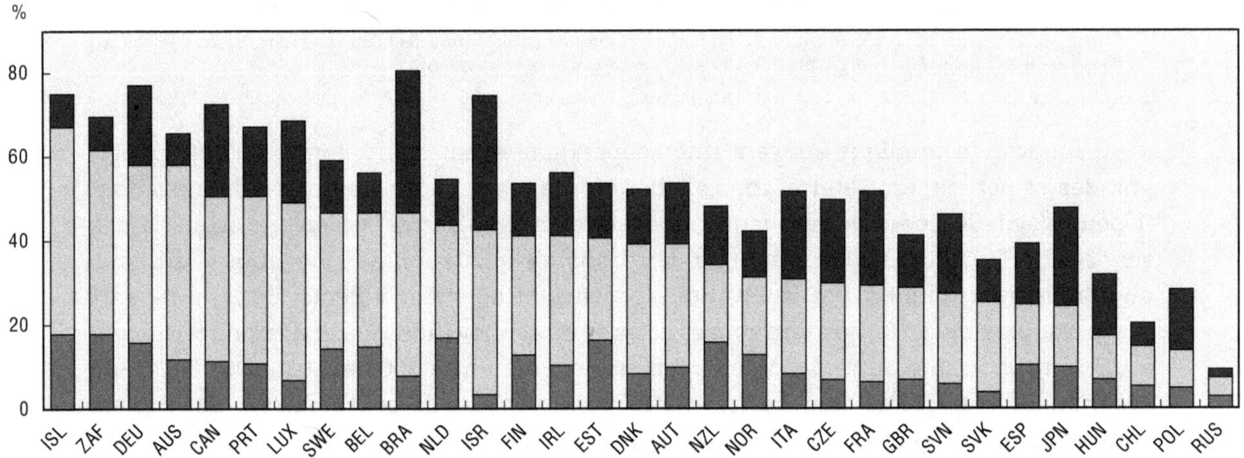

Source : OCDE (2013a), *Science, technologie et industrie : Tableau de bord de l'OCDE 2013*, Éditions OCDE, Paris, *http://dx.doi.org/10.1787/sti_scoreboard-2013-fr*.

La coopération autour de l'innovation ne s'arrête pas aux frontières nationales. Pour innover, les entreprises ont intérêt à collaborer avec des partenaires étrangers car elles ont ainsi accès à moindre coût à des ressources et à des connaissances plus vastes et peuvent partager les risques. Les formes et degrés d'interaction sont très divers et vont du simple flux unidirectionnel d'informations jusqu'à l'accord officiel hautement interactif. La taille semble constituer un déterminant majeur de la collaboration internationale : quel que soit le taux global de collaboration internationale, les grandes entreprises sont bien plus susceptibles que les PME de choisir cette forme d'interaction, en particulier en Allemagne, au Portugal et en Italie.

Le degré de collaboration internationale varie largement d'un pays à l'autre. En Russie et au Brésil, la collaboration en matière d'innovation est essentiellement nationale. Dans la majorité des pays, les parts respectives des partenaires nationaux et étrangers sont plus équilibrées. Enfin, dans de petites économies ouvertes – Luxembourg, République slovaque, Slovénie et Estonie –, les entreprises privilégient la collaboration internationale, un phénomène qui pourrait être lié à des facteurs tels que la spécialisation sectorielle, les faibles possibilités de collaboration au plan national et, parfois, la proximité de pôles de savoir extérieurs.

La collaboration interinstitutionnelle est une caractéristique presque universelle des activités de recherche menées à l'échelon national et, de plus en plus, international. Ce trait est confirmé par l'analyse des affiliations et des lieux d'origine des co-auteurs et des co-inventeurs dans les publications scientifiques et les documents de brevets (graphique 2.7). Le co-autorat international semble plus répandu pour les publications scientifiques que pour les inventions brevetées, sauf en Inde et en Pologne. Les petits pays misent davantage sur la collaboration internationale en raison notamment, peut-on penser, du besoin qu'ils ont de pallier des possibilités nationales de collaboration limitées, mais aussi, dans certains cas, à cause de l'éventuelle proximité (et pas seulement géographique) de centres de savoir situés à l'étranger.

Graphique 2.7. **Collaboration internationale en science et innovation, 2007-11**

Co-autorat et co-inventions, en pourcentage des publications scientifiques et des demandes de brevets en vertu du PCT

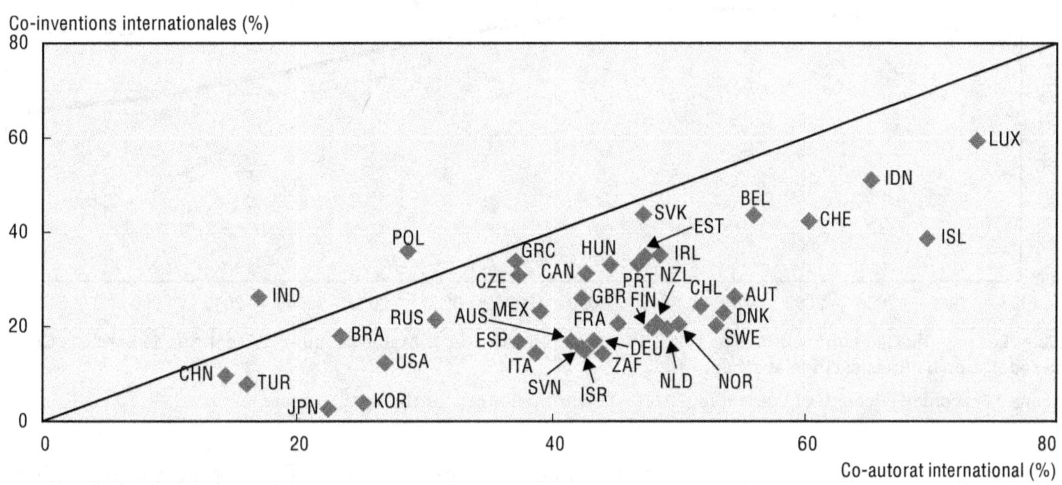

Source : OCDE (2013a), *Science, technologie et industrie : Tableau de bord de l'OCDE 2013*, Éditions OCDE, Paris, *http://dx.doi.org/10.1787/sti_scoreboard-2013-fr*.

2.5. Des enjeux sociaux et environnementaux de grande ampleur influent sur la demande d'innovation

Les activités d'innovation répondent à une série de demandes émergentes qui les induisent et façonnent les marchés. Ces demandes d'envergure mondiale, qui déterminent pour une grande part les possibilités et les défis futurs, influeront de plus en plus sur le mode d'organisation de l'innovation, sa répartition géographique et les types de produits et de services demandés. Quoique déjà présentes et à l'œuvre dans l'évolution actuelle, ces tendances transformatrices mondiales pourraient avoir un effet décisif sur l'innovation dans les économies de l'OCDE et au-delà.

L'évolution démographique, touchant la taille et la composition de la population, par exemple, devrait avoir dans l'avenir une nette incidence sur les activités de production, en raison de facteurs de l'offre comme de la demande. Les projections indiquent que, dans les 50 années à venir, le vieillissement résultant de la baisse des taux de fécondité et de la généralisation des gains de longévité se traduira par un recul de la population en âge de travailler (15-74 ans) par rapport à la population totale (graphique 2.8), et donc par une hausse des taux de dépendance des personnes âgées. Outre ses effets macroéconomiques – offre de travail réduite, pression budgétaire accrue dans certains secteurs et main-d'œuvre vieillissante –, ce phénomène entraînera aussi des inadéquations, voire des pénuries, de qualifications. Une population vieillissante peut aussi faire évoluer la demande de produits et de services particuliers (dans le domaine de la santé, par exemple) des consommateurs, en corrélation avec des changements dans les goûts, les niveaux de revenu et la taille et la composition des ménages.

Graphique 2.8. **Population en âge de travailler (15-74 ans) en pourcentage de la population totale, 1990-2060**

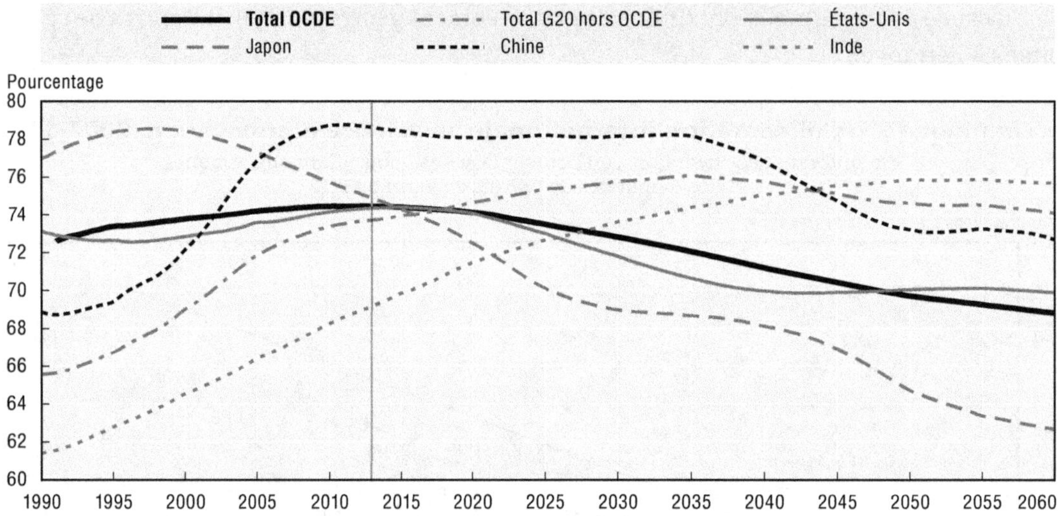

Total OCDE; Total G20 hors OCDE; États-Unis; Japon; Chine; Inde

Pourcentage

Note : Les pays du G20 non membres de l'OCDE sont l'Afrique du Sud, l'Arabie saoudite, l'Argentine, le Brésil, la Chine, la Fédération de Russie, l'Inde et l'Indonésie.

Source : Braconier, Nicoletti et Westmore (2014), « Policy challenges for the next 50 years ».

Le profil de la demande internationale évoluera, sous l'influence conjuguée d'une population en hausse et d'une prospérité générale croissante dans les économies émergentes. Dans ces mêmes économies, de plus en plus souvent, les flux de migrants à l'intérieur du pays (des zones rurales vers les villes) et de migrants internationaux (vers d'autres pays, comme les pays développés) iront aussi en augmentant. Selon les estimations, entre 2010 et 2030, la population urbaine va croître, en Asie, de 1.36 milliard à 2.64 milliards d'individus, tandis qu'en Afrique, elle passera de 294 millions à 742 millions, et en Amérique latine et aux Caraïbes, de 394 millions à plus de 600 millions (Nations Unies, 2011). Cette urbanisation croissante sera source de défis sociétaux majeurs auxquels devra s'adapter la production, non seulement en termes d'implantation géographique, mais aussi en apportant des solutions de logement ou de mobilité, par exemple (ONUDI, 2013).

L'exigence de durabilité aussi est un important moteur de changement. La demande de certaines ressources naturelles croissant plus vite que les approvisionnements disponibles et futurs, des pénuries sont prévisibles dans de nombreuses régions du monde. La question du pic pétrolier (c'est-à-dire le moment où la production mondiale de pétrole commencera à décliner) fait l'objet de débats passionnés depuis quelques années, en raison de la découverte d'huile (et de gaz) de schiste. Cependant, le problème des ressources mondiales ne se réduit pas au pétrole, puisque les déséquilibres entre l'offre et la demande se creusent aussi en ce qui concerne l'énergie au sens large, l'eau, les stocks de poissons, les minéraux (zinc ou indium, par exemple) et même l'alimentation.

L'augmentation de la population et la croissance économique vont aussi accentuer la demande de ressources dans le monde entier, aggravant encore le problème. Les enjeux du changement climatique auront en outre un retentissement majeur sur les économies et les sociétés lorsque les températures moyennes auront augmenté du fait de la concentration toujours plus forte de gaz à effet de serre dans l'atmosphère. La demande que la chaîne de valeur/d'approvisionnement/de production gagne en durabilité et la pression exercée dans ce sens ne cessent de croître, et les nouvelles technologies devraient contribuer à relever ces défis. Les activités productives (tout au moins certaines d'entre elles) consommant une grande quantité d'énergie et de ressources, le développement de produits et de procédés durables va prendre de l'importance.

La mondialisation et l'émergence de chaînes de valeur mondiales ont entraîné une interconnexion croissante des pays, matérialisée par des flux considérables de biens, de services, de capitaux, de personnes et de technologies. La réduction des obstacles au commerce et à l'investissement, la chute des coûts de transport et les avancées des TIC ont facilité la délocalisation de certaines activités dans des pays plus lointains. Simultanément, les chaînes de valeur mondiales ont permis à des pays de s'intégrer plus rapidement dans l'économie mondiale. Avec le temps, ces phénomènes ont entraîné un allongement et une complexification des chaînes de valeur mondiales, les processus de production se répartissant dans un nombre croissant de pays, et de plus en plus souvent dans des économies émergentes. Les travaux de l'OCDE donnent à penser que cette intégration commerciale mondiale va aller en s'approfondissant dans les 50 prochaines années (graphique 2.9), à mesure que les coûts de transport continueront de baisser et que les

Graphique 2.9. **La part des exportations dans le PIB va continuer de croître**

(Exportations en pourcentage du PIB)

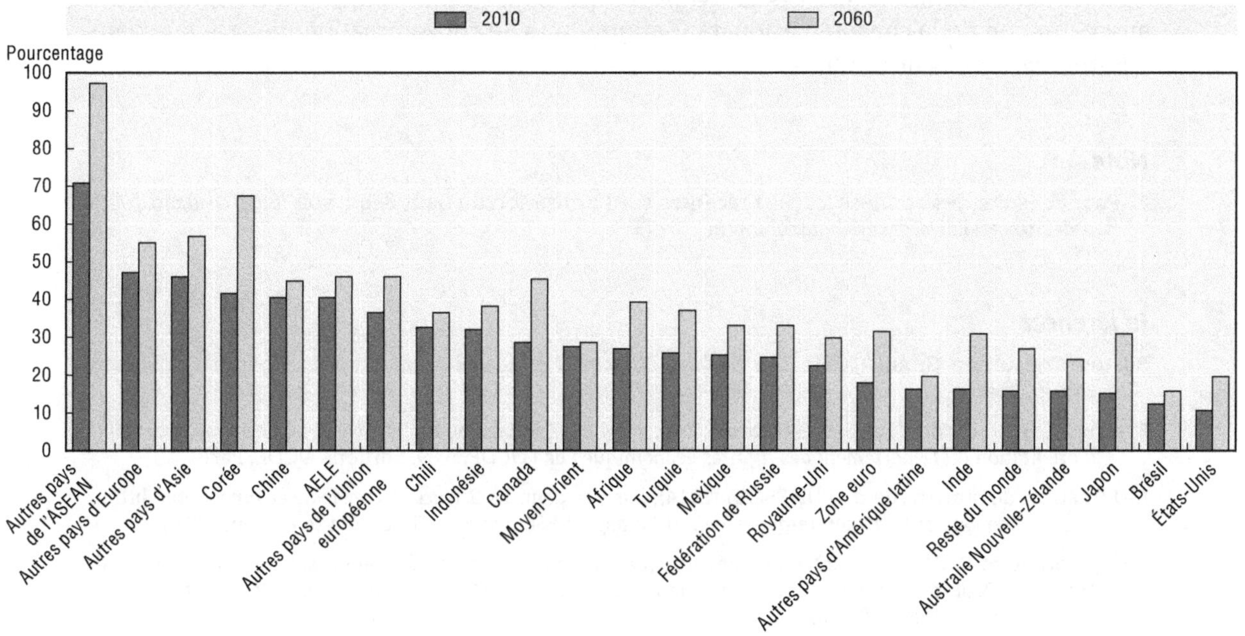

Source : Braconier, Nicoletti et Westmore (2014), « Policy challenges for the next 50 years ».

obstacles au commerce seront levés en application des accords commerciaux déjà signés (Johansson et Olaberría, 2014). Néanmoins, en l'absence de nouveaux accords visant à réduire les obstacles aux échanges, les coûts de transaction et les obstacles réglementaires, le rythme de l'intégration devrait ralentir (Braconier, Nicoletti et Westmore, 2014).

La relocalisation d'activités suscite un intérêt croissant depuis quelques années. Dans un proche avenir, un certain nombre de facteurs de l'offre pourraient inciter les entreprises à rapprocher leurs activités de leurs marchés principaux, ce qui redessinera la carte des chaînes de valeur mondiales dans certains secteurs (OCDE, 2013b). Les augmentations de salaire (dans l'est de la Chine, par exemple) amenuisent rapidement l'avantage lié au coût du travail dans les économies émergentes, tandis que l'allongement et la complexification des chaînes de valeur mondiales exposent les entreprises à un risque d'approvisionnement croissant en cas de crises (catastrophes naturelles, instabilité politique, conflits armés, etc.). À cela s'ajoutent les problèmes de gestion, de logistique et d'exploitation, au nombre desquels la protection des droits de propriété intellectuelle, qui se sont souvent traduits par des coûts « cachés » (c'est-à-dire non pris en compte dans la décision de délocalisation) notables et ont parfois entamé, voire annulé, la rentabilité de la délocalisation (Boston Consulting Group, 2014).

Les facteurs de la demande, en revanche, resteront en faveur d'une implantation des activités de production dans les économies émergentes. Ainsi la Chine et l'Inde, parce qu'ils sont les deux pays les plus peuplés du monde et que le taux de croissance de leur PIB est élevé, se transforment rapidement en d'importants marchés pour les entreprises de nombreux secteurs. Alors que, jusqu'ici, la demande mondiale était concentrée dans les économies (riches) de la zone OCDE, une classe moyenne est en train d'apparaître en Chine et en Inde. À l'échelle mondiale, cette classe moyenne pourrait ainsi passer de 1.8 milliard de personnes à 3.2 milliards d'ici à 2020 et à 4.9 milliards à l'horizon 2030, et 85 % de cette croissance devrait avoir lieu en Asie (Kharas, 2010). En 2000, 10 % seulement des dépenses de la classe moyenne mondiale se faisaient en Asie (à l'exclusion du Japon), mais ce pourcentage pourrait atteindre 40 % en 2040 et près de 60 % à plus long terme. D'après les prévisions, l'augmentation des revenus dans les économies émergentes conduira à une augmentation de la consommation, tant en produits de consommation de base que dans d'autres catégories de produits.

Note

1. Pour consulter les données les plus récentes sur l'utilisation du haut débit, voir *www.oecd.org/fr/sti/hautdebit/portaildelocdesurlehautdebit.htm*.

Références

Boston Consulting Group (2014), *The Shifting Economics of Global Manufacturing*, Boston Consulting Group, Boston.

Braconier, H., G. Nicoletti et B. Westmore (2014), « Policy Challenges for the Next 50 Years », *Documents d'orientation du Département des affaires économiques de l'OCDE*, n° 9, Éditions OCDE, Paris.

ISU (Institut de statistique de l'UNESCO) (2014), *base de données Science, Technologie et Innovation*, *http://www.uis.unesco.org/datacentre/pages/defaultFR.aspx?SPSLanguage=FR* (consulté en juin 2014).

Johansson, Å. et E. Olaberría (2014), « Long-term patterns of trade and specialisation », *Documents de travail du Département des affaires économiques de l'OCDE*, n° 1136, Éditions OCDE, Paris, *http://dx.doi.org/10.1787/5jz158tbddbr-en*.

Kharas, H. (2010), « The emerging middle class in developing countries », *Documents de travail du Centre de développement de l'OCDE*, n° 285, Éditions OCDE, Paris, *http://dx.doi.org/10.1787/5kmmp8lncrns-en*.

Nations Unies (2011), *Perspectives de la population mondiale*, révision 2010, Nations Unies, New York.

OCDE (2016), *Science, technologie et industrie : Tableau de bord 2015*, Éditions OCDE, Paris, *http://dx.doi.org/10.1787/sti_scoreboard-2015-fr*.

OCDE (2015a), *Perspectives de l'économie numérique 2015 de l'OCDE*, Éditions OCDE, Paris, *http://dx.doi.org/10.1787/9789264243767-fr*.

OCDE (2015b), *Principaux indicateurs de la science et de la technologie 2014-II*, Éditions OCDE, Paris, *http://www.oecd.org/sti/msti.htm*.

OCDE (2015c), *Base de données des Comptes nationaux des pays de l'OCDE*, *http://stats.oecd.org/* (consulté en mars 2015).

OCDE (2015d), *Science, technologie et industrie : Perspectives de l'OCDE 2014*, Éditions OCDE, Paris, *http://dx.doi.org/10.1787/sti_outlook-2014-fr*.

OCDE (2014), *Measuring the Digital Economy: A New Perspective*, Éditions OCDE, Paris, *http://dx.doi.org/10.1787/9789264221796-en*.

OCDE (2013a), *Science, technologie et industrie : Tableau de bord de l'OCDE 2013*, Éditions OCDE, Paris, *http://dx.doi.org/10.1787/sti_scoreboard-20-13-fr*.

OCDE (2013b), *Lutter contre l'érosion de la base d'imposition et le transfert de bénéfices*, Éditions OCDE, Paris, *http://dx.doi.org/10.1787/9789264192904-fr*.

OCDE/Eurostat (2005), *Manuel d'Oslo : Principes directeurs pour le recueil et l'interprétation des données sur l'innovation*, 3e édition, La mesure des activités scientifiques et technologiques, Éditions OCDE, Paris, *http://dx.doi.org/10.1787/9789264013124-fr*.

ONUDI (Organisation des Nations Unies pour le développement industriel) (2013), *Emerging Trends in Global Manufacturing Industries*, ONUDI, Vienne.

© OCDE 2016

Chapitre 3

Promouvoir les talents et les compétences

Les politiques susceptibles d'influer sur les différents moteurs de l'innovation sont nombreuses. Celles qui visent à s'assurer d'une main-d'œuvre qualifiée, capable de concevoir des idées et des technologies nouvelles, de les commercialiser, et de s'adapter aux changements technologiques à l'œuvre dans la société, sont parmi les plus importants instruments en faveur de l'innovation. Les personnes qualifiées génèrent des connaissances qui peuvent servir à créer et mettre en œuvre des innovations, mais les compétences sont également cruciales pour aider l'économie et la société à absorber les innovations. Les politiques de l'innovation axées sur le capital humain doivent s'intéresser à une large palette de compétences et contribuer à créer un environnement qui permette aux individus de choisir et d'acquérir les qualifications appropriées, ainsi que de les utiliser de façon optimale dans le cadre professionnel. Il faut pour cela inciter davantage les établissements à améliorer la qualité et la pertinence de leur enseignement, et soutenir la formation au niveau de l'entreprise. Les responsables de l'élaboration des politiques doivent aussi évaluer l'attrait des carrières dans la recherche universitaire, et améliorer celles-ci si nécessaire. Il faut en outre lever les obstacles à la participation des femmes aux activités scientifiques et entrepreneuriales. Enfin, les politiques doivent faciliter le développement de liens et de réseaux entre les chercheurs de tous pays.

3.1. Un cadre stratégique pour les politiques de l'innovation

Les politiques susceptibles d'influer sur les différents moteurs de l'innovation sont nombreuses et peuvent aider les pouvoirs publics à orienter et renforcer la contribution de cette dernière aux performances économiques et au bien-être social. Ces *politiques en faveur de l'innovation* sont bien plus vastes que ce que l'on considère souvent comme des politiques de l'innovation au sens strict – mesures de soutien de la recherche-développement (R-D) des entreprises, financement du capital-risque, etc. Les travaux de l'OCDE donnent à penser que l'innovation prospère dans un environnement caractérisé par les éléments décrits ci-après et qui seront tous analysés en détail dans la suite de ce rapport.

- **Une main-d'œuvre qualifiée,** capable de concevoir des idées et des technologies nouvelles, de les commercialiser et de s'adapter aux changements technologiques à l'œuvre dans la société (chapitre 3). Il est donc de la plus haute importance, pour favoriser l'innovation, de réformer les systèmes d'enseignement et de formation et, plus généralement, les politiques d'amélioration des compétences. Cela comprend les mesures visant les diplômés en science, technologies, ingénierie et mathématiques (STIM), mais ne doit pas se limiter à ce groupe et chercher au contraire à couvrir une plus large palette de qualifications. On n'oubliera pas non plus que la mobilité internationale des talents joue un rôle de plus en plus grand lorsqu'il s'agit de satisfaire les besoins émergents en compétences et de faciliter la création et le transfert de savoirs, d'où l'importance croissante des politiques de soutien à cet égard.
- **Un environnement économique** sain qui favorise l'investissement dans la technologie et le capital intellectuel et qui permette aux entreprises innovantes de mettre à l'essai des idées, des technologies et des modèles économiques nouveaux et les aide à se développer, à accroître leur part de marché et à monter en puissance (chapitre 4). L'analyse empirique de ces questions menée par l'OCDE a montré que les performances en matière d'innovation pouvaient être améliorées par des réformes structurelles des marchés de produits (en encourageant la concurrence et en permettant l'entrée de nouveaux acteurs) ; des marchés du travail (en favorisant une meilleure affectation des ressources) ; et des marchés financiers (en aidant à trouver des fonds pour les investissements risqués). La réglementation doit favoriser plutôt qu'étouffer l'innovation. Les économies doivent aussi s'ouvrir davantage au commerce, à l'investissement, aux flux de connaissances et aux personnes, sachant que l'innovation ne connaît pas de frontières.
- **Un système robuste et efficient de création et de diffusion de connaissances,** dédié à une quête systématique des connaissances fondamentales et à leur diffusion dans la société par divers mécanismes, notamment les ressources humaines, le transfert de technologies et la création de marchés de la connaissance (chapitre 5). Il est donc essentiel, pour renforcer les performances en matière d'innovation, de disposer d'universités et d'établissements publics de recherche puissants et bien administrés, et de mécanismes

susceptibles d'encourager et de faciliter le dialogue des institutions et de l'économie du savoir avec la société. Tout aussi essentiel, l'investissement dans les infrastructures de la connaissance, notamment les réseaux haut débit et autres réseaux numériques, qui jouent un rôle critique dans la coopération et la mise en place de nouvelles plateformes d'innovation. Là encore, la création de connaissances et l'innovation intervenant toutes deux à l'échelle mondiale, les politiques qui visent une meilleure articulation de la science et des activités d'innovation dans le monde occupent une place cruciale dans le programme d'action publique en faveur de l'innovation.

- **Des politiques qui encouragent les entreprises à lancer des projets d'innovation et des activités entrepreneuriales** (chapitre 6). Il est souvent nécessaire de recourir à des politiques plus ciblées pour venir à bout de divers obstacles à l'innovation. Le dosage macroéconomique approprié pourrait comprendre des incitations fiscales à investir dans la R-D, un soutien public direct au moyen de dons, de subventions et de concours d'innovation, et des politiques visant à faciliter la coopération et la mise en réseau, mais aussi des incitations indirectes par l'intermédiaire des marchés publics, et d'autres politiques dites « de la demande ». Les mesures de ce type peuvent aider à renforcer les marchés de l'innovation et à orienter celle-ci sur des défis et des possibilités spécifiques, comme la croissance verte. Elles comportent souvent des politiques mises en œuvre à l'échelon régional ou local. Des consommateurs bien informés, dynamiques, engagés et qualifiés revêtent également de plus en plus d'importance pour l'innovation.

3.2. Rôle du capital humain dans l'innovation

En matière d'innovation, rares sont les déclarations d'orientation qui n'insistent pas sur l'importance du capital humain. L'une des raisons à cela est la corrélation positive, bien établie empiriquement, entre le capital humain – les connaissances théoriques et pratiques détenues par les travailleurs – et les revenus, la productivité et la croissance. Depuis le milieu des années 80, les recherches sur la croissance macroéconomique se sont intensifiées, bénéficiant de nouveaux éclairages théoriques – en particulier la théorie de la croissance endogène – qui mettent en avant le rôle du capital humain. On a de nombreuses raisons de s'attendre à un effet favorable du capital humain sur la croissance : une meilleure éducation favorise le progrès technologique et accroît la capacité à absorber les innovations qui voient le jour à l'étranger. (Le capital humain peut également stimuler la croissance par des voies non technologiques. Si l'éducation améliore la santé, par exemple, il est possible que les travailleurs soient plus productifs et demeurent actifs plus longtemps.) L'OCDE (2013a) a récemment démontré l'importance que revêtait, pour la croissance et la productivité de ses pays membres, l'augmentation des investissements des entreprises dans une série d'actifs incorporels – des logiciels aux modèles, en passant par de nouvelles formes d'organisation interne. Ces actifs incorporels sont souvent une manifestation directe du capital humain : les logiciels, par exemple, sont la conversion de connaissances humaines en code. L'accroissement des investissements des entreprises dans les actifs incorporels a été rendu possible par l'élévation des niveaux d'instruction et l'investissement dans les compétences.

Dans certains pays, les décideurs publics craignent également que les systèmes d'enseignement et de formation n'exploitent peut-être pas tout le potentiel de progrès que représentent la science, la recherche et l'innovation – par exemple que trop peu d'étudiants se dirigent vers la science et l'ingénierie[1]. En outre, dans la zone OCDE, l'évolution rapide de différents pans de l'économie – souvent associée au changement technologique – peut déboucher sur des pénuries de qualifications. Pour prendre un exemple récent, en 2011, McKinsey and Company faisaient état d'un manque de cadres de direction et d'analystes capables de se faire une idée claire des utilisations commerciales possibles des « données massives » (McKinsey and Company, 2011). Les responsables de l'élaboration des politiques souhaitent évidemment que les déséquilibres entre l'offre et la demande de compétences qui découlent du progrès technologique soient rapidement corrigés.

Les effets de la technologie sur l'inégalité des rémunérations donnent une autre raison aux pouvoirs publics de s'intéresser au capital humain. En effet, l'analyse de l'OCDE montre que le changement technologique favorisant la main-d'œuvre qualifiée est le facteur le plus déterminant de l'accroissement des inégalités dans les revenus du travail (OCDE, 2011a). La valorisation du capital humain apparaît clairement comme une composante centrale de l'action publique face à ce phénomène.

Un autre aspect à prendre en compte est le vieillissement de la population. Toutes choses égales par ailleurs, le vieillissement de la population des pays de l'OCDE mènera à une diminution de la main-d'œuvre scientifique (par rapport à la population totale), avec de nombreuses répercussions potentielles et des implications pour l'action des pouvoirs publics. Ainsi, la baisse de la main-d'œuvre scientifique disponible pourrait avoir une incidence sur le phénomène de délocalisation dictée par la R-D. Entre autres choses, cela influerait sur les politiques d'éducation, de formation et d'immigration. Il est probable que de nombreux pays seront amenés à s'interroger sur l'augmentation des dépenses d'éducation et de formation nécessaire pour suivre le rythme du changement technologique et à évaluer les besoins en capital humain dans les domaines de la science et de l'innovation. Il faudra peut-être aussi intensifier les efforts déployés pour garder la main-d'œuvre scientifique en activité au-delà de l'âge normal de départ à la retraite actuel, que ce soit dans les milieux universitaires ou l'industrie.

De manière générale, la présente sous-section insiste sur le fait que le capital humain facilite l'innovation par de multiples canaux, et que les disciplines et les niveaux de compétences qui contribuent à celle-ci sont nombreux. En ce qui concerne les compétences nécessaires à l'innovation, il n'existe pas de formule miracle. S'il est évident que certaines compétences génériques, comme la créativité et la communication, sont particulièrement importantes dans ce domaine, il n'y a pas encore de consensus sur la manière dont les systèmes d'enseignement devraient les perfectionner et les évaluer (même si ces systèmes les intègrent de plus en plus souvent dans leurs objectifs éducatifs). En matière d'éducation et de formation, plusieurs thèmes sont incontournables lorsqu'on s'intéresse à l'innovation, même si certains sont également essentiels pour d'autres raisons (sans lien avec l'innovation). Il s'agit notamment des mesures destinées à inciter les établissements à améliorer la qualité et la pertinence de l'enseignement ; du soutien à la formation au niveau de l'entreprise et à la formation tout au long de la vie ; de l'attrait des carrières dans la recherche universitaire ; des mesures visant à lever les obstacles à la participation des femmes aux activités scientifiques et entrepreneuriales ; et du soutien du développement de liens et de réseaux durables entre les chercheurs de tous pays.

Le capital humain influe sur l'innovation de différentes manières, en particulier :

- **Les personnes qualifiées génèrent des connaissances qui peuvent servir à créer et mettre en œuvre des innovations.** Dans les villes américaines, par exemple, une augmentation de 10 % de la part de la population active possédant au moins un diplôme de l'enseignement supérieur va de pair avec une hausse des dépôts de brevets par habitant (ajustés en fonction de la qualité) d'environ 10 % (Carlino et Hunt, 2009). Là où les diplômés de l'enseignement supérieur se comptent en grand nombre, on trouve davantage d'emplois nécessitant de nouvelles combinaisons d'activités ou de techniques (Lin, 2009).
- **Le fait de disposer de davantage de compétences augmente la capacité à absorber les innovations.** Les compétences qui favorisent l'adoption et l'adaptation des technologies sont un atout pour l'ensemble de la main-d'œuvre, pas seulement pour les équipes de R-D. L'innovation dans les entreprises entretient un lien étroit avec la valorisation des compétences en interne (plutôt que leur acquisition au moyen du recrutement), en raison des effets de cette valorisation sur la capacité d'absorption (Jones et Grimshaw, 2012). Les travailleurs qui ont un niveau d'instruction élevé disposent aussi d'une base plus solide pour acquérir d'autres compétences. Par ailleurs, leur influence en tant que modèles est susceptible d'accélérer l'accumulation de capital humain chez d'autres travailleurs.
- **Les compétences agissent en synergie avec d'autres intrants dans le processus d'innovation, notamment les investissements productifs.** Les études montrent par exemple que le capital humain vient compléter l'investissement dans les technologies de l'information et des communications (TIC) et faciliter l'utilisation de ces technologies.
- **Les compétences favorisent l'entrepreneuriat.** L'entrepreneuriat est souvent porteur d'innovation et de changement structurel. Les compétences et l'expérience sont essentielles à la croissance et à la survie des entreprises. Cressy (1999), par exemple, montre qu'après neutralisation des effets du capital humain, le capital financier est un déterminant relativement peu important de la longévité des entreprises.
- **Les utilisateurs et consommateurs qualifiés donnent souvent aux fournisseurs de biens et services de précieuses idées d'améliorations** (Von Hippel, Ogawa et de Jong, 2011).

Le capital humain stimule l'innovation par de nombreux canaux (comme illustré dans le paragraphe précédent). À différents niveaux, les compétences générales – lecture, écriture, résolution de problèmes, par exemple – ainsi que les compétences techniques, managériales et relationnelles (ouverture à différentes cultures et capacité à diriger, notamment) et les compétences en matière de conception ont toutes une incidence sur l'innovation. Au sens le plus large, on pourrait dire que les compétences propices à l'innovation sont toutes les capacités, toutes les aptitudes ou tous les attributs qui participent à la création et à la mise en œuvre de nouveaux produits, procédés, méthodes de commercialisation ou arrangements organisationnels sur le lieu de travail. Même si l'on ramène ces compétences aux seules qui peuvent être inculquées par le système d'enseignement et de formation, l'éventail reste vaste.

Jones et Grimshaw (2012) font la synthèse des évaluations disponibles de l'incidence de la formation et des compétences sur l'innovation dans les entreprises. Les recherches montrent en particulier que l'enseignement supérieur comme l'enseignement professionnel permettent d'acquérir des compétences précieuses ; que les compétences techniques intermédiaires ont un effet favorable sur l'innovation[2] ; et que les variations sectorielles de l'incidence des compétences sur l'innovation tendent à démontrer l'importance des institutions telles que les conseils en matière de compétences sectorielles.

S'agissant des domaines d'étude, les responsables de l'élaboration des politiques de l'innovation mettent souvent l'accent sur les STIM. Or, l'importance des différentes disciplines varie selon le type d'innovation et le secteur d'activité. Dans les industries manufacturières, par exemple, plus de 50 % des personnes ayant atteint l'enseignement supérieur ont un diplôme en ingénierie (42.9 %) ou en sciences (7.8 %). Dans le secteur de la finance, en revanche, les proportions sont de 7.0 % pour les diplômés en ingénierie et de 6.6 % pour les diplômés en sciences (Avvisati, Jacotin et Vincent-Lancrin, 2013).

Dans les professions intellectuelles, une proportion importante des personnes diplômées de l'enseignement supérieur, *toutes* disciplines confondues, ont des emplois très innovants. Plus de 45 % des diplômés de l'enseignement supérieur, dans n'importe quelle discipline – et plus de 60 % des diplômés en sciences et ingénierie – contribuent au moins à un type d'innovation. Cette contribution varie selon les types d'innovation. Les diplômés en sciences humaines et en ingénierie ont la même probabilité de participer à des innovations de produit, tandis que les ingénieurs ont une probabilité bien plus forte d'occuper un poste associé à des innovations technologiques (Avvisati, Jacotin et Vincent-Lancrin, 2013).

Il est utile de mettre en évidence les compétences dont les salariés qui participent à des activités d'innovation disent faire usage dans leur travail. Les enquêtes internationales REFLEX et HEGESCO, qui couvrent 19 pays européens et le Japon, montrent que les travailleurs à l'origine d'innovations déclarent faire appel à davantage de compétences de tous types dans le cadre de leur travail que leurs homologues ne contribuant pas à des activités d'innovation. Parmi celles que les salariés déclarent utiliser dans leur travail, les compétences qui différencient le plus les travailleurs innovants des autres sont « le fait de proposer de nouvelles idées et solutions » (créativité), « une inclination à remettre en question des idées » (pensée critique) et « la capacité de présenter de nouvelles idées ou de nouveaux produits à un public » (communication) (Avvisati, Jacotin et Vincent-Lancrin, 2013).

L'un des principes fondamentaux devrait être la création d'un environnement qui permette aux individus de choisir et d'acquérir les qualifications appropriées, ainsi que de les utiliser de façon optimale dans le cadre professionnel. C'est sur ce principe que l'OCDE a élaboré sa Stratégie sur les compétences, dont les principales recommandations sont exposées dans l'encadré 3.1.

Élévation des niveaux d'instruction et renforcement considérable des compétences de la main-d'œuvre dans certains secteurs

Le niveau d'instruction (un indicateur général des compétences disponibles dans les pays) a augmenté régulièrement dans les pays membres de l'OCDE ; actuellement, la proportion des 25-34 ans à avoir suivi des études supérieures est d'environ un tiers. Le taux d'obtention d'un doctorat a également progressé (encadré 3.2). Comparé aux cohortes plus anciennes, les jeunes sont plus souvent diplômés en sciences sociales, commerce et droit, et l'on observe une baisse relative de la proportion des diplômés en sciences et en ingénierie dans un certain nombre de pays. Les données sur les avantages salariaux montrent que des niveaux d'études plus élevés apportent des avantages économiques réels.

Encadré 3.1. **Équilibrer l'offre et la demande de compétences**

La Stratégie de l'OCDE sur les compétences a défini les conditions générales et institutionnelles propices à une réduction raisonnable des inadéquations des compétences, sachant que, dans une économie dynamique, de telles inadéquations ne peuvent pas être totalement éliminées. Cette stratégie repose sur trois grands thèmes : le développement des compétences appropriées, la mobilisation des compétences et leur utilisation efficace. Pour résumer, les principales conditions à réunir sur le plan des politiques et des institutions sont les suivantes :

- Une attention portée au développement de solides compétences générales, de façon à faciliter l'acquisition ultérieure de compétences spécifiques (y compris dans le cadre d'une reconversion).
- La priorité donnée à l'établissement d'un système souple, et donc apte à réagir à l'évolution économique, plutôt qu'à l'utilisation de prévisions des besoins de compétences pour orienter les politiques.
- Des systèmes d'information complets, afin que les étudiants comprennent le contenu des cursus, les débouchés que ceux-ci offrent sur le marché du travail et les résultats des prestataires de services d'enseignement et de formation, et que les employeurs sachent ce que recouvrent les qualifications.
- Des arrangements qui permettent que les ressources destinées aux différents prestataires de services d'enseignement et de formation et aux différentes disciplines au sein des établissements d'enseignement soient affectées de façon souple et en fonction de la demande. En outre, des financements et des incitations financières sont nécessaires pour éviter les distorsions (éviter, par exemple, que les étudiants choisissent de faire des études supérieures à l'université plutôt que dans des établissements d'enseignement supérieur professionnel en raison des frais d'inscription trop élevés de ces derniers) et pour lever les obstacles à l'éducation (contraintes financières auxquelles font face les étudiants issus de milieux modestes, par exemple).
- La participation des employeurs et des autres partenaires sociaux à la conception et à la mise en œuvre des politiques d'amélioration des qualifications. Au Royaume-Uni, par exemple, Jaguar Land Rover a créé un réseau intégrant différentes universités afin de proposer à son personnel des cours sur mesure en sciences et en ingénierie, dans le cadre du programme de validation des acquis techniques mis en place par l'entreprise. L'objectif est de donner aux salariés de Jaguar un accès aux « meilleurs cours, assurés par les meilleurs établissements ».
- Des politiques du marché du travail qui aident les travailleurs inactifs à retrouver un emploi ou qui permettent aux travailleurs susceptibles de perdre le leur de rester plus longtemps actifs.
- Des politiques du marché du travail qui facilitent la mobilité, y compris entre les bassins d'emploi locaux.
- Un marché de la formation bien conçu pour le développement des compétences des adultes, notamment des mécanismes permettant de lever les obstacles à l'investissement dans la formation que rencontrent parfois les petites et moyennes entreprises (PME).
- Un régime efficace de migration de main-d'œuvre, fondé sur la demande. Celui-ci doit : définir les besoins du marché du travail, en tenant compte de l'évolution démographique de la population autochtone et des changements des niveaux d'instruction ; établir des filières de recrutement officielles ; délivrer un nombre suffisant de visas, avec des délais de traitement rapides ; prévoir des moyens appropriés pour vérifier le statut des immigrés et leur situation au regard des règles déterminant la résidence ; et mettre en œuvre un contrôle efficace aux frontières et des procédures visant à imposer le respect de la loi sur le lieu de travail.
- Des mécanismes de contrôle de la qualité et de reddition de comptes à tous les niveaux du système.

Source : OCDE (2012a), *Des compétences meilleures pour des emplois meilleurs et une vie meilleure : Une approche stratégique des politiques sur les compétences*, Éditions OCDE, Paris, *http://dx.doi.org/10.1787/9789264178717-fr*.

Encadré 3.2. **Carrières des titulaires de doctorat**

Entre 2000 et 2009, on a constaté une augmentation régulière du nombre de doctorats obtenus dans l'ensemble de la zone OCDE, de 154 000 à 213 000 (soit une hausse de 38 %). Toutefois, la corrélation entre la proportion de titulaires de doctorat dans la population active et l'intensité de R-D d'un pays est faible.

Bien que les titulaires de doctorat soient en nombre croissant, les données recueillies montrent que ce titre continue de leur conférer un avantage sur le marché du travail. Les femmes et les plus jeunes diplômés s'en sortent plutôt moins bien – si l'on considère les taux d'emploi et les taux de rémunération – que leurs homologues masculins ou que les diplômés plus âgés, mais ces distorsions sont moins marquées chez les titulaires de doctorat que chez les personnes ayant un niveau d'instruction moins élevé.

L'enseignement supérieur est le principal débouché pour les titulaires de doctorat, mais la demande de main-d'œuvre de ce niveau est évidente dans tous les secteurs à forte intensité de qualifications. Les titulaires de doctorat qui occupent des emplois dans d'autres secteurs que l'enseignement supérieur exercent souvent des métiers non liés à la recherche. La probabilité de travailler comme chercheur diminue à mesure que les individus avancent dans leur carrière et acquièrent d'autres compétences.

Un large éventail de facteurs pécuniaires et non pécuniaires contribuent à l'attrait déclaré pour les carrières dans la recherche. Même lorsqu'ils ne travaillent pas dans ce secteur, les titulaires de doctorat exercent pour la plupart un métier en lien avec leur diplôme et sont généralement satisfaits de leur situation professionnelle.

L'une des difficultés particulières que rencontrent certaines petites économies a trait à l'incapacité à offrir des emplois appropriés aux chercheurs dans certains domaines spécialisés, conséquence d'une structure économique moins diversifiée que celle de nombre de grandes économies.

Source : OCDE (2013b), *Science, technologie et industrie : Tableau de bord de l'OCDE 2013*, Éditions OCDE, Paris, *http://dx.doi.org/10.1787/sti_scoreboard-2013-fr*.

3.3. Réduction de l'inadéquation des compétences

L'élévation des compétences n'engendre pas automatiquement davantage de prospérité et une croissance soutenue. Il est tout aussi crucial d'utiliser de manière optimale les compétences existantes et d'éviter qu'elles ne soient gaspillées ou qu'elles ne s'érodent du fait d'une inadéquation ou faute d'être utilisées (OCDE, 2012a). Or, on constate une inadéquation considérable des compétences dans de nombreux pays de l'OCDE (graphique 3.1). De nouvelles recherches de l'OCDE montrent qu'une mise en adéquation plus efficace des travailleurs avec les emplois permettrait de réaliser des gains de productivité potentiellement importants (Adalet McGowan et Andrews, 2015a). La réduction de l'inadéquation des compétences élargit le réservoir de main-d'œuvre utile dans lequel les entreprises peuvent puiser, permettant à celles-ci d'innover et de se développer. Autrement dit, lorsque des ressources se trouvent piégées, du fait de l'inadéquation des compétences, dans des entreprises qui enregistrent une productivité relativement faible (cas des secteurs qui emploient une proportion relativement élevée de travailleurs surqualifiés, par exemple), les entreprises plus productives ont davantage de difficultés à attirer de la main-d'œuvre qualifiée et à gagner des parts de marché aux dépens d'entreprises moins productives.

Graphique 3.1. **Inadéquation des compétences et productivité**

Partie A. Pourcentage de travailleurs dont les compétences ne sont pas en adéquation avec leur poste (sélection de pays de l'OCDE)

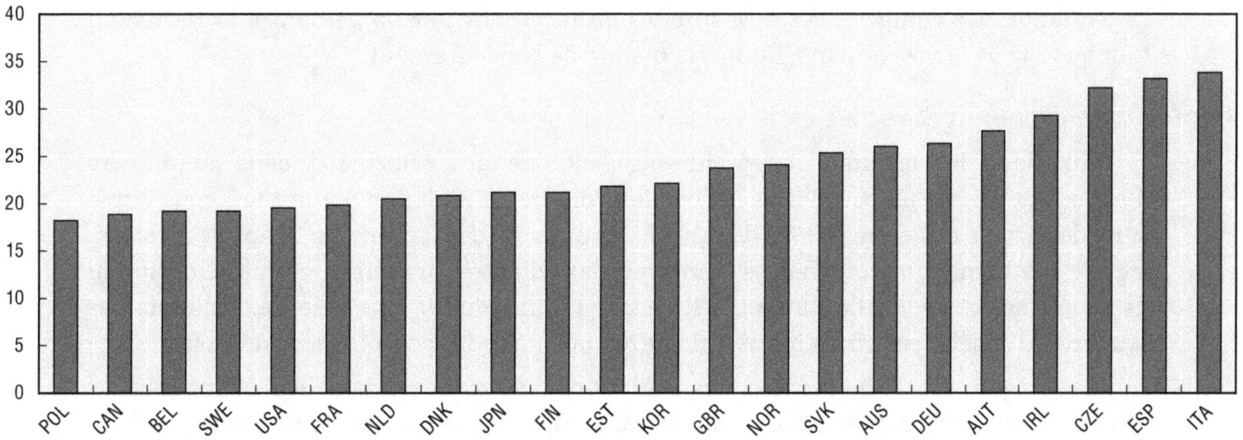

Partie B. Simulation des gains d'efficience allocative obtenus par une réduction de l'inadéquation des compétences jusqu'au niveau minimal (%)

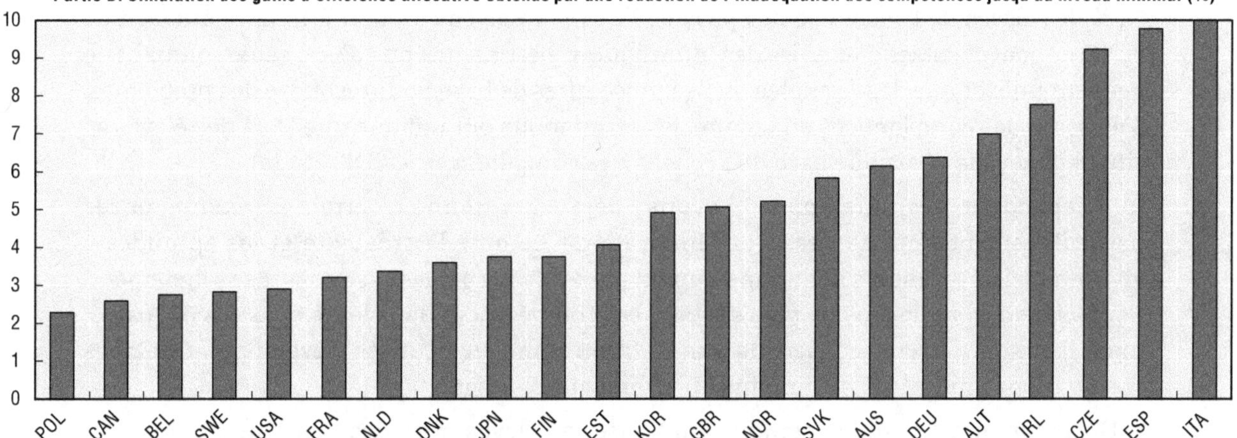

Notes : Partie A – l'inadéquation des compétences est exprimée en pourcentage des travailleurs qui sont soit sous-qualifiés, soit surqualifiés pour leur poste (échantillon de 11 secteurs). Afin d'éliminer les différences de structures industrielles entre les pays, les indicateurs d'inadéquation au niveau des secteurs à 1 chiffre sont cumulés à l'aide d'une série usuelle de poids sur la base des parts sectorielles de l'emploi pour les États-Unis. Partie B – le graphique présente la différence entre la productivité effective de la main-d'œuvre et la productivité hypothétique que l'on obtient en réduisant l'inadéquation des compétences dans chaque pays jusqu'au niveau défini par les meilleures pratiques. Les indicateurs d'inadéquation au niveau des secteurs à 1 chiffre sont cumulés à l'aide d'une série usuelle de poids sur la base des parts sectorielles de l'emploi pour les États-Unis. Le coefficient estimé d'incidence de l'inadéquation des compétences sur la productivité repose sur un échantillon de 19 pays pour lesquels on dispose de données sur l'inadéquation des compétences et sur la productivité au niveau des entreprises.

Source : Adalet McGowan et Andrews (2015a), « Labour market mismatch and labour productivity: Evidence from PIAAC data », tiré de OCDE (2013c), *Key Findings of the OECD-KNOWINNO Project on the Careers of Doctorate Holders*, *www.oecd.org/sti/inno/CDH%20FINAL%20 REPORT-.pdf*.

Au-delà des effets spécifiques des politiques d'éducation, Adalet McGowan et Andrews (2015b) montrent qu'un ensemble plus large de mesures peut influer sur l'inadéquation des compétences et ses conséquences. Des politiques générales bien conçues sont corrélées avec une diminution de l'inadéquation des compétences. En particulier, on observe que cette inadéquation diminue en présence d'une réglementation moins stricte du marché des produits et du marché du travail, et d'un droit de la faillite qui ne pénalise pas excessivement les défaillances des entreprises. Réformer les politiques du marché du logement qui restreignent la mobilité résidentielle peut également jouer dans ce sens. Les axes de réforme peuvent être, notamment, l'abaissement des coûts de transaction lors de l'achat d'un bien immobilier, l'assouplissement du contrôle des loyers et une réglementation moins stricte de la construction. Il est également possible d'ajuster l'adéquation des compétences aux emplois en recourant plus largement à la formation tout au long de la vie et en améliorant la qualité de l'encadrement.

3.4. Compétences de base et innovation

Améliorer les résultats d'apprentissage est l'un des principaux défis en matière d'éducation dans la plupart des pays. Tous les trois ans, le Programme international pour le suivi des acquis des élèves (PISA) de l'OCDE fait passer à des lycéens de 15 ans des tests en lecture, mathématiques et sciences – ainsi que dans d'autres matières, comme la résolution de problèmes et l'éducation financière. Ce programme donne une idée des résultats des systèmes d'enseignement en matière de développement des compétences de base.

Le programme PISA montre des variations importantes dans les connaissances acquises, entre les pays et au sein des pays. Même ceux qui se placent au-dessus de la moyenne de l'OCDE présentent souvent une longue traîne d'élèves aux résultats médiocres. En 2012, par exemple, l'évaluation des compétences en mathématiques a conduit à classer 23 % des élèves de l'ensemble des pays de l'OCDE au niveau 1 ou inférieur, ce qui signifie qu'ils ne sont capables d'extraire des informations pertinentes que d'une seule source et ne peuvent utiliser que des formules ou des procédures de base pour résoudre des problèmes. S'agissant des compétences en lecture, les estimations ont indiqué que 18 % des élèves se situaient sous le niveau de base de l'échelle des compétences (OCDE, 2014a).

Cependant, comme nous l'avons déjà mentionné, certaines compétences particulièrement importantes pour l'innovation – comme la créativité et les aptitudes à vivre en société – ne sont traditionnellement pas évaluées par les systèmes d'enseignement. Ceux-ci inscrivent de plus en plus souvent ces compétences dans leurs objectifs éducatifs, mais il n'existe aucun consensus sur la façon dont on peut les développer. Quelques observations présentent néanmoins un intérêt sur ce sujet :

- Un programme d'études étendu familiarise les élèves avec des contenus cognitifs et des modes de pensée différents. Ce type d'enseignement est susceptible de contribuer directement à l'innovation (en renforçant l'aptitude à établir des liens entre différents corpus de connaissances).
- Il pourrait être utile de revoir les méthodes d'enseignement des matières traditionnelles. À titre d'exemple, s'agissant des mathématiques, on a constaté que les pédagogies métacognitives, qui intègrent une réflexion explicite sur l'apprentissage et le raisonnement des élèves, généralement par l'auto-questionnement, donnaient de meilleurs résultats. Non seulement les élèves renforcent leurs capacités de raisonnement mathématique, mais ils acquièrent également des compétences plus solides en matière de résolution de problèmes complexes, mal connus ou inhabituels (Mevarech et Kramarski, 2014). Les méthodes métacognitives sont également efficaces dans d'autres disciplines que les mathématiques.
- Bien que les pays aient modifié leurs programmes d'études pour élargir les compétences qu'ils souhaitaient faire acquérir aux élèves, nombre de ces compétences ne sont toujours pas explicitement évaluées, que ce soit à l'école ou au niveau du système. L'élaboration de nouveaux outils pour évaluer ce type de compétences, ou du moins pour veiller à ce que les enseignants y accordent une attention particulière, est essentielle pour permettre aux élèves de développer des aptitudes à l'innovation (OCDE, 2015a ; Lucas, Claxton et Spencer, 2013).

Comme nous l'avons vu dans ce qui précède, au-delà des compétences liées à une discipline spécifique, les établissements d'enseignement supérieur devraient s'attacher à développer la créativité, la pensée critique et les compétences de communication des étudiants, autant d'exigences qui dépendent, en dernier ressort, des approches pédagogiques et de la conception des programmes. Les approches utilisées comprennent l'apprentissage par la résolution de problèmes, l'adoption d'autres pratiques pédagogiques et les mesures favorisant l'interdisciplinarité.

On se tourne de plus en plus vers l'apprentissage par la résolution de problèmes pour favoriser l'innovation. Ce mode d'apprentissage est souvent décrit comme l'apprentissage et l'enseignement de sujets théoriques dans des situations tirées de la vie réelle. Certains établissements, comme l'Université de Maastricht (Pays-Bas), l'intègrent dans tous leurs programmes d'enseignement. Il est courant dans les sciences médicales et se répand dans d'autres domaines, tels que l'ingénierie et l'administration des entreprises. Dans son étude des méthodes d'enseignement des sciences et technologies, Sagar (2014) souligne qu'il est fréquent que les apprenants ne comprennent pas pourquoi ils doivent acquérir certaines connaissances. Ils se sentent souvent noyés sous des concepts isolés, sortis de leur contexte réel. Un récent examen des données probantes disponibles sur l'incidence de l'apprentissage par la résolution de problèmes dans l'enseignement supérieur montre que ce type d'approches favorise certaines compétences utiles à l'innovation, comparé aux méthodes d'enseignement universitaire fondées sur des cours magistraux (Hoidn et Kärkkäinen, 2014). Les travaux publiés montrent les avantages que présente l'apprentissage par la résolution de problèmes sur le plan de la mémorisation à long terme et de la mise en application des connaissances par les étudiants, ainsi que des compétences sociales et comportementales, telles que la capacité de travailler en équipe. En revanche, ce mode d'apprentissage semble donner des résultats inférieurs à ceux de l'enseignement traditionnel en ce qui concerne la mémorisation à court terme des connaissances, ce qui se traduirait par une incidence négligeable ou légèrement défavorable sur les résultats aux examens.

D'autres modèles pédagogiques que ceux mentionnés ci-dessus peuvent également développer des compétences favorables à l'innovation. Les pédagogies métacognitives présentées à la section précédente, par exemple, sont également efficaces dans l'enseignement supérieur, même si leur effet semble y être moins important que dans l'enseignement scolaire (Mevarech et Kramarski, 2014). En outre, on a constaté que l'apprentissage collaboratif, l'apprentissage fondé sur le jeu, l'évaluation formative en temps réel et l'utilisation de laboratoires en ligne amélioraient les capacités de compréhension et de raisonnement et la créativité des étudiants en sciences (Kärkkäinen et Vincent-Lancrin, 2013). Ce constat laisse donc penser que les établissements d'enseignement supérieur disposent d'une diversité de modèles pédagogiques susceptibles de renforcer les compétences liées à l'innovation.

Les programmes d'études interdisciplinaires et l'enseignement pluridisciplinaire sont au cœur des stratégies pédagogiques élaborées par de nombreux établissements d'enseignement supérieur pour former de futurs innovateurs. Ainsi, depuis 2006, l'université Harvard intègre les sciences biologiques, sociales, comportementales et cliniques dans son programme d'études de médecine nommé New Pathway. Le programme Biodesign de l'université Stanford, démarré en 2003, met en contact des étudiants en ingénierie, gestion, génétique, biologie, médecine et commerce afin de former des innovateurs en technologies médicales. En 2014, cette même université a lancé un nouveau programme commun combinant l'informatique avec soit l'anglais, soit la musique. Au Japon, le Shonan Fujisawa Campus de l'université Keio propose des programmes interdisciplinaires en gestion des politiques, information environnementale, soins infirmiers et soins médicaux (Hoidn et Kärkkäinen, 2013).

Les réformes récentes de l'enseignement supérieur ont souvent modifié le système de gouvernance des établissements en accordant à ceux-ci davantage d'autonomie, en les ouvrant de plus en plus sur le marché du travail et en renforçant leurs obligations redditionnelles. Sachant que les classements internationaux accordent une place prépondérante à la recherche, les pays devraient s'efforcer d'inciter davantage les établissements à améliorer la qualité et la pertinence de leur enseignement.

Au-delà des compétences essentielles à leur métier, les chercheurs ont aussi besoin de compétences utiles dans des contextes professionnels très divers. Ces compétences dites transférables comprennent notamment l'aptitude à communiquer, l'esprit d'entreprise et les compétences de gestion. D'après les travaux publiés, développer des compétences transférables dans le cadre d'une formation structurée présente plusieurs avantages potentiels. Les doctorants, par exemple, ont intérêt à les acquérir pendant leurs études. Elles les aident à mener à bien leurs projets et leur sont utiles dans leur vie professionnelle ultérieure. Il est évident que l'apprentissage par la pratique, en cours d'emploi, est essentiel, mais les compétences acquises pendant la formation institutionnalisée peuvent être un plus.

En règle générale, les pouvoirs publics ne jouent pas un rôle prépondérant dans la formation destinée à développer des compétences transférables chez les chercheurs (OCDE, 2012b). Les activités de formation de ce type sont très nombreuses, assurées principalement par les universités et les établissements de recherche, mais il n'existe généralement aucune stratégie nationale globale en la matière. Les informations disponibles ne permettent pas une comparaison détaillée entre pays des compétences transférables, mais laissent transparaître des différences au niveau international. Ainsi, l'intérêt de certains pays pour ce type de compétences est relativement récent (Luxembourg), tandis que d'autres mènent des activités dans ce domaine depuis un certain temps déjà (Royaume-Uni).

La question du mode d'apprentissage optimal des compétences transférables – par des interactions avec des supérieurs hiérarchiques et des pairs, des cours structurés ou une formation en entreprise (à l'occasion d'un stage, par exemple) – fait débat, de même que les rôles respectifs des pouvoirs publics et des établissements de recherche. Il pourrait être souhaitable d'adopter une approche plus systématique de la formation permettant l'acquisition des compétences transférables et de mieux l'incorporer dans les structures d'enseignement et de recherche existantes. Associer aux financements de la recherche des conditions portant sur cette formation est une autre possibilité, notamment pour les cursus doctoraux.

Attractivité des carrières dans la recherche universitaire

Plusieurs problèmes semblent diminuer l'attractivité des carrières dans la recherche universitaire, notamment : un salaire de départ faible ; des avantages matériels peu importants à haut niveau, comparé à d'autres professions ; un différentiel de salaire peu important entre les cohortes ; et des difficultés à passer d'une structure de recherche à une autre, et d'un pays à un autre, en raison des dispositions de titularisation, des droits à pension, et des attitudes à l'égard des changements d'affectation et d'emploi (HLG, 2004). L'OCDE (2007a) a également mis en évidence des désavantages liés aux contrats temporaires, aux longs délais de titularisation et à un déclin des parcours professionnels linéaires pour les universitaires.

Développement de l'esprit d'entreprise

Il existe des liens conceptuels étroits entre les compétences propres à l'innovation et les compétences entrepreneuriales (OCDE, 2015b). En outre, comme indiqué dans différentes parties de ce rapport, l'entrepreneuriat est un moyen essentiel d'introduction des innovations. Au cours de la décennie précédente, la plupart des pays de l'OCDE ont commencé à promouvoir les compétences entrepreneuriales à tous les niveaux d'instruction (Hytti et O'Gorman, 2004). En particulier, le nombre d'établissements d'enseignement supérieur proposant une aide à la création d'entreprise à leurs étudiants, diplômés, chercheurs et professeurs est en rapide augmentation à l'échelle mondiale.

L'aide à la création d'entreprise dans l'enseignement supérieur suit en général deux axes. Le premier vise à développer l'esprit d'entreprise. L'accent est mis, entre autres, sur le renforcement du sentiment d'efficacité personnelle, de la créativité, de la conscience des risques et de la capacité à établir et à gérer des relations. Le deuxième axe vise à forger les attitudes, compétences et connaissances nécessaires pour créer et développer efficacement une entreprise.

Ces dernières années, à l'utilisation fréquente de plans d'entreprise dans les cours sur l'entrepreneuriat sont venues s'ajouter une participation plus étroite d'entrepreneurs à cet enseignement, ainsi qu'une utilisation accrue des médias sociaux et des cours en ligne ouverts et massifs. On voit de plus en plus de cours où l'on attend des étudiants qu'ils composent et utilisent une palette élargie de sources de connaissances afin d'élaborer des solutions novatrices (encadré 3.3).

Aujourd'hui plus que jamais, on attend des universités qu'elles répondent aux besoins sociaux et économiques de la société, en améliorant l'employabilité des diplômés, par exemple, ou en contribuant à la croissance économique et au développement local, en favorisant l'innovation et en stimulant la création d'entreprises. À cet égard, HEInnovate (*www.heinnovate.eu*) – initiative conjointe de l'OCDE et de la Commission européenne – est un outil qui aide les établissements d'enseignement supérieur à rechercher et à exploiter des occasions de renforcement des capacités, y compris dans l'enseignement et la recherche, afin de favoriser l'innovation et l'entrepreneuriat.

Développement des compétences après la formation initiale

La formation tout au long de la vie est un élément essentiel à la fois pour répondre à l'innovation et pour l'encourager. Suivre les changements économiques et technologiques nécessite d'acquérir et d'actualiser certaines compétences. Ceux qui quittent le système scolaire avec un bagage relativement faible trouvent dans la formation formelle et informelle à l'âge adulte le moyen de renforcer leurs compétences et d'accroître leur capacité à contribuer à l'innovation.

L'un des grands défis de toute politique relative à la formation tout au long de la vie est d'offrir aux entreprises et aux individus suffisamment d'incitations à participer à la formation liée à l'emploi ou à d'autres types de formation pendant toute leur existence. D'après les estimations, plus de 40 % des adultes dans les pays de l'OCDE participent à une formation liée à leur emploi ou d'un autre type sur une année, même si les schémas varient considérablement d'un pays à l'autre. La formation est plus répandue chez les travailleurs les plus jeunes et ceux qui ont un niveau d'instruction élevé.

Encadré 3.3. **Formation à l'entrepreneuriat intégrée dans les programmes d'études**

L'université de Twente (UT) est située à Enschede, une ville de l'est des Pays-Bas comptant 170 000 habitants environ. Créée en 1961 dans le but de renforcer et de redynamiser l'économie régionale après l'effondrement de l'industrie textile dans cette partie du pays, cette université s'est donné d'emblée pour objectif principal de réaliser des recherches utiles à la société. À la fin de leurs études, tous les étudiants d'UT sont censés avoir acquis des compétences d'entrepreneuriat. Le modèle d'enseignement met l'accent sur un apprentissage actif et fondé sur des projets, et attend avant tout des étudiants qu'ils trouvent et utilisent de nombreuses sources de connaissances afin d'élaborer des solutions novatrices. Un nouveau programme interdisciplinaire – Academy of Technology and Liberal Arts & Sciences (ATLAS) – a été récemment lancé pour les étudiants qui souhaitent combiner les perspectives sociale et technique dans leurs études en ingénierie. Au cours de ce programme sur trois ans, ils font usage des toutes dernières technologies dans des domaines tels que la nanorobotique, les traceurs pour la protection individuelle, l'impression 3D et les énergies renouvelables. Le programme d'études comprend une composante « activité personnelle » qui permet aux étudiants de consacrer du temps à leurs centres d'intérêt (musique, sport) ou à une deuxième langue.

Fondée en 1971, l'Université de sciences appliquées de Munich est la deuxième université d'Allemagne dans ce domaine de spécialisation. En 2011, elle a élaboré un nouveau concept d'enseignement associant la formation à l'entrepreneuriat, l'échange de connaissance et l'aide à la création d'entreprise. Les projets REAL (*Responsibility, Entrepreneurship, Action- and Leadership-Based* – responsabilité, entrepreneuriat, projets fondés sur l'action et l'esprit d'initiative) rassemblent des équipes de cinq à six étudiants autour d'un projet d'un semestre. Chaque cours dispensé en relation avec un projet REAL fait travailler plusieurs équipes sur différents aspects ou différentes solutions d'un problème d'innovation majeur. L'enseignement est assuré conjointement par un professeur et un spécialiste de l'entrepreneuriat. Les professeurs et les étudiants travaillent ensemble pour définir le défi à relever. L'un des premiers cours REAL, consacré à l'agriculture urbaine, a fait intervenir quatre facultés (mécatronique, architecture, conception et administration des entreprises). Les étudiants ont élaboré des idées en matière de production végétale, de transformation des produits alimentaires, de transport et de logistique. Le fait que les cours relatifs aux projets REAL soient liés à des sujets d'importance mondiale (durabilité, mobilité, énergie ou espace, par exemple) a permis d'attirer des partenaires extérieurs.

Source : Études de cas HEInnovate de l'OCDE, disponibles en ligne à l'adresse *www.heinnovate.eu*.

S'appuyant sur des données européennes, Hansson (2008) estime que la formation assurée par l'employeur est la source la plus importante de formation complémentaire une fois les individus entrés sur le marché du travail. Une part importante de ces investissements dans le capital humain est financée par les entreprises. Hansson a constaté que 20 % à 50 % du rendement de cette formation revenaient aux individus, le reste allant aux entreprises. Les inadéquations dans la structure des rendements de la formation, au niveau des entreprises et à l'échelle de l'économie, pourraient aboutir à une offre insuffisante de formation.

Afin de soutenir la formation au niveau de l'entreprise, les pouvoirs publics peuvent notamment envisager de mieux informer sur les possibilités de formation, de mettre en place des cadres juridiques appropriés permettant aux entités privées d'organiser et de financer leur formation (par le biais de contrats, par exemple) et de contribuer à accroître la transférabilité des compétences en améliorant l'information sur les qualifications et les compétences pouvant être acquises par différentes filières d'apprentissage. Les incitations fiscales destinées à encourager la formation et l'éducation peuvent constituer une mesure complémentaire. L'action gouvernementale peut aussi passer par un renforcement du financement public de l'enseignement et de la formation professionnelle (EFP), afin de compléter les investissements des entreprises dans la formation lorsque ceux-ci sont insuffisants, et d'aider les petites entreprises à former leurs salariés. Il pourrait également être intéressant de veiller à ce que les organisations qui comblent le fossé entre les jeunes entreprises de petite taille et la base scientifique (telles que les parcs scientifiques et les pépinières d'entreprises) comptent parmi leur personnel des individus hautement qualifiés. Ces derniers peuvent en effet aider à déterminer les besoins en compétences des entreprises clientes.

Les données probantes issues de l'Évaluation des compétences des adultes de l'OCDE (PIAAC) laissent penser que certaines des compétences qui favorisent l'innovation font défaut chez une part relativement importante des adultes actifs occupés. Les niveaux de compréhension de l'écrit et de compétences en calcul des travailleurs varient selon les pays, et ces écarts sont fortement corrélés aux résultats du PISA mentionnés plus haut (OCDE, 2013c). La moitié environ des adultes de la zone OCDE n'ont que de faibles capacités de « résolution de problèmes dans un environnement à forte composante technologique » (Niveau 1 ou inférieur), un indicateur qui reflète à la fois les connaissances informatiques minimums et les capacités de résolution des problèmes (graphique 3.2). Les données probantes issues du programme PIAAC montrent également que les adultes possédant des compétences approfondies en résolution de problèmes dans un environnement à forte composante technologique ont bien plus de chances de bénéficier d'une formation liée à leur emploi que les autres travailleurs.

Les politiques doivent permettre aux entreprises d'adopter des formes d'organisation du travail propices à l'innovation

La capacité à tirer le meilleur parti des compétences disponibles pour l'innovation dépend en partie de l'organisation du lieu de travail. Ainsi, le processus bien ancré d'innovation progressive continue de Toyota correspond à des formes d'organisation du lieu de travail qui permettent de collecter et de mettre en application des idées provenant de l'ensemble du personnel de l'entreprise (et cet atout organisationnel s'est révélé difficile à copier pour les concurrents). L'évaluation PIAAC de l'OCDE fait ressortir une corrélation positive entre la productivité de la main-d'œuvre et la pratique de la lecture dans le cadre professionnel, même après neutralisation des scores moyens obtenus sur les échelles de compétence relatives à la lecture et au calcul. De fait, une fois cet ajustement effectué, l'utilisation moyenne des compétences de lecture dans le cadre professionnel explique 37 % des écarts de productivité de la main-d'œuvre entre les pays (OCDE, 2013c). Dans les milieux universitaires et dans l'industrie, des concepts tels que l'implication des salariés, le travail à haut rendement et l'organisation apprenante font l'objet d'études approfondies. Les données probantes montrent une corrélation entre la gestion des ressources humaines et l'innovation, encore que les liens de causalité puissent fonctionner dans les deux sens.

De nouvelles recherches de l'OCDE indiquent que les divers modèles d'organisation du travail adoptés par les PME ont un lien avec les différences constatées dans les performances de celles-ci en matière d'innovation. Ce lien tient probablement au fait que l'organisation du travail influe sur la possibilité, pour les salariés, d'utiliser leurs

Graphique 3.2. **Compétences en résolution de problèmes dans un environnement à forte composante technologique, population adulte (2008-13)**

Pourcentage de 16-65 ans à chaque niveau de compétence

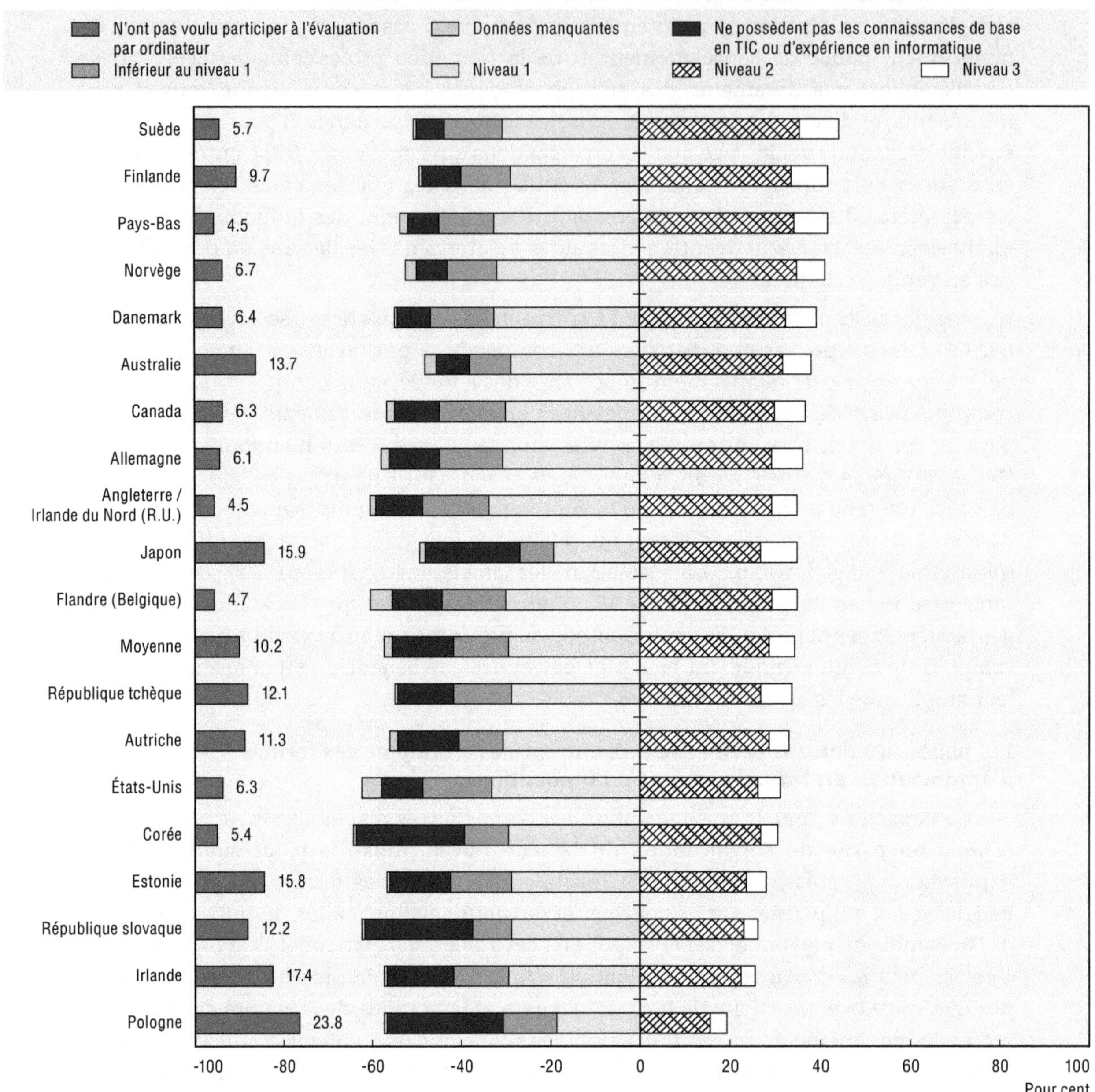

Notes : Les pays sont classés dans l'ordre décroissant du pourcentage combiné des adultes se situant aux niveaux 2 et 3. Les adultes de la catégorie « données manquantes » n'ont pas été en mesure de donner assez d'informations contextuelles pour obtenir des scores sur l'échelle de compétence.

Source : OCDE (2013d), *Perspectives de l'OCDE sur les compétences 2013 : Premiers résultats de l'Évaluation des compétences des adultes http://dx.doi.org/10.1787/9789264204096-fr.*

connaissances et leurs capacités de résolution des problèmes de manière indépendante et créative (OCDE, à paraître). Même si le lien de causalité ne peut être confirmé, des éléments probants laissent penser que les PME qui adoptent des modèles d'« organisation apprenante » ou d'« apprentissage libre » – modèles associés au travail d'équipe, à des incitations à l'amélioration des performances et à une plus grande liberté des salariés dans la planification et l'exécution des tâches – présentent des niveaux plus élevés d'innovation de produit et de procédé ainsi que de coopération et d'échange de connaissances inter-organisations (par rapport aux PME plus traditionnelles et organisées de façon hiérarchique). Par ailleurs, la proportion de PME qui adoptent le modèle d'« organisation apprenante » varie considérablement selon les pays. Une analyse micro-économétrique, au niveau de l'entreprise, réalisée sur 29 pays montre une corrélation positive entre la proportion nationale de PME « organisations apprenantes » et les taux nationaux d'innovation dans les PME (OCDE, à paraître).

De nombreuses décisions relatives aux ressources humaines sont dictées par les pratiques internes de l'entreprise, mais les pouvoirs publics disposent d'une latitude certaine pour influer sur ces décisions. Les politiques du marché du travail qui permettent la mobilité et favorisent le changement organisationnel tout en soutenant la formation peuvent aider les entreprises à adopter des formes d'organisation du travail propices à l'innovation. Des marchés concurrentiels – et un contrôle efficace du respect de la politique de la concurrence – sont également importants pour encourager les entreprises à innover dans leur organisation interne.

3.5. Participation des femmes aux activités scientifiques et entrepreneuriales

La question de la participation des femmes aux activités scientifiques peut nécessiter une attention particulière de la part des responsables de l'élaboration des politiques. On craint notamment que les compétences de certaines femmes très qualifiées soient sous-utilisées, ce qui signifierait que les investissements sociaux et individuels dans l'éducation de ces femmes auraient été réalisés en pure perte. Les femmes scientifiques se trouvent en majorité dans certains domaines, comme la biologie. En outre, la proportion de femmes tend à diminuer à mesure que le niveau de responsabilité augmente. S'il est vrai que les choix personnels entrent en jeu, il n'en demeure pas moins que des obstacles à la participation des femmes à ces activités subsistent. Ces obstacles sont notamment les stéréotypes sexistes, l'opacité des procédures de nomination et de recrutement, l'inadéquation des structures d'accueil des enfants, et des pratiques professionnelles qui ne respectent pas suffisamment la vie de famille.

Diverses politiques ont été mises en œuvre pour s'attaquer à la question des inégalités entre hommes et femmes dans le secteur scientifique. Certains pays ont établi une législation sur l'égalité des chances, des unités chargées de la condition féminine dans les ministères scientifiques, des cibles et des quotas, des réseaux et des programmes de tutorat, et des politiques sur les congés de maternité et de paternité. Le plus souvent, toutefois, les mesures prises ne concernent que les universités et les établissements publics de recherche, et non les organismes du secteur privé – même si les pays nordiques et d'autres pays ont imposé des quotas en matière de représentation des femmes dans les conseils d'administration des sociétés cotées en bourse. En outre, la plupart des politiques de ce type n'ont pas été bien évaluées.

L'OCDE (2012c) a constaté que la zone OCDE comptait davantage d'hommes entrepreneurs que de femmes, et que la part des femmes qui choisissaient de diriger une entreprise n'avait pas augmenté de manière substantielle dans la plupart des pays. Si les projets de création d'entreprise des femmes se heurtent à des problèmes d'inégalités entre les sexes, la société et l'économie ne réaliseront pas tout leur potentiel entrepreneurial. Actuellement, les femmes sont plus nombreuses que les hommes à devenir chef d'entreprise indépendant par nécessité. En moyenne, les entreprises appartenant à des femmes enregistrent des bénéfices moindres et une productivité de la main-d'œuvre plus faible que celles appartenant à des hommes. Ces disparités s'expliquent la plupart du temps par les différences de taille et d'intensité capitalistique des entreprises selon que leur propriétaire est un homme ou une femme. Les femmes entrepreneuses s'appuient nettement moins que les hommes sur des prêts externes, mais on ignore si c'est parce que les femmes sont moins enclines à recourir à un financement externe ou parce qu'elles sont victimes d'un traitement discriminatoire sur les marchés des capitaux (voire les deux). Les résultats obtenus en matière d'innovation diffèrent également selon que le chef d'entreprise est une femme ou un homme. Cependant, la faiblesse relative des niveaux d'innovation de produit et de processus dans les entreprises fondées par des femmes peut s'expliquer par les caractéristiques relatives au secteur, aux investissements et à la taille des sociétés, ainsi que par l'expérience entrepreneuriale des femmes avant la création de l'entreprise.

Pour exploiter au mieux la réserve de talents, il faut également que l'on veille à ce que les femmes bénéficient des mêmes opportunités de contribuer à l'innovation. Les travaux sur les innovations intégrant systématiquement une analyse par sexe montrent qu'en s'affranchissant des préjugés sexistes, on peut améliorer la recherche et l'innovation et ouvrir de nouveaux débouchés (Commission européenne, 2013). Le rapport de l'UE donne plusieurs exemples : dans l'ingénierie, où l'hypothèse que le sujet est par défaut un homme peut conduire à des erreurs de traduction automatique ; dans la recherche fondamentale, où l'on peut aboutir à des résultats faussés si l'on néglige de se procurer les échantillons appropriés de cellules, tissus et animaux des deux sexes ; en médecine, où le fait de ne pas reconnaître l'ostéoporose comme une maladie touchant également les hommes peut retarder le diagnostic et le traitement ; dans le domaine de l'aménagement urbain, enfin, où l'absence de données collectées sur les activités liées au fait d'élever des enfants débouche sur des systèmes de transport non efficients. Une meilleure prise en compte des disparités entre les sexes est donc importante pour la science et l'innovation.

3.6. Concurrence et collaboration sur le marché mondial autour de la mobilité internationale des talents

La mobilité internationale des personnes hautement qualifiées est une caractéristique de plus en plus déterminante du paysage mondiale de l'innovation. De nombreuses activités d'innovation ne peuvent se concevoir sans tenir compte de leur nature mondiale et du rôle joué par la mobilité des talents. Cet aspect est particulièrement flagrant dans le domaine scientifique, où le progrès repose sur la diffusion des connaissances, les interactions entre chercheurs et les échanges de points de vue et de données probantes. En outre, les entreprises et les universités cherchent souvent à recruter des étrangers afin de tirer parti de leurs connaissances ou compétences particulières. Pour les personnes hautement qualifiées, la mobilité permet d'exploiter les possibilités qui s'offrent à elles à l'étranger, de continuer à développer leur capital humain, de suivre leur vocation et d'améliorer leurs moyens d'existence.

Les flux mondiaux de personnes hautement qualifiées, d'étudiants, de scientifiques et d'ingénieurs n'ont cessé de croître au cours des deux dernières décennies (Docquier et Rapoport, 2012). Des facteurs économiques et culturels ont contribué à mettre la mobilité internationale à la portée d'un plus grand nombre personnes. Le prix des voyages internationaux en avion, par exemple, ne représente plus qu'une fraction de ce qu'il était au début des années 70. Par ailleurs, l'anglais est devenu une langue de travail et d'enseignement largement répandue de nos jours. Les politiques qui visent à attirer des talents et à encourager leur circulation semblent également avoir joué un rôle important.

La migration est de plus en plus liée aux compétences. Le nombre de migrants hautement qualifiés a augmenté de 70 % au cours des dix dernières années (Arslan et al., 2014).

Les étudiants – en particulier ceux qui poursuivent des études supérieures – sont à l'avant-garde de cet accroissement de la mobilité internationale des talents. Sur la période 2000-12, le nombre d'étudiants poursuivant des études supérieures à l'étranger a plus que doublé à l'échelle mondiale, avec une croissance annuelle moyenne de près de 7 % (OCDE, 2014a). L'Europe est leur première destination – elle accueille 48 % de ces étudiants – suivie de l'Amérique du Nord et de l'Asie.

Les facteurs déterminants de la mobilité internationale accrue des étudiants vont de l'expansion rapide de la demande d'études supérieures dans le monde aux aides publiques accordées à ceux qui se forment dans des domaines en forte croissance dans leur pays d'origine, en passant par la valeur attachée aux études à l'étranger. En outre, certains pays et établissements s'emploient activement à attirer des étudiants étrangers (OCDE, 2014a).

L'internationalisation est encore plus marquée dans le niveau supérieur de l'enseignement post-secondaire. Les étudiants internationaux représentent environ un quart des étudiants inscrits dans des programmes de recherche de haut niveau, tels que les doctorats (OCDE, 2015c). Les données d'une récente étude OCDE/UNESCO/Eurostat sur les titulaires de doctorat montrent qu'en moyenne, 14 % des citoyens nationaux ayant décroché ce diplôme ont eu au moins une expérience de mobilité internationale, de trois mois ou davantage, au cours des dix années qui ont précédé. Les titulaires de doctorat qui ont déjà fait l'expérience de la mobilité internationale ont plus de chances d'exprimer une intention de partir à l'étranger, principalement dans le but d'y acquérir des connaissances. Les données montrent également des différences importantes entre les pays s'agissant de la relation entre mobilité internationale et rémunération. La mobilité internationale peut être associée à des rémunérations plus faibles dans un certain nombre de pays, ce qui laisse supposer qu'il existe des facteurs de rigidité du marché du travail des personnes hautement qualifiées (Auriol, Misu et Freeman, 2013 ; OCDE, 2013b).

Les bases de données mondiales consacrées aux acteurs clés des systèmes scientifiques et des systèmes d'innovation – comme les scientifiques et inventeurs – aident à évaluer l'étendue de la circulation de matière grise. Les brevets déposés au titre du Traité de coopération en matière de brevets (PCT), par exemple, contiennent des informations sur le lieu de résidence et la nationalité des inventeurs. Ces données font apparaître qu'en 2005, 10 % des inventeurs dans le monde avaient eu une expérience de migration (Miguélez et Fink, 2013). Un indicateur élaboré pour la publication *Science, technologie et industrie : Tableau de bord de l'OCDE 2013* permet de suivre l'évolution des affiliations institutionnelles des auteurs d'articles publiés dans des revues scientifiques sur la période 1996-2011. On observe des différences considérables dans la mobilité des scientifiques : près de 20 % des auteurs basés en Suisse ont été précédemment affiliés à un établissement situé à l'étranger. Au Japon, au Brésil et en République populaire de Chine (ci-après « la Chine ») toutefois, la mobilité des chercheurs demeure inférieure à 5 %.

En moyenne, les scientifiques qui, en changeant d'université (ou de centre de recherche) d'affiliation, changent de pays ont un impact sur la recherche supérieur de près de 20 % à celui de leurs collègues qui ne vont jamais à l'étranger (graphique 3.3). Si ces derniers pouvaient combler leur déficit de performance par rapport à leurs collègues qui ont une expérience internationale, un grand nombre d'économies pourraient rattraper leur retard en matière de recherche. Bien entendu, les liens de causalité pourraient être bidirectionnels, car il est probable que les chercheurs qui ont de bons résultats ont aussi davantage de possibilités de partir à l'étranger. Cependant, un manque de mobilité et de visibilité pour les scientifiques de premier plan et leurs établissements risque de constituer un frein aux performances scientifiques de ces derniers ou du pays dans son ensemble et pourrait, à terme, nuire à la capacité d'innovation nationale.

Graphique 3.3. **Impact des auteurs scientifiques, par catégorie de mobilité (1996-2011)**

En fonction du facteur SNIP médian

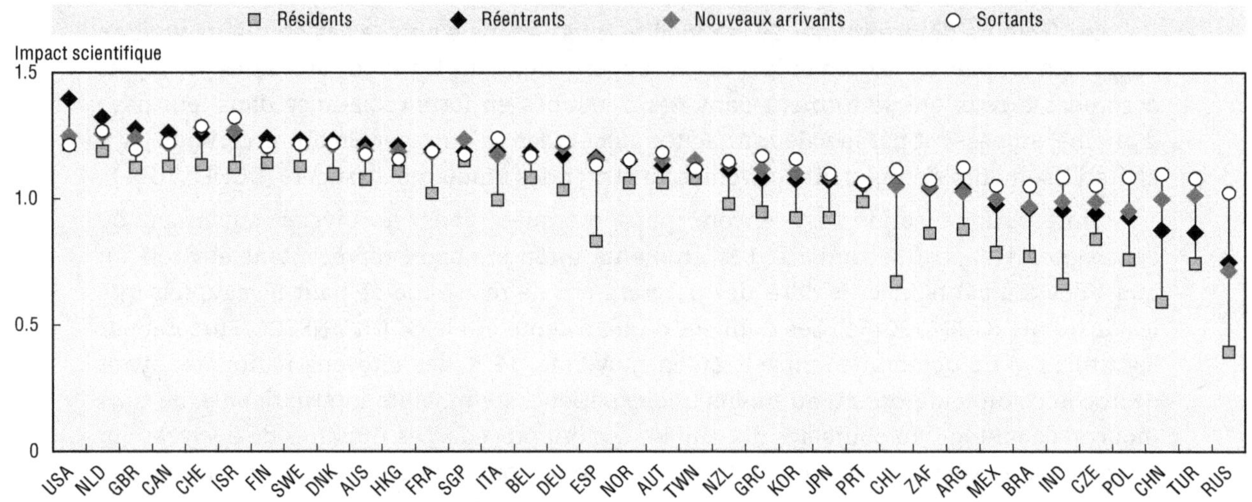

Note : Cet indicateur est encore expérimental.

Source : OCDE (2013b), *Science, technologie et industrie : Tableau de bord de l'OCDE 2013*, Éditions OCDE, Paris, *http://dx.doi.org/10.1787/888932891549*. Calculs de l'OCDE, d'après Scopus Custom Data, Elsevier, version 5.2012, et Base de données SNIP2, *www.journalmetrics.com*.

De nouveaux éléments incontestables montrent que les distances géographique, culturelle, économique et scientifique mesurées constituent de bonnes variables explicatives de la mobilité chez les scientifiques (Appelt et al., 2015) et chez les inventeurs (Miguélez et Fink, 2013). L'analyse des flux bilatéraux de scientifiques permet également de mettre en évidence deux mécanismes par lesquels les pays d'origine peuvent bénéficier de la mobilité. Premièrement, cette dernière est étroitement associée à la collaboration scientifique. Les économies qui présentent des taux supérieurs de collaboration internationale enregistrent généralement des taux de citation d'articles plus élevés que la moyenne, et les publications les plus citées sont davantage susceptibles d'être le fruit d'une collaboration scientifique entre plusieurs établissements (surtout à l'échelle internationale) que les publications qui se situent dans la « moyenne » sur ce plan (OCDE, 2013b).

Deuxièmement, la mobilité des scientifiques est fortement corrélée aux flux d'étudiants circulant en sens inverse. Ces constatations vont dans le sens de ceux qui envisagent la mobilité des scientifiques comme une « circulation du savoir », et non, de façon plus traditionnelle, comme un jeu à somme nulle, dans lequel certains pays gagnent des talents aux dépens d'autres pays. La mobilité des scientifiques s'inscrit dans le contexte de réseaux plus larges et plus complexes d'individus mobiles, dotés d'un niveau d'instruction élevé et hautement qualifiés. L'analyse montre aussi l'incidence favorable que peuvent avoir sur la mobilité une convergence des conditions économiques et des ressources consacrées à la R-D et un assouplissement des restrictions en matière d'octroi de visas.

Les connaissances que possèdent les individus font l'objet d'une âpre concurrence mondiale. Pourtant, les responsables de l'élaboration des politiques doivent aussi être conscients qu'il est possible que différents pays profitent simultanément de ces connaissances. L'action gouvernementale ne doit pas être guidée par l'idée selon laquelle la mobilité internationale entraîne une concurrence à somme nulle. Il semble donc que la recommandation de la Stratégie de l'OCDE pour l'innovation publiée en 2010 (OCDE, 2010a) – à savoir que la politique en matière de mobilité devrait viser à soutenir les flux de connaissances et la création de liens et de réseaux durables entre les pays – soit validée par les données probantes plus récentes.

Les normes et informations en matière de validation des niveaux d'instruction sont importantes pour aider les individus à faire la preuve des compétences qu'ils ont acquises dans d'autres pays, ce qui permet de lever des obstacles majeurs à la mobilité et d'améliorer l'efficience du marché international des compétences approfondies. Si certains pays concluent parfois des arrangements bilatéraux, la mobilité internationale est également encouragée par des programmes multilatéraux. Le Processus de Bologne de l'Union européenne, par exemple, prévoit une coopération internationale en matière de normalisation et de reconnaissance des grades, ainsi que des échanges universitaires entre les pays signataires ; des initiatives de partage d'informations sur les possibilités de financement et les vacances de postes de chercheur en Europe (EURAXESS) ont également été lancées dans ce cadre (OCDE, 2015c). L'UNESCO et l'OCDE ont élaboré conjointement des lignes directrices pour des prestations de qualité dans l'enseignement supérieur transfrontalier (OCDE, 2005). Leur objet est de faciliter la reconnaissance des diplômes étrangers, de protéger les étudiants et autres parties prenantes en tant que consommateurs et de garantir la qualité des prestations dans un contexte de mobilité internationale des étudiants, des chercheurs, des programmes d'enseignement et des établissements. Le suivi de ces lignes directrices montre qu'elles ont été largement mises en œuvre, mais qu'il demeure certaines lacunes en matière d'information, de transparence et de protection des consommateurs (Vincent-Lancrin et Pfotenhauer, 2012 ; Vincent-Lancrin, Fisher et Pfotenhauer, à paraître).

Des politiques de l'enseignement supérieur axées sur la mobilité des étudiants donnent la possibilité de concentrer des ressources limitées sur des cursus se prêtant à des économies d'échelle. Pour les pays d'accueil, le fait de *recruter des étudiants qui ont fait le choix de la mobilité internationale* peut accroître les recettes de l'enseignement supérieur et s'inscrire dans une stratégie plus vaste de recrutement d'immigrants hautement qualifiés.

Certaines pratiques de recrutement en vigueur dans le système public de recherche peuvent avoir une incidence défavorable sur la mobilité. Les données attestant de la perte de revenu que subissent les chercheurs de certains pays du fait de leur mobilité internationale peuvent être le signe de dysfonctionnements dans les politiques du personnel. Si, lorsqu'ils postulent à un emploi dans les établissements de leur pays d'origine, les individus qui sont partis à l'étranger pour acquérir des compétences se retrouvent défavorisés par rapport à ceux qui sont restés, la mobilité et l'excellence de la recherche risquent de s'en ressentir. Certains établissements remédient à ce problème en recrutant sur les marchés internationaux du travail, en interdisant l'embauche des étudiants sortants de chez eux ou en faisant de la mobilité un critère d'embauche impératif, assorti des incitations appropriées.

Les politiques restrictives en matière d'immigration et d'octroi de visas semblent avoir des effets défavorables sur les flux entrants de travailleurs qualifiés. Même les restrictions générales en matière de visas pour les séjours de courte durée semblent freiner les formes les plus simples de collaboration. Les politiques de l'immigration de plusieurs pays privilégient les flux de migrants hautement qualifiés par rapport aux autres groupes de population. Les obstacles à la fourniture transnationale de services spécialisés peuvent également restreindre certaines formes de mobilité au sein de la main-d'œuvre qualifiée. Les responsables de l'élaboration des politiques doivent déterminer s'il est plus approprié de remédier aux pénuries apparentes en supprimant les obstacles à la mobilité ou si les problèmes ont d'autres causes.

L'aide financière à la mobilité et le soutien du développement de la capacité d'absorption font partie des mesures phares des pouvoirs publics. La plupart des pays de l'OCDE mettent en œuvre des programmes pour favoriser la mobilité de courte durée vers l'étranger des étudiants et des chercheurs. Ces programmes diffèrent par les conditions qu'ils imposent aux individus et ce qui est attendu d'eux à leur retour. L'un des grands problèmes pour les décideurs publics est d'élaborer des logiques cohérentes de création de valeur à partir des investissements consentis pour acquérir des compétences à l'étranger. Ces approches n'impliquent pas forcément la création de postes d'universitaires. Quant au soutien du développement de la capacité d'absorption dans le secteur des entreprises, il constitue une mesure complémentaire. Plusieurs pays proposent des programmes incitant les nationaux qui travaillent à l'étranger à revenir ou encourageant l'immigration d'individus nés à l'étranger, au point même que ces mesures deviennent une composante centrale des stratégies en faveur de la science et de l'innovation (OCDE, 2015c).

Certains pays offrent des allégements fiscaux aux salariés étrangers occupant des postes clés afin d'aider les entreprises à attirer des spécialistes internationaux dans l'économie nationale. Ils justifient parfois ces mesures par le fait que les étrangers qui séjournent pour une courte durée dans le pays ne bénéficient pas pleinement des régimes de protection sociale et de retraite. Les programmes de ce type sont de plus en plus utilisés dans les pays de l'OCDE. Ils peuvent toutefois devenir complexes et entraîner des coûts de mise en conformité et d'administration substantiels par rapport aux avantages potentiels en termes d'emploi ou d'innovation (OCDE, 2011b).

Principaux messages à l'intention des responsables de l'action publique : promouvoir les talents et les compétences pour favoriser l'innovation

Une politique en matière de capital humain qui favorise l'innovation doit prendre en compte un large éventail de compétences. L'un des principes fondamentaux doit être la mise en place d'un environnement qui permette aux individus de choisir et d'acquérir les compétences appropriées, et qui soutienne une utilisation optimale de ces compétences sur le lieu de travail (la Stratégie de l'OCDE sur les compétences présente une évaluation complète des bonnes pratiques dans ce domaine). Une économie et une société innovantes requièrent le développement, la mobilisation et l'utilisation des compétences dans de nombreuses disciplines et à de nombreux niveaux. En ce qui concerne les compétences nécessaires à l'innovation, il n'existe pas de formule miracle.

Sachant que les classements internationaux accordent souvent une place prépondérante à la recherche, les pays devraient s'efforcer d'inciter davantage les établissements à améliorer la qualité et la pertinence de leur enseignement. L'ouverture des programmes, la modernisation des pratiques pédagogiques et le développement d'outils permettant d'évaluer les compétences en lien avec l'innovation sont des éléments fondamentaux pour ce qui est de la formation initiale. Au-delà des compétences liées à une discipline spécifique, les établissements d'enseignement supérieur devraient s'attacher à développer la créativité, la pensée critique et les compétences de communication des étudiants, autant d'exigences qui dépendent, en dernier ressort, des approches pédagogiques et de la conception des programmes.

Principaux messages à l'intention des responsables de l'action publique : promouvoir les talents et les compétences pour favoriser l'innovation *(suite)*

Soutenir la formation au niveau de l'entreprise nécessite de prendre un certain nombre de mesures. Les pouvoirs publics peuvent notamment envisager de mieux faire connaître les possibilités de formation, de mettre en place des cadres juridiques autorisant des entités privées à organiser et financer leur formation (par le biais de contrats) et d'accroître la transférabilité des compétences en améliorant l'information sur les qualifications et les compétences pouvant être acquises par différentes filières d'apprentissage Les incitations fiscales destinées à encourager la formation peuvent constituer une mesure complémentaire. L'action gouvernementale peut aussi passer par un renforcement du financement public de l'EFP, afin de compléter les investissements des entreprises dans la formation lorsque ceux-ci sont insuffisants, et d'aider les petites entreprises à former leurs salariés.

Les individus doivent avoir accès à une information suffisante afin de pouvoir participer à la formation liée à leur activité professionnelle ou à d'autres types de formation pendant toute leur existence – et doivent être incités à le faire.

Les responsables de l'élaboration des politiques doivent évaluer l'attrait des carrières dans la recherche universitaire, et améliorer celles-ci si nécessaire. Le faible salaire de départ, les avantages matériels peu importants à haut niveau, les contrats temporaires et les difficultés à passer d'une structure à une autre, et d'un pays à un autre, en raison des dispositions de titularisation et des droits à pension sont autant de facteurs qui diminuent l'attractivité des carrières dans la recherche universitaire.

Au minimum, les politiques doivent veiller à ce que les obstacles à la participation des femmes à la science et à l'entrepreneuriat soient supprimés. Les stéréotypes sexistes et l'opacité des procédures de nomination et de recrutement sont autant de facteurs susceptibles de freiner la participation des femmes aux activités scientifiques. Il convient de remédier au manque d'expérience des femmes en matière d'entrepreneuriat (par des innovations dans la conception et la mise en œuvre des programmes de formation et par le soutien de réseaux de femmes entrepreneurs à différents niveaux, par exemple). Des programmes de sensibilisation qui mettent en avant des femmes ayant réussi dans les domaines scientifiques et technologiques et dans des entreprises à forte croissance peuvent fournir des modèles à des jeunes femmes qui, sans cela, n'opteraient peut-être pas pour de telles carrières.

Les politiques doivent faciliter le développement de liens et de réseaux durables entre les chercheurs de tous pays. Les connaissances que possèdent les individus font l'objet d'une âpre concurrence mondiale. L'action gouvernementale ne doit cependant pas être guidée par l'idée selon laquelle la mobilité internationale entraîne une concurrence à somme nulle. La collaboration entre les pays donne souvent de meilleurs résultats. Il est impératif de tenir compte du fait que les régimes applicables aux migrations des travailleurs hautement qualifiés doivent être efficients, transparents et simples, et permettre des mouvements à court terme. Autre point à prendre en compte, il est essentiel de faciliter la reconnaissance mutuelle des compétences, afin de permettre une mise en correspondance efficace des travailleurs mobiles et des emplois. Des mesures peuvent également encourager la mobilité entrante et sortante. Ainsi, certains pays ont mis en place une série de mesures économiques visant à favoriser l'immigration de chercheurs, de scientifiques et d'ingénieurs, notamment des bourses de recherche, des subventions et des financements de projets, des bourses d'études et des avantages fiscaux (même si les possibilités sont moins nombreuses pour ceux qui cherchent à faire de la recherche à l'étranger). Des établissements tels que les universités peuvent également apporter leur contribution à titre individuel. Leurs dispositions en matière de bourses de voyage et de soutien de la mobilité des chercheurs peuvent venir compléter les mesures prises au niveau national. En outre, les pratiques de recrutement en vigueur dans les systèmes publics de recherche ne doivent pas entraîner de pertes de rémunération pour les chercheurs qui font le choix de la mobilité internationale, car cela pourrait avoir une incidence défavorable à la fois sur la mobilité et sur l'excellence de la recherche.

Notes

1. Voir par exemple le discours prononcé par le président de la Réserve fédérale des États-Unis, Ben Bernanke, lors de la conférence sur les nouveaux éléments constitutifs de l'emploi et de la croissance économique (New Building Blocks for Jobs and Economic Growth). Disponible à l'adresse suivante : *www.federalreserve.gov/newsevents/speech/bernanke20110516a.htm.*

2. Cela correspond aux personnes qui se situent entre les travailleurs non qualifiés et les diplômés de l'enseignement supérieur et des instituts technologiques travaillant à des postes de gestion, de recherche, de conception ou de production (Steedman, Mason et Wagner, 1991). Les compétences techniques intermédiaires s'acquièrent souvent par un mélange d'enseignement et de formation professionnels dispensés à l'école ou en entreprise.

Références

Adalet McGowan, M. et D. Andrews (2015a), « Labour market mismatch and labour productivity: Evidence from PIAAC data », *Documents de travail du Département des affaires économiques de l'OCDE*, n° 1209, Éditions OCDE, Paris.

Adalet McGowan, M. et D. Andrews (2015b), « Skill mismatch and public policy in OECD countries », *Documents de travail du Département des affaires économiques de l'OCDE*, n° 1210, Éditions OCDE, Paris.

Appelt, S. et al. (2015), « Which factors drive the international mobility of research scientists? », in Geuna, A., *Global Mobility of Research Scientists: The Economics of Who Goes Where and Why*, Elsevier.

Arslan, C. et al. (2014), « A new profile of migrants in the aftermath of the recent economic crisis », *Documents de travail de l'OCDE : questions sociales, emploi et migrations*, n° 160, Éditions OCDE, Paris, *http://dx.doi.org/10.1787/5jxt2t3nnjr5-en.*

Auriol, L., M. Misu et R.A. Freeman (2013), « Careers of doctorate holders: Analysis of labour market and mobility indicators », *OECD Science, Technology and Industry Working Papers*, vol. 2013, n° 04, Éditions OCDE, Paris, *http://dx.doi.org/10.1787/5k43nxgs289w-en.*

Avvisati, F., G. Jacotin et S. Vincent-Lancrin (2013), « Educating higher education students for innovative economies: What international data tell us », *Tuning Journal of Higher Education*, n° 1, pp. 223-240.

Carlino, G. et R. Hunt (2009), « What explains the quantity and quality of local inventive activity? », *Federal Reserve Bank of Philadelphia Research Department Working Paper*, n° 09-12, Philadelphia.

Commission européenne (2013), *Gendered Innovations - How Gender Analysis Contributes to Research*, Publications Office of the European Union, Luxembourg, *doi:10.2777/11868.*

Cressy, R. (1999), « Small business failure: Failure to fund or failure to learn? », in Acs, Z.J., B. Carlsson, et C. Karlsson, *Entrepreneurship, Small and Medium-Sized Enterprises and the Macroeconomy*, Cambridge University Press, Cambridge.

Docquier, F. et H. Rapoport (2012), « Globalization, brain drain and development », *Journal of Economic Literature*, vol. 50, pp. 681-730.

Groupe à haut niveau sur les ressources humaines pour la science et la technologie en Europe (2004), *L'Europe a besoin de scientifiques*, Commission européenne, Bruxelles.

Hansson, B. (2008) Job Related Training and benefits for Individuals: A Review of Evidence and Explanations, *OECD Education Working Papers*, n° 19, Éditions OCDE, Paris.

Hoidn, S. et K. Kärkkäinen (2014), « Promoting skills for innovation in higher education: A literature review on the effectiveness of problem-based learning and of teaching behaviours », *OECD Education Working Papers*, n° 100, Éditions OCDE, Paris, *http://dx.doi.org/10.1787/5k3tsj67l226-en.*

Hytti, U. et C. O'Gorman (2004), « What is 'enterprise education'? An analysis of the objectives and methods of enterprise education programmes in four European countries », *Education + Training*, vol. 46, pp. 11-23.

Jones, B. et D. Grimshaw (2012), « The effects of policies for training and skills on improving innovation capabilities in firms », *Nesta Working Paper Series*, n° 12/08, *www.nesta.org.uk/sites/default/files/the_effects_of_policies_for_training_and_skills_on_improving_innovation_capabilities_in_firms.pdf.*

Kärkkäinen, K. et S. Vincent-Lancrin (2013), « Sparking innovation in STEM education with technology and collaboration: A case study of the HP catalyst initiative », *OECD Education Working Papers*, n° 91, Éditions OCDE, Paris, *http://dx.doi.org/10.1787/5k480sj9k442-en.*

Lin, J. (2009), « Technological adaptation, cities and new work », *Federal Reserve Bank of Philadelphia Research Department Working Paper*, vol. 09, n° 17, Philadelphie.

Lucas, B., G. Claxton et E. Spencer (2013), « Progression in student creativity in school: First steps towards new forms of formative assessments », *OECD Education Working Papers*, n° 86, Éditions OCDE, Paris, *http://dx.doi.org/10.1787/5k4dp59msdwk-en*.

McKinsey and Company (2011), *Big Data: the Next Frontier for Innovation, Competition and Productivity*, McKinsey Global Institute, *www.mckinsey.com/insights/business_technology/big_data_the_next_frontier_for_innovation*.

Mevarech, Z. et B. Kramarski (2014), *Critical Maths for Innovative Societies: The Role of Metacognitive Pedagogies*, La recherche et l'innovation dans l'enseignement, Éditions OCDE, Paris, *http://dx.doi.org/10.1787/9789264223561-en*.

Miguélez, E. et C. Fink (2013), « Measuring the international mobility of inventors: A new dataset », *WIPO Economic Research Working Paper*, n° 8, Organisation mondiale de la propriété intellectuelle.

OCDE (à paraître), *Skills and Learning Strategies for Innovation in SMEs*, Éditions OCDE, Paris.

OCDE (2015a), *Résultats du PISA 2012 : Trouver des solutions créatives (Volume V). Compétences des élèves en résolution de problèmes de la vie réelle*, Éditions OCDE, Paris, *http://dx.doi.org/10.1787/9789264215771-fr*.

OCDE (2015b), *Création d'emplois et développement économique local*, Éditions OCDE, Paris, *http://dx.doi.org/10.1787/9789264230477-fr*.

OCDE (2015c), *Science, technologie et industrie : Perspectives de l'OCDE 2014*, Éditions OCDE, Paris, *www.oecd.org/sti/outlook*.

OCDE (2014a), *Regards sur l'éducation 2014: Les indicateurs de l'OCDE*, Éditions OCDE, Paris, *http://dx.doi.org/10.1787/eag-2014-fr*.

OCDE (2014b), *Panorama de l'entrepreneuriat 2014*, Éditions OCDE, Paris, *http://dx.doi.org/10.1787/entrepreneur_aag-2014-fr*.

OCDE (2013a), *Supporting Investment in Knowledge Capital, Growth and Innovation*, Éditions OCDE, Paris, *http://dx.doi.org/10.1787/9789264193307-en*.

OCDE (2013b), *Tableau de bord de l'OCDE de la science, de la technologie et de l'industrie 2013*, Éditions OCDE, Paris, *http://dx.doi.org/10.1787/sti_scoreboard-2013-fr*.

OCDE (2013c), *Key Findings of the OECD-KNOWINNO Project on the Careers of Doctorate Holders*, Éditions OCDE, Paris, *www.oecd.org/sti/inno/CDH%20FINAL%20REPORT-.pdf*.

OCDE (2013d), *Perspectives de l'OCDE sur les compétences 2013: Premiers résultats de l'Évaluation des compétences des adultes*, Éditions OCDE, Paris, *http://dx.doi.org/10.1787/9789264204096-fr*.

OCDE (2012a), *Des compétences meilleures pour des emplois meilleurs et une vie meilleure: Une approche stratégique des politiques sur les compétences*, Éditions OCDE, Paris, *http://dx.doi.org/10.1787/9789264178717-fr*.

OCDE (2012b), *Transferable Skills for Researchers: Supporting Career Development and Research*, Éditions OCDE, Paris, *http://dx.doi.org/10.1787/9789264179721-en*.

OCDE (2012c), *Inégalités hommes-femmes: Il est temps d'agir*, Éditions OCDE, Paris, *http://dx.doi.org/10.1787/9789264179660-fr*.

OCDE (2011a), *Croissance et inégalités: Distribution des revenus et pauvreté dans les pays de l'OCDE*, Éditions OCDE, Paris, *http://dx.doi.org/10.1787/9789264044210-fr*.

OCDE (2011b), « The taxation of mobile high-skilled workers », in *Taxation and Employment*, Éditions OCDE, Paris, *http://dx.doi.org/10.1787/9789264120808-6-en*.

OCDE (2010a), *La stratégie de l'OCDE pour l'innovation: Pour prendre une longueur d'avance*, Éditions OCDE, Paris, *http://dx.doi.org/10.1787/9789264084759-fr*.

OCDE (2007a), « Summary report of the joint OECD-Spanish Ministry of Education and Science workshop: Research careers for the 21st century: Madrid, 26-27 April 2006 », Éditions OCDE, Paris.

OCDE (2005), « *Lignes directrices pour des prestations de qualité dans l'enseignement supérieur transfrontalier* », Éditions OCDE, Paris, *www.oecd.org/education/innovation-education/35779480.pdf*.

Sagar, H. (2014), « Entrepreneurial Schools », préparé par l'OCDE dans le cadre du projet Entrepreneurship360, une initiative menée conjointement avec la DG Éducation et Culture de la Commission européenne.

Steedman, H., G. Mason et C. Wagner (1991), « Intermediate skills in the workplace: Deployment, standards and supply in Britain, France and Germany », *National Institute Economic Review*, vol. 136, n° 1, pp. 60-76.

Vincent-Lancrin, S. et S. Pfotenhauer (2012), *Lignes directrices pour des prestations de qualité dans l'enseignement supérieur transfrontalier - État des lieux*, Éditions OCDE, Paris, *http://dx.doi.org/10.1787/5k9fd0kt9x8n-fr*.

Vincent-Lancrin, S., D. Fisher et S. Pfotenhauer (à paraître), *Guidelines for Quality Provision in Cross-Border Higher Education: 2014 Monitoring Report*, Éditions OCDE, Paris.

Von Hippel, E., S. Ogawa et J.P.J. de Jong (2011), « The age of the consumer innovator », *MIT Sloan Management Review*, *http://sloanreview.mit.edu/the-magazine/2011-fall/53105/the-age-of-the-consumer-innovator*.

© OCDE 2016

Chapitre 4

Quel environnement économique pour l'innovation ?

Les politiques en faveur de l'innovation doivent aussi s'inscrire dans un environnement économique sain qui favorise l'investissement dans la technologie et le capital intellectuel, qui permette aux entreprises innovantes de mettre à l'essai des idées, des technologies et des modèles économiques nouveaux, et les aide à grandir, se développer et gagner des parts de marché. Les travaux de l'OCDE sur l'innovation ont mis au jour un certain nombre de problématiques et d'enseignements issus de l'expérience ressortissant aux conditions-cadre à instaurer pour tirer parti de l'investissement dans le capital intellectuel, aux politiques fiscales agissant sur l'innovation, au financement de celle-ci, de même qu'aux mesures propices à l'expérimentation dans les jeunes entreprises innovantes et à la croissance de ces dernières. Ces travaux ont aussi révélé l'importance croissante des chaînes de valeur mondiales (CVM) et leur influence sur les déterminants de l'innovation, et en particulier sur les politiques commerciales, les politiques d'investissement et les politiques de réglementation. Les politiques touchant l'investissement sont elles aussi à prendre en considération eu égard à la place grandissante que les actifs intellectuels occupent dans ce domaine.

Les données statistiques concernant Israël sont fournies par et sous la responsabilité des autorités israéliennes compétentes. L'utilisation de ces données par l'OCDE est sans préjudice du statut des hauteurs du Golan, de Jérusalem-Est et des colonies de peuplement israéliennes en Cisjordanie aux termes du droit international.

4.1. Le rôle des conditions-cadre

La Stratégie 2010 pour l'innovation (OCDE, 2010a) soulignait combien l'innovation requiert des conditions-cadre saines, notamment une politique macroéconomique judicieuse, une concurrence effective, un bon fonctionnement des marchés de produits et des marchés du travail, une ouverture aux échanges et aux investissements internationaux, des régimes fiscaux propices et des systèmes financiers à même de permettre aux ressources de rejoindre les entreprises innovantes. Ses principales conclusions étaient les suivantes :

- Une gestion budgétaire vertueuse, accompagnée d'une inflation faible et relativement stable, contribue à atténuer les incertitudes et renforce l'efficacité du mécanisme de formation des prix dans l'affectation de ressources. Il faut ajouter à cela qu'une croissance vigoureuse et régulière de la production profite aux entreprises qui cherchent à commercialiser de nouveaux produits ou à introduire d'importants changements dans leur organisation.
- Une concurrence soutenue incite les entreprises à innover et à développer de nouveaux marchés. La suppression des réglementations anticoncurrentielles sur les marchés de produits est un puissant stimulant à l'investissement dans l'innovation et favorise le processus de destruction créatrice. Par ailleurs, des politiques de la concurrence à la fois solides et volontaristes, inspirées des bonnes pratiques internationales, sont de nature à encourager l'innovation.
- Une libéralisation plus poussée des échanges de services, la réduction de la protection douanière visant le commerce de marchandises, la modernisation des marchés publics et un solide cadre international de gestion des droits de propriété intellectuelle, doublé d'une protection effective de ces droits, devraient favoriser l'innovation. Le succès du Programme de Doha pour le développement, lancé par l'Organisation mondiale du commerce (OMC) et l'amélioration de l'accès aux marchés de biens et de services marqueraient une étape déterminante vers une plus large ouverture de ces marchés.
- Les gouvernements devraient se pencher sur la qualité de leurs cadres réglementaires concernant l'investissement. Ces cadres sont importants parce qu'ils déterminent non seulement la quantité de ressources investies dans une économie mais aussi la contribution de l'investissement au développement économique et à l'innovation.

L'importance des conditions-cadre s'accentue depuis quelques années à mesure que les entreprises et les investisseurs se font plus mobiles, à la recherche de l'environnement le plus favorable qui puisse s'offrir à eux à l'échelon international. Qui plus est, la crise économique et ses suites ont eu de larges répercussions sur bon nombre de conditions-cadre essentielles, et en premier lieu sur les contextes macroéconomique et financier. Pour concrétiser les avantages de l'innovation aux niveaux national, régional et local, les pouvoirs publics et les autres parties prenantes doivent procéder aux investissements et aux réformes structurelles qu'impose la création d'un environnement propice à l'innovation. Il ressort des évaluations que l'OCDE conduit à intervalles réguliers au sujet des politiques structurelles que bien des réformes peuvent encore être introduites pour soutenir la productivité et l'innovation, tout particulièrement sur les marchés de produits (OCDE, 2014a).

Depuis l'établissement et la publication de la Stratégie 2010, de nouvelles problématiques et de nouveaux enseignements tirés de l'expérience et ressortissant aux conditions-cadre à instaurer ont été mis en lumière par l'OCDE dans ses travaux sur l'innovation. Ces problématiques et enseignements intéressent notamment les thèmes suivants :

1. Les conditions-cadre permettant de tirer parti de **l'investissement dans le capital intellectuel** – logiciels, données, propriété intellectuelle, compétences économiques (valeur de la marque, nouvelles méthodes organisationnelles et compétences propres à l'entreprise). Dans plusieurs pays de l'OCDE, l'investissement dans le capital intellectuel est aujourd'hui supérieur, en proportion du produit intérieur brut (PIB), à celui dédié aux actifs corporels. Sa progression n'est pas sans créer des difficultés aux responsables de l'action publique, qui se voient entre autres dans la nécessité d'améliorer différents paramètres déterminants.
2. La **politique fiscale,** en particulier pour ce qui est des mesures applicables à l'investissement dans les actifs intellectuels.
3. Le **financement de l'innovation,** problème qui se pose aux décideurs avec davantage d'acuité depuis la crise financière de 2008 et auquel de nombreux pays n'ont pas encore trouvé de solution.
4. Les conditions-cadre propices à **l'expérimentation dans les jeunes entreprises innovantes et à la croissance de celles-ci.** Grandes pourvoyeuses d'emplois, ces entreprises sont par ailleurs primordiales pour l'innovation, qui chez elles tend à se faire plus radicale.
5. L'importance croissante des **chaînes de valeur mondiales** et l'incidence de celles-ci sur les déterminants de l'innovation, en particulier sur les politiques commerciales, les politiques d'investissement et les politiques de réglementation.
6. **L'investissement,** avec notamment le Cadre d'action pour l'investissement de l'OCDE, en cours de révision.

D'autres aspects de l'environnement économique pourraient être considérés comme des conditions-cadre, ainsi la confiance, la sécurité ou la gouvernance. Il n'en sera pas question ici mais dans le chapitre 8.

4.2. Le capital intellectuel

Le capital intellectuel recouvre différents actifs – généralement incorporels – qui résultent d'investissements axés sur la connaissance, et notamment la R-D, les logiciels et données, la propriété intellectuelle, la valeur de la marque, les compétences propres à l'entreprise et le savoir-faire organisationnel. Des estimations portant sur un large échantillon d'économies de l'OCDE ainsi que sur plusieurs pays émergents font apparaître une progression rapide de l'investissement des entreprises dans le capital intellectuel au cours des dernières décennies, à un rythme supérieur dans bien des cas à celui de l'investissement dans le capital physique (machines, équipement, bâtiments, etc.). Le repli constaté durant la crise économique mondiale n'a pas été aussi marqué pour le premier que pour le second (graphique 4.1). L'investissement dans le capital intellectuel est par ailleurs un passage obligé pour les entreprises qui entendent monter en gamme dans les chaînes de valeur mondiales en ce qu'il permet dans bien des cas de se distinguer plus facilement de la concurrence. L'essor du capital intellectuel n'est pas sans s'accompagner d'un certain nombre de défis pour l'action publique.

Graphique 4.1. **Les investissements des entreprises dans les actifs intellectuels ont mieux résisté à la crise et ont redémarré plus rapidement**

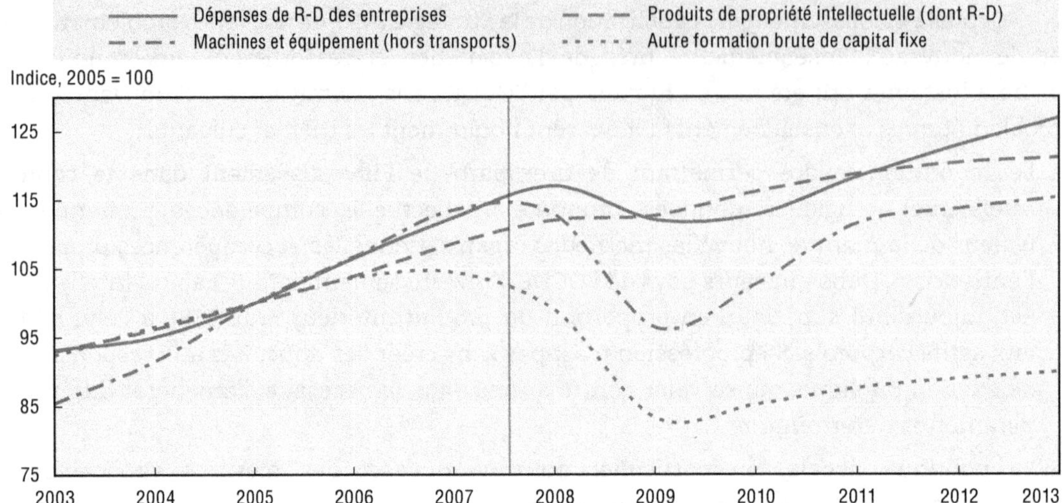

Note : Dans les comptes nationaux, les sommes consacrées aux activités de R-D sont traitées comme des dépenses et non comme des investissements et ne sont par conséquent pas enregistrées en formation de capital. La capitalisation de la R-D devrait être effective à compter de 2014. Les actifs fixes incorporels sont les actifs fixes non financiers comprenant principalement la prospection minière et pétrolière, les logiciels et les œuvres récréatives, littéraires ou artistiques originales d'une durée d'utilisation prévue de plus d'un an. L'agrégat « Autre formation brute de capital fixe » comprend les investissements dans la construction de logements et les transports.

Sources : OCDE (2015a), *Principaux indicateurs de la science et de la technologie, vol.* 2014, n° 2, OCDE (2015b), *Base de données de l'OCDE sur les comptes nationaux, http://stats.oecd.org/*, consultée en mars 2015, d'après OCDE (2015c), *Science, technologie et industrie : Perspectives de l'OCDE 2014*, Éditions OCDE, Paris, *http://dx.doi.org/10.1787/sti_outlook-2014-fr*.

En premier lieu, l'investissement dans le capital intellectuel engendre des retombées d'autant plus grandes que les ressources arrivent facilement aux entreprises où ce capital est prépondérant et leur permettent de se développer et de gagner des parts de marché (Andrews et Criscuolo, 2013). Les difficultés inhérentes à une affectation efficiente du capital intellectuel ne font que souligner l'importance des politiques à même de faciliter les redéploiements d'actifs corporels. Plus spécifiquement, le rendement que l'on peut escompter de l'investissement dans le capital intellectuel est plus élevé si les marchés de produits, du travail et des capitaux fonctionnent correctement et si le droit de la faillite n'est pas excessivement pénalisant. La concrétisation des bénéfices attendus résulte pour partie d'une intensification des pressions concurrentielles et d'une réaffectation plus efficiente des ressources, qui facilitent l'une et l'autre la mise en œuvre et la commercialisation d'idées nouvelles par les entreprises. Elle procède également de la diminution du coût des faillites, qui encourage les entreprises à tester des sources de croissance incertaines.

En second lieu, l'essor du capital intellectuel confère une importance nouvelle à différents types de politiques et implique dans certains cas d'en revoir les modalités ou l'orientation (OCDE, 2013a). À titre d'exemple, la ***politique de la concurrence*** se heurte ainsi à de nouveaux défis dans les secteurs d'activité soutenus par le capital intellectuel. Cela vaut particulièrement avec l'économie numérique où jamais encore des entreprises de pointe ne s'étaient autant développées en si peu de temps et où la concurrence s'organise souvent de manière bien spécifique à certains égards. Des experts ont par exemple remarqué que, contrairement aux secteurs manufacturiers traditionnels, c'est entre des plateformes créées par des compagnies aux modèles économiques très différents, et non entre des

  © OCDE 2016

entreprises ayant structuré leurs activités de manière plus ou moins analogue, que cette concurrence est la plus significative. Apple, Google et Microsoft en offrent une illustration. Tous trois rivalisent sur le marché des systèmes d'exploitation pour téléphones mobiles, mais chacun avec un modèle qui lui est propre. En pareille circonstance, la concurrence *entre* les fournisseurs de plateformes peut s'avérer plus importante du point de vue de l'innovation et du bien-être des consommateurs que la concurrence *à l'intérieur* de ces plateformes (comme la rivalité entre les entreprises qui développent des applications pour iPhone). Il conviendrait que la politique de la concurrence : 1) tienne dûment compte de la concurrence entre plateformes ; 2) promeuve l'élimination des réglementations des marchés de produits qui s'opposent inutilement à la concurrence ; 3) fasse respecter efficacement la législation de la concurrence, laquelle doit être de nature à protéger et encourager l'innovation. À cela s'ajoute que les travaux menés précédemment sur le capital intellectuel (OCDE, 2013a) ont fait apparaître qu'un lien essentiel unit la politique de la concurrence aux droits de propriété intellectuelle (voir chapitre 5), d'où la nécessité de coupler les systèmes de droits de propriété intellectuelle avec des politiques favorables à la concurrence et une administration efficace de la justice.

Autre condition-cadre déterminante en ce qui concerne le capital intellectuel, la ***publication d'information par les entreprises***. Le patrimoine de beaucoup d'entreprises parmi les plus prospères au monde est constitué presque entièrement d'actifs intellectuels. Début 2009, par exemple, les actifs physiques ne représentaient que 5 % environ de la valeur de Google. Cependant, les rapports financiers des entreprises ne fournissent que des informations limitées sur leurs investissements en capital intellectuel, ce qui est susceptible de nuire au financement et à la gouvernance de ces sociétés. Il appartiendrait aux gouvernements de : 1) favoriser une meilleure information, de la part des entreprises, en établissant des recommandations et directives à adhésion volontaire ou en soutenant les initiatives du secteur privé dans ce domaine ; 2) créer des mécanismes destinés à faciliter la déclaration des investissements en capital intellectuel par les entreprises ; 3) établir des cadres pour les commissaires aux comptes ; 4) se coordonner à l'échelon mondial, aucun organisme international compétent ne s'étant encore saisi de la question.

Les travaux de l'OCDE sur le capital intellectuel démontrent au surplus que, dans une économie qui s'appuie toujours plus sur les investissements touchant la connaissance, il apparaît justifié d'élargir la notion de conditions-cadre pour l'étendre par exemple aux éléments suivants :

- Les **droits de propriété intellectuelle :** comme on le verra plus en détails au chapitre 5, la propriété intellectuelle gagnant en importance parmi les actifs des entreprises de nombreux secteurs, la présence d'un système de droits pratique et efficace est indispensable pour leur permettre de tirer parti de leurs investissements en actifs intellectuels, et doit dès lors être considéré comme une condition-cadre essentielle.
- Les **données massives – création de valeur économique à partir de grands ensembles de données :** les données massives, nous y reviendrons au chapitre 5, soutiennent les activités d'innovation de pointe dans les entreprises et sont devenues un élément d'actif de premier ordre. Il a été établi que les entreprises qui s'appuient sur l'analyse des données pour prendre des décisions importantes ont tendance à surclasser les autres. Si l'incertitude demeure quant à la meilleure politique à tenir dans ce domaine en mutation rapide, il apparaît à l'évidence que, pour libérer des bénéfices économiques majeurs, les pouvoirs publics de tous les pays de l'OCDE doivent s'employer plus activement à mettre en œuvre des politiques cohérentes en ce qui concerne la protection de la vie privée,

le libre accès aux données et l'infrastructure et les compétences liées aux TIC. Il importe également que les décideurs anticipent les problèmes que la veille de données (*data intelligence*) et l'intelligence artificielle ne manqueront pas de poser au plan réglementaire.

Les responsables publics devront aussi élargir leur conception de l'innovation, ce qui suppose d'en dépasser la notion classique dominée par la R-D. La plupart des gouvernements des pays de l'OCDE s'efforcent d'ailleurs de faciliter l'accès des entreprises aux services de conseil et à l'information dans les domaines de la technologie et de la recherche, et ont recours pour ce faire à différents types de mesures, parmi lesquelles les chèques-innovation et les initiatives d'ouverture technique. Les travaux de l'OCDE sur le capital intellectuel donnent à penser que les dispositifs exclusivement axés sur la science, la technologie, l'ingénierie et les mathématiques sont trop restrictifs. Ainsi, au Royaume-Uni, près de la moitié des universitaires spécialisés dans les arts créatifs et les médias sont, d'une façon ou d'une autre, liés aux milieux des affaires. Cet état de fait qui témoigne d'une évolution de la nature de l'innovation, doit transparaître dans les programmes publics.

Une meilleure compréhension de l'innovation et de la croissance exige aussi que les pouvoirs publics s'attachent à mesurer les investissements en capital intellectuel de manière adéquate et conviennent de principes communs dans cet objet. L'OCDE (2013a) a révélé à ce sujet que l'investissement dans le capital organisationnel des entreprises était probablement deux fois plus important qu'on ne le pensait jusque-là. Les modèles fondés sur des projections de croissance et d'évolution de la productivité pourraient se révéler erronés si cet investissement n'est pas ou mal mesuré. Certaines formes importantes de capital intellectuel en étant absentes, les comptes nationaux traditionnels ne permettent pas une évaluation correcte du niveau et de la progression des économies cumulées, de l'investissement cumulés, du PIB et de la part du travail dans le revenu national et attribuent à la croissance de la productivité des origines qui ne sont pas les siennes. Il y a matière à plaider l'extension du champ de la comptabilité nationale pour une meilleure prise en considération d'autres éléments du capital intellectuel, en plus de la R-D qui est capitalisée depuis peu, ou la création de comptes supplémentaires dédiés à l'innovation. En outre, si les gouvernements se fixent des objectifs en matière d'innovation – comme celui de consacrer 3 % du PIB à la R-D conformément à l'Agenda de Lisbonne – ceux-ci devraient être fondés sur les grands indicateurs fournis en ce domaine par le capital intellectuel.

4.3. Politique fiscale

La politique fiscale est une autre condition-cadre qui a d'importantes répercussions sur les entreprises et les ménages, dans leur décision d'épargner ou d'investir, mais également sur l'activité innovante. Elle dépend d'une multitude de paramètres, dont les principaux sont le niveau d'imposition, la structure de la fiscalité et le degré de complexité de la législation (OCDE, 2010b). L'analyse de l'OCDE fait apparaître que certains instruments fiscaux, comme les impôts sur les sociétés, sont plus préjudiciables à la croissance et à l'innovation que d'autres, comme les impôts sur la propriété immobilière, les impôts des particuliers et les impôts sur la consommation occupant pour leur part une position d'entre-deux du fait de leur influence respective sur le comportement des agents économiques, qu'il s'agisse des particuliers ou des entreprises. Les mesures favorables à l'innovation et à la croissance visent à opérer un transfert de charge fiscale, du revenu et/ou des bénéfices vers la consommation et/ou la propriété immobilière. Il est également possible dans de nombreux pays de redéfinir certains impôts de manière à les rendre plus propices à la croissance économique en en élargissant l'assiette, et réduisant le taux si faire se peut, cette manière de procéder étant préférable à l'octroi d'allègements ciblés lorsque ceux-ci ne sont pas justifiés par la correction d'effets externes.

Autres éléments de politique fiscale déterminants dans un environnement économique favorable à l'innovation, les taux marginaux supérieurs de l'impôt sur le revenu des personnes physiques devraient être fixés de telle manière qu'ils ne nuisent pas de trop à la formation de capital humain et à l'entrepreneuriat. Les mesures destinées à corriger des facteurs externes, comme c'est le cas de la fiscalité environnementale, ont aussi leur importance pour l'innovation, notamment parce qu'elles en encouragent une réorientation au service d'une croissance plus verte (voir section 7.4). D'une manière générale, un système fiscal axé sur la croissance mettra le moins possible d'obstacles au développement de l'activité économique. Cela suppose aussi qu'il ne découragera pas la prise de risques ni ne fera barrière à l'arrivée de travailleurs très qualifiés, et plus généralement de main-d'œuvre, depuis l'étranger. Il conviendra également que ce système stimule non seulement la création de propriété intellectuelle mais encore l'appropriation de celle générée dans le pays ou hors de ses frontières. La fiscalité peut participer à l'instauration d'un climat des affaires attractif, ce qui implique de ne pas dissuader les entreprises de restructurer leurs activités pour des raisons économiques, quand bien même les États peuvent souhaiter s'assurer des recettes fiscales légitimes. Un système d'imposition tourné vers la croissance devrait également participer à la mise en place d'un environnement propice à l'économie numérique et au commerce électronique.

Les dispositifs fiscaux dédiés à l'innovation ont eux aussi leur importance. Les aides fiscales destinées à renforcer les incitations à la R-D des entreprises occupent souvent une place de choix parmi les mesures de soutien public à l'innovation. La plupart des pays de l'OCDE accordent aux entreprises un allègement fiscal significatif au titre des dépenses qu'elles consacrent à la R-D, en considération des retombées positives de cette dernière, à même d'alimenter la croissance de toute l'économie. De plus en plus généreux, cet allègement est offert par un nombre croissant de pays. Cependant, son niveau global en ce qui concerne la R-D des entreprises multinationales pourrait bien dépasser les prévisions établies par les gouvernements au moment de mettre en place leurs mesures d'incitation, du fait notamment que les taux de subvention ne tiennent pas nécessairement compte de l'allègement sur les recettes de la R-D que ces entreprises peuvent obtenir en ayant recours à des stratégies de planification fiscale transfrontières. Il est dès lors possible que, dans de nombreux pays, le soutien fiscal accordé au titre de la R-D soit, au total, plus important que ne le pensent les pouvoirs publics.

La politique fiscale peut également déterminer le transfert de capital intellectuel vers des sociétés holding basées à l'étranger et l'utilisation de ce capital hors des frontières au détriment de la production nationale. Un manque à gagner fiscal au titre de la R-D peut alors être constaté, à quoi s'ajoutera la perte d'externalités de connaissance pour le pays. Parallèlement à cela, les entreprises exclusivement nationales – des PME mais aussi de grandes entreprises n'ayant pas de filiales étrangères et donc dans l'impossibilité de pratiquer la planification fiscale transfrontières – risquent d'être pénalisées par rapport aux entreprises multinationales sur le plan des activités de R-D et de l'exploitation de leurs résultats. Ces conclusions ont des implications considérables pour les finances publiques et l'emploi, l'efficience économique et la nature des mesures visant à encourager les entreprises à investir dans la R-D, et la capacité des économies de l'OCDE a accumuler efficacement le capital intellectuel (OCDE, 2013a). Les travaux de l'OCDE sur l'érosion de la base d'imposition et les transferts de bénéfices visent à corriger certains de ces problèmes majeurs (OCDE, 2013b). On reviendra sur les crédits d'impôt à la R-D et les autres crédits d'impôt en faveur de l'innovation au chapitre 6.

4.4. Le financement de l'innovation

L'accès au financement est un défi de taille pour les entreprises innovantes. Le financement externe revêt une importance toute particulière quand ces entreprises, surtout les plus jeunes d'entre elles, commencent à se développer et que leurs besoins deviennent tels que les entrepreneurs ne peuvent plus se tourner vers leur famille ou leurs proches pour obtenir les ressources nécessaires. De fait, l'impasse financière dans laquelle elles se retrouvent s'apparente souvent à un « déficit de capital de développement ». Le traditionnel financement par emprunt est relativement peu rémunérateur pour les bailleurs de fonds et convient donc mieux aux entreprises bien établies qui présentent un profil de risque faible à modéré. Au surplus, dans le cas des entreprises qui innovent sur le plan technologique ou qui proposent un modèle économique inédit, l'asymétrie de l'information entre entrepreneurs et financiers constitue un problème particulièrement aigu. Cela se vérifie tout spécialement avec les entreprises en phase d'amorçage ou de démarrage, ainsi qu'avec les PME, les unes et les autres n'ayant généralement ni références ni garanties à offrir et manquant souvent de transparence par rapport aux grandes sociétés. L'accès au financement peut également être ardu pour les entreprises qui s'appuient sur des actifs incorporels, lesquels sont parfois très spécifiques et difficiles à utiliser comme garanties dans une relation d'emprunt classique (OCDE, 2010c et 2014c).

L'obtention de fonds pour innover est soumise à l'influence d'un large éventail de politiques. Dans une récente étude, l'OCDE s'est intéressée à la corrélation entre les politiques générales et l'affectation de ressources (capital et travail) aux entreprises ayant déposé des brevets (considérées comme un marqueur, imparfait mais néanmoins utile, de l'innovation). L'analyse montre que la disparité des cadres d'action nationaux explique en partie les différences au niveau du rendement que l'on peut escompter du dépôt d'un brevet (Andrews, Criscuolo et Menon, 2014). Le graphique 4.2 montre plus spécifiquement comment les flux de ressources estimés vers les entreprises qui déposent des brevets varient en fonction de divers paramètres liés à l'action publique dans les pays de l'OCDE. Sur ce graphique, la longueur des barres indique la variation en pourcentage de l'emploi (diagramme A) et du capital (diagramme B) associée à une hausse de 10 % du stock de brevets lorsque la variable d'action publique concernée est fixée à la valeur minimale, moyenne ou maximale dans les pays de l'échantillon. À titre d'exemple, le capital et le travail vont plus facilement aux entreprises qui déposent des brevets en Suède qu'en Grèce, en raison de conditions plus propices pour ce qui est de l'accès au capital-risque de démarrage.

Les données indiquent qu'un meilleur accès au capital d'amorçage et de démarrage, ainsi qu'une plus grande efficience du système judiciaire peuvent être très bénéfiques. En outre, il peut être avantageux de réformer les réglementations des marchés de produits (RMP) qui entravent la concurrence et de réduire les obstacles à la sortie liés à l'action publique (comme un droit de la faillite excessivement rigide). L'élimination de ces obstacles va renforcer la pression de la concurrence, pousser les entreprises peu rentables à quitter les marchés, et canaliser les ressources vers les entreprises les mieux à même d'en faire bon usage. Ce dernier effet peut aussi être élargi par un assouplissement de la législation de protection de l'emploi. Ces différentes mesures sont généralement mises en œuvre à d'autres fins, mais leurs répercussions non intentionnelles sur l'innovation demanderaient à être prises en compte.

Graphique 4.2. **Politiques générales et flux de ressources vers les entreprises déposant des brevets (2003-10)**

A. Évolution de l'emploi des entreprises associée à une variation de 10 % du stock de brevets

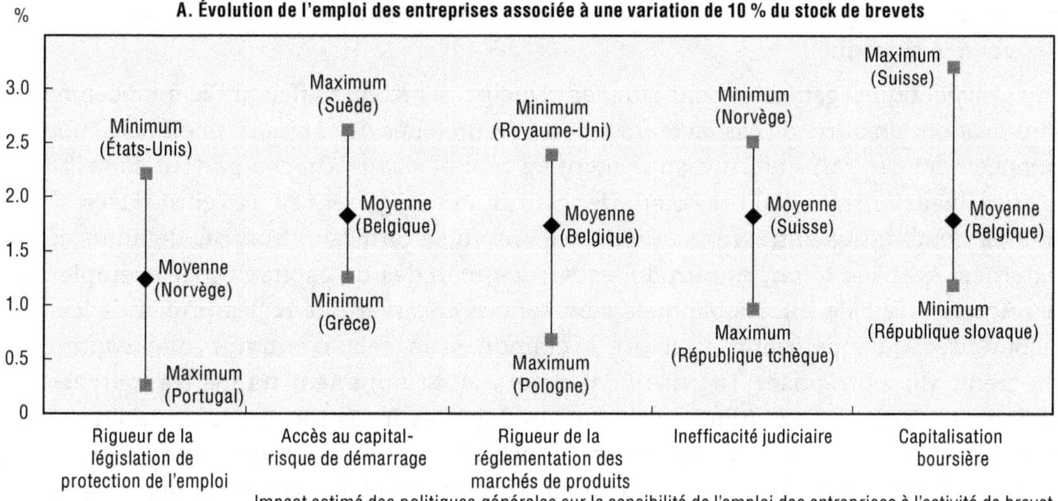

B. Évolution du capital des entreprises associée à une variation de 10 % du stock de brevets

%
4.5
4.0
3.5
3.0
2.5
2.0
1.5
1.0
0.5
0
Minimum (États-Unis)
Moyenne (Norvège)
Maximum (Portugal)
Maximum (Suède)
Moyenne (Belgique)
Minimum (Grèce)
Minimum (Norvège)
Moyenne (Suisse)
Maximum (République tchèque)
Minimum (Royaume-Uni)
Moyenne (Japon)
Maximum (République slovaque)
Minimum (Norvège)
Moyenne (France)
Maximum (Italie)
Rigueur de la législation de protection de l'emploi
Accès au capital-risque de démarrage
Inefficacité judiciaire
Entraves aux échanges et à l'investissement
Coût induit par le droit de la faillite pour les entrepreneurs
Impact estimé des politiques générales sur la sensibilité du stock de capital des entreprises à l'activité de brevet

Note : Il ressort de ce graphique que la sensibilité de l'emploi et du capital des entreprises aux fluctuations du stock de brevets varie en fonction du cadre d'action et du contexte institutionnel. Pour calculer les effets de l'action publique, des estimations de coefficients sont combinées aux valeurs moyennes des indicateurs d'action publique mesurés pour chaque pays sur la période étudiée. Les étiquettes « minimum » (« maximum ») font référence au pays affichant la valeur moyenne la plus faible (plus forte) pour l'indicateur d'action publique considéré pendant la période étudiée.

Source : Andrews, D., C. Criscuolo et C. Menon (2014), « Do resources flow to patenting firms? Cross-country evidence from firm level data », *http://dx.doi.org/10.1787/5jz2lpmk0gs6-en*.

Les exemples ci-dessus donnent à penser que les politiques générales peuvent fortement influer sur la capacité des entreprises qui déposent des brevets d'attirer les actifs corporels dont elles ont besoin pour mettre en œuvre et commercialiser leurs nouvelles idées[1]. En règle générale, les effets sont loin d'être négligeables. Ainsi, le diagramme A nous apprend que l'emploi dans les entreprises est trois fois plus sensible à l'évolution du stock de brevets lorsque la RMP est relativement souple (par exemple au Royaume-Uni) que lorsque cette réglementation est particulièrement contraignante (par exemple en Pologne). De nombreux pays de l'OCDE s'emploient depuis quelques années à amender leurs politiques, de sorte que les valeurs mesurées pour l'indicateur de l'OCDE sur la RMP ont diminué dans tous les pays de l'échantillon au cours au cours de la dernière décennie, parfois même de manière considérable (ainsi en Pologne, en Grèce, en Hongrie et en République slovaque).

Les politiques générales sont l'un des principaux facteurs affectant le financement de l'innovation. Un autre de ces facteurs a trait aux marchés de capitaux, et en particulier au financement des PME et à l'investissement en capital-risque. Un peu partout dans l'OCDE, la crise financière mondiale a exacerbé les contraintes qui pèsent sur ces entreprises, si bien que de nombreuses entreprises innovantes ont vu se tarir leurs sources de financement externes. Avec les réformes introduites sur les marchés de capitaux (par exemple avec les Accords de Bâle III), les banques sont tenues observer des règles prudentielles plus rigoureuses qu'auparavant, et il est à craindre que cela n'entraîne une contraction du crédit aux entreprises. La crise financière a aussi durement frappé les marchés des actions. En 2013, dans pratiquement tous les pays, les investissements en capital-risque n'avaient pas encore retrouvé leur niveau d'avant la crise, voire étaient en-deçà du niveau atteint en 2009 (graphique 4.3). Le capital d'amorçage et le capital de démarrage s'en sont particulièrement ressentis, une grande partie des fonds de capital-risque s'étant réorientés vers l'investissement dans des entreprises plus matures. Après une montée spectaculaire durant la période qui a précédé le déclenchement de la crise, les actifs gérés par des fonds de capital-investissement stagnent depuis 2008 malgré l'intérêt croissant des investisseurs pour les instruments alternatifs. Cette stagnation correspond pour partie à un amenuisement des possibilités de sortie s'offrant aux investisseurs. Les marchés boursiers en particulier n'accueillent plus autant d'entreprises en croissance qu'auparavant, comme en témoigne le recul, partout dans le monde, des émissions en souscription publique sur le marché primaire. À cela s'ajoute l'affaissement non démenti, au cours de la période 2010-13, du nombre de sorties du capital-risque sous forme de fusions ou d'acquisitions.

Graphique 4.3. **Tendances du capital-risque (2007 = 100)**

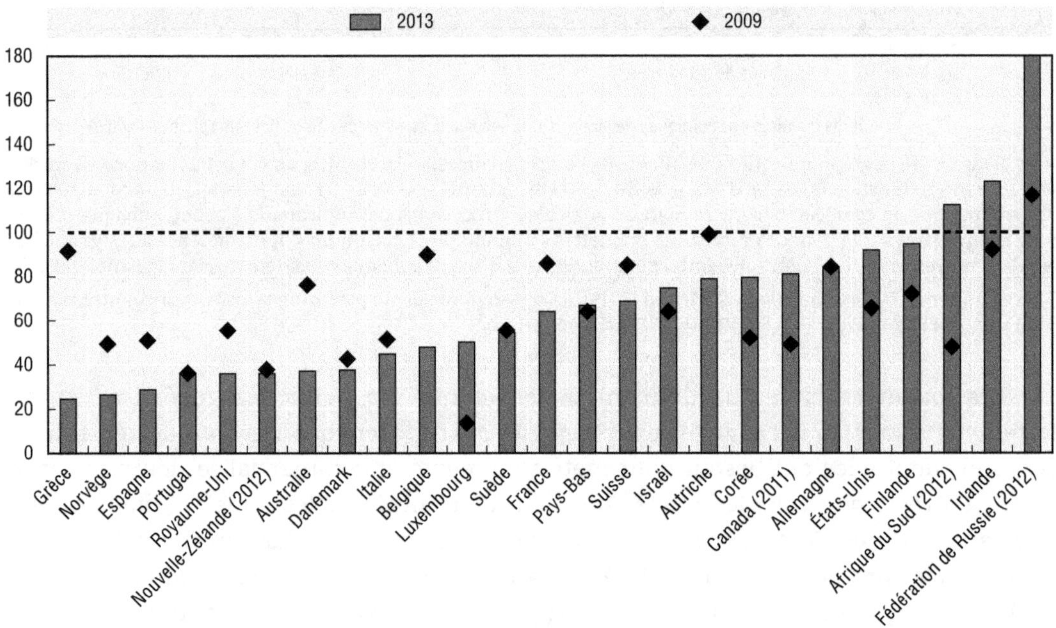

Source : OCDE (2014d), *Panorama de l'entrepreneuriat 2014*, Éditions OCDE, Paris, *http://dx.doi.org/10.1787/888933064753*.

La palette des instruments de financement accessibles aux entreprises demande à être élargie. De plus en plus complexes et interdépendants, les marchés de capitaux proposent désormais des solutions pour répondre aux besoins des entrepreneurs et des PME qui innovent. L'amélioration des possibilités de financement sur fonds propres, aux stades de l'amorçage et du démarrage, notamment par le biais du capital-risque et de l'investissement providentiel, peut stimuler la création et l'expansion d'entreprises innovantes. D'autres mécanismes liés aux marchés de capitaux, tels que l'introduction en bourse pour les PME, peuvent fournir des ressources financières aux entreprises établies à forte croissance.

Ces dix dernières années, les décideurs des différents pays de l'OCDE sont intervenus pour dynamiser l'offre du marché des actions au moyen d'incitations fiscales « en amont » (déductions fiscales sur l'investissement dans les entreprises en phase d'amorçage ou de démarrage) et « en aval » (applicables aux plus-values ou moins-values). Les pouvoirs publics ont par ailleurs multiplié les interventions directes visant à soutenir l'offre sur le marché du capital-risque avec la création de nouveaux fonds publics et la mise en place de fonds à compartiments et de fonds de co-investissement public-privé. Leurs mesures ciblent désormais la formation, le tutorat et l'accompagnement des investisseurs (Wilson et Silva, 2013).

Il reste que les pouvoirs publics ne se sont pas autant souciés de soutenir la demande sur les marchés des fonds propres. Les programmes de préparation à l'investissement aident les entrepreneurs à mieux cerner les besoins et attentes des investisseurs potentiels et à améliorer la qualité et la présentation de leurs plans d'affaires.

D'autres techniques de financement peuvent être envisagées selon le résultat de l'arbitrage risque/rendement. Citons parmi celles-ci le prêt contre nantissement d'actifs, dans le cadre duquel l'entreprise reçoit des fonds en fonction de la valeur de certains actifs, y compris incorporels, plutôt qu'en fonction de sa capacité d'emprunt, les instruments d'emprunt alternatifs, dont les obligations de société, à même d'assurer aux entreprises – moyennes ou grandes – les liquidités nécessaires à leurs investissements à vocation innovante, et les instruments hybrides, reposant à la fois sur l'emprunt et sur les capitaux propres, qui pourront s'avérer utiles aussi bien aux jeunes entreprises qu'aux sociétés plus matures à la recherche de capital-développement mais ne pouvant pas recourir à une introduction en bourse ou souhaitant éviter la dilution de capital à laquelle donnerait lieu l'émission d'actions (OCDE, 2014c). Si le financement participatif, qui permet de lever des fonds par l'intermédiaire de plateformes web, a le vent en poupe depuis la fin des années 2000, il ne représente encore qu'une infime partie du total (et sert à financer des projets spécifiques plutôt que des entreprises). Son caractère de plus en plus structuré devrait néanmoins lui permettre de jouer un rôle accru, notamment pour ce qui est du financement des entreprises innovantes, l'interaction en ligne avec un grand nombre de clients étant de nature à aider les entrepreneurs à valider des produits non encore testés (OCDE, 2014e).

L'utilisation des instruments d'investissement alternatifs par les entreprises innovantes peine à décoller. Il est possible de remédier à cette situation par le développement des compétences financières des nouvelles et petites entreprises, la mise en place d'une réglementation à même de concilier stabilité financière et ouverture de nouvelles voies de financement pour les entrepreneurs et le renforcement des infrastructures permettant de réduire l'asymétrie de l'information et d'encourager la participation des investisseurs. Par ailleurs, à la suite de la crise financière mondiale, la part de l'État dans l'investissement a bondi cependant que les acteurs privés se retiraient de certains segments particulièrement risqués. Le défi est par conséquent de mettre en place des mesures pour mobiliser les ressources du secteur privé et des mécanismes de partage des risques avec celui-ci. Ces dernières années, de nombreux pays de l'OCDE ont instauré des programmes de co-investissement destinés tout particulièrement aux entreprises en phase d'amorçage ou de démarrage (OCDE, 2011a).

4.5. Favoriser l'entrepreneuriat et l'expérimentation

Par le passé, les pouvoirs publics ont consacré une grande attention aux mesures visant à repousser la frontière technologique et celle de l'innovation. On comptait que les bienfaits de cette dernière non seulement profiteraient aux entreprises pionnières mais rejailliraient également sur les autres entreprises et permettraient à l'économie dans son ensemble de réaliser des gains de productivité. Il est toutefois de plus en plus patent que la distribution des entreprises en fonction de leur productivité se caractérise par un effectif important de sociétés « moyennes » dont seule se détache une minorité particulièrement performante. Ainsi, les entreprises manufacturières (classes d'activités à quatre chiffres) du 90e centile de la distribution de la productivité totale des facteurs (PTF) étaient *en moyenne* deux fois plus productives que celles du 10e centile aux États-Unis (Syverson, 2004) et cinq fois plus en Chine et en Inde (Hsieh et Klenow, 2010). Certains faits semblent indiquer de surcroît que l'écart continue de se creuser.

De telles différences de productivité ont conduit à s'intéresser de plus près à la répartition des ressources parmi les entreprises d'une économie donnée et au rôle que pourrait jouer la sphère publique pour encourager la réaffectation de ces ressources dans un souci d'efficience. Il est à noter que les paramètres d'action qui ont une incidence sur les entrées et sorties d'entreprises, et sur la croissance des jeunes entreprises, auront également une influence sur l'ampleur des redéploiements de ressources vers les entreprises innovantes. Une étude récente de l'OCDE permet de prendre la mesure de ces redéploiements (en ce qui concerne le travail) dans différents pays (Andrews et Cingano, 2014). Ainsi, aux États-Unis et en Suède, les entreprises les plus productives du secteur manufacturier soutiennent davantage d'emplois qu'elles ne le feraient si le travail était réparti de manière aléatoire. L'affectation des ressources est généralement plus imparfaite dans le secteur des services marchands que dans le secteur manufacturier, ce qui s'explique par une moindre exposition à la concurrence internationale et par le fait que les réformes destinées à stimuler la concurrence sur les marchés de produits sont généralement plus poussées dans le second que dans le premier. Le cadre d'action en place doit inciter à entretenir une dynamique de réaffectation des ressources. Les nouvelles entreprises et les jeunes entreprises sont souvent les vecteurs de l'innovation sur les marchés, en y introduisant des innovations progressives, des technologies de rupture, de nouveaux modèles économiques ou d'autres formes de capital intellectuel (par exemple, de nouvelles stratégies de commercialisation).

Les dépôts de brevets sont certes un marqueur imparfait de l'innovation, mais comparer les entreprises au regard des brevets déposés et de l'âge peut servir à révéler l'importance des nouvelles et jeunes entreprises en la matière (Squicciarini et Dernis, 2013). On s'aperçoit ainsi que le dépôt du premier brevet intervient la plupart du temps entre la création de l'entreprise et sa dixième année d'existence. Une proportion notable d'entreprises détiennent également des brevets déposés *avant* leur création, ainsi des start-ups constituées pour exploiter la propriété intellectuelle développée par leur créateur ou de sociétés issues de fusions-acquisitions où l'entreprise absorbée détenait des brevets antérieurs à la création de l'entreprise absorbante. Au surplus, outre qu'ils sont relativement plus volumineux que ceux des autres entreprises, les stocks de brevets détenus par les jeunes entreprises portent généralement sur des inventions plus radicales (Andrews, Criscuolo et Menon, 2014).

Eu égard au rôle central des entreprises nouvelles et jeunes en tant que vecteur de l'innovation, l'entrée sur les marchés est de toute évidence déterminante. Par ailleurs l'orientation de l'action publique est susceptible d'avoir une influence capitale sur les taux d'entrée, la RMP pouvant par exemple ériger des obstacles à l'arrivée de nouvelles entreprises en limitant la concurrence sur les marchés. À cela s'ajoute que les défaillances du marché des capitaux peuvent être particulièrement préjudiciables aux nouveaux arrivants et aux jeunes entreprises et nuire à la productivité en raison d'une sélection moins rigoureuse à l'entrée (Andrews et Cingano, 2014).

De nouvelles données micro-agrégées collectées par l'OCDE dans 18 pays montrent que la proportion de start-ups a partout accusé un recul régulier ces dix dernières années (graphique 4.4). À vrai dire, les éléments dont on dispose concernant les États-Unis et d'autres pays montrent que ce recul est amorcé depuis une vingtaine d'années, sinon plus. Du reste, la récente crise n'a fait qu'accentuer la tendance (Criscuolo, Gal et Menon, 2014).

Graphique 4.4. **La proportion de start-ups a diminué dans tous les pays**

Pourcentage de start-ups parmi l'ensemble des entreprises

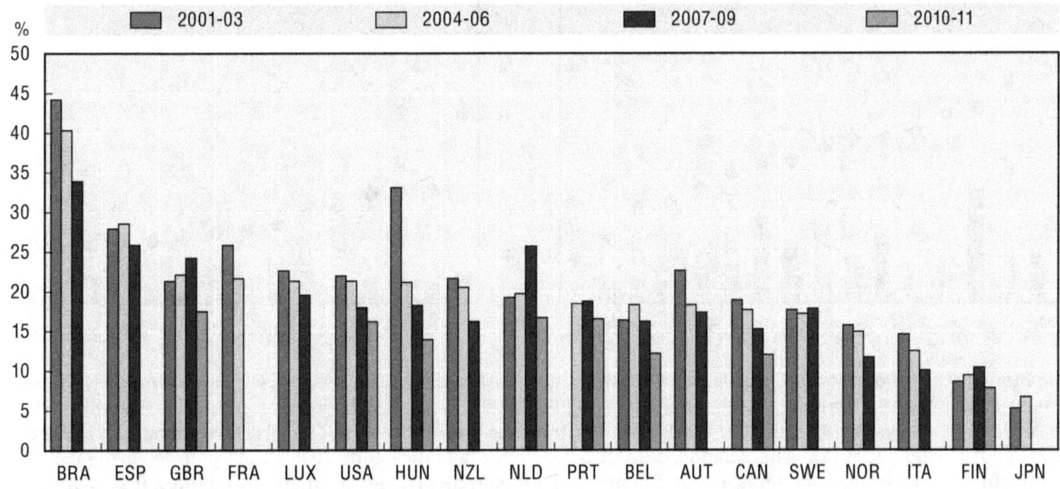

Note : Le graphique présente la proportion de start-ups (soit l'effectif de start-ups rapporté à l'ensemble des entreprises) par pays, calculée en moyenne pour chaque période de trois ans considérée. Les start-ups sont des entreprises âgées de 0 à 2 ans.

Source : Criscuolo, Gal et Menon (2014), « The dynamics of employment growth: New evidence from 18 countries », *http://dx.doi.org/10.1787/5jz417hj6hg6-en.*

Les subventions aux entreprises en place et les autres mesures publiques qui retardent la sortie des entreprises les moins productives sont de nature à étouffer la concurrence et ralentir la réaffectation des ressources vers les celles qui le sont davantage. On citera ainsi le cas des facilités réglementaires accordées aux entreprises en place (par exemple, les mesures budgétaires favorisant les entreprises ayant pignon sur rue – comme les crédits d'impôt pour la R-D sans report sur les exercices ultérieurs). Plus important peut-être, une législation sur les faillites excessivement pénalisante aura tendance à dissuader les entreprises les moins productives de se retirer comme le voudrait l'efficience et de libérer ce faisant des ressources qui seraient employées à meilleur profit ailleurs[2]. Ces mesures ne sont pas non plus dépourvues de complémentarités : les crédits d'impôts au titre de la R-D gagneraient probablement en efficience si la sortie des entreprises peu performantes était facilitée.

Il est un fait que l'entrée comme la sortie sont des moments importants, mais les dynamiques à l'œuvre après l'arrivée sur le marché sont encore plus décisives. Le graphique 4.5 illustre les différences entre pays du point de vue de la croissance des start-ups. On relève certes des écarts au niveau de la taille initiale de ces entreprises, mais ceux-ci n'ont rien d'exceptionnel. La situation est toute autre en revanche lorsque l'on s'intéresse aux entreprises plus anciennes. À titre d'exemple, leur taille moyenne est, en France, moitié moindre qu'aux États-Unis, alors même que les start-ups françaises sont plus grandes. Dans certains pays, il n'y a qu'un faible écart entre start-ups et entreprises matures. C'est le cas de l'Italie, pays qui, depuis quelques années, a engagé un ensemble de réformes pour améliorer la situation des start-ups et les aider à se développer (encadré 4.1).

Graphique 4.5. **Taille moyenne des jeunes entreprises innovantes et des entreprises plus anciennes**

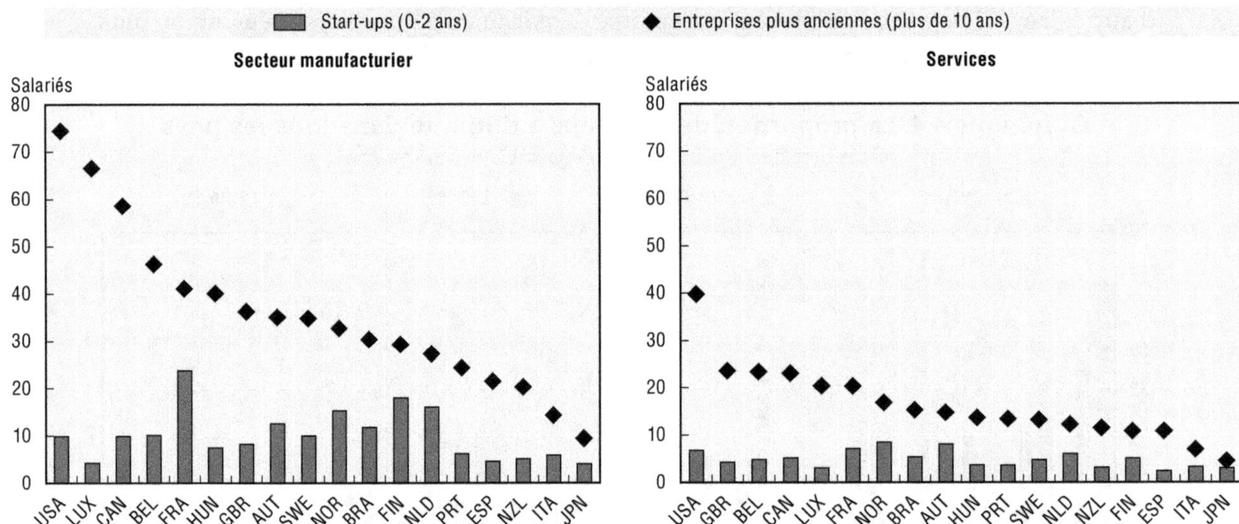

Note : Le graphique présente des données sur la taille moyenne des start-ups (de 0 à 2 ans) et celle des entreprises de plus de 10 ans, pour les années disponibles. La période considérée s'étend de 2001 à 2011 pour la Belgique, le Canada, les États-Unis, la Finlande, la Hongrie, les Pays-Bas et le Royaume-Uni, de 2001 à 2010 pour l'Autriche, le Brésil, l'Espagne, l'Italie, le Luxembourg, la Norvège et la Suède, de 2001 à 2009 pour le Japon et la Nouvelle-Zélande, de 2001 à 2007 pour la France et de 2006 à 2011 pour le Portugal. Sont couverts le secteur manufacturier et le secteur des services non financiers. En raison de divergences méthodologiques, il se peut que les chiffres indiqués diffèrent des statistiques nationales publiées par les autorités officielles. Pour le Japon, les données sont fournies au niveau de l'établissement. Pour les autres pays, les données sont fournies au niveau de l'entreprise. En ce qui concerne le Canada, les données ne portent que sur les variations organiques de l'emploi, hors activité de fusion et d'acquisition.

Source : Criscuolo, Gal et Menon (2014), « The dynamics of employment growth: New evidence from 18 countries », *http://dx.doi.org/10.1787/5jz417hj6hg6-en*.

Dans une économie dynamique, les jeunes entreprises apportent une contribution disproportionnée à la création d'emplois car elles sont par essence contraintes de « croître ou disparaître » : il leur faut en effet se développer – d'où des taux de croissance supérieurs à la moyenne après l'entrée sur le marché – pour ne pas sombrer (quitter le marché). La coexistence de taux élevés de succès et d'échec au sein des économies a été mise en évidence par l'OCDE dans de récents travaux, dont il ressort que les pays où les entreprises à forte croissance créent le plus d'emplois sont aussi ceux où les entreprises les moins dynamiques en détruisent le plus.

Encadré 4.1. **Mesures en faveur des start-ups adoptées récemment en Italie**

À la fin de l'année 2012, l'Italie a engagé des réformes visant à créer un écosystème propice à l'éclosion de start-ups. La loi sur les start-ups présente une panoplie d'outils à mettre en œuvre à toutes les étapes du cycle de vie des entreprises dans l'objet de réunir les conditions nécessaires à une entrée sur le marché et un développement rapides. Les start-ups innovantes peuvent bénéficier pendant cinq ans d'un vaste ensemble d'avantages, dont les suivants :

- exemption des cotisations normalement dues à la Chambre de Commerce
- possibilité de rémunérer salariés et consultants au moyen d'options sur titres et de plans de rémunération en actions ouvrant droit à une déduction fiscale
- possibilité de lever des fonds en échange d'actions par le biais de portails de financement participatif en fonds propres
- offre d'incitations fiscales d'envergures, avec une déduction pouvant aller jusqu'à 27 % sur les investissements d'amorçage et de démarrage jusqu'à concurrence de 1.8 million EUR investis
- accès simplifié et gratuit au système de garanties publiques couvrant jusqu'à 80 % de l'encours des prêts bancaires dans la limite de 2.5 millions EUR.

Dernièrement, l'Italie a également lancé le programme *Italia Startup Visa* qui permet aux personnes issues de pays n'appartenant pas à l'UE, et désireuses de créer en Italie une entreprise spécialisée dans les technologies de pointe, d'obtenir un visa d'entrepreneur sous trente jours en suivant une procédure simplifiée en ligne.

La loi sur les start-ups a impulsé une dynamique que doivent entretenir l'analyse et l'évaluation de son impact effectif grâce à un système de suivi structuré auquel participe l'Institut national de statistique. Ces dernières années, l'écosystème d'innovation italien s'est développé rapidement : il compte à ce jour 3 600 start-ups techniques très innovantes (avec en moyenne 40 entreprises supplémentaires chaque semaine) et plus de 15 000 partenaires et salariés (dont 2 000 sont arrivés au cours du dernier trimestre 2014).

Source : Informations communiquées par le gouvernement italien.

Les politiques qui limitent (de manière fortuite) la croissance des entreprises devraient faire l'objet d'une évaluation minutieuse. Il s'agit par exemple des mesures de type « bâton » (les réglementations qui ne visent que les entreprises à partir d'une certaine taille) ou de type « carotte » (telles que les mécanismes de soutien auxquels ne peuvent prétendre que les petites entreprises).

4.6. Chaînes de valeur mondiales

L'ouverture aux flux internationaux de capitaux, de biens, de personnes et de savoir a toujours été essentielle à l'innovation. La mondialisation augmente la taille des marchés qui s'offrent aux innovateurs et aux consommateurs. De manière réciproque, s'inscrire dans ce mouvement nécessite souvent des entreprises qu'elles aient les reins assez solides pour supporter les coûts d'entrée fixes sur les marchés étrangers. La mondialisation se prête en outre à la spécialisation, renforce la concurrence et facilite la diffusion des connaissances, des technologies et des nouvelles pratiques d'entreprises. Ces différentes dynamiques ont une incidence positive sur l'innovation et sur la productivité économique à long terme.

Une série d'études récentes de l'OCDE (par exemple, OCDE, 2014b et 2014f) ont mis en évidence l'expansion des chaînes de valeur mondiales, entendues comme l'ensemble des activités menées par les entreprises pour mettre un produit sur le marché, qui vont de la création de dessins ou modèles (*design*) à la distribution, en passant par la production, la commercialisation et la logistique. La dimension internationale des chaînes de valeurs va en s'accentuant, ce qui se traduit par une interconnexion croissante de l'économie mondiale mais aussi par une spécialisation toujours plus poussée des entreprises et des pays sur certaines tâches ou fonctions spécifiques. Aujourd'hui, l'essentiel des biens et une part croissante des services pourraient être qualifiés familièrement de *made in the world*.

L'essor des chaînes de valeur mondiales (CVM) souligne combien il est important que les économies soient ouvertes. Et puisqu'il est indispensable d'importer pour pouvoir exporter, tout particulièrement dans le cas de chaînes complexes comme celles du secteur des transports ou de l'électronique, les droits de douane et les autres obstacles à l'importation représentent de fait des taxes sur les exportations. Les restrictions frappant ces dernières, notamment dans le cas des matières premières (OCDE, 2014f), peuvent elles aussi contrarier le fonctionnement des CVM et faire augmenter les coûts. Les effets délétères des mesures protectionnistes se ressentent d'autant plus le long de ces chaînes que le parcours suivi par les pièces détachées et les composants franchit de nombreuses frontières. La sous-traitance et la délocalisation, en donnant accès à des intrants meilleur marché, plus différenciés et de meilleure qualité, peuvent rendre les exportations plus compétitives dans les CVM.

Le renforcement de la compétitivité internationale des entreprises à l'intérieur des chaînes de valeur mondiales suppose de miser sur des facteurs de production « inamovibles » et peu susceptibles de quitter le pays. Il s'agit notamment d'investir dans l'éducation et les compétences, de mettre en place une infrastructure de qualité et de promouvoir l'établissement de liens étroits entre le monde des affaires et le monde universitaire. La qualité des institutions et des administrations – et celle de l'environnement économique général – est un facteur économique de long terme qui n'est pas étranger à la décision des entreprises d'investir et de mener des activités économiques dans tel ou tel pays. Afin de tirer meilleur parti de la participation du pays aux CVM, les pouvoirs publics doivent accompagner la montée en gamme en facilitant l'investissement dans les actifs intellectuels, comme la R-D et les dessins ou modèles.

L'adoption de procédures douanières et portuaires rapides et efficaces, entre autres mesures facilitant les échanges, participe au bon fonctionnement des chaînes de valeur lorsque les produits doivent traverser de multiples frontières. La convergence des normes et dispositifs de certification, ainsi que les accords de reconnaissance mutuelle peuvent aussi alléger les contraintes qui pèsent sur les entreprises tournées vers l'exportation.

L'OCDE montre, dans une analyse, que les activités de services, notamment les services aux entreprises, les transports et la logistique, représentent plus de la moitié de la valeur créée dans les CVM dans la plupart de ses pays membres, et plus de 30 % en Chine (graphique 4.5). Les réseaux de production mondiaux sont absolument dépendants du bon fonctionnement des services logistiques, financiers, d'assurance, de communication et autres services aux entreprises sans lesquels le transfert de biens, de données, de technologies et de savoir-faire à l'échelon international se révélerait impossible, tout comme la coordination d'activités géographiquement dispersées.

Des réformes réglementaires conjuguées à la libéralisation des échanges de services sont essentielles pour stimuler la concurrence et réaliser des gains sur les plans de la productivité et de la qualité. De récents travaux de l'OCDE consacrés à l'Indice de restrictivité des échanges de services (IRES) révèlent que la concurrence dans certains domaines – au niveau tant national qu'international – est gravement entravée par les frictions qui se produisent entre les réglementations ainsi que par les interventions de l'État. Si les échanges de services font en règle générale l'objet de droits de douane relativement légers, lorsqu'ils n'en sont pas exemptés, les obstacles susceptibles de leur mettre un frein sont bien plus nombreux que dans le cas des échanges de biens. Les services peuvent s'échanger selon de multiples modalités, leur nature est autrement plus diverse que celle des biens, et plus complexe est la réglementation applicable aux opérations connexes (que celles-ci soient nationales ou internationales). Parmi les politiques transversales qui pèsent sur les échanges de services, on trouve notamment les restrictions aux entrées sur le marché (limites de participation au capital, régimes de licences, examens des besoins économiques, pour ne citer que quelques exemples) et celles touchant les flux de personnes, ainsi que les normes de service, lorsqu'elles sont disparates, sans oublier le droit de la concurrence. Les obstacles mis revêtent parfois un caractère discriminatoire à l'égard des fournisseurs étrangers mais les échanges peuvent, quoi qu'il en soit, être freinés par tel ou tel règlement national ayant pour effet de bloquer l'accès au marché et de faire entrave à la concurrence. Dans la plupart des cas, ce règlement s'appliquera à un secteur particulier. À titre d'exemple, une bonne partie de la réglementation visant les services de télécommunication a trait à l'accès aux réseaux et à l'interconnexion, à la portabilité du numéro, au dégroupage de la boucle locale et au partage d'infrastructures et influence directement la décision de fournisseurs étrangers d'investir un marché donné.

Graphique 4.6. **Valeur ajoutée des services dans les exportations de produits manufacturés, pays de l'OCDE et BRIICS, 2009**

(En pourcentage du total des exportations brutes de produits manufacturés)

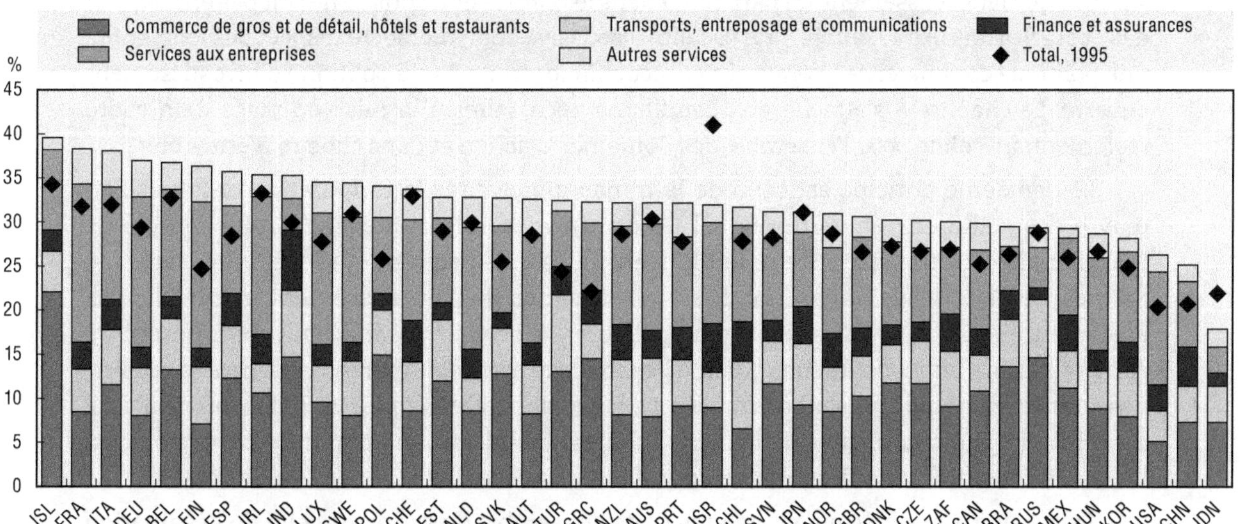

Note : L'acronyme BRIICS désigne le Brésil, la Fédération de Russie, l'Inde, Indonésie, la Chine et l'Afrique du Sud.

Source : OCDE/OMC (2013), *Échanges en valeur ajoutée (TiVA)* (base de données), *http://stats.oecd.org/*.

Des entreprises multinationales de grande envergure supervisent et coordonnent les activités des CVM. Par leur action, les pouvoirs publics influent sur le mode de formation des réseaux internationaux d'acheteurs et de fournisseurs ainsi que sur l'implantation des uns et des autres. Eu égard au rôle clé des multinationales, la réduction des obstacles à l'investissement constitue pour un pays un moyen efficace de s'intégrer aux CVM.

Enfin, les chaînes de valeur mondiales couvrant des activités sous-traitées au sein d'entreprises multinationales ou à des fournisseurs indépendants, il est fondamental de pouvoir faire respecter les termes des contrats. De fait, les pays dotés d'un appareil judiciaire efficace exportent généralement davantage que les autres, dans des secteurs plus complexes. De même, l'exécution de tâches impliquant une relation contractuelle relativement complexe (par exemple, R-D, conception, stratégie de marque, etc.) est plus aisée dans les pays où les institutions chargées du respect des contrats fonctionnent bien.

4.7. Investissement et innovation

Le dernier domaine d'action publique entrant au nombre des principales conditions-cadre de l'innovation a trait à l'investissement. Comme on l'a déjà relevé dans la section consacrée au capital intellectuel, les entreprises de nombreux pays de l'OCDE investissent désormais autant dans les actifs intellectuels que dans les actifs corporels que sont par exemple les machines, les équipements ou les bâtiments. Les déterminants de l'investissement ont par conséquent une forte influence sur l'innovation.

Le Cadre d'action pour l'investissement (CAI) de l'OCDE dessine les grands contours d'une politique de l'investissement à partir d'une série de questions à l'intention des décideurs (OCDE, 2006). Trois principes structurent ce cadre. Le premier est celui de la **cohérence des politiques**, qui consiste à appréhender de manière intégrée l'interaction des différents domaines d'action avec les conditions des investissements. Ainsi, les normes relatives à la protection des investissements et à l'ouverture aux investissements ont un large champ d'application, puisqu'elles visent aussi bien les investisseurs internationaux que les investisseurs nationaux, y compris lorsqu'il s'agit de petites et moyennes entreprises ; l'efficacité de la politique de la concurrence et de la politique fiscale est importante pour garantir que l'investissement, en particulier dans les petites entreprises, ne soit pas entravé par des obstacles inutiles à l'entrée, une fiscalité dissuasive et un médiocre respect des lois ; enfin, une politique commerciale libérale aide à recueillir les fruits d'une politique d'investissement ouverte. Le chapitre 8 s'attache aux conditions nécessaires à la mise en place d'un cadre réglementaire solide pour l'ensemble des domaines d'action et dans chacun d'entre eux.

Le deuxième principe est celui de la **transparence** dans la formulation et la mise en œuvre des politiques, en vertu duquel les organismes publics doivent rendre compte de leurs activités. La transparence réduit l'incertitude et les risques pour les investisseurs, de même que les coûts de transaction liés à la réalisation de l'investissement, et elle favorise également le dialogue entre le secteur public et le secteur privé. L'obligation de rendre compte rassure les investisseurs quant à l'exercice responsable, par les organismes publics, des compétences qui leur sont attribuées. La façon dont la transparence et la responsabilité dans les différents domaines de l'action publique favorisent un environnement propice à l'investissement est l'un des thèmes approfondis dans le CAI.

Le troisième principe qui s'applique dans l'ensemble du cadre est celui de **l'évaluation régulière** de l'impact des politiques, en vigueur ou envisagées, sur les conditions de l'investissement. Dans cette optique, les questions figurant dans le cadre visent à déterminer dans quelle mesure les politiques publiques sont conformes aux pratiques optimales établies en termes de traitement équitable de tous les investisseurs (étrangers ou nationaux, quelle que soit leur taille) et de création de possibilités d'investissement, compte tenu des intérêts plus larges de la communauté dans laquelle les investisseurs interviennent. Les questions mettent plus particulièrement l'accent sur l'adaptabilité du cadre institutionnel et sur le rôle des évaluations périodiques afin d'identifier suffisamment tôt les nouveaux enjeux et de pouvoir y réagir rapidement.

Si l'innovation n'est pas explicitement mentionnée dans le cadre d'action, bon nombre des points qui y sont traités ont sur elle une incidence certaine. La protection des droits de propriété intellectuelle est l'un de ces éléments clés au sujet desquels le cadre d'action offre des orientations aux décideurs. Ces droits sont, pour les entreprises, une incitation à investir dans la R-D et favorisent ainsi l'innovation de produit et de procédé (voir aussi le chapitre 5). Ils donnent à leurs détenteurs la confiance nécessaire pour partager des nouvelles technologies dans le cadre de coentreprises ou de contrats de licence. De cette manière, les innovations heureuses sont diffusées en temps voulu au niveau national et international, ce qui a pour effet de stimuler la productivité et la croissance.

Il importe de veiller à ce que la protection dont fait l'objet la propriété intellectuelle entretienne un juste équilibre entre la nécessité de stimuler l'innovation et celle de soutenir la compétitivité des marchés qui suppose que les nouveaux produits soient proposés à des prix abordables. Suivre une approche concertée à l'échelle de toute l'administration et veiller à la cohérence des politiques, comme cela est préconisé dans le cadre d'action, peut contribuer utilement à trouver et maintenir cet équilibre. Le CAI est en cours de révision pour apporter de nouveaux éclairages en ce qui concerne la création d'un environnement propice à l'investissement et répondre aux besoins qui se font jour à cet égard chez les décideurs.

4.8. Principaux enseignements à retenir concernant les conditions-cadre de l'innovation

On trouvera ci-après les principaux enseignements à tirer des travaux que l'ODCE a consacrés dernièrement aux conditions-cadre de l'innovation. Il convient au préalable d'ajouter un élément supplémentaire. L'OCDE fournit de nombreux indicateurs grâce auxquels les pays peuvent voir où ils en sont les uns par rapport aux autres et évaluer leur performance relativement à un grand nombre de conditions-cadre, dont les marchés du travail, les marchés de produits et les marchés de capitaux, ainsi que sur le plan des échanges et investissements internationaux. Bon nombre de ces indicateurs figurent dans des publications phares de l'Organisation, telles *Objectif croissance*. De nouveaux indicateurs ont été dévoilés dernièrement, ou sont en cours de construction, qui portent entre autres sur certains aspects spécifiques du capital intellectuel, en particulier la propriété intellectuelle, sur la dynamique des entreprises ou sur les chaînes de valeur mondiales, avec notamment la base de données sur les échanges en valeur ajoutée (TiVA) et l'IRES. L'approfondissement des travaux sur la mesure et les indicateurs peut faciliter l'évaluation, notamment comparative, des performances et servir également de base à l'analyse économique de telle ou telle mesure ainsi qu'à l'étude de son impact.

Principales recommandations concernant les conditions-cadre de l'innovation

- **Capital intellectuel :** L'investissement global des entreprises dans le capital intellectuel allant en s'accroissant – et compte tenu des spécificités économiques de ce capital, notamment son caractère incorporel – certains paramètres clés de l'action gouvernementale demandent à être mis à jour. Il est essentiel que des politiques actualisées et conformes aux bonnes pratiques soient en vigueur dans les domaines de la fiscalité, de l'entrepreneuriat, de la concurrence, de la communication d'information par les entreprises et de la propriété intellectuelle, comme en ce qui concerne l'exploitation des données en tant qu'actifs économiques.
- **Financement de l'innovation :** L'accès au financement externe prend une importance particulière quand les entreprises innovantes, surtout les plus jeunes, commencent à se développer. Il convient d'étoffer la panoplie d'instruments de financement à la disposition du secteur des entreprises. L'amélioration des possibilités de financement sur fonds propres, aux stades de l'amorçage et du démarrage, notamment par le biais du capital-risque et de l'investissement providentiel, peut stimuler la création et l'expansion d'entreprises innovantes. D'autres mécanismes des marchés de capitaux, tels que l'introduction en bourse pour les PME, peuvent fournir des ressources financières aux entreprises établies à forte croissance.

Principales recommandations concernant les conditions-cadre de l'innovation *(suite)*

Parallèlement aux efforts visant à dynamiser l'offre du marché des actions, les pouvoirs publics devraient aussi s'intéresser aux initiatives agissant sur la demande – par exemple, l'amélioration de la propension à investir. L'utilisation des instruments d'investissement alternatifs par les entreprises innovantes peine à décoller. Il est possible de remédier à cette situation par le développement des compétences financières des nouvelles et petites entreprises, la mise en place d'une réglementation à même de concilier stabilité financière et ouverture de nouvelles voies de financement pour les entrepreneurs et le renforcement des infrastructures permettant de réduire l'asymétrie de l'information et d'encourager la participation des investisseurs. L'introduction de mesures pour mobiliser les ressources du secteur privé et de mécanismes de partage des risques avec celui-ci (par exemple des mécanismes de co-investissement pour le financement des entreprises en phase de démarrage ou de développement initial) est un autre défi à relever.

- **Chaînes de valeur mondiales :** Un très large éventail de politiques et de conditions institutionnelles déterminent le rôle d'un pays dans une chaîne de valeur mondiale donnée. Pour être compétitif à l'intérieur d'une de ces chaînes, il convient de miser sur des facteurs de production peu susceptibles de quitter le pays. Il s'agit notamment d'investir dans l'éducation et les compétences, ainsi que dans une infrastructure de qualité, et de promouvoir l'établissement de liens étroits entre le monde des affaires et le monde universitaire. Les effets négatifs des mesures protectionnistes sont multipliés dans les CVM, aussi convient-il d'intervenir pour faciliter les échanges lorsque cela est nécessaire. La convergence des normes et dispositifs de certification, ainsi que les accords de reconnaissance mutuelle peuvent alléger les contraintes qui pèsent sur les entreprises exportatrices. Les dispositions réglementaires qui contrarient la concurrence nationale et internationale dans le secteur des services demanderaient à être révisées. Les politiques horizontales qui entravent les échanges de services devraient quant à elles faire l'objet d'une réforme, et il conviendrait de même de supprimer tout ce qui peut nuire inutilement à l'investissement transfrontières. Il est fondamental de pouvoir faire respecter les termes des contrats. Il importe par conséquent de mettre en place un système judiciaire fiable et des institutions contractuelles performantes et/ou de veiller à leur bon fonctionnement.
- **Entrepreneuriat et expérimentation :** Plusieurs recommandations peuvent être formulées sur la base des travaux consacrés à la question :
  - Les politiques en place doivent inciter à une réaffectation dynamique et continue des ressources. Les paramètres d'action qui ont une incidence sur les entrées et sorties d'entreprises, et sur la croissance des jeunes entreprises, auront une influence sur l'ampleur des redéploiements de ressources vers des entreprises plus productives.
  - Les politiques qui limitent (de manière fortuite) la croissance des entreprises devraient faire l'objet d'une évaluation minutieuse. Il s'agit par exemple des mesures de type « bâton » (les réglementations qui ne visent que les entreprises à partir d'une certaine taille) ou de type « carotte » (telles que les mécanismes de soutien auxquels ne peuvent prétendre que les petites entreprises). Les subventions aux entreprises en place et les autres mesures publiques qui retardent la sortie d'entreprises moins productives sont de nature à étouffer la concurrence et ralentir une réaffectation des ressources conforme à l'efficience.
  - Un meilleur accès au capital d'amorçage et de démarrage, ainsi qu'une plus grande efficience du système judiciaire peuvent être particulièrement bénéfiques. Il peut être également avantageux de réformer les réglementations des marchés de produits (RMP) qui entravent la concurrence, et de réduire les obstacles à la sortie liés à l'action publique (par exemple lorsque le droit de la faillite est excessivement rigide).
  - La législation sur la protection de l'emploi devrait être définie en tenant compte de ses incidences sur l'innovation.
- **Investissement :** Cohérence des politiques, transparence et évaluations régulières sont des caractéristiques importantes des politiques qui contribuent à donner un cadre solide à l'investissement des entreprises dans l'innovation et le capital intellectuel.

Notes

1. Il est également important de noter que les investissements initiaux dans le capital intellectuel seront probablement influencés par l'idée que les entreprises se font du coût de mise en œuvre et de commercialisation de leurs nouvelles idées et de leur aptitude à exploiter les avantages escomptés ou à quitter le marché à moindre frais (qui dépendra dans les deux cas de la facilité avec laquelle les redéploiements peuvent s'effectuer). Les stratégies d'innovation des entreprises seront plus particulièrement influencées par la rigidité supposée du processus de réaffectation des ressources. S'ils considèrent que les coûts de réaffectation sont élevés, les entrepreneurs pourraient avoir tendance à se concentrer sur des innovations progressives au lieu de rechercher des technologies de rupture car il leur sera plus difficile de rentabiliser la prise de risque en cas de succès et de limiter les pertes en cas d'échec (Bartelsman, 2004 ; Andrews et Criscuolo, 2013).
2. Pour un développement et des indicateurs au sujet de la législation sur les faillites, voir la plateforme de l'OCDE sur les politiques d'innovation (*https://innovationpolicyplatform.org/content/bankruptcy-regulation*).

Références

Andrews, D. et C. Criscuolo (2013), « Knowledge Based Capital, Innovation and Resource Allocation », *Documents de travail du Département des affaires économiques de l'OCDE*, n° 1046, Éditions OCDE, Paris.

Andrews, D. et F. Cingano (2014), « Public Policy And Resource Allocation: Evidence From Firms In OECD Countries », *Economic Policy*, vol. 29, n° 78, pp. 253-296.

Andrews, D., C. Criscuolo et C. Menon (2014), « Do Resources Flow to Patenting Firms: Cross-Country Evidence from Firm Level Data », *Documents de travail du Département des affaires économiques de l'OCDE*, n° 1127, Éditions OCDE, Paris, *http://dx.doi.org/10.1787/5jz2lpmk0gs6-en*.

Bartelsman, E.J. (2004), « Firm Dynamics and Innovation in the Netherlands: A Comment on Baumol », *De Economist*, vol. 152, n° 3, pp. 353-363.

Bravo-Biosca, A., C. Criscuolo et C. Menon (2013), « What drives the dynamics of business growth? », *OECD Science, Technology and Industry Policy Papers*, n° 1, Éditions OCDE, Paris, *http://dx.doi.org/10.1787/5k486qtttq46-en*.

Criscuolo, C., P. N. Gal et C. Menon (2014), « The Dynamics of Employment Growth: New Evidence from 18 Countries », *Document d'orientation de la Direction de la science, de la technologie et de l'industrie*, n° 14, Éditions OCDE, Paris, *http://dx.doi.org/10.1787/5jz417hj6hg6-en*.

Hsieh, C.-T. et P.J. Klenow (2010), « Development accounting », *American Economic Journal: Macroeconomics*, vol. 2, n° 1, pp. 207-223.

OCDE (2015a), *Principaux indicateurs de la science et de la technologie*, Vol. 2014/2, Éditions OCDE, Paris, *http://dx.doi.org/10.1787/msti-v2014-2-fr*.

OCDE (2015b), *Base de données de l'OCDE sur les comptes nationaux*, base de données, *http://stats.oecd.org*.

OCDE (2015c), *Science, technologie et industrie : Perspectives de l'OCDE 2014*, Éditions OCDE, Paris, *http://dx.doi.org/10.1787/sti_outlook-2014-fr*.

OCDE (2014a), *Réformes économiques 2014 : Objectif croissance rapport intermédiaire*, Éditions OCDE, Paris, *http://dx.doi.org/10.1787/growth-2014-fr*.

OCDE (2014b), *Économies interconnectées : Comment tirer parti des chaînes de valeur mondiales*, Éditions OCDE, Paris, *http://dx.doi.org/10.1787/9789264201842-fr*.

OCDE (2014c), *New Approaches to SME and Entrepreneurship Financing: Broadening the Range of Instruments*, Éditions OCDE, Paris, *http://www.oecd.org/cfe/smes/New-Approaches-SME-full-report.pdf*.

OCDE (2014d), *Panorama de l'entrepreneuriat 2014*, Éditions OCDE, Paris, *http://dx.doi.org/10.1787/entrepreneur_aag-2014-fr*.

OCDE (2014e), « New Approaches to SME and Entrepreneurship Financing: Broadening the Range of Instruments », *The Case of Crowdfunding*, Éditions OCDE, Paris, *http://www.oecd.org/industry/smes/New-Approaches-SME-full-report.pdf*.

OCDE (2014f), *Global Value Chains: Challenges, Opportunities and Implications for Policy*, OCDE, OMC et Banque mondiale, rapport préparé pour la réunion des ministres du Commerce extérieur du G20, Sydney, Australie, juillet, *http://www.oecd.org/tad/gvc_report_g20_july_2014.pdf*.

OCDE (2014g), *Export Restrictions in Raw Materials Trade: Facts, Fallacies and Better Practices*, Éditions OCDE, Paris, *http://www.oecd.org/trade/benefitlib/export-restrictions-raw-materials-2014.pdf*.

OCDE (2013a), *Supporting Investment in Knowledge Capital, Growth and Innovation*, Éditions OCDE, Paris, *http://dx.doi.org/10.1787/9789264193307-en*.

OCDE (2013b), *Plan d'action concernant l'érosion de la base d'imposition et le transfert de bénéfices*, Éditions OCDE, Paris, *http://dx.doi.org/10.1787/9789264203242-fr*.

OCDE (2011a), *Financing High-Growth Firms: The Role of Angel Investors*, Éditions OCDE, Paris, *http://dx.doi.org/10.1787/9789264118782-en*.

OCDE (2010a), *La stratégie de l'OCDE pour l'innovation : Pour prendre une longueur d'avance*, Éditions OCDE, Paris, *http://dx.doi.org/10.1787/9789264084759-fr*.

OCDE (2010b), *Tax Policy Reform and Economic Growth*, Études de politique fiscale de l'OCDE, n° 20, Éditions OCDE, Paris, *http://dx.doi.org/10.1787/9789264091085-en*.

OCDE (2010c), *High Growth Enterprises: What Governments Can Do to Make a Difference*, OECD Studies on SMEs and Entrepreneurship, Éditions OCDE, Paris, *http://dx.doi.org/10.1787/9789264048782-en*.

OCDE (2006), *Cadre d'action de l'OCDE pour l'investissement*, Éditions OCDE, Paris, *http://dx.doi.org/10.1787/9789264018464-fr*.

Squicciarini, M. et H. Dernis (2013), « A cross-country characterisation of the patenting behaviour of firms based on matched firm and patent data », *OECD Science, Technology and Industry Working Papers*, vol. 2013, n° 05, Éditions OCDE, Paris, *http://dx.doi.org/10.1787/5k40gxd4vh41-en*.

Syverson, C. (2004), « Product Substitutability and Productivity Dispersion », *Review of Economics and Statistics*, vol. 86, n° 2, pp. 534-550.

Wilson, K. et F. Silva (2013), « Policies for seed and early stage finance: Summary of the 2012 OECD Financing Questionnaire », *OECD Science, Technology and Industry Policy Papers*, n° 9, Éditions OCDE, Paris, *http://dx.doi.org/10.1787/5k3xqsf00j33-en*.

© OCDE 2016

Chapitre 5

Création, diffusion et commercialisation des connaissances

Les politiques d'innovation *requièrent un système robuste et efficace de création et de diffusion de la connaissance, dédié à la quête systématique de connaissances fondamentales et à leur diffusion dans l'ensemble de la société par divers canaux. Le présent chapitre passe en revue les politiques publiques concernant : le système scientifique, y compris la promotion de l'excellence dans le domaine de la recherche et la contribution de la science ouverte à l'augmentation de la rentabilité sociale et économique des investissements publics dans la recherche scientifique, ainsi que le rôle de la coopération scientifique et technologique internationale ; les nouvelles pratiques en ce qui concerne la commercialisation de la recherche financée par des fonds publics ; les questions de fond se rapportant aux thèmes connexes que sont les TIC, les « données massives » et l'internet ouvert ; l'évolution du lien entre les droits de propriété intellectuelle et l'innovation ; enfin, le développement et le fonctionnement des réseaux et des marchés du savoir.*

Les données statistiques concernant Israël sont fournies par et sous la responsabilité des autorités israéliennes compétentes. L'utilisation de ces données par l'OCDE est sans préjudice du statut des hauteurs du Golan, de Jérusalem-Est et des colonies de peuplement israéliennes en Cisjordanie aux termes du droit international.

5.1. Science et recherche publique

Comme décrit dans la version 2010 de la Stratégie pour l'innovation (OCDE, 2010a), si le lien entre science et innovation est complexe, il est largement admis que l'investissement public dans la recherche scientifique a une influence primordiale sur l'efficacité des systèmes nationaux d'innovation. La recherche publique joue en effet un rôle essentiel dans les systèmes d'innovation en fournissant des connaissances nouvelles et en repoussant les frontières du savoir. Les universités et les établissements publics de recherche (EPR) entreprennent souvent des travaux plus risqués et à plus long terme qui complètent les activités de recherche du secteur privé. Même si le volume de la R-D publique représente moins de 30 % de la R-D totale de la zone OCDE (OCDE, 2015b), les universités et les EPR réalisent plus des trois quarts de l'ensemble de la recherche fondamentale (graphique 5.1).

Graphique 5.1. **Recherche fondamentale effectuée par le secteur public, 2012 ou dernière année disponible**

En pourcentage du total de la recherche fondamentale

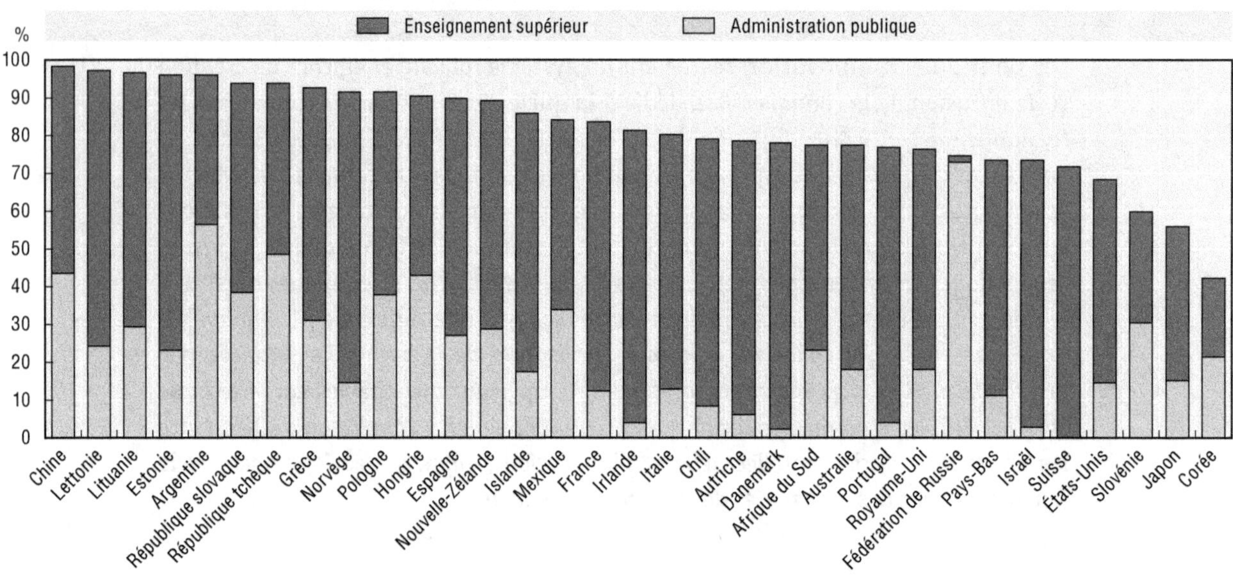

Note : Le secteur de l'enseignement supérieur peut inclure dans certains pays des établissements privés, par exemple des hôpitaux universitaires. En ce qui concerne le Chili, la Chine, l'Espagne, les États-Unis, la Fédération de Russie et la Norvège, les dépenses de recherche fondamentale ne recouvrent que les charges courantes.

Source : OCDE (2015b), *Science, technologie et industrie : Perspectives de l'OCDE 2014*, Éditions OCDE, Paris, *http://dx.doi.org/10.1787/sti_outlook-2014-fr*.

La recherche fondamentale est particulièrement importante, car elle donne lieu à des retombées, en termes de connaissances, nettement supérieures à celles de la recherche appliquée, tout en permettant à cette dernière d'être beaucoup plus productive (Akcigit, Hanley et Serrano-Velarde, 2014)[1]. Comme le montre l'histoire de la science, les innovations radicales issues de la recherche scientifique ne sont souvent considérées comme telles qu'avec le recul du temps (Kirschner, 2013). Ces innovations n'étaient pas le fruit d'un effort ciblé visant à produire un effet particulier, mais le résultat d'un heureux hasard. Veiller à maintenir un équilibre entre la recherche fondamentale, axée sur l'excellence, et des travaux de recherche plus ciblés et finalisés est donc un enjeu de taille pour le financement public.

La rentabilité économique immédiate de l'investissement dans la recherche universitaire n'est pas toujours facile à démontrer[2], même si de nombreux éléments indiquent que beaucoup des innovations les plus importantes de la dernière décennie trouvent leur origine dans la recherche publique, notamment l'internet et les technologies génomiques. Du fait de la crise économique, le financement public de la recherche fait depuis cinq ans l'objet de restrictions dans de nombreux pays de l'OCDE. Malgré tout, rapportées au PIB, les dépenses publiques de R-D se maintiennent relativement bien depuis la crise dans la plupart des pays de l'Organisation (graphique 5.2).

Graphique 5.2. **Dépenses publiques de R-D par type de système de recherche**

DIRDES et DIRDET en pourcentage du PIB en 2012, et DIRDES et DIRDET totales en 2007

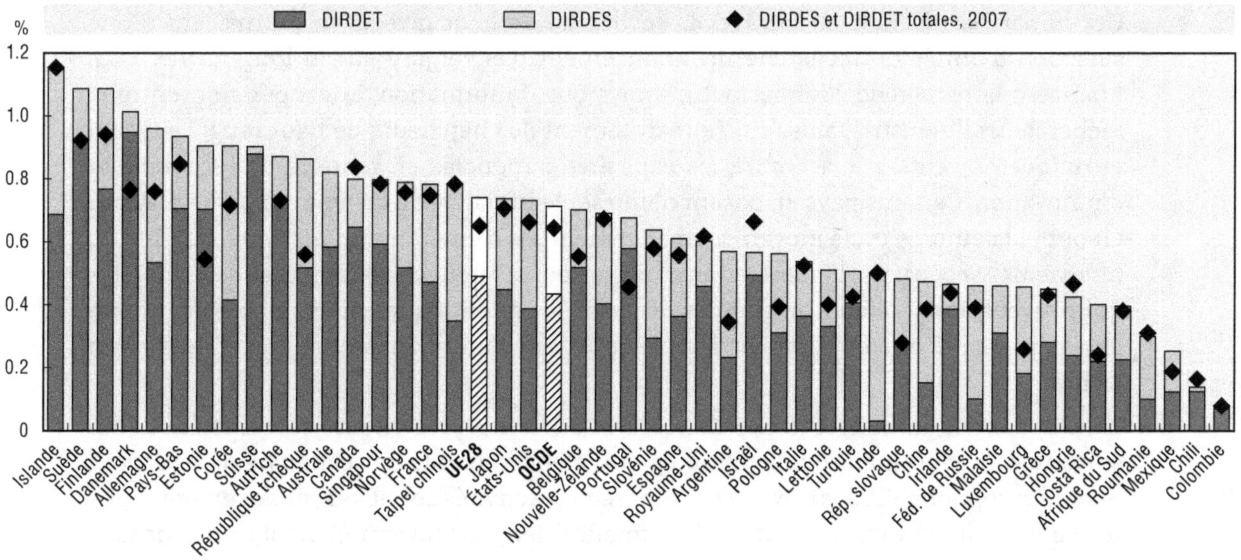

DIRDET | DIRDES | ◆ DIRDES et DIRDET totales, 2007

Note : DIRDES : dépenses intra-muros de R-D du secteur de l'enseignement supérieur ; DIRDET : dépenses intra-muros de R-D du secteur de l'État.

Source : OCDE (2015b), *Science, technologie et industrie : Perspectives de l'OCDE 2014*, *http://dx.doi.org/10.1787/sti_outlook-2014-fr*, d'après OCDE (2014b) ; *Principaux indicateurs de la science et de la technologie*, *http://dx.doi.org/10.1787/msti-v2014-2-fr*.

La Stratégie pour l'innovation a mis en évidence trois grands axes d'évolution et domaines d'action concernant la science, à savoir : 1) les mécanismes de financement institutionnel et la promotion de la recherche pluridisciplinaire ; 2) la qualité et la pertinence de la recherche et de son évaluation ; et 3) la commercialisation des connaissances, la création d'entreprises par essaimage et le soutien des centres d'excellence. Elle a par ailleurs constaté le développement de la science ouverte, soulignant à cet égard l'utilité d'une intervention des pouvoirs publics pour faciliter l'accès aux données de la recherche et aux informations obtenues à l'aide d'un financement public.

En 2014, la publication *Promoting Research Excellence: New Approaches to Funding* (OCDE, 2014b) s'intéressait aux trois axes précités de l'action publique dans le domaine scientifique. Son analyse porte essentiellement sur les initiatives d'excellence en matière de recherche et s'appuie sur les résultats des enquêtes réalisées par les organismes publics de financement de la recherche, les centres d'excellence et les institutions d'accueil. Ses principales conclusions sont les suivantes :

- Les systèmes de recherche nationaux doivent faire face à un environnement de plus en plus concurrentiel en ce qui concerne les idées, les talents et les sources de financement. Cette concurrence se reflète dans l'émergence de classements mondiaux des universités en fonction de leurs performances[3]. Aussi, pour stimuler l'efficacité et l'innovation, les pouvoirs publics se sont orientés vers des formes de financement plus concurrentielles. Ils ont ainsi – entre autres – abandonné le financement institutionnel des activités de base au profit d'un financement par projet, souvent sur une base concurrentielle. Toutefois, la recherche nécessite également une certaine stabilité financière, laquelle devient difficile à assurer lorsque l'on n'est guidé que par la logique de la concurrence. C'est dans ce contexte que les initiatives d'excellence en recherche ont fait leur apparition. Il en existe aujourd'hui dans plus des deux tiers des pays de l'OCDE.
- Ces initiatives visent à encourager la recherche de haut niveau en fournissant à une sélection d'unités de recherche un financement d'envergure sur le long terme. Elles financent la recherche, l'infrastructure physique, la formation, la coopération entre la recherche et l'industrie, ainsi que le recrutement de chercheurs de haut rang. Leur seul et unique objectif est d'accroître les capacités nationales en matière de recherche et d'innovation. Certains pays disposent d'une seule initiative de ce type alors que d'autres en ont plusieurs. Le cycle moyen de financement est d'environ six ans. Cette stabilité du financement est particulièrement importante pour les nouveaux domaines de recherche, qui peuvent donner lieu à de grandes découvertes scientifiques mais qui présentent un caractère risqué et sont difficiles à développer avec un financement de projet à court terme.
- La plupart des initiatives d'excellence en recherche présentent les caractéristiques suivantes : financement public d'unités et d'établissements de recherche déterminés ; qualité exceptionnelle des travaux de recherche et activités connexes ; financement à long terme (au minimum pour quatre ans) ; financement concurrentiel attribué sur dossier après examen par les pairs ; dossiers de financement soumis par des établissements ou des unités de recherche (et non par des chercheurs) ; enfin, dotations beaucoup plus élevées que pour le financement par projet.

En ce qui concerne l'impact des initiatives d'excellence en recherche, une première constatation est que l'on manque d'évaluations rigoureuses, à la fois de leurs résultats et de leur influence sur les différentes dimensions du bien-être. Les données dont on dispose sont principalement des avis d'experts. Cela dit, nombre de ces avis laissent entendre que ces initiatives ont souvent permis :

- de promouvoir l'excellence dans le secteur de la recherche en offrant aux chercheurs de meilleures possibilités de mener des travaux interdisciplinaires que dans de nombreux autres environnements de recherche
- de regrouper des chercheurs de haut niveau dans des environnements de travail dotés de tous les équipements nécessaires, de manière à ouvrir de nouveaux axes de recherche, à mener de nouveaux travaux interdisciplinaires et à développer le capital humain

- d'améliorer la renommée internationale des établissements de recherche
- de nouer des liens internationaux à long terme, notamment en recrutant d'éminents chercheurs étrangers
- de produire des retombées bénéfiques pour les établissements de recherche dont la demande de financement n'a pas été retenue en favorisant une coopération accrue entre les disciplines traditionnelles et les nouvelles initiatives de recherche interdisciplinaire.

Un certain nombre de questions de fond subsistent. Par exemple, quel est l'équilibre optimal entre ces trois modes de financement : institutionnel, par projet et dans le cadre d'une initiative d'excellence en matière de recherche ? La réponse dépend sans doute de chaque cas particulier et est impossible à donner avec certitude au vu des données dont on dispose ; toutefois, les études qualitatives comparatives qui ont été réalisées peuvent fournir d'importants éléments de réponse. Par ailleurs, il n'est pas facile de déterminer s'il est préférable d'utiliser une initiative d'excellence à titre temporaire pour renforcer le système de recherche, ou de l'intégrer de façon systématique dans l'éventail des moyens de financement. Dans le premier cas de figure, la question qui se pose est de trouver le moyen de préserver le niveau d'excellence une fois que le financement associé à l'initiative prend fin. Dans le second cas, il n'est pas certain qu'une recherche constante de l'excellence permette d'améliorer les performances du système sur le long terme.

Pour ce qui est de l'avenir, de nombreux pays de l'OCDE accroissent leur investissement dans la recherche dans la perspective de relever les défis mondiaux. Outre le fait que cela suscite des problèmes de gouvernance – y compris à l'échelle internationale (voir le chapitre 8) –, cela montre aussi la nécessité de mettre en place de nouveaux environnements de recherche interdisciplinaire et transdisciplinaire réunissant des scientifiques aux origines et aux parcours variés. De telles collaborations peuvent être difficiles à instaurer dans des contextes universitaires classiques, où le cloisonnement des disciplines est bien établi. Il serait temps d'analyser les initiatives existantes pour déterminer les dispositifs qui sont les plus efficaces pour établir des passerelles interdisciplinaires.

Plusieurs types d'études ont été menés dans la plupart des pays de l'OCDE pour évaluer la qualité et la pertinence de la recherche financée sur fonds publics. À cet égard, l'OCDE (2010b) a entrepris de dresser le bilan théorique et pratique du financement fondé sur les résultats de la recherche publique réalisée dans les établissements d'enseignement supérieur. Ce financement suppose une évaluation a posteriori des résultats et des retombées de la recherche effectuée par les universités et d'autres établissements d'enseignement supérieur, et s'appuie généralement sur un examen par les pairs ou des indicateurs quantitatifs (notamment bibliométriques). Les conclusions de l'évaluation sont utilisées par les pouvoirs publics pour déterminer quels établissements financer et à quelle hauteur.

Au cours des vingt dernières années, la plupart des pays ont mis en œuvre, sous une forme ou une autre, le financement de la recherche fondé sur les résultats. Les cycles de financement sont annuels ou pluriannuels. L'éventail des indicateurs utilisés pour mesurer les résultats et les retombées de la recherche est similaire d'un pays à l'autre, même si leur combinaison et leur pondération varient.

En règle générale, l'évaluation des individus et des départements s'effectue via un examen par les pairs, alors que l'évaluation globale des universités fait appel à un processus quantitatif (avec ou sans examen par les pairs). Les coûts directs et indirects de l'évaluation peuvent être élevés, mais c'est un sujet rarement abordé dans la documentation spécialisée. Même si le financement fondé sur les résultats est faible, ses effets en termes d'incitation peuvent être importants, en particulier si les résultats produits ont des répercussions sur le prestige de l'établissement ou l'accès à d'autres sources de financement.

La communauté scientifique tente toujours de définir ce qu'est la « qualité » des résultats de la recherche ainsi que la relation entre ces résultats et leurs impacts. Tous les moyens de mesure généralement utilisés (du nombre de citations au nombre de brevets) sont des indicateurs de performance. L'intégration de la politique d'innovation et de recherche a en outre entraîné l'émergence de nouveaux indicateurs qui mesurent le transfert et la commercialisation des connaissances. Le développement rapide de la science ouverte risque également de susciter l'apparition de nouveaux indicateurs, comme par exemple le nombre de citations des bases de données.

Bien que les évaluations officielles du financement fondé sur les résultats soient rares, les données dont on dispose indiquent que ses effets sur la production et la gestion de la recherche sont positifs. En revanche, les avis concernant ses retombées – attendues ou non – sur les systèmes scientifiques sont très partagés. L'impact de ce mode de financement dépend du mode d'affectation des ressources en interne par les établissements, qui lui-même dépend du degré d'autonomie et des pratiques internes en matière de gouvernance. Les mesures prises par les établissements suite aux évaluations sont elles aussi variables. À titre d'exemple, une évaluation négative peut conduire une université à fermer l'un de ses départements, alors qu'une autre décidera de procéder à des améliorations. Le financement fondé sur les résultats peut aussi avoir des effets négatifs tels qu'un resserrement de l'objet de la recherche. Il est urgent de consacrer des études structurées à l'évaluation des effets de ce type de financement aux niveaux des pays, des établissements et des départements (voire des individus). Ces études pourraient être très utiles aux autorités nationales comme aux universités dans leurs efforts pour accroître l'efficacité et l'efficience du financement des établissements.

L'intégrité de la recherche est un sujet qui suscite depuis cinq ans une attention croissante, et qui est lié à la méthode utilisée pour stimuler et mesurer les résultats de la recherche. Les récents incidents, très médiatisés, de pratiques abusives dans le domaine de la recherche risquent de saper la confiance du public dans la science. Parallèlement, la non-reproductibilité de certains résultats présentés comme de grandes avancées scientifiques suscite des interrogations quant à la rigueur des pratiques scientifiques. L'investissement substantiel (public et privé) nécessaire pour assurer le suivi de certains de ces travaux n'a pas été fait. L'urgence à publier les résultats, la concurrence extrême, le financement à court terme et l'incertitude concernant la durée d'occupation des postes sont autant de facteurs expliquant à des degrés divers les distorsions du système scientifique. Cela dit, une analyse minutieuse des effets de ces facteurs sur les comportements universitaires fait cruellement défaut. Quelques-uns des principaux messages relatifs au système scientifique et à son lien avec l'innovation sont résumés ci-après.

Principaux messages relatifs au système scientifique et à l'innovation

- Le financement de la recherche fondamentale demeure important pour soutenir l'innovation et s'attaquer aux défis mondiaux. Dans un contexte d'assainissement des finances publiques, les pouvoirs publics doivent apporter des preuves de la rentabilité sociale et économique du financement public, ce qui nécessite l'adoption de politiques scientifiques axées sur l'excellence, la liberté d'accès et l'impact des travaux.
- Le financement à long terme de la recherche visant à satisfaire la curiosité des chercheurs doit être maintenu, et le financement de projets doit être suffisant, de manière à permettre aux organismes de financement et aux ministères chargés de la recherche d'exercer un contrôle plus direct sur la recherche publique.
- Les chercheurs occupent une place centrale dans les systèmes scientifiques, et les offres d'emploi qui leur sont proposées doivent rester attractives ; les dispositifs de formation doivent en outre répondre à la nature de la science, qui est de plus en plus coopérative, pluridisciplinaire et fondée sur les données.
- À mesure que le rôle des grandes infrastructures de recherche s'accroît – à l'égard de la recherche scientifique comme des budgets de la recherche –, des mécanismes de financement durable et de gouvernance efficace doivent être mis en place.

5.2. La science ouverte : accroître la rentabilité des investissements publics dans la recherche scientifique

On entend par « science ouverte » une pratique scientifique reposant sur un accès sans restriction aux résultats de la recherche financée sur fonds publics, à savoir les articles et les données. Bien qu'associée à la recherche publique, la science ouverte peut aussi être appliquée au secteur des entreprises et donc favoriser l'innovation. Elle permet également aux citoyens de prendre davantage part au progrès scientifique et à l'innovation. La science ouverte nécessite l'interopérabilité de l'infrastructure scientifique, afin que les résultats de la recherche et les données puissent être partagés. Cela peut impliquer la création et le financement à long terme de référentiels contenant des données et des publications, la création et le nettoyage de métadonnées, la mise en place de méthodologies de recherche ouvertes et partagées (comme des applications et un code informatique), ainsi que l'utilisation d'outils automatisés (permettant, par exemple, l'exploration de textes et de données). Jusqu'à ce jour, la diffusion des résultats de la recherche financée par des fonds publics passait surtout par les revues scientifiques. Or, ce modèle est en pleine évolution. L'internet a considérablement réduit le coût marginal de la publication en ligne. Les coûts du stockage et de l'archivage des données ne cessent eux aussi de baisser. Quant aux progrès de l'informatique, ils offrent des possibilités d'organiser, de partager et de réutiliser les énormes quantités de données générées par la recherche publique.

Les pouvoirs publics et la communauté scientifique ont plaidé en faveur d'une plus grande ouverture de l'accès aux données scientifiques pour les raisons suivantes :

- Améliorer l'efficience de la science. La science ouverte peut accroître la productivité de la recherche : 1) en réduisant la duplication de la recherche et la production des données en plusieurs exemplaires ; 2) en permettant une vérification plus précise des résultats de la recherche ; 3) en permettant la réalisation d'un plus grand nombre de travaux de recherche à partir des mêmes données ; et 4) en multipliant les possibilités de partenariat national et mondial dans le domaine de la recherche.

- Générer des externalités de connaissances. L'amélioration de l'accès aux résultats de la recherche pourrait favoriser les externalités de connaissances, l'innovation et l'efficience dans les différents secteurs de l'économie et de la société.
- Créer de nouvelles possibilités de recherche scientifique. Les travaux scientifiques fondés sur les données – c'est-à-dire la formulation de nouvelles hypothèses scientifiques à partir de l'exploration des données – présentent un énorme potentiel dans de nombreux domaines. Le fait de pouvoir associer des données se rapportant à différents domaines – par exemple des dossiers médicaux avec des données génomiques et biologiques, ou des données sociologiques avec des données environnementales – ouvre de nombreuses perspectives prometteuses.
- Encourager l'utilisation de la recherche publique au sein des PME. Si les grandes entreprises ont des ressources suffisantes pour accéder aux résultats de la recherche scientifique, de nombreuses PME n'ont pas les moyens de se procurer des données potentiellement utiles.
- Contribuer à la résolution des enjeux mondiaux. La résolution des enjeux mondiaux passe par l'accès à des données fiables et leur mise en commun entre un grand nombre de pays. Le projet international « Génome humain » est un exemple de projet de recherche à grande échelle dans lequel un référentiel de données accessible à tous est utilisé avec succès par les chercheurs du monde entier avec des objectifs et dans des contextes différents. De surcroît, pour les scientifiques des pays en développement, un meilleur accès aux travaux scientifiques et aux données du monde entier peut permettre d'atteindre des objectifs sociaux et économiques.
- Renforcer le socle de données concrètes devant étayer les politiques. Les données scientifiques peuvent être utiles pour l'élaboration des politiques publiques et la prise de décisions. À titre d'exemple, les données administratives émanant des organismes officiels des pays membres de l'OCDE (celles sur l'emploi, par exemple) sont aujourd'hui amplement utilisées dans les sciences sociales et pour l'élaboration des politiques.

En tant que principaux bailleurs de fonds de la recherche publique, les responsables de l'action publique peuvent prendre toute une série de mesures pour promouvoir l'accès aux résultats de la recherche scientifique ainsi que leur utilisation et réutilisation. Ils peuvent notamment éliminer les obstacles à la science ouverte en instaurant des incitations appropriées, développer l'infrastructure nécessaire à la mise en place de cette science ouverte et, dans certains cas, adopter des règles obligeant à la diffusion des résultats de la recherche financée par des fonds publics. L'accès libre aux données a cependant des coûts. À l'heure actuelle, les coûts de l'ouverture de l'accès aux articles et aux données ainsi que ceux du stockage et de la conservation des données en ligne sont souvent pris en charge par les États et les établissements de recherche. Compte tenu de l'augmentation rapide des volumes de données qui sont générés, les organismes publics auront la dure tâche de trouver des modes de financement et de gestion qui soient durables. La mise en place de partenariats public-privé avec des prestataires de services privés peut apporter des solutions novatrices.

Les universités et les établissements publics de recherche ont également un grand rôle à jouer en adoptant des mesures de gestion des données et en s'assurant que les chercheurs ont bien connaissance des droits de propriété intellectuelle applicables aux articles et aux données scientifiques. Les chercheurs se livrent souvent concurrence pour faire avancer la science et ils ont donc peu intérêt à partager les données et les comptes

L'IMPÉRATIF D'INNOVATION : CONTRIBUER À LA PRODUCTIVITÉ, À LA CROISSANCE ET AU BIEN-ÊTRE © OCDE 2016

rendus d'expériences dont ils disposent. Des mécanismes permettant de faire état, sur les curriculum vitae des chercheurs, des données et autres informations scientifiques qu'ils ont publiées pourraient promouvoir la mise en commun des informations scientifiques. Un autre point important est de fournir aux chercheurs les compétences nécessaires pour partager et réutiliser les données et contenus scientifiques disponibles dans un environnement de science ouverte.

Les pays membres et non membres de l'OCDE sont de plus en plus nombreux à mettre en place des cadres (juridiques et réglementaire), des lignes directrices et des initiatives pour permettre une plus grande ouverture de la science. Plusieurs pays ont également adopté des approches stratégiques, comme par exemple la Finlande avec son initiative sur la recherche et la science ouverte. Une hétérogénéité des approches est toutefois à noter entre les différents pays et organismes. C'est le cas par exemple pour les publications d'experts : si les métadonnées se rapportant à un article publié sont généralement mises à disposition sur le champ, en revanche la diffusion du texte intégral est soumise à des règles différentes selon les pays et les organismes.

Les récentes initiatives prises par les pouvoirs publics sont notamment les suivantes :

- Publication en ligne de référentiels, de bases de données, d'archives et de bibliothèques numériques, ainsi que de plateformes contenant des informations sur les projets de R-D et les CV des chercheurs.
- Obligation d'accès : Les organismes de financement de la recherche de nombreux pays (notamment l'Allemagne, l'Australie, le Costa Rica, le Danemark, l'Estonie, les États-Unis, la Finlande, le Royaume-Uni et la Suisse) exigent que les résultats de la recherche qu'ils financent soient disponibles en accès public. D'autres pays de l'OCDE envisagent également d'adopter des règles pour rendre l'accès aux données obligatoire.
- Soutien financier : Les organismes de financement allemand, britannique, finlandais, néerlandais, norvégien et suisse ont adopté des mécanismes pour couvrir une partie des coûts de l'ouverture de l'accès aux publications. Dans les autres pays, les pouvoirs publics encouragent les universités ou les établissements de recherche à allouer directement des fonds pour les initiatives d'ouverture de l'accès.
- Données publiques en accès libre : Une autre façon de promouvoir la science ouverte consiste à diffuser les données publiques. Un certain nombre de pays membres et non membres de l'OCDE ont pris des mesures dans ce sens.
- Modification des règles de propriété intellectuelle applicables dans le domaine de la recherche, ou des exemptions. L'Australie et la Finlande envisagent actuellement de modifier le cadre juridique existant concernant la publication des résultats de la recherche financée sur fonds publics, dans le but de rendre la législation sur le droit d'auteur de plus en plus propice à la pratique de la science ouverte. L'Allemagne et le Royaume-Uni ont, de leur côté, modifié leur législation relative au droit d'auteur.

Plusieurs études montrent que l'accès libre aux publications améliore l'impact des documents scientifiques. Certaines ont mis en évidence une corrélation manifeste (mais est-ce bien surprenant ?) entre le nombre de citations d'un article et le fait que cet article soit accessible sans frais et en ligne. Une analyse plus approfondie est nécessaire pour connaître les effets de l'accès libre sur l'innovation dans les entreprises, la science et l'économie en général. Les études disponibles semblent indiquer que ces effets pourraient être importants. Ainsi, Houghton, Rasmussen et Sheehan (2010) ont estimé que la généralisation de la politique de l'accès libre des *National Institutes of Health* (NIH) à l'ensemble des organismes scientifiques des États-Unis pourrait se traduire par un gain d'environ 51.5 milliards USD en valeur actuelle nette[4].

Même si de solides arguments plaident en faveur d'une science plus ouverte, des interrogations surgissent quant à la question de savoir comment l'on peut éviter que des résultats scientifiques de mauvaise qualité soient diffusés, et comment l'accès libre aux publications et aux données pourrait être rendu plus viable grâce aux mécanismes du marché. En fait, le processus de sélection, révision et publication des articles dans une revue disponible en accès libre a un coût, même s'il revient moins cher que la publication d'ouvrages selon la méthode traditionnelle. En réalité, la plupart des revues accessibles librement dépendent des subventions ou des fonds provenant des universités, des associations scientifiques et des organismes publics. La difficulté est d'assurer un accès à long terme à des données de qualité, et nous n'en sommes qu'au début. Quelques-uns des principaux messages relatifs à la science ouverte sont résumés ci-après.

Principaux messages de fond relatifs à la science ouverte

La publication de l'OCDE intitulée *Principes et lignes directrices de l'OCDE pour l'accès aux données de la recherche financée sur fonds publics* (OCDE, 2007) fournit un cadre général d'action à l'intention des pouvoirs publics. Ces principes et lignes directrices sont censés s'appliquer aux données de la recherche financée sur fonds publics, dont le but est de développer des travaux et des connaissances scientifiques accessibles à tous. Le texte intégral de ces principes et lignes directrices est disponible en ligne[1].

Les dispositifs en matière de science ouverte doivent s'appuyer sur des principes mais être adaptés aux réalités locales. À titre d'exemple, si un projet de recherche fait participer des acteurs du secteur privé et que des intérêts commerciaux soient présents, les exigences au regard du partage des résultats ne seront sans doute pas les mêmes que si le projet n'incluait que des acteurs publics. Dans d'autres cas, des questions de confidentialité ou de protection de la vie privée pourront entrer en ligne de compte pour certaines catégories de données.

Les approches consultatives englobant tous les acteurs concernés sont essentielles pour la réussite des stratégies de science ouverte. Les initiatives en matière de science ouverte font intervenir des communautés et des acteurs variés : chercheurs, organismes gouvernementaux, universités et centres de recherche, bibliothèques et centres de données, organisations privées à but non lucratif, organisations professionnelles (y compris des sociétés d'édition universitaires), entités supranationales et citoyens. Ces acteurs n'ont pas nécessairement les mêmes motivations, objectifs ou attentes. Pour être réussie, la stratégie doit tenir compte de cette diversité et s'y adapter.

Des mécanismes d'incitation plus efficaces sont nécessaires pour promouvoir les pratiques de partage des données entre les chercheurs. Si tous les chercheurs du secteur public ont intérêt à mettre en commun les articles publiés, il n'en est pas de même pour les ensembles de données ayant trait à la recherche, notamment au stade qui précède la publication. Par ailleurs, le nettoyage et la gestion des données tout au long de leur cycle de vie (par exemple en développant des métadonnées) est une activité de longue haleine qui est rarement prise en compte dans les évaluations ou les procédures d'allocation des subventions. La plupart des évaluations réalisées par les universités et les chercheurs s'appuient presque exclusivement sur des indicateurs pédagogiques et bibliométriques, et accordent peu d'importance à la mise en commun des données fournies en amont de la publication et des résultats obtenus en aval. Le fait d'étendre les mécanismes de citation aux ensembles de données pourrait résoudre partiellement le problème.

Des cadres juridiques clairs doivent être mis en place aux niveaux national et international pour permettre le partage des publications et la réutilisation des ensembles de données. La difficulté d'interprétation des cadres juridiques nationaux et internationaux peut empêcher la mise en commun ou la réutilisation des résultats de la recherche. Des lignes directrices claires concernant l'exploration des données et des textes sont également nécessaires, car ces outils seront à l'avenir de plus en plus utilisés par les chercheurs.

Principaux messages de fond relatifs à la science ouverte *(suite)*

Des facteurs « intangibles » comme l'instauration d'une culture de la science ouverte sont importants. De récentes études montrent que les chercheurs ne sont pas tous au courant des possibilités offertes par la science ouverte. Dans certains pays, des établissements divers organisent régulièrement des ateliers et des formations pour sensibiliser les chercheurs à ces possibilités. D'autre part, le règlement des défis mondiaux nécessitera un meilleur accès aux ensembles de données de la recherche nationale publique ainsi que leur mise en commun, et donc une coopération à l'échelle mondiale.

La collaboration internationale est importante pour la science ouverte, en particulier pour la résolution des enjeux mondiaux. La collaboration internationale devient plus importante à mesure que les publications et les données traversent, sous forme électronique, les frontières nationales. Une infrastructure commune et interopérable est nécessaire pour diffuser les résultats de la recherche et promouvoir la collaboration scientifique. Cette collaboration peut permettre de partager les investissements et les risques, ainsi que d'éviter la duplication des efforts. La coordination et la coopération internationales deviendront d'autant plus importantes à mesure que la R-D et la production mondiale de connaissances auront lieu dans les économies émergentes. Par ailleurs, la résolution des enjeux mondiaux nécessitera un meilleur accès aux ensembles de données de la recherche nationale publique ainsi que leur mise en commun, et donc une coopération à l'échelle mondiale.

Une analyse plus approfondie est nécessaire pour connaître les effets de l'accès libre sur l'innovation dans les entreprises, la science et l'économie en général, en particulier lorsque les coûts assumés par le secteur public pour garantir l'ouverture sont élevés.

1. Voir *http://www.oecd.org/fr/sti/sci-tech/principesetlignesdirectricesdelocdepourlaccesauxdonneesdelarecherchefinanceesurfondspublics.htm.*

5.3. La coopération internationale dans le domaine de la science et la technologie

Comme décrit dans la *Stratégie de l'OCDE pour l'innovation* (2010a), la science et l'innovation sont des activités mondiales dans lesquelles de multiples acteurs provenant de nombreux pays collaborent et se livrent concurrence. Le paysage international est en constante évolution, les BRIICS et autres pays émergents produisant une part croissante des connaissances scientifiques. Bien que ne dominant plus la situation, les pays de l'OCDE conservent généralement leurs atouts traditionnels tout en profitant des nouvelles possibilités qui s'offrent à eux en matière de coopération scientifique et technologique. Parallèlement, le secteur de la science est au point mort dans de nombreux pays en développement, ce qui nuit aux efforts de résolution des enjeux mondiaux.

Au cours des cinq dernières années, l'OCDE a centré ses efforts sur trois domaines dans lesquels une politique réfléchie est nécessaire pour promouvoir une coopération internationale efficace, à savoir : 1) les infrastructures et réseaux de recherche ; 2) les enjeux mondiaux et la gouvernance ; et 3) la promotion de la coopération avec les pays moins développés. Les principales conclusions tirées dans ces trois domaines sont résumées ci-dessous.

Les infrastructures de recherche internationales sont un moteur important de la coopération scientifique entre les pays, et une condition indispensable pour la réalisation de progrès scientifiques dans certains domaines, notamment la physique et l'astronomie. L'OCDE travaille depuis plus de vingt ans avec les concepteurs des politiques scientifiques en vue d'améliorer les processus de mise en place, de gestion et d'évaluation des infrastructures de grande ampleur. Depuis quelque temps, sous l'influence notamment de l'essor de la science ouverte et des données massives, les questions relatives aux infrastructures distribuées de moindre ampleur occupent une place plus importante dans le programme d'action des pouvoirs publics.

Les infrastructures scientifiques de grande ampleur peuvent être extrêmement onéreuses. Les difficultés et les obstacles rencontrés pour la mise en place de ces infrastructures sont analysés dans le rapport publié par l'OCDE en 2010, intitulé *Establishing Large International Research Infrastructures: Issues and Options* (OCDE, 2010c). Bien qu'il n'y ait pas de recette unique pour réussir, il est clairement conseillé de s'inspirer de l'expérience passée et de solliciter la participation de ceux qui l'ont acquise. L'évaluation empirique de l'impact socio-économique des installations de grande taille, prévues pour une longue durée, n'est pas une tâche facile. Des études de cas qualitatives peuvent néanmoins fournir des enseignements importants. C'est la démarche adoptée par l'OCDE (2014c) pour son étude consacrée à l'Organisation européenne pour la recherche nucléaire (CERN) et sa principale installation scientifique commune : le grand accélérateur de particules. On voit dans cette étude que les effets produits par le CERN vont bien au-delà de sa mission scientifique de base.

Les infrastructures dispersées géographiquement suscitent des problèmes particuliers, dus au fait que leur gestion administrative et financière est souvent décentralisée. Dans le cas des infrastructures partagées, la stabilité du personnel et du financement, l'identité juridique et l'hétérogénéité des partenaires peuvent causer des difficultés (OCDE, 2014d). L'un des domaines dans lesquels de gros progrès ont été réalisés ces dernières années est la coordination des collections scientifiques. En avril 2013, un réseau de musées et autres établissements possédant des collections scientifiques a été créé sous le nom de *Scientific Collections International* (SciColl). Son objectif est de promouvoir l'accès à ces précieuses ressources de la recherche – souvent uniques – qui peuvent fournir des enseignements indispensables dans des domaines aussi variés que les changements environnementaux, les évolutions sociétales et les épidémies.

Mesurer l'impact des grandes infrastructures internationales de la recherche est un sujet qui continuera de préoccuper les responsables de l'élaboration des politiques scientifiques pendant un certain temps. Le sujet risque d'être particulièrement ardu pour les pays en développement, où il est relativement nouveau d'investir de grosses sommes dans de telles installations. À cet égard, l'accord conclu en 2012 concernant l'emplacement d'une partie importante du radiotélescope SKA (*Square Kilometre Array*) en Afrique du Sud – d'autres parties étant installées en Australie et dans plusieurs autres pays africains – est révolutionnaire. L'adoption de mesures pour faire en sorte que l'Afrique en retire quelques avantages (en termes de capacité scientifique ainsi que de progrès économiques et sociaux) présente dans ce cas un défi important pour les pouvoirs publics.

Pour relever efficacement les défis mondiaux – tels que le changement climatique, la sécurité (alimentaire, énergétique et de l'approvisionnement en eau) et les pandémies –, des connaissances et des technologies nouvelles issues de la science sont nécessaires. La mise en place de modes de gouvernance réactifs et adaptables, couplés à des mécanismes de financement et de dépense flexibles, est primordiale (OCDE, 2012a). Une approche personnalisée du partage des connaissances et de la propriété intellectuelle peut jouer un rôle important. Quant à l'adoption des innovations, elle repose nécessairement sur des approches participatives et des efforts de sensibilisation. Le Groupe consultatif pour la recherche agricole internationale (GCRAI) est un exemple de ce qui peut être fait à cet égard. L'intégration de pays disposant de capacités moindres dans le domaine de la science, de la technologie et de l'innovation (STI) comme partenaires à part entière est nécessaire et peut nécessiter des actions spécifiques pour renforcer ces capacités. Parallèlement, l'évolution rapide de la science ouverte doit fournir des possibilités de développement plus radical de la gouvernance future du domaine STI, afin de pouvoir trouver des solutions aux défis mondiaux. Pour citer un exemple, l'initiative *Future Earth* qui a été lancée récemment possède une structure inédite – distribuée sur le plan régional et incluant des partenaires multiples – qui pourrait servir de modèle pour l'avenir.

La propagation du virus Ebola en Afrique a mis en évidence non seulement la vulnérabilité des pays les plus pauvres aux maladies infectieuses, mais aussi la difficulté, dans un monde connecté, à contenir et traiter efficacement les nouvelles maladies. La réponse des pouvoirs publics face à de telles épidémies passe obligatoirement par le développement, l'expérimentation et le déploiement de nouveaux vaccins et de nouveaux traitements. En 2012, le Conseil de l'OCDE a émis une recommandation concernant la gouvernance des essais cliniques (OCDE, 2012b). Ce texte met l'accent sur trois domaines dans lesquels l'action des pouvoirs publics peut être utile : 1) réduire la complexité administrative des procédures opératoires des essais ; 2) introduire une méthode d'approbation et de gestion des essais cliniques fondée sur les risques ; enfin 3) améliorer la formation, l'infrastructure et la participation des patients.

Un autre défi mondial important est celui des risques naturels, dus notamment à la migration d'un plus grand nombre de gens vers les villes, situées pour beaucoup d'entre elles dans des zones à risque. Le modèle *Global Earthquake Model* (GEM), établi en 2009 avec l'aide de l'OCDE, est un exemple de réponse, étayée par la science, apportée par la communauté internationale face à un risque naturel. Le GEM est le fruit d'un partenariat public-privé au sein duquel la communauté mondiale participe à la conception, au développement et au déploiement de modèles et d'outils de pointe pour gérer les risques sismiques. Ce type de partenariat entre scientifiques et utilisateurs pourrait être étendu à d'autres domaines faisant l'objet de prises de décisions.

Dans un contexte de développement rapide de la science ouverte, les infrastructures de données distribuées joueront un très grand rôle au regard de la collaboration internationale et scientifique (voir plus haut la section consacrée à la science ouverte). Les bases de données mondiales sur la bio-informatique ont déjà beaucoup contribué au développement de la biologie moléculaire et de la biomédecine, et le partage des données à l'échelle internationale revêt une importance capitale pour les travaux de recherche centrés sur les enjeux mondiaux. Cela dit, il est urgent de trouver des modèles économiques durables pour financer un grand nombre de ces structures. Bien que certaines d'entre elles soient financées par une enveloppe de base dédiée à cet usage, d'autres dépendent dans une large mesure de subventions ponctuelles octroyées sur une base concurrentielle et/ou de partenariats public-privé. Quel que soit le mécanisme utilisé, il importera de démontrer la rentabilité de l'investissement et de son impact à mesure qu'augmenteront la taille et le nombre des infrastructures de données.

La nécessité d'associer les pays en développement aux initiatives scientifiques visant à relever les défis mondiaux a été évoquée dans la précédente section. Elle implique des actions spécifiques des pouvoirs publics. Un domaine important à prendre en compte est la synergie potentielle entre le financement de la science et l'aide au développement. Les organismes de financement de la science et les organisations de coopération pour le développement pourraient collaborer plus étroitement pour renforcer le rôle de la science dans les pays en développement, notamment en ce qui concerne les enjeux mondiaux (OCDE, 2011a).

L'échange de pratiques et d'expérience entre pays développés et pays en développement peut également jouer un rôle important en ce qui concerne les mécanismes et les processus permettant de conseiller les pouvoirs publics sur les questions scientifiques. Les pays de l'OCDE disposent pour la plupart d'un large éventail de structures (formelles et informelles) et de personnes qui, ensemble, forment un dispositif consultatif scientifique national. Ces dispositifs nationaux sont complétés par un ensemble tout aussi varié de structures internationales. Dans de nombreux pays en développement, en revanche, les structures consultatives en matière scientifique sont relativement peu développées. C'est un domaine dans lequel le développement des capacités est important. Une coopération et/ou une coordination internationale(s) entre les structures consultatives sont nécessaires, surtout en situation de crise. Quelques-uns des principaux messages relatifs au système scientifique et à la coopération scientifique internationale sont résumés ci-après.

Principaux messages relatifs à la coopération scientifique et technologique internationale

- Pour relever efficacement les défis mondiaux, les initiatives scientifiques et technologiques doivent reposer sur des modes de gouvernance réactifs et adaptables, couplés à des mécanismes de financement et de dépense flexibles.
- Une collaboration internationale plus poussée est nécessaire pour mettre en place des mécanismes consultatifs dans le domaine scientifique, de façon à disposer d'informations fiables et cohérentes pour faire face aux situations de crise et aux enjeux mondiaux. Il est également nécessaire de renforcer les capacités consultatives dans les pays en développement, et d'améliorer la coordination dans les domaines présentant un intérêt commun pour les pays.

5.4. La commercialisation de la recherche financée sur fonds publics

La recherche financée sur fonds publics qui est menée dans les universités et les EPR a débouché sur de nombreuses innovations technologiques déterminantes, comme par exemple les techniques de recombinaison de l'ADN, les systèmes de géolocalisation (GPS), la technologie MP3 et le système de reconnaissance vocale Siri. Plusieurs raisons expliquent l'intérêt accru pour la commercialisation de la recherche publique, notamment :

- Le souci d'améliorer la compétitivité nationale.
- L'inquiétude suscitée par le ralentissement du nombre de brevets, de licences et d'entreprises créés dans les universités et les EPR depuis la fin des années 2000. En fait, les universités doivent faire face à une pression croissante liée à la nécessité de mener de front des activités pédagogiques et de recherche d'excellence, ainsi que des activités de commercialisation et de collecte de fonds. La Suède a même modifié sa loi sur l'enseignement supérieur en ajoutant à la mission des établissements concernés la mise en place de partenariats externes, de manière à encourager ces établissements à exploiter activement les résultats de la recherche.
- Le coût croissant de la recherche scientifique, qui conduit un grand nombre d'EPR et d'universités à chercher de nouvelles sources de financement (même si dans la plupart des EPR, les recettes tirées de la commercialisation représentent une faible part des recettes totales).
- Une tendance accrue dans les entreprises à l'externalisation des activités de R-D, les entreprises se tournant de plus en plus vers les universités et les EPR pour leur confier une grande partie de leur recherche fondamentale.

- La prise de conscience que l'entrepreneuriat universitaire n'exclut pas la productivité de la recherche ni n'est moins enclin à entreprendre des travaux de recherche fondamentale. De fait, les études réalisées en Suède montrent qu'il existe une forte corrélation positive entre l'excellence scientifique et le nombre de contacts des différents chercheurs avec l'industrie (Bourelos, Magnusson et M. McKelvey, 2012).

Bien que les brevets, licences et entreprises créées par essaimage demeurent des canaux importants pour commercialiser la recherche publique, d'autres solutions semblent gagner du terrain – recherche collaborative, mobilité des étudiants et du personnel enseignant, contrats de recherche, prestation de services de conseil par le personnel enseignant et entrepreneuriat étudiant. Les TIC ainsi que l'impulsion donnée par les organismes de financement de la science pour améliorer l'accès aux résultats et aux données de la recherche financée sur fonds publics contribuent également à élargir les canaux de commercialisation. La publication *Commercialising Public Research: New Trends and Strategies* de l'OCDE (2013a) examine les récentes évolutions au regard des institutions et des politiques publiques.

Presque tous les pays de l'OCDE disposent désormais de cadres législatifs et dispositifs spécifiques pour stimuler la commercialisation de la recherche publique. L'exemple le plus connu est la loi Bayh-Dole aux États-Unis, qui permet aux universités d'être propriétaires des brevets déposés grâce au financement fédéral de la recherche, et qui prévoit des mesures d'incitation à leur commercialisation. Cette loi a été largement imitée dans d'autres pays.

On observe par ailleurs une convergence des politiques publiques, la plupart des pays octroyant des droits de propriété intellectuelle aux universités. Ces dernières ont souvent la possibilité de contourner les réglementations nationales sur la propriété intellectuelle universitaire en adoptant des règlements internes (par exemple pour négocier des accords de propriété intellectuelle différents avec des tiers).

Malgré le développement, dans la plupart des pays, de nouveaux canaux de transfert de connaissances, les organismes officiels et les responsables de l'action publique continuent de privilégier la commercialisation via le dépôt de brevets et l'octroi de licences. Cela dit, à l'exception d'une poignée d'universités et de laboratoires publics de premier plan, ces deux activités sont – et resteront – peu fréquentes dans la plupart des universités et des EPR. Au Royaume-Uni, par exemple, les établissements d'enseignement supérieur ont généré en 2011-12 des recettes externes de plus de 3 milliards GBP. Or, sur cette somme, seuls 2 à 4 % provenaient de l'octroi de licences ou de la vente de parts dans des entreprises créées par essaimage. La majorité des recettes provenaient de la recherche collaborative et des contrats de recherche, des services de conseil et de la formation professionnelle (Chambre des Communes, Commission de la science et la technologie, 2013). En Europe, 10 % seulement des universités se partagent environ 85 % des recettes totales provenant des licences.

On accorde de plus en plus d'importance à l'amélioration de l'accès aux résultats de la recherche scientifique en général, et à ceux de la recherche financée sur fonds publics en particulier (voir la section précédente sur la science ouverte).

Une part croissante des fonds publics est consacrée à la recherche collaborative plutôt qu'à la recherche menée dans tel ou tel centre de recherche. Bien que les universités collaborent depuis longtemps avec l'industrie, le phénomène s'est intensifié ces dernières années. L'industrie et les universités (en particulier les bureaux de transfert de technologie) peuvent avoir des visions différentes concernant la valeur – et le partage – des recettes provenant de la propriété intellectuelle. Des divergences peuvent aussi exister en ce qui concerne les modalités de mise en commun des connaissances brevetées. Le manque d'expérience et la méconnaissance des besoins des entreprises sont des doléances courantes de l'industrie (Hertzfeld, Link et Vonortas, 2006). Des intermédiaires comme des entreprises spécialisées dans la propriété intellectuelle ou des fonds de brevets garantis par l'État sont de plus en plus utilisés pour faire coïncider l'offre et la demande d'innovations entre les universités et les PME.

Une série d'intermédiaires et d'organisations-relais ont été mis en place pour faciliter le transfert et la commercialisation des connaissances -- bureaux de transfert de technologie, pépinières d'entreprises, centres d'innovation pour les entreprises, parcs scientifiques, agences spéciales au sein des chambres de commerce, bureaux de liaison avec l'industrie, centres de validation de concept (dont le but est de combler les déficits de financement lorsque les investisseurs providentiels et les sociétés de capital-risque privilégient les projets de grande envergure ou de dernière minute)[5], ainsi que des bibliothèques/services d'archivage publics. Ces entités peuvent avoir des missions très différentes, comme le montre l'encadré 5.1.

Les objectifs les plus courants des bureaux de transfert de technologie sont l'augmentation des recettes provenant des licences, le maintien ou le renforcement du soutien à la recherche industrielle, les transferts de technologie et, dans une moindre mesure, le développement régional. Les recettes provenant des licences sont généralement le principal critère utilisé par les bureaux de transfert de technologie pour mesurer leur succès, même si pour la plupart d'entre eux, les brevets et les licences ne permettent ni de générer un bénéfice net, ni n'atteindre le seuil de rentabilité (Bulut et Moschini, 2009). Cela dit, un petit nombre de ces bureaux tirent des licences des recettes non négligeables.

De nombreux bureaux de transfert de technologie ont complété leur mission de départ – la simple gestion du transfert de technologie (la communication des inventions, le dépôt de brevets, etc.) – en y ajoutant toute une série d'activités de gestion et de soutien à la propriété intellectuelle (par exemple : chasse aux brevets, conseil), ainsi que la commercialisation de services autres que les brevets, la gestion de fonds d'amorçage et la création d'une culture de l'innovation.

Compte tenu du bilan mitigé des bureaux de transfert de technologie, de nombreuses universités ont tenté de les réformer ou de les remplacer. Quelques-uns des autres modèles et formules proposés sont brièvement décrits ci-après :

- **Alliances pour le transfert de technologie :** Étant donné que les universités ont souvent une capacité limitée à générer des recettes suffisantes pour couvrir les coûts de leurs bureaux de transfert de technologie, il a été proposé de créer des alliances pour regrouper les services. En théorie, ces alliances peuvent mutualiser les inventions entre les différentes universités, réduire les coûts opérationnels unitaires et améliorer l'accès aux compétences. Elles peuvent toutefois aussi générer des coûts de coordination/communication. Un exemple d'alliance de transfert de technologie est le réseau *Innovation Transfer Network* (ITN) aux États-Unis. Créé en 2006 avec l'aide publique, l'ITN sert d'alliance de transfert de technologie pour 13 petits établissements d'enseignement supérieur, qui sont tous représentés au sein du conseil d'administration du réseau.
- **Modèles à but lucratif :** Pour des raisons à la fois de coûts et d'efficience, certains établissements ont mis en place des bureaux de transfert de technologie financés par des fonds privés. Ces bureaux ont un statut de société à responsabilité limitée. Dans certaines universités, ces types de bureaux existent depuis la fin des années 80 (un

exemple est Isis Innovation, une filiale à 100 % de l'Université d'Oxford, créée en 1988). En Israël, la majorité des bureaux de transfert de technologie sont conçus sur le modèle de la responsabilité limitée et détenus en tout ou partie par les universités.

- **Modèles reposant sur l'internet :** Les structures existantes des bureaux de transfert de technologie peuvent être complétées par des plateformes fonctionnant sur l'internet. Ces plateformes répondent à la nécessité, pour les professionnels du transfert de technologie et les chercheurs dont le travail est axé sur les applications, d'avoir plus facilement accès à l'information. Elles sont aussi une vitrine qui permet de montrer au secteur des entreprises les technologies inventées dans les universités. Flintbox, de l'Université de Colombie-Britannique, en est un exemple.
- **Modèle de l'organisme indépendant :** Les bureaux de transfert de technologie sont parfois perçus comme des machines à produire des recettes et des acteurs peu enclins à trouver de nouveaux canaux de commercialisation. Il a donc été proposé que les chercheurs puissent choisir entre le bureau de transfert de technologie de leur université ou un agent extérieur (c'est-à-dire un organisme indépendant). En créant de la concurrence, ce modèle peut théoriquement permettre aux bureaux de transfert de technologie d'accroître leur efficience. Des doutes existent néanmoins, notamment quant au degré avec lequel la concurrence peut stimuler les performances des bureaux de transfert de technologie.

Bien qu'occupant une grande place dans le discours des pouvoirs publics, les entreprises créées par essaimage sont moins nombreuses qu'on ne le pense souvent. Selon les récentes données de l'*Association of University Technology Managers* (États-Unis), le nombre d'entreprises de ce type par université et par an parmi les 100 premières universités de recherche américaines est de seulement deux, le nombre record étant de 22 (au *Massachusetts Institute of Technology* [MIT]). Le taux de création d'entreprises par essaimage est très variable au sein de la zone OCDE. L'Europe obtient en moyenne un taux plus élevé (2.4 entreprises pour 100 millions USD de dépenses de recherche pendant la période 2004-10) que les États-Unis (1.1 pour la période 2004-11), le Canada (1.1 pour 2004-11) et l'Australie (0.7 pour 2004-11) (OCDE, 2013i).

Des études ont mis en évidence l'importance de l'entrepreneuriat étudiant, encouragé par les universités et les pouvoirs publics d'un grand nombre de pays de l'OCDE. Åstebro, Bazzazian et Braguinsky (2012) montrent que les récents diplômés ont deux fois plus de chances que le corps enseignant de créer une entreprise, et que cette dernière présente souvent un haut niveau de qualité.

De nouvelles méthodes de financement de la commercialisation sont également en train d'apparaître. Souvent, les fonds publics octroyés aux entreprises universitaires naissantes sont complétés par les universités et les EPR, qui créent leurs propres fonds d'amorçage et de validation de concept. Des études mettent toutefois en évidence des difficultés liées à la méconnaissance du monde de l'entreprise, de compétences et de contacts de la part d'un grand nombre d'universitaires (Wright, Clarysse et Mosey, 2012). Par conséquent, les initiatives axées uniquement sur l'aspect financier de l'entrepreneuriat étudiant risquent de ne pas être suffisantes.

Des études de cas montrent que les universités peuvent atteindre un haut niveau d'activité entrepreneuriale si la conception de leurs programmes est bonne. Cela est possible même lorsque les établissements effectuent peu de dépenses de R-D, possèdent peu de capacités de recherche/développement, et ont accès à peu de capital-risque (Åstebro, Bazzazian et Braguinsky, 2012).

Encadré 5.1. **Marché de l'innovation en Hongrie et programme GAMMA en République tchèque**

Hongrie – Marché de l'innovation : L'Office national hongrois pour la recherche, le développement et l'innovation est le seul organisme de financement de l'innovation en Hongrie ; c'est aussi un centre regroupant toutes les informations pouvant intéresser les acteurs. Il est entré en service le 1er janvier 2015 en vertu de la loi hongroise 2014/XLLVI sur la recherche scientifique, le développement et l'innovation. L'Office est un organisme national de gestion stratégique et de financement au service de la recherche scientifique, du développement et de l'innovation ; il est aussi la principale source de conseils sur la politique d'innovation pour le gouvernement hongrois, et le principal organisme de financement.

L'Office national hongrois pour la recherche, le développement et l'innovation est contacté à la fois par les entreprises naissantes en quête d'investisseurs, les détenteurs de technologies recherchant des marchés à l'étranger, les organismes étrangers à l'affût de technologies, les laboratoires proposant des capacités, et les entreprises ayant des besoins en la matière. Afin de mettre ces différents acteurs en relation les uns avec les autres, l'Office a créé le « marché de l'innovation », un système qui transfère l'ensemble des demandes et les présente sous forme de propositions commerciales accessibles aux acteurs privés et publics. Le marché de l'innovation se transforme petit à petit en une plateforme qui permet de convertir les propositions de projet en propositions commerciales normalisées, créant ainsi un flux d'opérations indispensable pour les investisseurs potentiels. L'Office utilise en outre cette plateforme pour promouvoir indirectement le financement participatif, agissant ainsi comme un intermédiaire par rapport à l'organisme public de prestation de services.

République tchèque – Programme GAMMA : Le programme GAMMA a été conçu pour pallier l'exploitation insuffisante des résultats de la recherche publique. Son but est d'aider à transformer les résultats de la R-D menée dans les établissements de recherche en applications concrètes, afin de faciliter leur commercialisation et leur mise en œuvre. Ce programme encourage également la coopération entre les établissements de recherche et les entreprises au moyen de « l'apprentissage par l'action ». Il se compose des deux sous-programmes suivants :

Le sous-programme n° 1 s'adresse aux établissements de recherche. Il vérifie l'utilisation concrète des résultats de la R-D qui est menée dans les établissements de recherche (principalement publics), et devrait présenter un fort potentiel d'application commerciale. Il fournit également une aide globale à la définition, à la mise en œuvre et au développement des activités commerciales dans les établissements de recherche.

Le sous-programme n° 2 a pour but de promouvoir la recherche appliquée et le développement expérimental au sein des entreprises en utilisant les résultats de la recherche menée dans les EPR. Le soutien apporté aux projets consiste à achever les prototypes fonctionnels, à vérifier leurs caractéristiques, à contrôler les séries de tests et à évaluer l'ensemble des impacts (technologiques, économiques, sociaux, sanitaires et autres) des nouveaux produits ou services. Bien que s'adressant aux entreprises, ce sous-programme inclut également parmi ses participants des établissements de recherche.

Lorsque les universités ont la possibilité de contourner les réglementations nationales en mettant en place des règlements et des processus internes concernant les brevets, des formules nouvelles peuvent être expérimentées. Certaines universités réservent par exemple un traitement préférentiel aux chercheurs qui souhaitent protéger par une licence les technologies qu'ils ont développées. D'autres autorisent leurs enseignants à créer de nouveaux projets, en accordant des congés sans solde ou des interruptions de carrière pendant que le personnel enseignant poursuit les activités de commercialisation. Une étude réalisée auprès de 64 universités américaines et canadiennes a montré que 16 d'entre elles tenaient compte des réalisations en matière de dépôt de brevets et de commercialisation pour prendre des décisions concernant les nominations et les avancements (Stevens, Johnson et Sanberg, 2012).

Les universités des pays de l'OCDE sont de plus en plus confrontées au problème de l'attribution des droits de propriété intellectuelle aux étudiants diplômés et autres employés/individus non membres du corps enseignant qui effectuent des travaux de recherche. Cette situation peut donner lieu à des tensions entre universités et étudiants. Compte tenu de ces évolutions et pour éviter les différends entre étudiants et universités au sujet de la propriété intellectuelle, l'Université du Missouri aux États-Unis a mis en place en 2011 un dispositif autorisant, sous certaines conditions, les étudiants à détenir les droits de propriété des inventions créées pendant leur cursus.

Les organismes de financement nationaux et certains établissements ont mis au point des accords de licence normalisés pour les inventions universitaires (par exemple : au Royaume-Uni, le *Lambert Toolkit* ; en Allemagne, les accords types de coopération en matière de R-D ; au Danemark, les accords types de Schlüter). Ces accords normalisés peuvent permettre d'atténuer les craintes de l'industrie quant à la difficulté de négocier des licences avec les EPR. Certains pays de l'OCDE ont également commencé à soutenir la création de fonds de brevets spécialement pour les établissements de recherche. Quelques-uns des principaux messages relatifs à la commercialisation de la recherche financée sur fonds publics sont résumés ci-après.

Principaux messages relatifs à la commercialisation de la recherche financée sur fonds publics

L'un des principaux rôles des pouvoirs publics est de définir les règles de base et les cadres institutionnels qui reflètent l'intérêt du public et envoient aux entreprises, aux chercheurs du secteur public et aux établissements publics de recherche les signaux d'incitation qui conviennent. Pour y parvenir et mettre au point des cadres d'action cohérents, une collaboration est nécessaire entre les pouvoirs publics, les ministères de la recherche et les entreprises.

La politique de commercialisation ne doit pas être circonscrite aux bureaux de transfert de technologie des universités et des EPR. Dans la majorité des pays, les organismes officiels et les responsables de l'action publique continuent de privilégier la commercialisation via le dépôt de brevets et l'octroi de licences. Or, ces deux activités sont peu fréquentes dans la plupart des universités et des EPR. D'autres canaux de commercialisation occupent une place importante – recherche collaborative public-privé, mobilité des étudiants et du personnel enseignant, contrats de recherche, prestation de services de conseil par le personnel enseignant et entrepreneuriat étudiant.

Parce que de nombreuses organisations intermédiaires ont fait leur apparition en tant que canaux de commercialisation, les pouvoirs publics peuvent apporter leur aide en mettant en évidence les bonnes pratiques et en diffusant des informations à leur sujet.

Du fait notamment de l'existence de la technologie numérique, les pouvoirs publics jouent un rôle de plus en plus important en mettant au point des cadres juridiques qui permettent d'améliorer l'accès aux travaux et aux données de la recherche scientifique, ainsi que leur utilisation.

5.5 Les TIC, les « données massives » et l'internet ouvert

La quasi-totalité des entreprises fonctionnent aujourd'hui avec l'aide des TIC. En 2014, 95 % des entreprises des pays de l'OCDE étaient équipées d'une connexion à haut débit (graphique 3.13), quoique la situation soit très contrastée dans les petites entreprises (graphique 5.3). En 2014, plus de 75 % de l'ensemble des entreprises de la zone OCDE possédaient un site web ou une page d'accueil, contre 70 % environ en 2009. S'agissant de l'accès au haut débit, la présence sur le web est plus faible parmi les PME. Le rythme d'adoption dépend dans certains cas du taux d'adoption préalable. Il a fallu 15 à 20 ans à un peu plus de 75 % des entreprises pour créer un site web, mais seulement quelques années à environ 30 % des entreprises pour devenir actives sur les réseaux sociaux.

Graphique 5.3. **Connectivité haut débit selon la taille des entreprises, 2010 et 2013**

Pourcentage d'entreprises par classe de taille (effectifs)

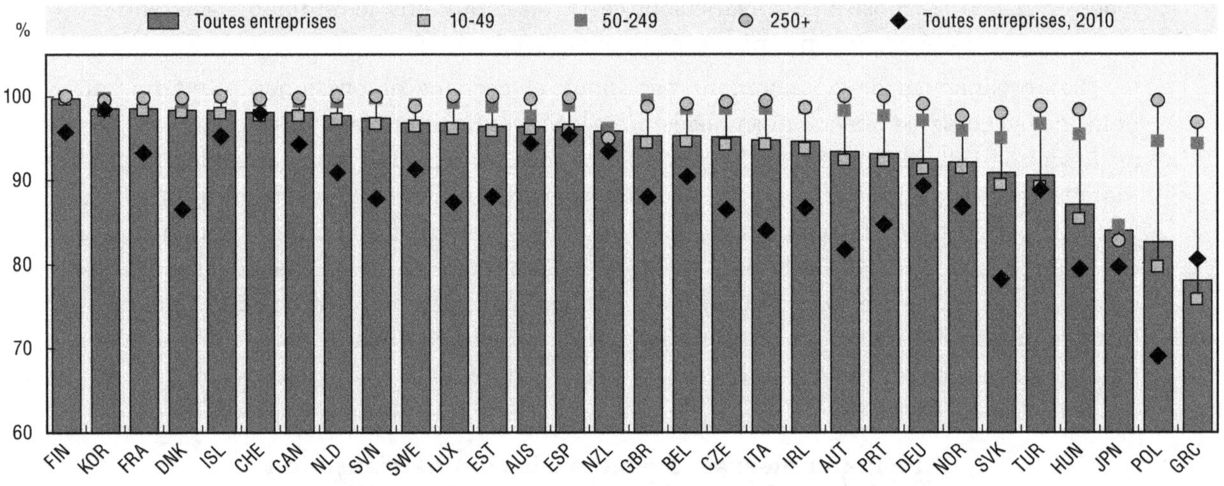

Source : OCDE (2014e), *Measuring the Digital Economy*, Éditions OCDE, Paris, *http://dx.doi.org/10.1787/888933148520*.

Dans la plupart des cas, la présence sur le web est toujours utilisée comme une vitrine pour fournir des informations sur l'entreprise. Les chiffres de la participation au commerce électronique sont en fait nettement moins élevés. Dans les pays de l'OCDE ayant participé à l'étude, 21 % en moyenne des entreprises de dix salariés au moins ont reçu des commandes électroniques, ce qui représente une hausse de 4 points de pourcentage par rapport à 2009 (graphique 5.4). Les différences entre les pays n'en demeurent pas moins considérables et reflètent les écarts existant en ce qui concerne le pourcentage de petites entreprises. Pour les entreprises de 250 salariés ou plus, la pratique du commerce électronique concerne environ 40 % d'entre elles ; même dans certains pays moins développés, le pourcentage dépasse 30 %. L'utilisation de TIC plus perfectionnées est également moins fréquente. Cela concerne les applications utilisées pour gérer les flux d'informations – dont la mise en œuvre impose aux entreprises des changements d'organisation –, et la radio-identification (RFID), dont la diffusion est limitée à certains types d'activité.

Le niveau élevé d'adoption des TIC dans l'ensemble de l'économie montre l'importance qu'a acquise progressivement la technologie – une importance de plus en plus grande également au regard de l'innovation. Les progrès réalisés dans le domaine de la transmission des informations ont souvent servi de base à l'innovation. Ainsi, la découverte du télégraphe au XIXe siècle a rendu les réseaux ferroviaires plus performants car la rapidité des communications sur l'état des voies ferrées permettait de faire circuler plusieurs trains sur la même voie. Ensuite, le développement de la théorie de l'information dans la première moitié du XXe siècle a offert la possibilité de traiter les données de façon homogène. Par la suite, la mise au point des circuits intégrés à base de silicium, contenant des milliards de transistors, a permis d'appliquer la théorie de l'information à une échelle jusque-là inimaginable. Les nouvelles technologies des communications ont joué un rôle capital dans la réalisation du potentiel d'innovation de la technologie de l'information. À l'heure actuelle, les deux volets vont de pair, et « TIC » est devenu un acronyme quasi-universel. Aux États-Unis, quelque 55 % du capital-risque est investi dans des entreprises produisant des biens et des services ayant trait aux TIC. Au cours des vingt dernières années, ce pourcentage a atteint en moyenne les 60 %, une grande partie des 40 % restants étant liés indirectement aux TIC.

Graphique 5.4. **Diffusion d'une sélection d'outils et d'activités des TIC dans les entreprises, 2014**

Pourcentage d'entreprises employant dix personnes et plus

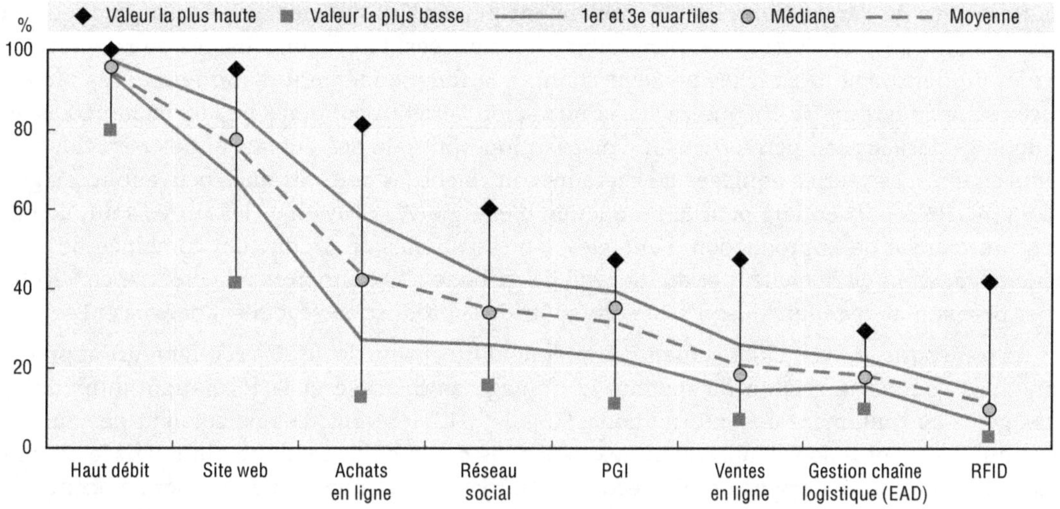

Note : PGI = progiciel de gestion intégrée ; EAD = échange automatique de données.

Source : OCDE (2015a), *Perspectives de l'économie numérique de l'OCDE 2015*, Éditions OCDE, Paris, *http://dx.doi.org/10.1787/888933224847*.

Dans la plupart des pays de l'OCDE, les industries de l'information[6] représentent 20 à 25 % des dépenses totales de R-D des entreprises (DIRDE) (OCDE, 2014e). Le pourcentage est de 30 à 50 % en Corée, aux États-Unis, en Finlande, en Israël et au Japon. On estime que dans la zone OCDE, 70 % des entreprises du secteur des TIC réalisent des innovations, contre 50 % en moyenne pour l'ensemble des entreprises (OCDE, 2014e). À l'heure actuelle, une grande partie de l'innovation réalisée dans les TIC vise à : rendre les données disponibles au moyen de l'amélioration des capteurs ; transmettre ces données à l'aide de diverses technologies de communication en réseau ; stocker les données dans le nuage ; analyser les données massives ; définir des actions à l'aide de l'apprentissage automatique ; communiquer au sujet de ces actions ; enfin, donner suite à ces actions par une amélioration des mécanismes de commande (ces mécanismes permettent une modification de l'état physique et se présentent sous différentes formes, des lasers aux buses d'encre, en passant par les complexes valves à fluide magnétique).

L'un des rôles joués par les TIC au regard de l'innovation est qu'elles facilitent la diffusion des connaissances. Dans certains domaines universitaires comme la physique, les mathématiques et la biologie, la quasi-totalité des travaux scientifiques sont d'abord diffusés sous forme de prépublications sur le site *www.arXiv.org*. Chaque jour, pas moins de 7 000 travaux y sont prépubliés. Le site arXiv.org fut l'un des premiers exemples d'évolution de la science vers l'accès libre (voir plus haut dans le présent chapitre la section relative à la science ouverte). Les TIC ont en outre favorisé une rapide internationalisation de la recherche. Pour citer un exemple, en 1998, seuls quelques pays enregistraient plus de 10 000 collaborations internationales ; en 2011, ce niveau de collaboration était courant dans les pays développés[7]. Un autre exemple du rôle des TIC dans la diffusion des connaissances est le fait qu'un grand nombre d'universités publient leurs cours en ligne. Si les effets de cette mise à disposition des cours à grande échelle sont encore difficiles à déterminer, on sait que cette formule pourrait bien révolutionner l'enseignement supérieur. Voir dans l'encadré 5.2 ci-après des exemples de l'impact des TIC sur la société.

Encadré 5.2. **Exemples d'innovations dans les TIC ayant un impact sur la société**

Dans le secteur de l'agriculture, les TIC deviennent aujourd'hui indispensables. La production de lait s'effectue de plus en plus dans des exploitations automatisées. Les robots chargés de l'alimentation, de la traite et du nettoyage des vaches peuvent changer le fonctionnement d'une ferme, ces tâches étant effectuées selon le rythme de chaque vache, et non selon l'emploi du temps de l'agriculteur. Les données issues de la géolocalisation permettent une distribution optimale des engrais et des pesticides dans les différents champs. Les serres équipées de capteurs contrôlent les cultures mais peuvent aussi, grâce aux TIC, être utilisées à part entière pour la production d'énergie. Aux Pays-Bas, les serres sont, depuis 1994, intégrées au marché de la production d'énergie ; leurs systèmes de production combinée de chaleur et d'électricité génèrent de la chaleur et du dioxyde de carbone (CO_2), propices à la croissance végétale. Ces systèmes permettent de réduire jusqu'à 20 % les coûts de la production végétale (Koolwijk et Peeters, 2011).

Dans les transports, les véhicules actuels comprennent un ensemble de 80 à 200 capteurs et processeurs. Des fonctions comme la gestion du moteur, le freinage antiblocage et la régulation antipatinage sont assurées grâce au traitement des informations. Sans les TIC, les véhicules ne seraient pas aussi sûrs ni efficaces qu'ils le sont aujourd'hui. Quant aux véhicules dotés de la conduite automatisée, ils offrent la promesse d'un niveau d'efficience et de sécurité supérieur, ainsi que d'une autonomie accrue pour les handicapés et les personnes âgées. Des voitures autonomes devraient être commercialisées par Nissan et Audi d'ici à 2017.

Les applications TIC avec géolocalisation qui sont intégrées aux voitures et appareils mobiles rendront les réseaux de transport beaucoup plus efficients et permettront de réaliser d'importantes économies en termes de temps de transport et d'émissions de CO_2. TomTom, par exemple, fabricant de matériels et logiciels de navigation de premier plan, a recueilli plus de 9 000 milliards de points de données à l'aide de ses appareils de navigation et d'autres sources. Ces données renseignent sur l'heure, la localisation, la direction et la vitesse de déplacement des différents utilisateurs, dont l'identité reste secrète. Chaque jour, 6 milliards de points de données sont collectés. Après analyse, les données recueillies sont réinjectées par TomTom dans ses appareils de navigation afin d'informer les conducteurs des conditions de circulation (actuelles et prévues). Grâce à ce système, d'importants gains de temps et une forte réduction de la congestion ont été obtenus, notamment dans les villes. On estime en fait que la compilation de données personnelles de géolocalisation à l'échelle mondiale augmente de 20 % par an depuis 2009. D'ici à 2020, cette masse de données pourrait rapporter 500 milliards USD au niveau mondial sous forme de gain de temps et d'économie de carburant, ou se traduire par une réduction de 380 mégatonnes (millions de tonnes) des émissions de CO_2 (TomTom, 2014). Les données recueillies sont également utilisées par les pouvoirs publics pour mieux comprendre les effets des aménagements de l'infrastructure (envisagés ou réalisés) sur les flux de circulation.

Les possibilités offertes par les TIC ont également modifié les modèles économiques. Pour citer un exemple, les micro-multinationales – c'est-à-dire des entreprises de taille moyenne qui, malgré leur taille, ont des activités dans le monde entier – sont aujourd'hui très répandues. Ces entreprises ont parfois des salariés et des collaborateurs indépendants qui, grâce aux TIC, travaillent pour elles sur les mêmes projets où que ce soit dans le monde. Les plateformes prenant en charge les TIC (comme par exemple Kickstarter, Indiegogo et Quirky) ont également permis aux créateurs d'entrer en relation avec des clients et des investisseurs potentiels. En obtenant instantanément un retour sur leurs inventions – par l'intermédiaire des dons et des commentaires des clients potentiels –, les créateurs se font une idée du succès potentiel de leurs produits. Au sein de la zone OCDE, 77 % des entreprises possèdent un site web, et quelque 21 % vendent leurs produits en ligne (OCDE, 2014e). Plus de 80 % des entreprises utilisent les services d'administration électronique, et dans certains pays (comme les Pays-Bas), toutes les sociétés doivent effectuer leur déclaration fiscale en ligne. Les consommateurs, eux aussi, poussent les entreprises à changer leur mode de fonctionnement : au Danemark, aux Pays-Bas et au Royaume-Uni, 77 % des consommateurs font leurs achats en ligne (OCDE, 2014e).

5.6. L'analyse des « données massives »

Le nombre croissant de transactions informatisées et l'accélération de la migration des activités sociales et économiques vers l'internet ont entraîné la production d'un volume énorme de données (numériques), appelées généralement « données massives ». Ces données sont aujourd'hui exploitées par les organisations – souvent en faisant preuve d'une grande créativité – pour lancer des innovations dans le domaine des produits, des processus, des modes d'organisation et des marchés. Les données et leur analyse sont devenues un moteur de l'innovation. Leur exploitation a déjà procuré à de nombreuses entreprises une importante valeur économique, et ce n'est qu'un début. Une série d'études montrent que l'utilisation de l'analyse des données peut accroître la productivité des entreprises de 3 à 13 % (Brynjolfsson, Hitt et Kim, 2011 ; Bakhshi, Bravo-Biosca et Mateos-Garcia, 2014 ; Tambe, 2014). Selon certaines estimations, le marché mondial des technologies et services générateurs de données massives se chiffrerait à 17 milliards USD en 2015, avec un taux de croissance annuelle de 40 % en moyenne depuis 2010 (IDC, 2012).

Sur l'ensemble des données stockées par les entreprises, 50 à 85 % peuvent être des données non structurées (Shilakes et Tylman, 1998 ; Russom, 2007). Grâce à la fonction d'analyse, il est possible d'extraire de façon rentable des informations à partir de sources de données non structurées telles que des documents texte et des messages électroniques, des vidéos, des images et des bandes audio. L'analyse des données permet en outre aux organisations de prendre leurs décisions sur la base de données fournies (quasiment) en temps réel. Pour les entreprises, cela signifie un raccourcissement des délais de commercialisation, ainsi que des avantages liés à l'antériorité de la mise sur le marché. Pour les pouvoirs publics, cela peut se traduire par l'élaboration d'une politique en temps réel étayée par des éléments concrets (Reimsbach-Kounatze, 2014).

L'utilisation croissante de données et de leur analyse par les organisations s'accompagne d'un changement dans le processus décisionnel des entreprises, qui s'appuie dorénavant davantage sur la corrélation que sur les relations de causalité. S'agissant par exemple de Wal-Mart, l'entreprise peut décider de modifier l'emplacement de ses produits dans ses magasins en s'appuyant sur la corrélation entre la disposition de ses produits et les achats qui sont effectués, mais sans être obligée de comprendre *pourquoi* cette modification aura des effets sur le comportement des consommateurs. Comme l'explique Anderson (2008) : « Qui sait pourquoi les gens font ce qu'ils font ? L'important est qu'ils le font, et que nous sommes en mesure de l'observer et de le mesurer avec une précision sans précédent. » Anderson (2008) a même été jusqu'à remettre en question l'utilité de la modélisation à une époque où des volumes énormes de données sont recueillis, et où les machines parviennent à mettre en évidence parmi de vastes bases de données des tendances complexes qui resteraient sinon invisibles aux yeux des chercheurs.

L'analyse des données permet par ailleurs de créer des systèmes autonomes, qui utilisent des algorithmes d'apprentissage automatique pour améliorer les performances à chaque série de données analysées. Compte tenu des énormes volumes de données disponibles un peu partout, ces systèmes sont aujourd'hui très répandus. Ils peuvent effectuer un nombre toujours plus grand de tâches qui nécessitaient auparavant une intervention humaine. La voiture sans chauffeur de Google est un exemple de ce potentiel. Les nombreux capteurs (y compris les caméras et systèmes radar) dont est équipé ce véhicule collectent des données qui sont combinées avec celles provenant de Google Maps et Google Street View (points de repère, panneaux de signalisation et feux de circulation). Un autre exemple est celui des systèmes d'échanges automatiques ou algorithmiques, avec lesquels les valeurs boursières sont achetées et revendues en l'espace de quelques fractions de seconde. Aux États-Unis, cette forme d'échange représenterait plus de la moitié de l'ensemble des transactions commerciales (graphique 5.5).

Graphique 5.5. **Part des échanges algorithmiques dans le total des transactions commerciales**

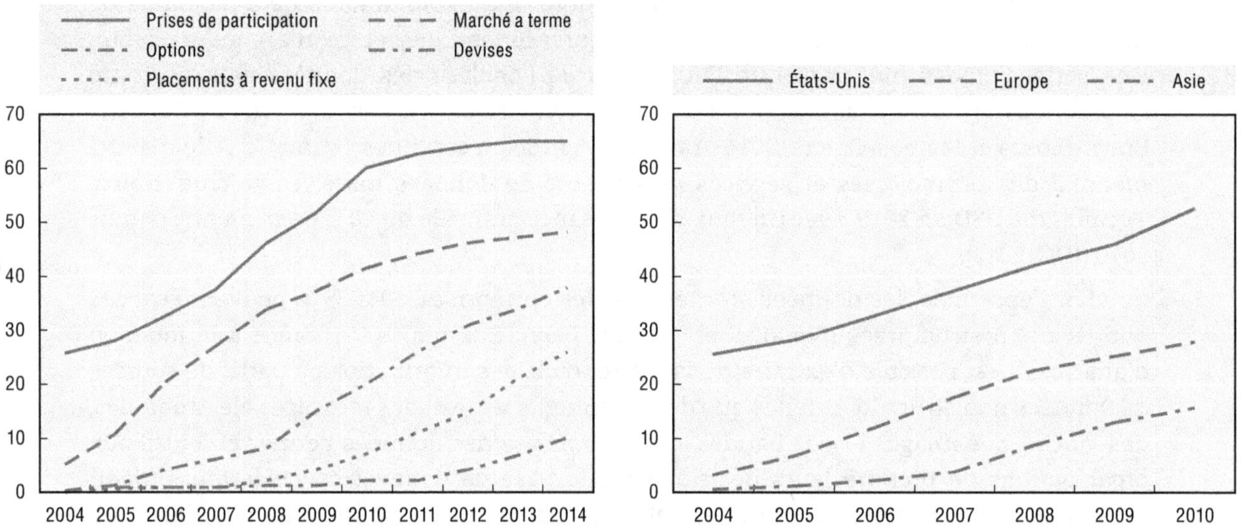

Note : 2013-14, d'après des estimations.

Source : Calculs effectués par l'OCDE d'après *The Economist (2012)*, « High-frequency trading: The fast and the furious », *www.economist.com/node/21547988*, et Aite Group (2012), *The Next Generation of Execution Consulting Services: Leveraging Technology to Build Relationships*.

5.7. L'internet des objets

En 2012, l'OCDE estimait qu'une famille moyenne avec deux adolescents possédait dans son foyer dix appareils connectés à l'internet (OCDE, 2013b). En 2022, il pourrait y avoir jusqu'à 50 appareils par foyer, soit un total de 14 milliards dans l'ensemble de la zone

OCDE. Selon les estimations publiées par Ericsson, Cisco et Intel, le nombre d'appareils connectés à l'internet pourrait atteindre les 50 milliards d'ici vingt ans. C'est ce que l'on appelle l'internet des objets.

Ce phénomène a également un lien avec les progrès réalisés dans d'autres branches des TIC, en particulier les données massives, l'informatique en nuage, la communication entre machines (M2M), ainsi que les capteurs et mécanismes de commande de pointe. L'association de l'informatique en nuage et de l'analyse des données massives permet de créer des applications d'apprentissage automatique plus élaborées. L'association des machines et systèmes télécommandés et de l'apprentissage automatique permet d'obtenir des machines et des systèmes de plus en plus autonomes (graphique 5.6). Les avantages économiques de l'internet des objets peuvent se manifester sous la forme d'un surplus pour le consommateur, de nouvelles recettes et d'une croissance plus élevée du PIB à mesure que les technologies sont commercialisées, et enfin d'une productivité accrue de l'entreprise (par exemple grâce aux nouvelles stratégies d'optimisation des processus et de maintenance préventive) (McKinsey & Company, 2013).

Graphique 5.6. **Principaux éléments de l'internet des objets**

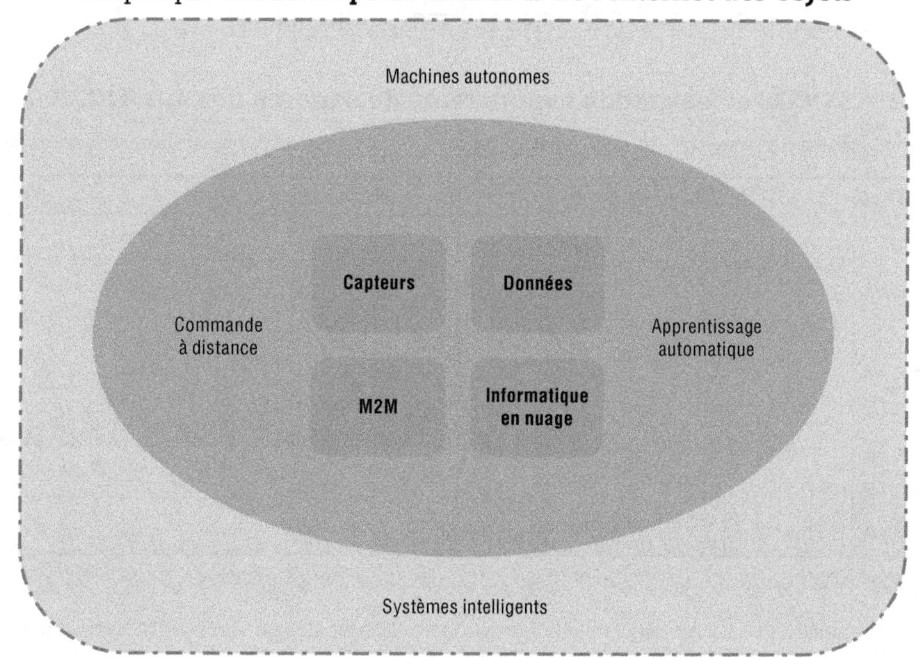

L'objectif de nombreuses innovations proposées dans le secteur des TIC est le développement de machines autonomes. Nous citerons comme exemples récents les feux de circulation de Londres – qui fonctionnent avec des algorithmes d'apprentissage automatique –, le thermostat intelligent NEST, les voitures à conduite automatisée, ainsi que les entrepôts entièrement automatisés et autogérés. Certains services disponibles sur les *smartphones* (comme par exemple Google Now et Siri d'Apple) apportent la démonstration des possibilités offertes par l'apprentissage automatique et les systèmes autonomes (notamment lorsqu'ils utilisent les conditions de circulation actualisées pour avertir l'utilisateur qu'il est temps de partir à son rendez-vous). Ces systèmes deviendront de plus en plus perfectionnés, et leurs effets se feront sentir dans un nombre toujours plus grand de secteurs de l'économie.

5.8. La nécessité d'un internet ouvert

Un internet ouvert et accessible, ainsi que des infrastructures fixes et mobiles à haut débit sont essentiels. L'innovation que représente l'internet, avec sa liberté d'accès, sa connectivité de bout en bout et son absence de « gardiens », a fourni à des entreprises comme Google, Skype, eBay, Hotmail et Alibaba un environnement dans lequel elles peuvent expérimenter et améliorer leurs idées. En plus de permettre l'échange de données, d'informations et de connaissances, l'internet ouvert stimule la concurrence au niveau mondial en offrant aux utilisateurs la possibilité de faire une sélection parmi plusieurs prestataires de services. Les utilisateurs de l'internet peuvent ainsi choisir leur fournisseur d'accès, leur navigateur et de nombreux autres critères (Clark, 2012). Un internet ouvert facilite en outre la mise en place et la gestion des chaînes de valeur mondiales (CVM), qui permettent de plus en plus aux entreprises de répartir leurs systèmes de production et leurs chaînes logistiques entre différents pays. Par ailleurs, de nombreuses économies sont étroitement associées à l'internationalisation des services liés aux TIC. Des pays comme l'Allemagne, le Canada, les États-Unis, la France, l'Irlande, le Japon, les Pays-Bas et le Royaume-Uni – pour n'en citer que quelques-uns – occupent une place particulièrement importante en ce qui concerne l'hébergement de services web et de centres de données, ainsi que les exportations de services liés aux TIC (graphique 5.7).

Graphique 5.7. **L'OCDE et les grands exportateurs de services liés aux TIC, 2000 and 2013**

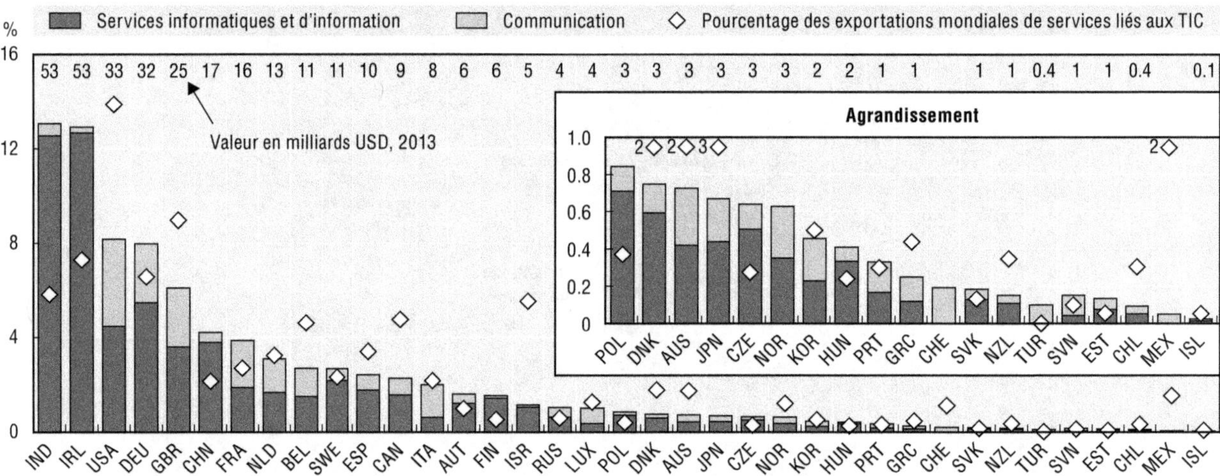

Source : OCDE (2014e), *Measuring the Digital Economy*, *http://dx.doi.org/10.1787/888933148882*, d'après UNCTADstat, *http://unctad.org/en/Pages/Statistics.aspx*, juin 2013.

Les entraves à l'ouverture de l'internet peuvent avoir d'importantes répercussions sur le plan économique. Certains des obstacles à la libre circulation des données résultent – intentionnellement ou non – des mesures limitant l'ouverture de l'internet. Ces mesures peuvent être des dispositifs techniques (visant pour certains à optimiser le flux des données pour des besoins particuliers) – comme par exemple le filtrage des paquets IP –, ou des exigences en matière de « localisation des données » – que ce soit par la restriction territoriale du trafic de l'internet ou l'obligation légale d'implanter les serveurs sur les marchés locaux. Dans d'autres cas, les mesures visant à protéger les valeurs d'intérêt public – via la réglementation de la sécurité et de la protection de la vie privée – peuvent aussi avoir des incidences sur l'ouverture de l'internet. Les conséquences sociales et économiques de la limitation de l'ouverture de l'internet ne sont toujours pas connues, d'où la nécessité d'une analyse approfondie.

Nombreux sont les pays qui souhaitent trouver un accord sur la méthode à adopter pour préserver le caractère ouvert et dynamique de l'internet. La Réunion de l'OCDE à haut niveau sur l'économie internet, qui s'est tenue les 28 et 29 juin 2011, a abordé la question de l'ouverture de l'internet, ainsi que celle de la méthode à adopter pour assurer la pérennité de la croissance et de l'innovation de l'économie internet. Le projet de communiqué qui a été diffusé à l'issue de la réunion a servi de base à la *Recommandation du Conseil sur les principes pour l'élaboration des politiques de l'internet* (OCDE, 2011b). Ce communiqué énonce les principes de base devant guider l'élaboration des politiques à l'égard de l'internet qui, s'ils sont respectés, permettront de faire en sorte que l'internet demeure une plateforme ouverte et dynamique au service de l'innovation et de la croissance. Quelques-uns des principaux messages relatifs aux TIC, aux données massives et à l'internet sont résumés ci-après.

Principaux messages de fond relatifs aux TIC, aux données massives et à l'internet des objets

Tout en étant au cœur d'importantes innovations, l'utilisation des données et leur analyse entraînent des défis majeurs sur le plan économique et sociétal, auxquels les pouvoirs publics doivent s'efforcer de répondre. L'un de ces défis consiste à faciliter l'innovation fondée sur les données par les actions suivantes :

- Stimuler l'investissement dans le haut débit, l'infrastructure intelligente et l'internet des objets, mais aussi dans les données et leur analyse, en mettant plus particulièrement l'accent sur les PME et les services à forte valeur ajoutée (autrement dit l'analyse des données et les services fondés sur les données). Cela inclut également l'investissement dans la R-D.
- Encourager l'innovation fondée sur les données dans le secteur public, notamment la santé, la science et l'éducation. Les questions de fond spécifiques à chaque domaine doivent en outre être examinées car de grandes différences peuvent exister à cet égard entre les différents domaines d'action.
- Comme cela est préconisé ailleurs dans le présent rapport, des conditions-cadres doivent être mises en place à l'intention des entreprises pour encourager les changements organisationnels ainsi que l'entrepreneuriat dans les secteurs public et privé.
- Promouvoir les qualifications et les compétences dans le domaine de l'analyse des données : les spécialistes du traitement des données ne représentent que 0.5 % environ du total des emplois dans la plupart des pays de l'OCDE. Le manque de compétences est un obstacle fréquent pour la mise en œuvre de l'innovation fondée sur les données. Des compétences spécifiques à certains domaines sont également requises pour prendre des décisions avisées à partir des données, ainsi que pour repérer les possibilités d'innovation que présentent les données.
- Éliminer les obstacles superflus au développement de l'internet des objets. Parce que cette forme de l'internet touchera à l'avenir de très nombreux aspects de la société, un grand nombre de règles et de réglementations devront être révisés. Les dispositions relatives aux réseaux et aux services de télécommunications (numérotation), aux services de santé électroniques (certification, indemnisation des médecins), aux transports (véhicules avec conduite automatisée, avions télécommandés, réglementation des services de taxi), au bâtiment (normes de construction, économies d'énergie) et à de nombreux autres secteurs devront peut-être être actualisées.

D'un autre côté, les pouvoirs publics doivent travailler en collaboration avec les autres parties prenantes pour préserver la caractère ouvert de l'internet, et prendre des mesures pour mieux comprendre les conséquences économiques et sociales des éléments faisant obstacle à l'ouverture de l'internet. Les pouvoirs publics doivent donc relever les défis suivants :

- **Préserver le caractère ouvert de l'internet et promouvoir la libre circulation des données au sein d'un écosystème mondial, afin de faciliter l'innovation fondée sur les données.** Cela consiste notamment à encourager le partage des données et à promouvoir l'accès libre à ces données – de même que

Principaux messages de fond relatifs aux TIC, aux données massives et à l'internet des objets *(suite)*

l'interopérabilité des services fondés sur les données – en mettant en place des normes et des interfaces de programmation d'application (API) ouvertes. Cela inclut également l'amélioration de la portabilité des données entre les applications.

- **Encourager la coopération entre un grand nombre de parties prenantes.** Les processus faisant intervenir un grand nombre de parties prenantes ont montré qu'ils apportaient la souplesse et l'adaptabilité générale qui est requise pour relever les défis pratiques ayant trait à l'internet.
- **Répondre aux préoccupations des individus concernant les préjudices causés par les violations de la vie privée.** L'innovation fondée sur les données peut porter préjudice aux valeurs fondamentales de la société, à savoir l'autonomie, l'égalité et la liberté d'expression. Les principaux moyens à utiliser pour répondre aux préoccupations des individus sont les suivants : accroître la transparence du traitement des données ; promouvoir un usage responsable des données personnelles et une protection efficace de la vie privée ; enfin, encourager la gestion des risques d'atteinte à la vie privée. La tâche la plus difficile pour les pouvoirs publics est de fixer les limites juridiques et pratiques entre les cas où un usage responsable des données est de mise, et ceux où une automatisation des décisions est autorisée.
- **Répondre aux inquiétudes concernant l'appropriation des retours sur investissement dans le cadre de l'innovation fondée sur les données.** Une adaptation des droits de propriété intellectuelle (DPI) peut être nécessaire pour permettre dans certains cas le partage des données, notamment parce que le concept de propriété des données n'est pas clair. D'autres mécanismes d'incitation comme les régimes de protection du droit d'auteur (par exemple les licences de *Creative Commons* et celles attribuées aux logiciels libres) et les citations de données obligatoires dans les publications doivent être explorés plus avant.
- **Évaluer la concentration du marché et les obstacles à la concurrence.** L'innovation fondée sur les données risque de remettre en question les modalités traditionnelles d'exercice de la concurrence. Il convient donc d'approfondir la réflexion sur la définition des marchés pertinents ainsi que sur l'évaluation du degré de pouvoir qui s'y exerce et de préjudice que les atteintes à la vie privée sont susceptibles de porter au consommateur. La cohérence de l'action publique passe en outre par la promotion du dialogue entre les autorités de réglementation – en particulier celles chargées de la concurrence, de la protection de la vie privée et des consommateurs – afin que : i) le préjudice pouvant être porté au consommateur du fait des données recueillies soit pris en compte ; ii) l'application des règles de protection de la vie privée, et de contrôle des pratiques anticoncurrentielles et des fusions donne lieu à des synergies; et iii) les entreprises soient davantage incitées à faire le maximum et à investir dans les biens et services qui protègent la vie privée et ceux qui présentent un niveau de sécurité renforcé à cet égard.
- **Améliorer le système de mesure afin d'empêcher l'érosion de la base d'imposition.** L'écosystème mondial de données met à l'épreuve la capacité des autorités fiscales à déterminer où ont lieu les activités économiques imposables. Le fait d'améliorer le système de mesure permettra de déterminer la valeur économique des données qui sont recueillies et de localiser les activités en question.
- **Promouvoir une culture de gestion des risques numériques au sein de la société.** L'ouverture et l'interconnectivité de l'écosystème de données remettent en cause l'applicabilité du modèle traditionnel de la sécurité numérique, qui repose sur la fermeture de l'environnement numérique. Une approche moderne de la sécurité numérique, reposant sur la gestion des risques, doit être adoptée.

5.9. Les droits de propriété intellectuelle et l'innovation

En quoi la propriété intellectuelle est-elle importante pour l'innovation ? La justification économique des droits de propriété intellectuelle (DPI) est qu'il est dans l'intérêt à long terme de tout un chacun que les individus et les entreprises créant du savoir possèdent des droits opposables et bien définis qui empêchent à des tiers de s'approprier leurs inventions et leurs créations – ou l'expression de ces créations – sans leur autorisation. Faute de restrictions à l'appropriation des inventions et des créations par un tiers, le rendement de l'investissement dans l'innovation diminuera, et avec lui l'incitation à investir.

La propriété intellectuelle est aujourd'hui omniprésente. Il y a peu de temps encore, les dispositifs de protection concernaient surtout quelques secteurs bien précis tels que les produits pharmaceutiques et les créations artistiques, mais la propriété intellectuelle couvre désormais toute l'économie et s'applique à un large éventail de secteurs et de produits. À l'heure actuelle, un téléphone portable peut faire l'objet de pas moins de 3 000 brevets différents. Les progrès technologiques comme la numérisation et l'internet ont amené les consommateurs à être en contact plus direct et plus fréquent avec la législation sur le droit d'auteur, car ces technologies permettent de créer, reproduire et diffuser les contenus plus facilement, plus rapidement et de façon plus économique. Les DPI sont donc devenus une forme d'encadrement très répandue, dont les effets sur l'innovation sont nombreux.

Par le passé, les entreprises qui recouraient à la propriété intellectuelle avaient tendance à utiliser plus fréquemment une forme de protection en particulier et, lorsqu'elles détenaient plusieurs formes de propriété intellectuelle, celles-ci pouvaient être utilisées pour des aspects très différents de leur activité commerciale. Ainsi, les entreprises du secteur des médias pouvaient détenir presque exclusivement des droits d'auteur, tout en conservant également quelques marques. De nos jours, les entreprises utilisent plus couramment un ensemble varié de DPI. À titre d'exemple, un logiciel maison utilisé pour la conception et la fabrication d'un produit – chose courante dans les grandes entreprises – est généralement protégé par le droit d'auteur, alors que le produit qui en résulte peut être protégé par un brevet, une marque ou, là encore, le droit d'auteur. De fait, les données recueillies montrent que les entreprises du monde entier utilisent de plus en plus une combinaison de brevets, de marques et de modèles industriels.

Lorsque l'on observe les données relatives au rôle économique global de la propriété intellectuelle, trois grands constats se dégagent : l'importance économique de la propriété intellectuelle augmente au fil du temps ; l'investissement dans les actifs protégées par la propriété intellectuelle s'est maintenu durant la crise économique ; enfin, l'investissement connaît une hausse beaucoup plus rapide dans les actifs immatériels que dans les actifs matériels (voir aussi OCDE, 2015b). Le graphique 5.8 apporte par exemple la confirmation de ces trois constats.

Le droit d'auteur et le secret d'affaires jouent un plus grand rôle que certains n'auraient pu le penser. Ils peuvent en fait, à certains égards, représenter les formes de propriété intellectuelle les plus importantes économiquement parlant. Au Royaume-Uni, l'investissement dans les œuvres protégées par le droit d'auteur a plus augmenté que l'investissement dans les actifs couverts par toute autre forme de protection de la propriété intellectuelle (à l'exception éventuellement du secret d'affaires), et a plus que triplé – en valeur nominale – entre 1990 et 2011. En 2011, toujours au Royaume-Uni, le poste de loin le plus élevé de l'investissement dans les actifs protégés par la propriété intellectuelle était celui des œuvres protégées par le droit d'auteur, qui recueillait plus du double des sommes investies dans les marques et les modèles non enregistrés, et presque cinq fois plus que les montants investis dans les brevets (Goodridge, Haskel et Wallis, 2014). Aux États-Unis, le droit d'auteur a eu relativement plus d'impact sur l'emploi que les autres formes de propriété intellectuelle. De 1990 à 2011, les créations d'emplois ont été nettement plus nombreuses dans les secteurs faisant un usage intensif du droit d'auteur que dans ceux utilisant davantage les marques et les brevets. Durant cette période, l'emploi s'est en effet contracté dans la seconde catégorie de secteurs, et fortement qui plus est dans ceux privilégiant les brevets (Ministère du Commerce des États-Unis, 2012).

Graphique 5.8. **Investissement total du Royaume-Uni dans les actifs matériels et immatériels, y compris la propriété intellectuelle, 1990-2011**

(en milliards GBP, valeur nominale)

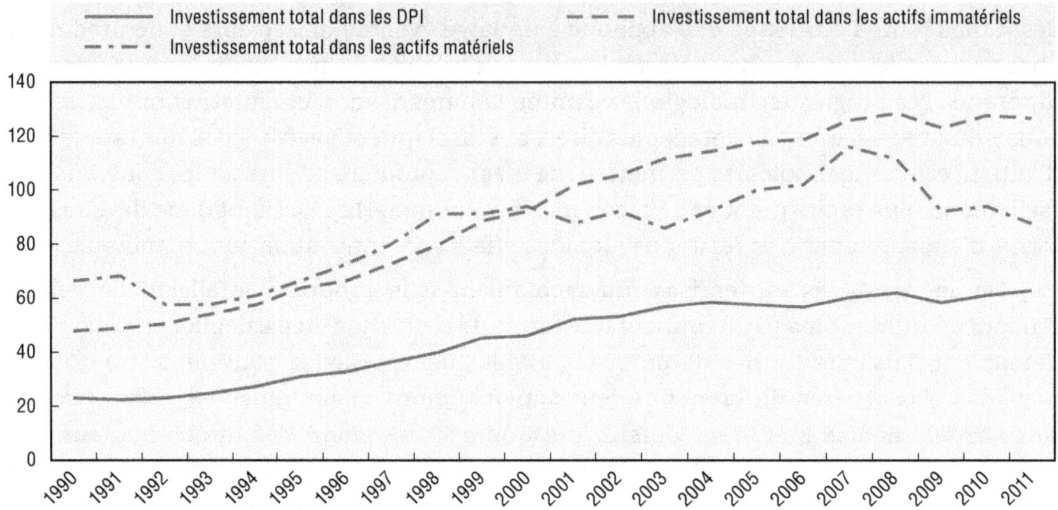

Source : D'après Goodridge, Haskel et Wallis (2014), « Estimating UK investment in intangible assets and intellectual property rights », et les données complémentaires fournies par le professeur Goodridge.

Cela dit, la dimension économique du droit d'auteur et du secret d'affaires a plus rarement été étudiée, principalement parce qu'il est moins facile de se procurer des données[8]. Si les données sur le secret d'affaires sont en effet, compte tenu de leur nature, difficiles à obtenir, celles relatives au droit d'auteur pourraient être plus accessibles si des efforts étaient faits dans ce sens. Les pouvoirs publics pourraient par exemple financer des études et des enquêtes pour mettre en évidence les avantages de l'enregistrement du droit d'auteur. Ils pourraient ensuite encourager l'enregistrement volontaire de ce droit par un renforcement des protections fournies en échange. Enfin, ils pourraient également modifier les règles comptables qui s'appliquent aux secteurs créatifs, de manière à faciliter la collecte des données.

Les cadres et les acteurs de la propriété intellectuelle subissent encore les effets d'un certain nombre de bouleversements de grande ampleur, notamment l'émergence de l'informatique en nuage, la croissance de l'internet, la numérisation et la mondialisation. Ces évolutions ont suscité de nouveaux défis au regard de la propriété intellectuelle, par exemple en facilitant la piraterie et l'espionnage industriel. Cela dit, elles ont aussi offert de nouvelles perspectives en permettant à la propriété intellectuelle de stimuler l'invention et la créativité, et de diffuser les œuvres qui en résultent. Les nouveaux modèles économiques et outils de recherche (reposant par exemple sur l'exploration des textes et des données, l'accès libre et les contenus en ligne) offrent ainsi la promesse de stimuler la diffusion.

De nouveaux indicateurs de l'OCDE – comprenant plusieurs indices composites – ont été comparés aux données de l'Office européen des brevets. Les indices composites sont concordants dans le sens où ils montrent que : 1) la valeur technologique et économique moyenne des inventions protégées par brevet s'est effritée au fil du temps, tout au moins jusqu'en 2004 inclus, ce qui peut être dû aux retards de traitement des demandes de brevets et à des comportements stratégiques (tels que les demandes de brevets « à visée défensive ») ;

2) les micro- et nanotechnologies brevetées arrivent en tête pour leur valeur technologique et économique ; et 3) l'Afrique du Sud, l'Australie, le Canada, les États-Unis, la Norvège et le Royaume-Uni sont les pays dans lesquels la valeur économique et technologique moyenne des brevets est la plus élevée (Squicciarini, Dernis et Criscuolo, 2013).

Afin de pouvoir analyser le lien entre la force de la protection des secrets d'affaires dans une économie et les performances de cette économie, l'OCDE a récemment mis au point un indicateur permettant de mesurer l'intensité de cette protection. Appliqué à un échantillon de 37 pays membres et non membres de l'OCDE sur la période 1985-2010, l'indicateur a permis de vérifier s'il y a bien un lien entre la force de la protection des secrets d'affaires d'une part, et l'innovation et sa diffusion d'autre part. Les résultats montrent l'existence d'une corrélation positive et statistiquement significative entre la force de cette protection et les indicateurs relatifs aux ressources d'innovation, ou « intrants » (Lippoldt et Schultz, 2014). Bien que l'on ne soit pas assuré qu'une protection toujours plus poussée produise les mêmes résultats, l'existence de ce lien indique qu'une protection adéquate des secrets d'affaires peut être une option appropriée pour stimuler certains aspects de la performance économique.

Bien que le nombre de modèles industriels contenus dans les applications soit en augmentation, certaines études montrent que les droits associés à ces modèles ne jouent pas un très grand rôle au regard de l'innovation. Selon l'une de ces études, les modèles sont importants pour 85 % des entreprises au Royaume-Uni, mais seulement 4 % d'entre elles utilisent des modèles enregistrés (et pas davantage des modèles non enregistrés). Cela dit, des études plus anciennes indiquaient que les entreprises « utilisant efficacement les modèles » (mais pas nécessairement les droits y afférents) enregistraient des valeurs boursières de 200 % supérieures à celles du marché boursier britannique entre 1994 et 2004 (Design Council, 2005). Le doute existe donc quant à l'efficacité des droits associés aux modèles pour stimuler l'investissement dans les modèles ; des études empiriques complémentaires sont clairement nécessaires dans ce domaine.

Le système des brevets – qui consiste, pour inciter à la publication d'un plus grand nombre d'inventions et à l'amélioration de leur diffusion, à accorder des droits exclusifs – pourrait être plus efficace si certaines dispositions étaient prises pour améliorer à la fois la divulgation et la diffusion des informations. Selon certaines enquêtes, les informations contenues dans les brevets n'en diraient en fait pas très long sur l'innovation concernée. Cela dit, les avis divergent selon les secteurs : ils sont plutôt favorables dans les secteurs des biotechnologies, des équipements médicaux et du matériel informatique, mais moins dans les secteurs des logiciels et de la nanotechnologie. Les points de vue varient également selon la taille des entreprises : les PME ont ainsi quatre fois moins tendance à accorder de l'importance à la divulgation des informations des brevets que les grandes entreprises du secteur manufacturier. Les experts ayant assisté récemment à un atelier de l'OCDE ont émis plusieurs idées pour rendre les obligations d'information plus efficaces, notamment le renforcement des dispositifs de mise en œuvre, l'optimisation de l'actualisation des informations contenues dans les brevets en raccourcissant les délais entre le dépôt et la publication des brevets, et enfin l'amélioration constante de l'accès aux informations en publiant les bases de données de brevets en ligne et en les mettant à disposition librement.

La propriété intellectuelle peut faciliter le financement des entreprises – en particulier des PME – de deux manières. D'une part, elle peut fournir une indication sur la qualité de l'entreprise (à la fois sur le plan technologique et de la gestion), ce qui permet de compenser les asymétries d'information. D'autre part, elle peut, en conférant des droits exclusifs sur l'utilisation des inventions ou des créations, favoriser la rentabilité, ce qui peut générer des avantages concurrentiels. Si le marché secondaire de la propriété intellectuelle fonctionne bien, les DPI peuvent également être revendus si l'entreprise qui les détient a des difficultés à rembourser ses emprunts. En d'autres termes, la propriété intellectuelle peut servir de garantie pour le financement de la dette. En réalité, de nombreuses études empiriques montrent que les jeunes entreprises à forte croissance qui possèdent des actifs protégés par la propriété intellectuelle reçoivent plus de financements que celles qui en sont dépourvues. Néanmoins, les financements fondés sur la propriété intellectuelle sont largement sous-utilisés, en particulier par les PME, qui pourtant en ont le plus besoin. L'impossibilité de vendre la propriété intellectuelle sur des marchés secondaires en est l'une des raisons. Dans plusieurs pays, les responsables de l'action publique s'efforcent de promouvoir les marchés de la propriété intellectuelle, généralement au moyen de deux approches : i) en favorisant une plus grande transparence sur les droits de propriété intellectuelle et le transfert d'informations par des obligations d'information ou par des mesures visant à rendre plus claires les revendications des brevets (aux États-Unis, par exemple, l'Office des brevets et des marques (USPTO) a renforcé la formation technique des examinateurs de brevets et facilité la contribution d'experts extérieurs à cette formation) ; et ii) en créant de nouvelles infrastructures de marché pour la propriété intellectuelle. Une autre approche possible consiste à atténuer les risques des prêts garantis sur la base de la propriété intellectuelle. Pour ce faire, les organismes publics et les banques de développement peuvent mettre en place des mécanismes de partage des risques. Quelques-uns des principaux messages relatifs aux travaux de l'OCDE sur les DPI et l'innovation sont résumés ci-après.

Principaux messages relatifs aux travaux de l'OCDE sur les DPI et l'innovation

- Globalement, le rôle de la propriété intellectuelle dans l'économie a évolué : alors que c'était auparavant un domaine de niche qui n'intéressait qu'une poignée d'entreprises, son influence s'étend aujourd'hui à un large éventail de produits et de secteurs. En conséquence, la politique relative à la propriété intellectuelle constitue aujourd'hui une condition-cadre essentielle qui a de larges répercussions non seulement sur l'innovation, mais aussi sur divers domaines, tels que les échanges, la fiscalité et la protection des consommateurs.
- Les droits d'auteur sont sans doute le type de propriété intellectuelle dont les performances économiques sont les plus impressionnantes. Ils font l'objet de plus de modifications d'ordre juridique que les autres formes de propriété intellectuelle, et pourtant il existe moins d'études empiriques sur les droits d'auteur que sur les brevets. Il conviendrait d'encourager et de faciliter la collecte et la mise à disposition d'un plus grand nombre de données sur le droit d'auteur pour faciliter l'adoption de mesures avisées dans ce domaine.
- Les petites et moyennes entreprises (PME) créent proportionnellement plus d'emplois que les grandes entreprises, mais il leur est devenu plus difficile de trouver des financements. En facilitant l'obtention de crédit aux détentrices de propriété intellectuelle, on aiderait les PME à créer de l'emploi et à promouvoir l'innovation.
- L'exploitation des avantages économiques des brevets passe par l'amélioration de la diffusion des informations qu'ils contiennent.
- Les travaux liminaires récents effectués par l'OCDE sur les secrets d'affaires font apparaître une corrélation entre la protection du secret d'affaires et l'innovation. Cette question mérite d'être approfondie.

5.10. Les réseaux et marchés du savoir

La notion de « réseaux et marchés du savoir » a été évoquée pour la première fois par l'OCDE dans la version 2010 de la Stratégie pour l'innovation (OCDE, 2010a). Cette expression désigne l'ensemble des systèmes, institutions, relations sociales, réseaux et infrastructures permettant d'échanger des connaissances et les DPI s'y rapportant. Ayant gagné en popularité, elle est aujourd'hui appliquée à toutes sortes d'accords, d'institutions, d'organisations et d'intermédiaires intervenant dans le système d'innovation. Les différentes catégories de réseaux et marchés du savoir se définissent en fonction du rôle qu'ils jouent, à savoir :

- faciliter le transfert des connaissances désincarnées, comme c'est le cas pour les bases de données et les référentiels interrogeables
- fournir des plateformes permettant de trouver des solutions à des problèmes et des difficultés ponctuels (notamment pour décerner des prix de l'innovation ou trouver des consultants pouvant contribuer à de nouveaux projets de R-D)
- résoudre la question de l'appartenance des connaissances non incorporées et du transfert des droits qui y sont associés (les courtiers en actifs immatériels, les communautés et fonds de brevets s'occupent surtout de l'attribution des DPI et de la gestion des créances/dettes associées à ces droits)
- assurer le transfert du savoir incarné
- transformer la nature des connaissances incorporées, dans des biens, ou incarnées, dans des personnes (les organisations de normalisation codifient par exemple le savoir-faire et les bonnes pratiques existant au sein d'une communauté donnée).

Les réseaux et marchés du savoir sont nombreux et variés (l'OCDE [2013c] s'intéresse à un mode de classification possible). La présente section passe brièvement en revue les éléments nouveaux et les défis associés aux cybermarchés du savoir, ainsi qu'aux réseaux et marchés du savoir dans le domaine de la biologie de synthèse.

Les cybermarchés du savoir gèrent des plateformes qui communiquent, mettent en correspondance et échangent des connaissances issues de l'innovation (Dushnitsky et Klueter, 2010). De manière générale, ces marchés sont des entités indépendantes, non affiliées à des détenteurs ou chasseurs de connaissances. Un grand nombre d'entre eux fonctionnent comme des entreprises à but lucratif, mais certains sont gérés comme des initiatives non lucratives, financées à des degrés divers par les abonnements des membres, des cotisations ou autres contributions. Les cybermarchés du savoir présentent des similitudes avec ceux des biens et des services – qui sont, eux, plus connus –, comme par exemple l'ambition de réaliser des économies d'échelle et de gamme.

Dushnitsky et Klueter (2010) ont examiné 30 sites web marchands de renom sur lesquels les détenteurs de connaissances (par exemple, un détenteur de brevet ou un entrepreneur ayant une idée novatrice à exploiter) ont des échanges avec les chercheurs de connaissances (par exemple des preneurs de licence ou investisseurs potentiels). La conclusion de cette étude est que les cybermarchés du savoir ayant trait à la propriété intellectuelle exigent systématiquement des entrepreneurs et des inventeurs qu'ils divulguent leurs inventions et/ou qu'ils paient par avance un droit de participation. Les deux systèmes semblent apporter une solution au problème de l'antisélection (mais leur efficacité en tant qu'incitation à une large participation du marché n'est pas forcément très grande).

Si les cybermarchés du savoir sont susceptibles d'attirer les détenteurs d'inventions de qualité, leur anonymat et leur vitesse de fonctionnement risquent d'entraîner une prédominance des idées médiocres. L'anonymat présente certes des avantages (par exemple, des risques moins importants en cas de divulgation des informations), mais il contribue également à supprimer la dimension de réputation qui crée des liens entre les parties et permet d'instaurer la confiance. Pour être efficaces, les cybermarchés du savoir nécessitent généralement des procédures normalisées permettant de recueillir et de transmettre les informations relatives aux connaissances qui sont obtenues et à celles qui sont proposées. Dans le cas contraire, ils ne pourraient pas proposer leurs services à un coût beaucoup plus bas que les initiatives de recherche individuelles et non coordonnées. À cet égard, les technologies sémantiques qui font leur apparition peuvent jouer un rôle important dans l'organisation et la communication des informations relatives aux connaissances.

Il est important que les responsables de l'action publique s'intéressent à la façon dont les marchés du savoir favorisent le développement des nouvelles technologies génériques prometteuses, en tirant des enseignements de l'expérience menée dans d'autres domaines technologiques (OCDE, 2012c). Pour citer un exemple, le secteur émergent de la biologie de synthèse s'appuie dans une large mesure sur l'ingénierie et l'informatique (OCDE, 2014f). Comme l'ont noté entre autres Torrance et Kahl (2012), la biotechnologie de synthèse nécessite – plus qu'il n'est d'usage dans les autres domaines de la biologie – que l'on tienne compte des normes, de l'interopérabilité et de l'interchangeabilité. Située à l'intersection entre la biotechnologie et les technologies de l'information, la biotechnologie de synthèse peut être confrontée aux mêmes problèmes de propriété intellectuelle que les deux autres domaines. Des spécialistes de la biologie de synthèse ont par exemple indiqué que les chaînes d'ADN étaient comparables au code source, et qu'elles pourraient donc être protégées par le droit d'auteur. Rai et Boyle (2007) doutent cependant qu'il soit pertinent de réclamer une protection du droit d'auteur dans ce domaine, en raison, par exemple, des vastes possibilités de choix d'expression dont on dispose lorsque l'on construit des séquences d'ADN avec des paires de bases qui n'existent pas dans la nature.

Le cybermarché du savoir probablement le plus connu dans le domaine de la biologie de synthèse est celui de la *BioBricks Foundation* (BBF), qui a créé un système d'archivage et d'exploration des composants biologiques standard – la matière première de la biologie de synthèse. Les scientifiques peuvent ainsi consulter le catalogue BioBricks et l'alimenter avec de nouveaux composants répondant aux spécifications de la fondation. BioBricks a également élaboré une norme technique, une plateforme technologique ouverte et un référentiel accessible librement à toute personne souhaitant créer de nouveaux composants biologiques.

Parmi les groupes de normalisation qui se sont formés dans le domaine de la biologie de synthèse, la plupart expriment une préférence pour les normes ouvertes qui sont accessibles à l'ensemble de la communauté. À ce stade précoce du développement, les universitaires jouent un rôle important, et la philosophie du secteur public est relativement visible. La biologie de synthèse reflète également le lien potentiellement symbiotique entre les modèles d'innovation ouverts et les modèles propriétaires. À titre d'exemple, la diffusion des « composants » de la biologie de synthèse sur une base libre et ouverte pourrait accroître la demande de plateformes de synthèse d'ADN propriétaires. Quelques-uns des principaux messages relatifs aux réseaux et marchés du savoir sont résumés ci-après.

Principaux messages relatifs aux réseaux et marchés du savoir

Les réseaux et marchés du savoir étant très variés, ils ne peuvent faire l'objet que de messages très généraux. Les aspects les plus importants sont donc les suivants :

- Le développement de réseaux et marchés du savoir spécifiques ne doit pas être un objectif en soi pour les pouvoirs publics. Ces réseaux et ces marchés doivent au contraire être considérés comme un ensemble d'instruments pouvant être utilisés pour atteindre toute une série d'objectifs d'action.
- Une fois que les réseaux ont été mis en place et que leurs bienfaits sont clairs pour ceux qui y participent, il est inutile que les pouvoirs publics continuent d'y apporter leur soutien. À ce stade, tous les participants doivent avoir instauré des mécanismes permettant de prendre en charge correctement les coûts tout en distribuant les avantages. Les pouvoirs publics doivent alors changer de rôle pour se consacrer au règlement des problèmes pouvant être associés aux réseaux déjà en place (tels que les effets délétères sur la concurrence existant sur les marchés de produits).
- Une amélioration du système de mesure s'impose. Les travaux de l'OCDE sur les indicateurs utilisables pour les réseaux et marchés du savoir ont permis de recenser quatre grands axes de mesure des flux de connaissances : 1) **la mobilité des compétences et la fluidité des connaissances.** Les connaissances incarnées dans les personnes et les types de données très différents qui sont nécessaires pour suivre l'évolution de ces flux de connaissances justifient le déploiement d'efforts particuliers ; 2) **la diffusion et l'accessibilité des connaissances.** Il est extrêmement important d'analyser l'accès aux sources de connaissances et l'utilisation qui en est faite, y compris les référentiels scientifiques et technologiques ; 3) **les transactions relatives aux connaissances et aux droits y afférents.** Des sources de données traditionnelles et nouvelles doivent être utilisées pour mieux connaître les modalités d'interaction des différents acteurs avec les autres parties pour fournir du savoir ; et 4) **la création collective de savoir.** Outre des informations sur les transactions, des indicateurs de qualité sont nécessaires pour en savoir plus sur la création de savoir en collaboration.

Notes

1. Les rendements des investissements dans la science fondamentale varient selon les pays. Cet aspect, qui a peu été étudié, peut avoir d'importantes implications sur le plan de l'action publique. Il est par exemple important à prendre en compte pour déterminer s'il est plus avantageux pour les petites économies de regrouper leurs ressources de recherche plutôt que de les utiliser chacune de leur côté.
2. En revanche, les travaux de l'OCDE publiés prochainement mettent en évidence le rôle important que joue l'investissement dans la recherche fondamentale au regard de la croissance à long terme de la productivité.
3. Pendant la première moitié des années 2000, deux classements universitaires importants et faisant référence ont été établis : le *classement académique des universités mondiales* (publié pour la première fois en 2003), connu sous le nom de « classement de Shanghai », et le *Times Higher Education World University Ranking* (publié pour la première fois en 2004). De nombreux classements du même type ont ensuite vu le jour.
4. Les NIH ont fait de la politique de l'accès public une obligation : tous les chercheurs financés par ces organismes doivent soumettre à PublicMed Central une copie électronique de la version finale de leurs documents manuscrits révisés par les pairs.
5. Une récente étude auprès des universités européennes a recensé 59 fonds d'amorçage/de validation du concept, dont la moitié au Royaume-Uni (19) et en Belgique (11) (Toschi, 2013).

6. En 2007, l'OCDE a défini l'économie de l'information comme un agrégat regroupant les TIC, les médias numériques et les secteurs des contenus en ligne. Cet agrégat inclut la division 26 de la CITI Révision 4 (Fabrication d'ordinateurs, d'articles électroniques et optiques), ainsi que sa section J (Information et communication) composée des divisions 58 à 60 (Activités d'édition, de programmation et de diffusion), 61 (Télécommunications) et 62-63 (Programmation informatique et services d'information). Les activités de commerce et de réparation des TIC (groupes 465 et 951) sont également incluses mais non prises en compte dans ce chapitre en raison de la disponibilité des données.
7. Les données de l'OCDE montrent de surcroît que la coopération internationale permet d'accroître la qualité de la recherche (OCDE, 2013).
8. Certains pays ont réalisé des études statistiques spécialement consacrées à la gestion de la propriété intellectuelle. C'est le cas par exemple au Canada, avec l'Enquête sur la gestion de la propriété intellectuelle : *http://www23.statcan.gc.ca/imdb/p2SV_f.pl?Function=getSurvey&SDDS=5183&lang=fr&db=imdb&adm=8&dis=2.*

Références

Aite Group (2012), *The Next Generation of Execution Consulting Services: Leveraging Technology to Build Relationships*, *http://www.streambase.com/wp-content/uploads/downloads/AITE_Group_Execution_Consulting_Services_report_Early_Access.pdf.*

Akcigit, U., D. Hanley et N. Serrano-Velarde (2014), « Back to basics: Basic research spillovers, innovation and growth », *NBER Working Paper Series*, n° 19473.

Anderson, C. (2008), « The End of Theory: The Data Deluge Makes the Scientific Method Obsolete », *Wired Magazine*, 23 juin, *www.wired.com/science/discoveries/magazine/16-07/pb_theory/.*

Åstebro, T., N. Bazzazian et S. Braguinsky (2012), « Startups by recent university graduates and their faculty: Implications for university entrepreneurship policy », *Research Policy*, vol. 41, pp. 663-677.

Bakhshi, H., A. Bravo-Biosca et J. Mateos-Garcia (2014), « *Inside the Datavores: Estimating the Effect of Data and Online Analytics on Firm Performance* », Nesta, Londres, *www.nesta.org.uk/sites/default/files/inside_the_datavores_technical_report.pdf.*

Bourelos, E., M. Magnusson et M. McKelvey (2012), « Investigating the complexity facing academic entrepreneurs in science and engineering: The complementarities of research performance, networks and support structures in commercialisation », *Cambridge Journal of Economics*, vol. 36, n° 3, pp. 751-780.

Brynjolfsson, E., L.M. Hitt et H.H. Kim (2011), *Strength in Numbers: How Does Data-Driven Decisionmaking Affect Firm Performance?*, *http://papers.ssrn.com/sol3/papers.cfm?abstract_id=1819486.*

Bulut, H. et G. Moschini (2009), « US universities' net returns from patenting and licensing: A quantile regression analysis », *Economics of Innovation and New Technology*, vol. 18, pp. 123-137.

Design Council (2005), *Design Index: The Impact of Design on Stock Market Performance*, The Design Council, Londres.

Dushnitsky, G. et T. Klueter (2010), «Is there an eBay for ideas? Insights from online knowledge marketplaces », *European Management Review*, vol. 8, n° 1, pp. 17-32.

Goodridge, P., J. Haskel et G. Wallis (2014), « Estimating UK investment in intangible assets and intellectual property rights », Rapport 2014/36 commandé par le UK Intellectual Property Office, Intellectual Property Office, *https://www.gov.uk/government/uploads/system/uploads/attachment_data/file/355140/ipresearch-intangible.pdf.*

Hertzfeld, H.R., A.N. Link et N.S. Vonortas (2006), « Intellectual property protection mechanisms in research partnerships », *Research Policy*, vol. 35, pp. 825-838.

Houghton, J., B. Rasmussen et P. Sheehan (2010), *Economic and Social Returns on Investment in Open Archiving Publicly Funded Research Outputs*, Rapport à la SPARC (Scholarly Publishing and Academic Resources Coalition), Centre for Strategic Economic Studies, Victoria University, Victoria, Colombie-Britannique, *www.sparc.arl.org/sites/default/files/vufrpaa.pdf.*

House of Commons, Science and Technology Committee (2013), *Bridging the Valley of Death: Improving the Commercialisation of Research*, The Stationery Office Limited, Londres.

IDC (International Data Corporation) (2012), *Worldwide Big Data Technology and Services 2012-2015 Forecast*, IDC, Framingham, Massachusetts.

Kirchner, M. (2013), « A perverted view of impact », *Science*, vol. 340, 14 juin.

Koolwijk, E. et S. Peeters (2011), « WKK en BioWKK in de Glastuinbouw », *TVVL Magazine*, juin.

Lippoldt, D. et M.F. Schultz (2014), « Uncovering trade secrets – An empirical assessment of economic implications of protection for undisclosed data », *OECD Trade Policy Papers*, n° 167, Éditions OCDE, Paris, *http://dx.doi.org/10.1787/5jxzl5w3j3s6-en*.

McKinsey & Company (2013), *Disruptive Technologies: Advances that Will Transform Life, Business, and the Global Economy*, McKinsey Global Institute, *http://www.mckinsey.com/insights/business_technology/disruptive_technologies*.

OCDE (2015a), *Perspectives de l'économie numérique de l'OCDE 2015*, Éditions OCDE, Paris, *http://dx.doi.org/10.1787/9789264243767-fr*.

OCDE (2015b), *Science, technologie et industrie : Perspectives de l'OCDE 2014*, Éditions OCDE, Paris, *http://dx.doi.org/10.1787/sti_outlook-2014-fr*.

OCDE (2014a), *Principaux indicateurs de la science et de la technologie*, vol. 2014, n° 2, Éditions OCDE, Paris, *http://dx.doi.org/10.1787/msti-v2014-2-fr*.

OCDE (2014b), *Promoting Research Excellence: New Approaches to Funding*, Éditions OCDE, Paris, *http://dx.doi.org/10.1787/9789264207462-en*.

OCDE (2014c), *The Impacts of Large Scale Research Infrastructures on Economic Innovation and on Society*, Éditions OCDE, Paris, *www.oecd.org/sti/sci-tech/CERN-case-studies.pdf*.

OCDE (2014d), *International Distributed Research Infrastructures: Issues and Options*, Éditions OCDE, Paris, *www.oecd.org/sti/sci-tech/international-distributed-research-infrastructures.pdf*.

OCDE (2014e), *Measuring the Digital Economy: A New Perspective*, Éditions OCDE, Paris, *http://dx.doi.org/10.1787/9789264221796-en*.

OCDE (2014f), *Emerging Policy Issues in Synthetic Biology*, Éditions OCDE, Paris, *http://dx.doi.org/10.1787/9789264208421-en*.

OCDE (2013a), *Commercialising Public Research: New Trends and Strategies*, Éditions OCDE, Paris, *http://dx.doi.org/10.1787/9789264193321-en*.

OCDE (2013b), « Building blocks for smart networks », *OECD Digital Economy Papers*, n° 215, Éditions OCDE, Paris, *http://dx.doi.org/10.1787/5k4dkhvnzv35-en*.

OCDE (2013c), « Knowledge networks and markets », *OECD Science, Technology and Industry Policy Papers*, n° 8, Éditions OCDE, Paris, *http://dx.doi.org/10.1787/5k44wzw9q5zv-en*.

OCDE (2012a), *Meeting Global Challenges through Better Governance*, Éditions OCDE, Paris, *http://dx.doi.org/10.1787/9789264178700-en*.

OCDE (2012b), « Recommandation de l'OCDE sur la gouvernance des essais cliniques », OCDE, Paris, *http://www.oecd.org/fr/sti/sci-tech/recommandationdelocdesurlagouvernancedesessaiscliniques.htm*.

OCDE (2012c), *Knowledge Networks and Markets in the Life Sciences*, Éditions OCDE, Paris, *http://dx.doi.org/10.1787/9789264168596-en*.

OCDE (2011a), *Opportunities, Challenges and Good Practices in International Research Cooperation between Developed and Developing Countries*, Éditions OCDE, Paris, *www.oecd.org/sti/sci-tech/47737209.pdf*.

OCDE (2011b), *Recommandation du Conseil sur les principes pour l'élaboration des politiques de l'Internet*, OCDE, Paris, *http://acts.oecd.org/Instruments/ShowInstrumentView.aspx?InstrumentID=270&Lang=fr&Book=False*.

OCDE (2010a), *La stratégie de l'OCDE pour l'innovation : Pour prendre une longueur d'avance*, Éditions OCDE, Paris, *http://dx.doi.org/10.1787/9789264084759-fr*.

OCDE (2010b), *Performance-Based Funding for Public Research in Tertiary Education Institutions*, Éditions OCDE, Paris, *http://dx.doi.org/10.1787/9789264094611-en*.

OCDE (2010c), *Establishing Large International Research Infrastructures: Issues and Options*, Éditions OCDE, Paris, *http://www.oecd.org/science/sci-tech/47027330.pdf*.

Rai, A. et J. Boyle (2007), « Synthetic biology: Caught between property rights, the public domain, and the commons », *PLoS Biol*, vol. 5, n° 3, p. e58, *http://dx.doi.org/10.1371/journal.pbio.0050058*.

Reimsbach-Kounatze, C. (2014), « The proliferation of data and implications for official statistics and statistical agencies: A preliminary analysis », *OECD Digital Economy Papers*, n° 245, Éditions OCDE, Paris.

Russom, P. (2007), « BI search and text analytics: New additions to the BI technology stack », *TDWI Best Practices Report*, deuxième trimestre, TDWI (The Data Warehousing Institute).

Shilakes, C. et J. Tylman (1998), *Enterprise Information Portals: Move Over Yahoo! The Enterprise Information Portal Is on Its Way*, Merrill Lynch.

Squicciarini, M., H. Dernis et C. Criscuolo (2013), « Measuring patent quality: Indicators of technological and economic value », *OECD Science, Technology and Industry Working Papers*, 2013/03, Éditions OCDE, Paris, pp. 59-62, *http://dx.doi.org/10.1787/5k4522wkw1r8-en*.

Stevens, A.J., G.A. Johnson et P.R. Sanberg (2012), « The role of patents and commercialization in the tenure and promotion process », *Technology & Innovation*, vol. 13, pp. 241-248.

Tambe, P. (2014), « Big Data Investment, Skills, and Firm Value », *Management Science*, vol. 60, n° 3, pp. 1452-1469, *http://ssrn.com/abstract=2294077*.

The Economist (2012), « High-frequency trading: The fast and the furious », *The Economist*, 25 février, *www.economist.com/node/21547988*.

Torrance, S. et L. Kahl (2012), « Synthetic Biology Standards and Intellectual Property », The National Academies, projet de document présenté lors du « Symposium on Management of Intellectual Property in Standards-Setting Processes », *www.synberc.org/content/articles/standards-and-intellectual-property*.

Toschi, L. (2013), « Mapping university seed funds and proof of concepts funds in Europe: Initial evidence from the FinKT project », exposé présenté lors de l'atelier sur le thème *Financing Knowledge Transfer in Europe*, Bologne, 6 février 2013.

US Department of Commerce (2012), *Intellectual Property and the U.S. Economy: Industries in Focus*, Washington, DC.

Wright, M., B. Clarysse et S. Mosey (2012), « Strategic Entrepreneurship, Resource Orchestration and Growing Spin-Offs from Universities », *Technology Analysis & Strategic Management*, vol. 24, pp. 911-927.

L'impératif d'innovation
Contribuer à la productivité, à la croissance et au bien-être
© OCDE 2016

Chapitre 6

Les politiques d'innovation efficaces

La quatrième série des politiques d'innovation *concerne les actions spécifiques visant à encourager les entreprises à mener des activités entrepreneuriales et d'innovation. Cela inclut les incitations fiscales à la R-D, les politiques territorialisées, les dispositifs s'adressant aux entreprises à forte croissance, les nouvelles approches à l'égard de la politique industrielle (dont les stratégies de spécialisation intelligente), les politiques d'innovation agissant sur la demande, et la politique à l'égard des consommateurs. Pour les pouvoirs publics qui conçoivent ces mesures, trouver un ensemble de mesures approprié est souvent une considération importante.*

Les données statistiques concernant Israël sont fournies par et sous la responsabilité des autorités israéliennes compétentes. L'utilisation de ces données par l'OCDE est sans préjudice du statut des hauteurs du Golan, de Jérusalem-Est et des colonies de peuplement israéliennes en Cisjordanie aux termes du droit international.

Le présent chapitre rend compte des dernières données d'observation et des messages provenant d'un large éventail de travaux menés récemment par l'OCDE sur les sujets suivants : les instruments d'action favorisant l'innovation des entreprises, notamment le rôle des incitations fiscales à la R-D ; le rôle des politiques d'innovation territorialisées ; les dispositifs s'adressant aux entreprises à forte croissance ; les nouvelles approches de ce que l'on a appelé « la nouvelle politique industrielle », dont les stratégies de spécialisation intelligente ; les politiques d'innovation agissant sur la demande, dont un grand nombre ont pour but de relever les défis mondiaux dans des domaines comme la santé et l'environnement ; enfin, l'influence de la politique de consommation sur l'innovation, notamment dans plusieurs secteurs d'activité en évolution rapide, complexes, fondés sur les données et façonnés par les TIC.

Tous ces dispositifs ont pour but de surmonter les lacunes et les obstacles à l'innovation qui peuvent être présents dans l'économie (comme cela est expliqué au chapitre 1) et se traduisent par de faibles rendements économiques ou la faible appropriabilité de ces rendements. La plupart des pays ont mis en place toute une série de mesures pour venir à bout de ces lacunes et favoriser l'innovation. Une telle variété de mesures suscite toutefois des interrogations quant à leur équilibre et à la façon la plus appropriée de les associer. Pour citer un exemple, un grand nombre de pays ont tendance à compléter leur panoplie de mesures existantes en y ajoutant d'autres, plutôt que de les remplacer par de nouvelles. Cette pratique peut conduire à une duplication des dispositifs, à l'absence de masse critique et à la création d'un environnement complexe pour les entreprises, qui doivent alors essayer de comprendre à quelle aide gouvernementale elles peuvent avoir droit. La dernière section du présent chapitre examine brièvement certaines questions concernant la panoplie de mesures à mettre en œuvre (un sujet abordé plus en détail au chapitre 8).

6.1. Soutien direct et aides fiscales à l'innovation dans l'entreprise

Le chapitre 4, qui s'intéressait déjà au rôle des politiques-cadres au regard de l'affectation des ressources aux entreprises innovantes, avait montré l'importance de plusieurs d'entre elles. Cela dit, outre les conditions-cadres, un autre aspect qu'il convient d'examiner est le rôle des dispositifs plus ciblés à l'égard de l'innovation. Les pouvoirs publics apportent un soutien direct sous la forme de marchés publics en faveur de la R-D ainsi que de subventions, prêts et apports de fonds propres de toutes sortes. Ils assurent également un soutien indirect par l'intermédiaire d'incitations fiscales, notamment en faveur de la R-D. Le financement direct permet aux pouvoirs publics de cibler certaines activités de R-D en particulier et d'orienter les efforts des entreprises vers de nouveaux secteurs de recherche ou des domaines offrant un rendement public élevé par rapport au rendement privé (par exemple : technologies vertes, innovation sociale ou autres domaines innovants). Les instruments de financement direct dépendent généralement des décisions des organismes publics, ce qui permet de réduire les pertes sèches pour l'économie mais génère des risques de recherche de rente personnelle et peut entraîner un verrouillage. Les incitations fiscales réduisent le coût marginal des dépenses

 L'IMPÉRATIF D'INNOVATION : CONTRIBUER À LA PRODUCTIVITÉ, À LA CROISSANCE ET AU BIEN-ÊTRE © OCDE 2016

de R-D et d'innovation ; elles sont généralement plus neutres que les aides directes en termes d'industrie, de région et de type d'entreprises, même si cela n'exclut pas une certaine différenciation, le plus souvent en fonction de la taille des entreprises (OCDE, 2010a). Si les subventions directes sont plus orientées vers la recherche à long terme, les dispositifs fiscaux d'incitation à la R-D sont plus susceptibles d'encourager la recherche appliquée à court terme et de stimuler l'innovation progressive plutôt que les découvertes constituant des avancées radicales[1].

Une récente enquête réalisée dans le cadre de la publication *Science, technologie et industrie : Perspectives de l'OCDE - 2014* montre que les aides financières directes prennent généralement la forme de subventions accordées sur appel d'offres et du financement par emprunt, comme par exemple des prêts pour les projets de R-D (OCDE, 2015b, tableau 3.1). Les mécanismes de partage des risques sont très utilisés pour fournir aux prêteurs une assurance contre le risque de défaut de paiement, et aux entreprises un meilleur accès au crédit. Les marchés publics constituent eux aussi une forme de soutien direct (voir plus avant la section relative à la stimulation de la demande d'innovation). En France et aux États-Unis, par exemple, une part importante de l'aide publique à la R-D est dirigée vers les entreprises du secteur de la défense, afin de favoriser le développement d'équipements militaires et d'applications civiles potentielles. Beaucoup de pays de l'OCDE ont également mis en place des dispositifs et des fonds pour faciliter l'accès au financement au démarrage, notamment en termes de fonds propres. Un soutien est fourni au secteur du capital-risque, certains États intervenant activement par le financement sur fonds propres (OCDE, 2011a ; Wilson et Silva, 2013). Une approche commune consiste à faciliter le développement du financement en capital-risque en créant des fonds publics de capital-risque, des fonds de co-investissement incluant des investissements privés, et des « fonds de fonds » (voir au chapitre 4 la section relative au financement).

Le soutien direct à l'innovation – autre que les dispositifs associés à la R-D – inclut également des mesures visant à faciliter la commercialisation de l'innovation, à favoriser le développement des réseaux, à promouvoir les pôles d'innovation régionaux, ainsi qu'à faciliter l'accès aux informations, aux compétences et aux conseils (OCDE, 2011a). Les chèques-innovation ou services de consultation technologique et programmes de vulgarisation sont à cet égard les principaux instruments d'action. Les incitations fiscales (que ce soit à l'intention des personnes physiques ou morales) sont également très utilisées pour encourager l'investissement privé dans la R-D et l'exploitation des actifs protégés par la propriété intellectuelle, attirer les investisseurs providentiels et optimiser le financement au démarrage, et enfin, attirer les talents étrangers ou les multinationales.

Ces dix dernières années, les pays membres de l'OCDE ont eu de plus en plus recours aux incitations fiscales (plutôt qu'aux subventions ou autres formes de soutien direct) pour encourager l'investissement dans la R-D (OCDE, 2015b). La majorité d'entre eux utilisent ce type d'incitations, de même qu'un grand nombre des BRIICS (graphique 6.1). Par ailleurs, le degré de générosité de ces incitations s'est accru ces dernières années dans beaucoup de pays (OCDE, 2015b). Nous verrons dans les paragraphes qui suivent comment ces mesures sont mises en œuvre dans le cadre de la politique d'innovation, en notant toutefois que dans de nombreux pays, les incitations fiscales font partie du dispositif global d'imposition des entreprises.

Les effets bénéfiques des aides fiscales en faveur de la R-D ne sont pas toujours homogènes. Ainsi, les entreprises de grande taille, établies de longue date et implantées dans plusieurs pays sont souvent les mieux placées pour tirer des avantages de ces mesures.

Tableau 6.1. **Principaux outils d'intervention pour le financement de la R-D et de l'innovation d'entreprise, avec quelques exemples nationaux**

Instruments de financement			Principaux aspects	Exemples nationaux
Financement public direct	Aides, subventions		Instruments de financement les plus couramment usités. Financement de démarrage des startups et des PME innovantes. Accordé sur une base concurrentielle et, dans certains cas, sur la base d'un cofinancement privé. Aucun remboursement n'est généralement requis. Instruments discrétionnaires, du côté de l'offre.	Subventions ANR (Argentine), Fonds R-D (Israël), Programme Small Business Innovation Research [SBIR] (États-Unis)
	Financement par emprunt	Prêts	Prêts subventionnés Nécessitent certaines formes de garantie ou de nantissement. Obligation de remboursement. L'investisseur/prêteur ne reçoit aucune participation.	Novallia (Belgique), Banque publique d'investissement (France), Microfinance Ireland, Fonds slovène pour les entreprises, British Business Bank (Royaume-Uni)
		Aides/avances remboursables	Remboursement partiel ou total requis, parfois sous forme de redevances. Peuvent être accordées sur la base d'un cofinancement privé.	Subventions remboursables pour startups (Nouvelle-Zélande)
		Garanties de prêt et mécanismes de partage des risques	Largement utilisés comme des outils importants pour alléger les contraintes financières pesant sur les PME et les startups. En cas d'évaluation individuelle des prêts, peuvent servir à indiquer la solvabilité de l'entreprise à la banque. Souvent associés à la fourniture de services supplémentaires (information, assistance, formation)	Programme de financement des petites entreprises (Canada), Systèmes de garantie mutuelle (Confidi) (Italie), Programme de prêt 7(a) (États-Unis), Prêts pour la recherche et l'innovation (Commission européenne)
	Financement par emprunt/ sur fonds propres	Financement par emprunt/sur fonds propres non bancaire	Nouveaux canaux de financement. Plateformes de prêt innovantes et fonds de prêts/de capitaux non bancaires.	Business Finance Partnership (Royaume-Uni)
		Financement mezzanine	Combinaison de plusieurs instruments de financement, de niveaux de risque et de rendement différents intégrant des éléments de financement par emprunt et sur fonds propres dans un support unique. Utilisé à une étape ultérieure du développement des entreprises. Mieux adapté aux PME disposant d'une solide trésorerie et dont le profil de croissance est modéré.	Garanties pour investissements mezzanine (Autriche), Programme PROGRESS (Rép. tchèque), Industrifonden et Fouriertransform (Suède), Small Business Investment Company (États-Unis)
	Financement sur fonds propres	Fonds de capital-risque et fonds de fonds	Fonds fournis par des investisseurs institutionnels (banques, fonds de retraite, etc.) à investir dans les entreprises de la phase de démarrage à la phase d'expansion. Tendent à investir de plus en plus aux étapes plus tardives avec moins de risques. Appelé capital « patient » à cause de la durée de l'investissement (10 à 12 ans). L'investisseur reçoit une participation.	Fonds d'investissement pour l'innovation (Australie), Impulsa (Colombie), Fonds de démarrage Vera (Finlande), France Investissement 2020, Fonds Yozma (Israël), Fonds de co-investissement écossais (Royaume-Uni)
		Investisseurs providentiels	Fournissent financement, expertise, mentorat et réseaux. Investissent généralement sous la forme de groupes et de réseaux. Financement à un stade précoce ou de démarrage.	Fonds Seraphim (Royaume-Uni) Tech Coast Angels et Common ANGELS (États-Unis)
	Marchés publics en faveur de la R-D et de l'innovation		Créent une demande de technologies ou de services qui n'existent pas, ou ciblent l'achat de services de R-D (achat pré-commercial de R-D). Fournissent une aide financière à un stade précoce à de petites entreprises innovantes à vocation technologique présentant un risque élevé mais prometteuses d'un point de vue commercial.	Programme SBIR (États-Unis) et programmes de type SBIR (Royaume-Uni)
	Services de conseils technologiques, programmes de vulgarisation		Soutiennent la diffusion et l'adoption de technologies existantes et contribuent à accroître la capacité d'absorption des entreprises ciblées (en particulier les PME). Fournissent information, assistance technique, conseils et formation. Particulièrement utiles dans les pays à bas revenus.	Manufacturing Extension Partnerships (États-Unis)
	Chèques-innovation		Petites lignes de crédit fournies aux PME pour acheter des services de fournisseurs de connaissances publics en vue d'introduire des innovations dans leur fonctionnement opérationnel.	Chèque-innovation (Autriche, Chili, Chine, Danemark, etc.)
Financement public indirect	Incitations fiscales	Impôt sur le revenu des sociétés	Utilisées dans la plupart des pays. Large gamme de dispositifs fiscaux concernant l'impôt sur les sociétés, notamment concessions fiscales sur la base des dépenses de R-D et, moins fréquemment, des gains de propriété intellectuelle. Financement indirect, non discriminatoire.	Crédit d'impôt pour la recherche scientifique et le développement expérimental (Canada), crédits d'impôts de R-D (France), exemption des prélèvements salariaux (Pays-Bas), dispositions préférentielles (« patent box ») concernant les brevets (Royaume-Uni)
		Impôt sur le revenu des personnes physiques et autres impôts	Existent dans de nombreux pays. Large gamme d'incitations fiscales concernant les investissements et recettes de la R-D et des entreprises qui s'appliquent à l'impôt sur le revenu des personnes physiques, la TVA ou d'autres impôts (taxes à la consommation, impôts fonciers, etc.). Financement indirect, non discriminatoire.	Réduction des impôts sur les salaires des chercheurs étrangers et du personnel clé (Danemark), exemption de l'impôt sur le patrimoine pour les investisseurs providentiels (France), programmes de développement des entreprises et de capital de démarrage (Irlande)

Source : OCDE (2015b), *Science, technologie et industrie : Perspectives de l'OCDE - 2014*, Éditions OCDE, Paris, *http://dx.doi.org/10.1787/sti_outlook-2014-fr*.

Cela est dû en partie à la capacité de ces entreprises à exploiter les possibilités de déplacement de la pression fiscale au niveau mondial (voir le chapitre 4), mais aussi peut-être à la conception même des incitations. À titre d'exemple, s'il n'existe pas de système de report sur les exercices postérieurs, les entreprises nouvellement créées peuvent ne pas tirer avantage de ces mesures. Bravo-Biosca, Criscuolo et Menon (2013) ont recueilli des données montrant l'impact des aides fiscales en faveur de la R-D sur la répartition de la croissance de l'emploi dans les secteurs à forte intensité de R-D. Le constat est que les incitations à la R-D n'ont des effets positifs sur la croissance de l'emploi que dans les entreprises bien établies affichant des taux de croissance relativement faibles ; leurs effets sont en revanche négatifs sur l'entrée des entreprises ainsi que sur l'emploi dans les entreprises enregistrant les taux de croissance les plus élevés. Ces résultats semblent indiquer que les incitations fiscales en faveur de la R-D favorisent les entreprises déjà en place et ralentissent le processus de réaffectation des ressources. Le mode de conception de ces incitations a donc une grande incidence sur le dynamisme global des entreprises.

Graphique 6.1. **Financement public des DIRDE (financement direct et incitations fiscales en faveur de la R-D), 2012**

En pourcentage du PIB

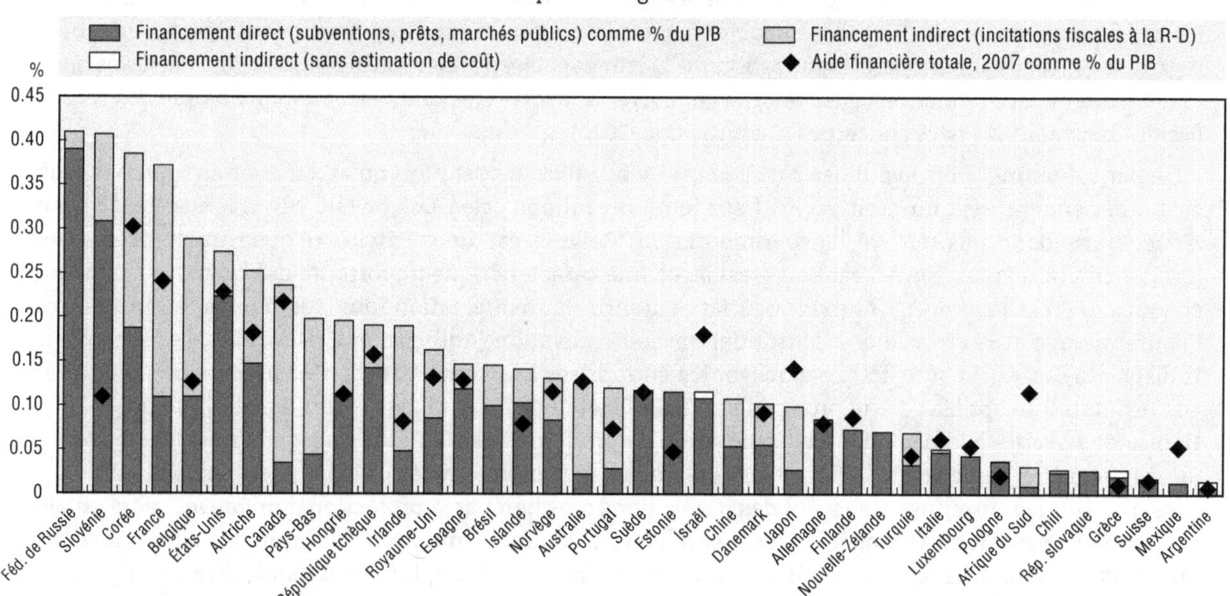

Source : OCDE (2015b), *Science, technologie et industrie : Perspectives de l'OCDE - 2014*, Éditions OCDE, Paris, *http://dx.doi.org/10.1787/sti_outlook-2014-fr*. Pour en savoir plus, voir : *www.oecd.org/sti/rd-tax-stats.htm*.

Par conséquent, il est important que les incitations fiscales en faveur de la R-D soient remboursables ou contiennent des dispositions de report, de manière à éviter de favoriser excessivement les entreprises déjà en place mais peu dynamiques, au détriment des entreprises naissantes mais dynamiques. Le taux de subvention implicite des incitations fiscales en faveur de la R-D s'accroît avec la rentabilité de l'entreprise, et un grand nombre de jeunes entreprises innovantes sont généralement déficitaires pendant les premières années d'un projet de R-D. Ces entreprises ne peuvent donc pas bénéficier des mesures d'incitation, à moins que celles-ci s'accompagnent de dispositions prévoyant le remboursement immédiat en espèces des dépenses de R-D ou permettant auxdites entreprises de reporter les pertes occasionnées sur les exercices postérieurs afin de les déduire de leur revenu imposable futur.

Les autres incitations fiscales en faveur de la R-D (basées sur les dépenses engagées) sont les incitations fiscales applicables aux recettes de la propriété intellectuelle (ce que l'on appelle les *patent boxes*), qui sont utilisées par un certain nombre de pays de l'OCDE (encadré 6.1)[2].

Encadré 6.1. **Incitations fiscales applicables aux recettes de la propriété intellectuelle**

Les actifs protégés par la propriété intellectuelle (tels que les brevets, droits d'auteur ou marques) sont extrêmement mobiles et peuvent donc se trouver à une très grande distance de l'activité qui les a générés. Plus précisément, les multinationales ont souvent tendance à localiser leurs actifs immatériels dans des pays où la fiscalité est faible afin de réduire leurs impôts, ce qui entraîne une diminution des recettes fiscales dans les pays où la pression fiscale est élevée (c'est ce que l'on appelle le BEPS : érosion de la base d'imposition et transfert des bénéfices). Certains pays ont décidé de mettre en place des régimes fiscaux particuliers pour les recettes de la propriété intellectuelle (les *patent boxes*). Ce fut le cas en France en 2001, en Hongrie en 2003, aux Pays-Bas et en Belgique en 2007, puis en Espagne et au Luxembourg en 2008. Le Royaume-Uni a fait de même en 2013, et des projets similaires ont été annoncés récemment en Italie et en Irlande.

L'une des questions que l'on peut se poser est de déterminer si ces *patent boxes* peuvent être efficaces et rentables. Le débat au sujet de l'impact de ces dispositifs d'aide à la R-D a mis en évidence des interrogations concernant : 1) leur capacité à mettre fin aux déficiences fondamentales du marché au regard de l'investissement dans l'innovation ; et 2) leur capacité à générer des hausses de recettes fiscales à long terme, ou leur tendance à susciter une concurrence fiscale entraînant au final une baisse des recettes fiscales pour tous les pays concernés (Griffith et al., 2010).

De par sa nature, le dispositif des *patent boxes* ne bénéficie a posteriori qu'aux inventeurs qui ont réussi et qui détiennent déjà un droit exclusif sur leurs inventions et en perçoivent des revenus. Le dispositif n'encourage donc pas, en soi, l'expérimentation. Celle-ci est une activité risquée qui présente tout naturellement un taux élevé d'échecs ; c'est aussi une caractéristique importante des politiques publiques conçues pour encourager l'entrepreneuriat, garantir la réaffectation des ressources et promouvoir l'apprentissage et la croissance à la frontière avec l'innovation (Andrews et Criscuolo, 2013). Par ailleurs, le dispositif des *patent boxes* risque d'obliger les entreprises à se concentrer sur les innovations produisant des résultats susceptibles d'être protégés par des DPI, et donc à privilégier la recherche appliquée (Akcigit, Hanley et Serrano-Velarde, 2014) ou l'élaboration de produits situés au plus près de la mise sur le marché, une stratégie qui ne permet pas forcéwment d'améliorer la productivité sur le long terme. Ce système peut aussi pousser les entreprises réalisant des innovations à rechercher la protection d'un brevet, alors qu'elles ne l'auraient pas fait en l'absence du dispositif. En fait, comme le montrent les enquêtes sur l'innovation, un grand nombre d'entreprises choisissent de ne pas protéger leurs innovations au titre de la propriété intellectuelle.

Par ailleurs, les entreprises innovantes ayant un accès limité au crédit ont besoin de moyens de financement pour mener leurs travaux de recherche le plus tôt possible. Les dispositifs de financement fonctionnant à retardement par rapport aux efforts de recherche ne conviendront peut-être pas à cette catégorie d'entreprises, et risquent même de désavantager certains acteurs (Andrews et Criscuolo, 2013). Le dispositif des *patent boxes* ne semble pas présenter un tel défaut et est donc peu susceptible de financer les activités de recherche menées par des entreprises ayant un accès limité au crédit. Compte tenu de la lenteur du processus d'octroi des brevets, les entreprises risquent de ne tirer avantage du dispositif que plusieurs années après avoir réalisé l'investissement dans la R-D. Ce délai dans l'obtention des brevets peut aussi susciter un problème d'effet d'entraînement, le dispositif des *patent boxes* pouvant accorder des taux d'imposition réduits pour les recettes découlant d'une activité de R-D menée avant l'instauration du dispositif.

Pour finir, si les *patent boxes* peuvent, dans certains cas, couvrir plusieurs actifs protégés par la propriété intellectuelle, certains craignent qu'une grande partie des brevets soient détenus par un petit nombre de grandes multinationales, en particulier lorsqu'il s'agit de brevets à fort rendement. Cela signifierait alors

Encadré 6.1. **Incitations fiscales applicables aux recettes de la propriété intellectuelle** *(suite)*

que les avantages des *patent boxes* bénéficieraient principalement aux multinationales, qui sont précisément les entreprises susceptibles d'utiliser le dispositif pour transférer leurs bénéfices dans d'autres pays. Pour citer un exemple, il est extrêmement difficile, lorsque les entreprises utilisent la propriété intellectuelle, de calculer la base de revenu pouvant faire l'objet des réductions d'impôts, d'une part à cause de la difficulté à distinguer clairement le flux des bénéfices générés par un brevet en particulier lorsque plusieurs brevets ont été délivrés – souvent à des périodes différentes – pour fabriquer un produit complexe (des semi-conducteurs ou des micro-puces, par exemple), et d'autre part parce qu'en l'absence de tarification explicite pour l'utilisation de la propriété intellectuelle, le flux de revenu doit être établi de façon fictive. Cette difficulté pour les autorités fiscales à connaître la part des bénéfices concernés par le dispositif pourrait permettre aux entreprises d'abuser du système dans le but de transférer leurs bénéfices à l'étranger.

Pour les raisons exposées ci-dessus, les subventions et autres aides directes peuvent être un complément utile aux mesures de soutien à la R-D, éventuellement en ciblant les entreprises qui pourraient ne pas beaucoup bénéficier des incitations fiscales (par exemple les jeunes entreprises). Dans d'autres cas, des mesures de soutien direct peuvent s'avérer nécessaires pour les innovations finalisées présentant un important caractère d'utilité publique (par exemple : santé publique, changement climatique ou sécurité nationale). Cela dit, dans ce type de cas, le processus de sélection des bénéficiaires doit être conçu de manière à favoriser l'efficience, à faire la chasse aux activités de recherche de rente et à éviter les problèmes d'antisélection. Une récente étude de l'OCDE montre que les instruments de financement direct (en particulier les subventions accordées sur appel d'offres) demeurent les principaux leviers de la politique d'innovation (graphique 6.2, partie A). Le soutien direct est fournie à l'aide d'un éventail toujours plus large d'outils aux finalités de plus en plus variées (comme par exemple le transfert de connaissances, la croissance des nouvelles entreprises de haute technologie, le développement du capital-risque, ou l'innovation verte ; voir OCDE, 2014a). De surcroît, plusieurs de ces instruments (comme les chèques-innovation, les crédits et les prêts) ont acquis une importance croissante ces dernières années (graphique 6.2, partie B).

Dans de nombreux pays, les mécanismes de soutien direct incluent toute une variété d'instruments utilisables en fonction des entreprises, des obstacles à l'innovation et des états d'avancement dans le processus d'innovation. Du fait notamment du large éventail d'instruments existants, les évaluations disponibles sont généralement plus limitées que pour les crédits d'impôts pour la R-D, et l'impact des différents instruments sur les performances globales en matière d'innovation est souvent plus difficile à évaluer. Des études complémentaires sur les mesures de soutien direct permettraient de mieux cerner les bonnes pratiques en vigueur dans le domaine. La qualité de conception de chacun des instruments peut offrir la garantie d'une efficience optimale, ce qui n'empêche que les pouvoirs publics doivent examiner de près le panachage des mesures afin d'éviter les doublons, de veiller à ce que chaque instrument ait une portée suffisante, et de s'assurer que l'association des différents instruments permet de surmonter les principaux obstacles à l'innovation. Il convient en outre, lors de la conception de ces instruments, de prêter une grande attention à la logique d'ensemble (en particulier parce qu'il est capital pour l'évaluation que cette logique s'articule bien dans le programme). Les responsables de l'action publique doivent également s'assurer – entre autres choses – que la panoplie d'instruments ne fausse pas les mécanismes du marché. Quelques-uns des principaux messages issus des travaux de l'OCDE sur l'innovation des entreprises sont résumés ci-après.

Graphique 6.2. **Importance des principaux instruments de financement dans la panoplie de mesures en faveur de la R-D et de l'innovation des entreprises, 2014**

En pourcentage du total des réponses fournies par les pays

Partie A. Importance relative des instruments de financement

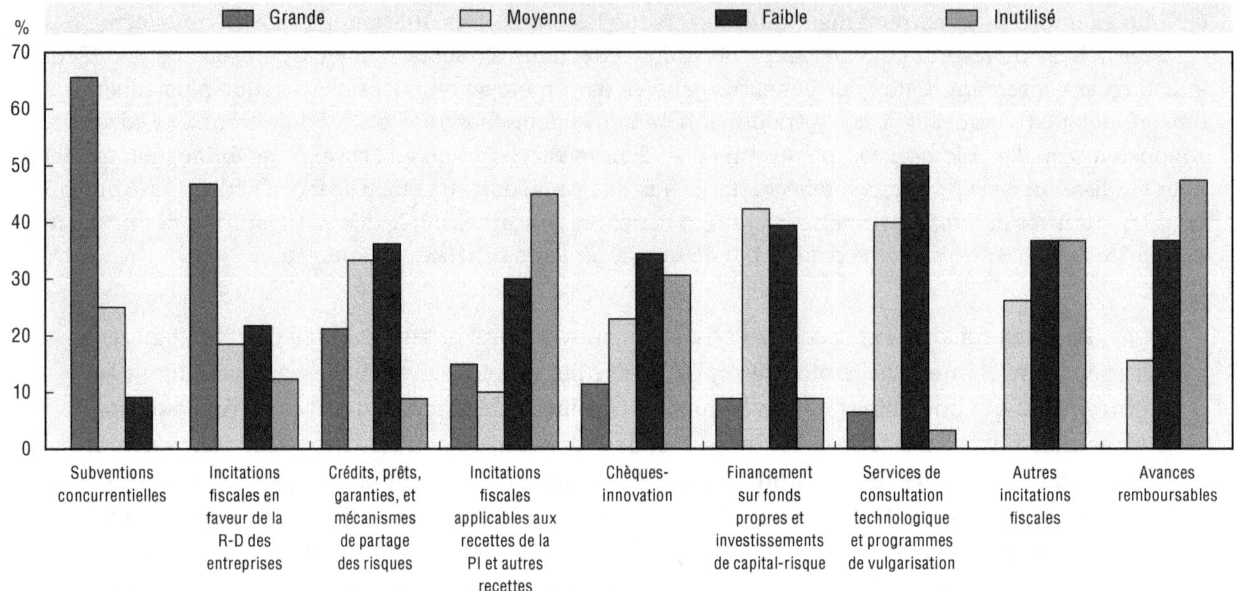

Partie B. Évolution de l'importance relative des instruments de financement publics

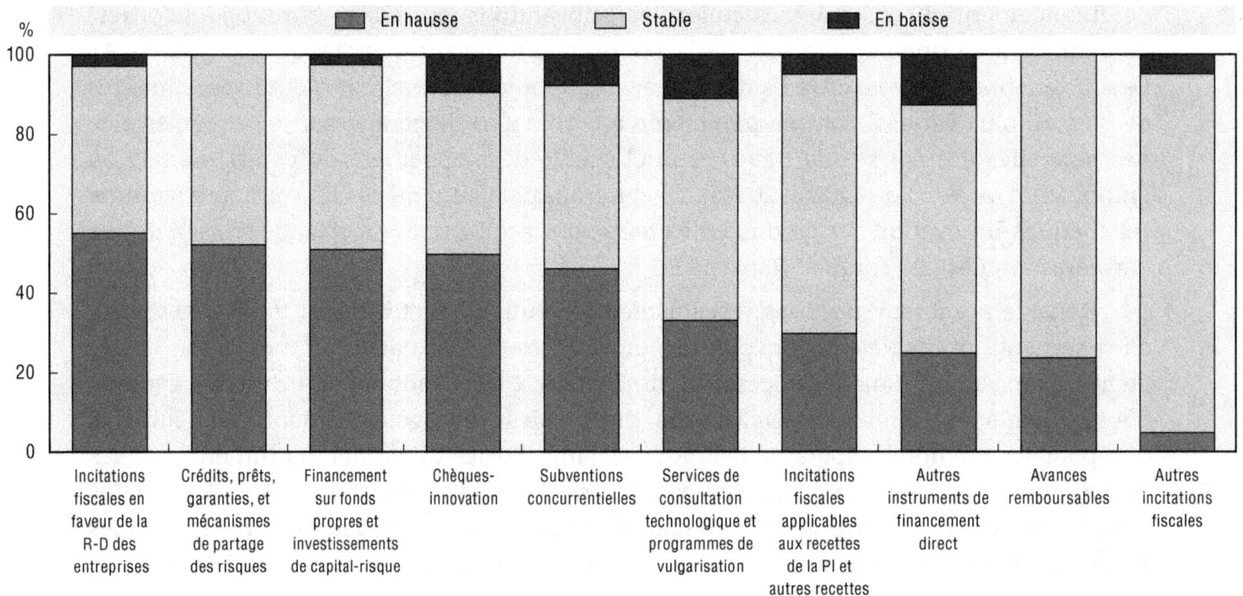

Note : Ces diagrammes résultent d'une simple comptabilisation des réponses fournies par les pays aux questions suivantes : « Parmi les instruments de financement public de la R-D et de l'innovation dans l'entreprise énumérés ci-dessous, quels sont les principaux mis en œuvre dans votre pays ? Comment l'équilibre entre ces instruments a-t-il été modifié récemment le cas échéant ? Veuillez qualifier l'utilité relative des instruments financiers ci-après dans la composition de la politique de votre pays et indiquer si leur part dans le total a augmenté ou diminué, ou n'a pas varié. » Les réponses ont été fournies par les délégués du Comité de la politique scientifique et technologique de l'OCDE.

Source : OCDE (2015b), *Science, technologie et industrie : Perspectives de l'OCDE - 2014*, Éditions OCDE, Paris, *http://dx.doi.org/10.1787/sti_outlook-2014-fr*.

Principaux messages relatifs à la stimulation de l'innovation des entreprises

- **Les incitations fiscales en faveur de la R-D doivent être conçues pour répondre aux besoins des entreprises « indépendantes » ne disposant pas de possibilités de planification fiscale internationale, ainsi qu'aux jeunes entreprises innovantes.** Les entreprises nationales indépendantes qui effectuent des travaux de R-D peuvent être désavantagées par rapport aux multinationales, à moins que d'autres mesures (comme des plafonds et des taux différenciés) soient mises en place pour placer tous les acteurs sur un pied d'égalité. Les jeunes entreprises peuvent aussi être désavantagées si elles n'ont pas encore engrangé un revenu imposable leur permettant de bénéficier immédiatement d'incitations fiscales à la R-D (non remboursables). Le risque est que cela entrave leurs activités d'innovation et leur croissance, car ces entreprises disposent d'atouts particuliers en tant qu'acteurs de la R-D (en ce qui concerne la création d'innovations radicales, par exemple) et que source de création d'emplois, à moins que des mécanismes de report, de remboursement, ou de crédits d'impôt à la source sur les salaires dans la R-D ne soient mis en place. Il convient toutefois de veiller à ce que l'allégement fiscal ne soit pas trop élevé, sans quoi il ferait obstacle au processus de destruction créatrice qui joue un rôle essentiel dans un écosystème d'innovation dynamique.
- **Les responsables de l'action publique doivent concilier au mieux le soutien indirect à la R-D d'entreprise (incitations fiscales) et le recours à des mesures de soutien direct visant à promouvoir l'innovation.** Une étude récente de l'OCDE montre que les mesures de soutien direct – marchés, subventions, contrats portant sur des missions axées sur la R-D ou le soutien aux réseaux – peuvent être plus efficaces pour encourager la R-D qu'on ne le pensait auparavant, en particulier pour les jeunes entreprises qui ne disposent pas des ressources initiales pour financer un projet d'innovation (Westmore, 2013). Il est toutefois important de veiller à ce que l'octroi du soutien direct ne soit pas automatique et repose sur des critères concurrentiels objectifs et transparents (par exemple en faisant participer au processus de sélection des experts indépendants de plusieurs pays). Par ailleurs, les processus de sélection doivent être élaborés dans un souci d'efficience (avec notamment le minimum de formalités administratives), et en veillant à empêcher la recherche de rentes et à éviter l'antisélection. De manière plus générale, un système transparent et bien conçu de mesures de soutien direct peut compléter les incitations fiscales à la R-D car il peut contribuer à orienter le financement public direct vers les projets de qualité présentant des rendements sociaux élevés.
- **Les gouvernements doivent veiller à la rentabilité des incitations fiscales à la R-D.** Dans de nombreux pays, l'allégement fiscal global pour la R-D peut être plus important que ce que les pouvoirs publics avaient prévu lors de la conception du dispositif de soutien à la R-D d'entreprise, un dépassement qui peut être aggravé par la générosité croissante de l'allégement fiscal à la R-D observée au cours de la dernière décennie. Le coût total de ces incitations fiscales à la R-D n'est pas toujours transparent, celles-ci étant « hors budget ». Les pouvoirs publics doivent donc systématiquement évaluer les mesures d'allégement fiscal afin de déterminer si leur raison d'être et leurs objectifs sont toujours valables, et si leur ciblage et leur conception sont toujours appropriés. Les aspects importants de ces dispositifs auxquels il convient de prêter attention sont le champ de la R-D donnant droit à ces allègements, les entreprises remplissant les conditions requises, le traitement réservé aux entreprises qui réalisent beaucoup de travaux de R-D, ainsi que l'existence de dispositions de report sur l'exercice antérieur ou postérieur. Un autre point sur lequel les pouvoirs publics doivent également se concentrer est la panoplie de mesures adoptées – notamment leurs interactions et complémentarités – ainsi que les dispositions fiscales qui y sont liées et qui concernent le personnel de la R-D, afin de s'assurer que les incitations fiscales en faveur de la R-D sont rentables.
- **L'efficacité des incitations fiscales à la R-D dépend du cadre de réglementation général et de sa stabilité dans le temps.** Les données recueillies par l'OCDE montrent que l'existence de marchés qui fonctionnent bien (concernant les produits, l'emploi et le capital-risque), ainsi que d'une législation de la faillite qui ne soit pas excessivement pénalisante peut accroître la rentabilité de l'investissement dans les actifs intellectuels. Les analyses de l'OCDE tendent également à démontrer que dans les pays

Principaux messages relatifs à la stimulation de l'innovation des entreprises *(suite)*

où la politique fiscale à l'égard de la R-D a connu de multiples revirements, son impact sur les dépenses privées de R-D s'en trouve fortement diminué (Westmore, 2013). Il est, par conséquent, important que les gouvernements ne remanient pas constamment ces politiques afin de minimiser l'incertitude pour les entreprises.

- **Les incitations en faveur de la R-D des entreprises doivent être bien conçues.** Les pays de l'OCDE ont de plus en plus recours aux incitations fiscales pour encourager l'investissement des entreprises dans la R-D. Or, ces mesures présentent le risque de favoriser les entreprises bien établies (par exemple lorsque le report sur les exercices postérieurs n'est pas possible) et de ralentir le processus de réaffectation des ressources.

6.2. Le rôle des politiques territorialisées à l'égard de l'innovation

Un autre type d'instrument de plus en plus utilisé pour stimuler l'innovation est celui des politiques territorialisées. Les bienfaits potentiels d'une politique d'innovation et ses effets sur l'innovation varient considérablement selon les régions où elle est mise en place. Les variations locales peuvent être très marquées pour certains intrants importants du processus d'innovation, comme par exemple la R-D et les travailleurs qualifiés (graphique 6.3). Des variations existent également pour les extrants intermédiaires tels que les dépôts de brevets. En 2010 par exemple, les petites régions représentant 10 % de la zone OCDE mais un peu moins seulement de 40 % de la population et du PIB, enregistraient 58 % du total des dépôts de brevets (OCDE, 2013a).

Malgré les profonds bouleversements engendrés par les TIC – à savoir la création de liens entre les individus et les entreprises –, la proximité géographique demeure un aspect important dans le processus d'innovation. Nombre de travaux universitaires montrent l'importance persistance – et parfois grandissante – de la proximité géographique au regard de l'innovation. Une étude datant de l'époque d'Alfred Marshall démontre ainsi qu'en se regroupant à proximité de leurs fournisseurs les entreprises peuvent bénéficier d'un avantage concurrentiel. L'agglomération, ou le regroupement en pôles d'activité, peut permettre de concentrer les marchés du travail au niveau local, d'opérer une spécialisation de la production et d'attirer des acheteurs et des vendeurs spécialisés. Cette concentration et cette spécialisation peuvent procurer toutes sortes d'avantages (complémentaires), dont une mise en commun plus efficiente des infrastructures et des installations, une meilleure répartition du travail entre les entreprises (d'où des économies d'échelle plus importantes pour chacune d'elles), et une meilleure adéquation entre les agents économiques (travailleurs et employeurs, bailleurs de fonds et entreprises recherchant un financement, entreprises à la recherche de partenaires, acheteurs et vendeurs).

La proximité géographique permet en outre aux entreprises de sous-traiter plus facilement à leurs concurrents les commandes qui dépassent leurs capacités (parce qu'elles connaissent mieux les capacités des sous-traitants potentiels), et donc de conserver leurs clients les plus précieux. De la même façon, le regroupement des entreprises en pôles d'activité peut faciliter la circulation des idées et des informations, ainsi que l'accès desdites entreprises au capital-risque. Ces flux s'opèrent à la fois de façon formelle et informelle, par exemple lorsque les travailleurs changent d'employeur, dans le cadre des contacts avec des fournisseurs communs, et lors d'échanges sociaux. Les travaux de Carlino et Kerr (2014) fournissent une analyse récente du lien entre l'agglomération et l'innovation[3].

Graphique 6.3. **Les importantes variations des intrants de l'innovation entre les régions entraînent des disparités de performances**

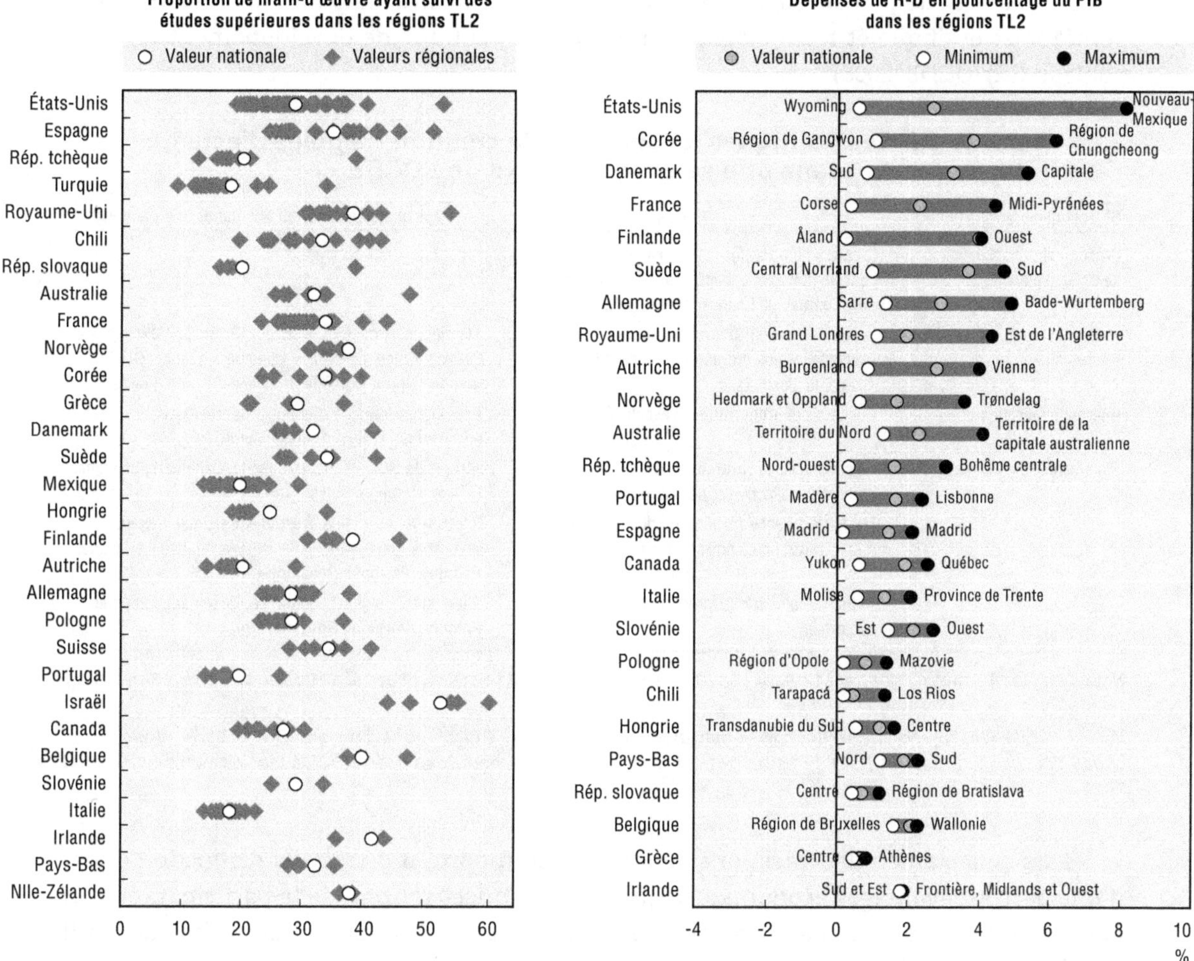

Note : Les grandes régions de l'OCDE (TL2 = Échelon territorial 2) correspondent au premier niveau de l'administration publique infranationale. Sur le diagramme de gauche, le losange représente la proportion de main-d'œuvre ayant suivi des études supérieures dans chaque grande région des pays concernés. Le cercle représente la moyenne nationale. Les données datent de 2012, hormis pour les pays suivants : Australie (2011), Grèce (2006), Israël (2005), Italie (2011), Portugal (2011) et Slovénie (2008). Sur le diagramme de droite, le trait représente les dépenses de R-D en pourcentage du PIB pour les grandes régions. Le cercle blanc correspond à la région ayant la valeur la plus faible, le cercle gris à la moyenne nationale, et le cercle noir à la région enregistrant la valeur la plus élevée. Les données datent de 2010, hormis pour les pays suivants : Allemagne (2009), Australie (2009), Autriche (2009), Belgique (2009), Danemark (2009), France (2009), Grèce (2005), Israël (2008), Pays-Bas (2009), République slovaque (2011), République tchèque (2011), Royaume-Uni (2009) et Suède (2009).

Source : OCDE (2013a), *Panorama des régions de l'OCDE 2013, d'après la Base de données régionales de l'OCDE*. Diagramme de gauche : *http://dx.doi.org/10.1787/888932913722*. Diagramme de droite : *http://dx.doi.org/10.1787/888932913779*.

Les dispositifs favorisant la création de « pôles d'activité » sont souvent utilisés par les autorités infranationales. La définition exacte d'un « pôle d'activité » est un sujet qui fait débat parmi les universitaires et les professionnels. Pour autant, l'expression est employée ici en référence à la concentration géographique d'entités publiques et privées ayant des liens entre elles (entreprises, établissements d'enseignement et de recherche, et autres). Ces dernières années, les mesures visant à promouvoir la création de pôles d'activité entre les entreprises ont été courantes, aussi bien dans les pays de l'OCDE que dans les économies en développement, dans les régions riches et celles qui sont à la traîne, ainsi que dans les pays ayant une approche laxiste ou dirigiste à l'égard du développement économique. Des ressources publiques importantes ont été consacrées à la mise en place de ces mesures.

La plupart des pays de l'OCDE ont adopté une approche par secteur ou par pôle d'activité qui, sous une forme ou une autre, favorise l'innovation (OCDE, 2015b). Les dispositifs en faveur des pôles d'activité présentent souvent des recoupements avec la politique industrielle, la politique scientifique et technologique, ainsi que la politique de développement régional (tableau 6.2) (OCDE, 2008).

Tableau 6.2. **Les politiques de soutien à la création de pôles d'activité dans une sélection de pays de l'OCDE**

Objectif des pouvoirs publics	Actions	Pays et instances ayant fait état de telles actions
Création et consolidation de pôles d'activité	Création de nouveaux pôles d'activité par la coordination des activités de R-D (par exemple : programmes de financement public).	Argentine, Chili, Norvège.
	Promotion des structures en réseau, service d'assistance aux entrepreneurs, coordination des pôles d'activité.	Allemagne, Argentine, Australie, Autriche, Belgique, Canada, Chine, Colombie, Danemark, France, Grèce, Irlande, Japon, Norvège, Nouvelle-Zélande, Suède.
Internationalisation	Concours et programmes d'excellence.	Allemagne, Autriche, Belgique, Commission européenne, France, Irlande, Japon, Pays-Bas.
Plateformes d'échanges	Science-science (promotion des centres de recherche collective et des centres d'excellence).	Afrique du Sud, Belgique, Canada, Danemark, Espagne, France, Norvège, Suisse, Turquie.
	Industrie-science (promotion des réseaux public-privé, parcs scientifiques).	Allemagne, Argentine, Australie, Belgique, Canada, Colombie, Danemark, Finlande, France, Italie, Norvège, Pologne, Portugal, Royaume-Uni.
	Industrie-industrie (promotion des réseaux sectoriels).	Allemagne, Belgique, Colombie, Danemark, Espagne, Pologne, Portugal, Royaume-Uni.

Note : Les plateformes d'échanges ne sont pas toujours explicitement territorialisées. Une politique de développement régional n'y est pas toujours associée.

Source : OCDE (2015b), *Science, technologie et industrie : Perspectives de l'OCDE - 2014*, Éditions OCDE, Paris, *http://dx.doi.org/10.1787/sti_outlook-2014-fr*. D'après les réponses des pays au questionnaire de l'OCDE sur les perspectives STI 2014.

Lors de l'examen des questions de fond, il est important de faire la distinction entre, d'une part, les avantages économiques que les entreprises retirent de la participation à un pôle d'activité et, d'autre part, les objectifs (et les effets) de l'action des pouvoirs publics. Il convient à cet égard de préciser plusieurs points :

- Les données dont on dispose semblent indiquer que si la participation à des pôles d'activité peut être bénéfique pour les entreprises, les avantages retirés sont modestes, en particulier lorsqu'ils sont mesurés à l'aune de la taille des pôles (Rosenthal et Strange, 2004).
- Les données microéconomiques recueillies en France montrent que les entreprises réussissent à tirer de l'appartenance à un pôle d'activité des gains de productivité (Martin, Mayer and Mayneris, 2011). Lorsque c'est le cas, il n'est plus aussi nécessaire que les politiques publiques influent sur les décisions d'implantation des entreprises.
- Les bienfaits de l'appartenance à un pôle d'activité (notamment les gains de productivité) ne sont pas toujours liés au pôle lui-même, mais peuvent résulter d'un processus par lequel les entreprises à forte productivité choisissent de faire partie d'un pôle (en partie parce que leur forte productivité leur permet de s'implanter dans des zones attrayantes où les coûts des facteurs – par exemple du terrain – seraient dissuasifs pour les entreprises à faible productivité).
- Le simple fait que les entreprises participant à un pôle d'activité puissent être plus productives que les autres ne justifie pas, économiquement parlant, que les pouvoirs publics interviennent (dans la mesure où il s'agit d'un état de fait pouvant aller de pair

avec des marchés efficaces). L'action gouvernementale doit être motivée par la mise en évidence d'un ou de plusieurs dysfonctionnements du marché qui méritent d'être corrigés.

- Lorsque les raisons invoquées pour adopter une politique de pôles d'activité sont des dysfonctionnements du marché, il s'agit généralement de dysfonctionnements qui touchent aussi bien les entreprises n'appartenant pas à des pôles d'activité. Cela peut vouloir dire que l'on ne trouve peut-être pas souvent des dispositifs de soutien réservés aux entreprises regroupées en pôles d'activité pour lesquels il existe des raisons d'exclure celles qui n'appartiennent à aucun pôle. D'un autre côté, les entreprises qui appartiennent déjà à un pôle d'activité ont peut-être plus de chances de produire des effets bénéfiques sur le plan économique, ce qui laisse entendre qu'il faut concentrer les ressources sur ces entreprises[4].
- Les objectifs de la politique des pôles d'activité peuvent sembler plausibles du point de vue local, mais peu justifiés économiquement du point de vue national. Pour citer un exemple, une concurrence néfaste s'installe lorsque – les études montrent que cela arrive – des organismes infranationaux différents cherchent à créer des pôles d'activité dans le même secteur ou la même industrie (généralement les industries émergentes telles que la biotechnologie, les nouveaux matériaux et les technologies de l'information).

Les politiques de promotion des pôles d'activité présentent souvent de grandes similitudes. Elles portent ainsi fréquemment sur les échanges entre les entreprises et les partenariats public-privé, et mettent l'accent sur les PME. Dans d'autres dispositifs, des informations génériques sont fournies sur les tendances économiques et commerciales, ainsi que d'autres, plus spécifiques, sur des paramètres comme les marchés, les technologies et les concurrents. Un autre point commun de ces politiques est qu'elles spécifient l'infrastructure et la formation nécessaires. Il arrive également que les pouvoirs publics fournissent aux entreprises des services plus ou moins élaborés allant de la recherche fondamentale à des conseils en comptabilité. Les politiques mises en œuvre visent également parfois à attirer l'investissement direct dans un certain pôle d'activité.

Si les politiques de promotion des pôles d'activité possèdent des caractéristiques communes, elles peuvent aussi être très différentes. C'est le cas, par exemple, en ce qui concerne le niveau d'administration concerné – local, régional, national, voire supranational. Les dispositifs peuvent aussi différer de par leur objectif : développer la base économique existante, attirer les entreprises au sein du pôle d'activité, ou une combinaison des deux.

La terminologie employée dans ce domaine est parfois vague, et une même appellation générique (« politique des pôles d'activité ») englobe souvent plusieurs mesures, parfois avec peu de différenciation. Les mesures favorisant les centres d'excellence/de compétences ou les réseaux d'entreprises en sont des exemples caractéristiques. Les réseaux d'entreprises ont des configurations et des objectifs variés. Certains sont axés sur l'échange général d'informations, alors que d'autres ont des finalités plus spécifiques. Il existe d'importantes différences entre les pôles d'activité et les réseaux d'entreprises. Ces deux types d'initiatives peuvent avoir des besoins, des objectifs et, par conséquent, des systèmes d'évaluation différents. Les dispositifs relatifs aux réseaux d'entreprises peuvent être plus faciles à concevoir et à mettre en œuvre lorsque les entreprises sont implantées à proximité les unes des autres, même si ces réseaux peuvent aussi fonctionner au-delà des frontières géographiques d'un pôle d'activité.

Les parcs industriels, ou encore les parcs scientifiques et technologiques, sont d'autres instruments territorialisés pouvant avoir de l'influence sur l'innovation. Ces instruments sont une forme d'infrastructure physique. Par conséquent, leur efficacité peut dépendre des activités ou mesures complémentaires ayant une incidence sur la collaboration engagée entre les entreprises implantées dans ces parcs à des fins d'innovation (par exemple le financement de projets de recherche conjoints). Alors que la première génération des parcs scientifiques et technologiques privilégiait les universités et leurs liens avec les grandes entreprises, la seconde génération s'est orientée vers des parcs de plus petite taille incluant des incubateurs axés sur la création de nouvelles entreprises. Pour ce qui est des parcs plus récents, l'accent y est mis sur les stratégies de développement des villes et la mise en place d'installations pour les entreprises nationales et multinationales. Dans tous les cas, il est important de faire la distinction entre la mise en place d'une infrastructure – motivée principalement par des objectifs politiques (par exemple la création d'emplois au niveau local) – et les mesures qui sont prises pour éliminer des dysfonctionnements du marché ou des obstacles à l'innovation bien réels.

Malgré la popularité des politiques de pôles d'activité, leurs évaluations sont rares et affichent des résultats mitigés. Le manque de données probantes peut s'expliquer de différentes manières. L'une des causes est que l'action gouvernementale en faveur des pôles d'activité inclut souvent de nombreux types de mesures différentes, aux objectifs multiples et connexes. Comme l'ont constaté – entre autres – Uyarra et Ramlogan (2012), les nombreuses politiques publiques susceptibles d'avoir un impact important sur les pôles d'activité ne sont presque jamais évaluées. Cela inclut notamment les politiques relatives aux transports, à l'aménagement de l'espace et au marché du travail. Les évaluations portent en revanche sur les activités menées dans le cadre d'initiatives limitées dans le temps et axées sur les entreprises. Rares sont également les données dont on dispose concernant l'incidence de la conception et de la mise en œuvre des politiques des pôles d'activité sur leurs résultats. Une récente étude de l'OCDE cite diverses analyses statistiques réalisées à l'aide de variables de contrôle (Warwick et Nolan, 2014). L'un des principaux constats est que les effets des politiques de pôles d'activité sont souvent modestes, et que les évaluations de leur impact à long terme sont quasiment inexistantes. Les dispositifs visant à encourager les réseaux d'entreprises semblent donner de meilleurs résultats. Un échantillon des principales conclusions des récentes études de l'OCDE sur les politiques territorialisées et celles axées sur les pôles d'activité est fourni ci-après.

Principaux messages relatifs aux politiques territorialisées et celles axées sur les pôles d'activité

- **Les politiques d'innovation régionales et nationales doivent trouver des moyens de stimuler l'innovation au niveau local.** Malgré l'existence de la mondialisation, la proximité a toujours de l'importance pour certaines formes d'innovation et de partage des connaissances. Des politiques explicitement territorialisées peuvent aider à adapter les instruments de la politique d'innovation aux spécificités de telle ou telle zone. Les responsables de l'action publique doivent en outre être conscients que certaines mesures, bien que non axées sur certaines zones en particulier, peuvent avoir au final des effets localisés.
- **Bien que les politiques de pôles d'activité recueillent de l'adhésion à tous les échelons de l'administration publique, il reste à prouver lesquelles des mesures concernées sont efficaces – si tant est qu'il y en ait –, et dans quelle mesure elles peuvent stimuler l'innovation ou la productivité.** La prudence s'impose donc dans la conception de ces politiques. Celles visant à éliminer les obstacles à l'innovation plutôt qu'à « susciter » l'innovation sont plus susceptibles de produire des effets.

Principaux messages relatifs aux politiques territorialisées et celles axées sur les pôles d'activité *(suite)*

- **L'action gouvernementale doit cibler explicitement les dysfonctionnements du marché.** Plusieurs types de dysfonctionnements peuvent être concernés, comme par exemple l'offre insuffisante de biens publics et le manque de coordination. D'autres lacunes auxquelles il est important de s'attaquer sont les dysfonctionnements qui touchent plus généralement les PME, comme par exemple l'offre immobilière industrielle et, parfois, la fourniture de certains services financiers. Cela dit, le fait que les marchés puissent avoir des défaillances dans certains des domaines précités ne veut pas dire qu'ils seront défaillants à tous les égards. En vérité, de nombreux pôles d'activité se sont développés sans l'intervention des pouvoirs publics.
- **Les pouvoirs publics doivent travailler sur les pôles d'activité existants et émergents plutôt que d'essayer d'en créer de nouveaux à partir de zéro.** Une politique publique dont l'objectif est de créer des pôles d'entreprises complètement nouveaux dans certains secteurs peut générer des coûts et des risques élevés, mais aussi susciter une concurrence destructrice si de nombreuses régions ont mis en place des dispositifs similaires dans les mêmes secteurs. Par ailleurs, il existe peu d'exemples – voire aucun – de pôle d'activité majeur ayant été créé sur simple volonté des pouvoirs publics.
- **La politique de pôles d'activité doit fournir un cadre permettant le dialogue et la coopération entre les entreprises, le secteur public (en particulier aux niveaux de l'administration locale et régionale) et les organisations non gouvernementales.** Ce dialogue peut servir de base et conduire à la mise en place de réseaux entre les entreprises, ainsi qu'à l'amélioration de la qualité des actions et mesures gouvernementales (par exemple en ce qui concerne la fourniture d'informations, l'offre d'infrastructure et les décisions d'affecter des investissements publics complémentaires là où il existe une concentration d'investissement privé).
- **Pour attirer les entreprises dans certaines zones et les pousser à s'y installer, l'accent doit être mis non pas sur les subventions à l'installation mais sur l'environnement économique d'ensemble.** Le versement d'aides financières directes aux entreprises pour influer sur leurs décisions d'implantation semble n'avoir que des effets limités, mais risque en revanche de créer toutes sortes de situations d'inefficience. Les facteurs généraux de réussite des pôles d'activité sont notamment les transports, l'aménagement de l'espace, le logement, la qualité des services publics et les politiques relatives au marché du travail.
- **Il est souhaitable que les relations entre les universités et l'industrie puissent être adaptées localement.** Les structures d'incitation doivent encourager l'instauration de liens avec l'industrie au niveau local. Dans les universités, il existe de nombreuses possibilités de définir des incitations à la collaboration (depuis les règles relatives à la propriété intellectuelle jusqu'aux limitations de la mobilité pour les fonctionnaires, en passant par les critères d'évaluation qui accordent peu de poids aux liens avec l'extérieur ou au développement économique). Une interaction entre les entreprises locales, les universités et les établissements de formation peut également se mettre en place de nombreuses manières différentes. Ainsi, les partenariats entre les universités et l'industrie peuvent prendre les formes suivantes : subventions et bourses, contrats de recherche ciblés, recherche collaborative et accords de consortium, formation, mobilité et programmes d'échanges. L'instauration de liens entre les universités et les PME nécessite souvent un certain soutien financier extérieur.
- **Les initiatives doivent être confiées au niveau de l'administration publique qui convient le mieux.** Dans l'idéal, ce niveau coïncidera avec l'ampleur du pôle d'activité et aura une influence non négligeable sur les programmes applicables et dépenses correspondantes.
- **Si les entreprises tirent des avantages de leur participation à des réseaux, il est naturel de s'attendre à ce qu'elles investissent de leur propre initiative dans des réseaux. Les pouvoirs publics risquent cependant de jouer un rôle de médiation et/ou de coordination et de le justifier par le fait que dans certaines zones ou certains secteurs, les entreprises n'ont guère eu l'occasion, voire pas du tout, d'expérimenter les avantages d'un réseau, ou ont été rares à prendre l'initiative d'en créer un.** L'action des pouvoirs publics peut être nécessaire, tout au moins pour lancer le processus. Pour autant, le financement doit être peu élevé et progressivement arrêté à mesure que les membres du réseau commencent à y participer plus formellement et à en tirer des avantages. L'action gouvernementale doit s'inscrire dans un calendrier réaliste. Enfin, des objectifs précis respectant les mécanismes du marché doivent être définis par les acteurs privés, ou avec eux.

6.3. Le rôle des pépinières d'entreprises

Les entreprises à forte croissance ont une influence variable aux niveaux local et national, et les disparités sont souvent aussi grandes entre les régions qu'entre les pays (graphique 6.4)[5]. Une récente analyse de l'OCDE montre que les grandes zones urbaines accueillent proportionnellement plus d'entreprises à forte croissance car elles possèdent des atouts essentiels tels que l'infrastructure, des ressources humaines qualifiées et des services de qualité. Cette prédominance est particulièrement marquée dans le secteur des services (Hart et Temouri, 2013).

Graphique 6.4. **Les entreprises à forte croissance au niveau local (2010)**

Pourcentage d'entreprises à forte croissance (en termes d'emploi) par rapport au nombre total

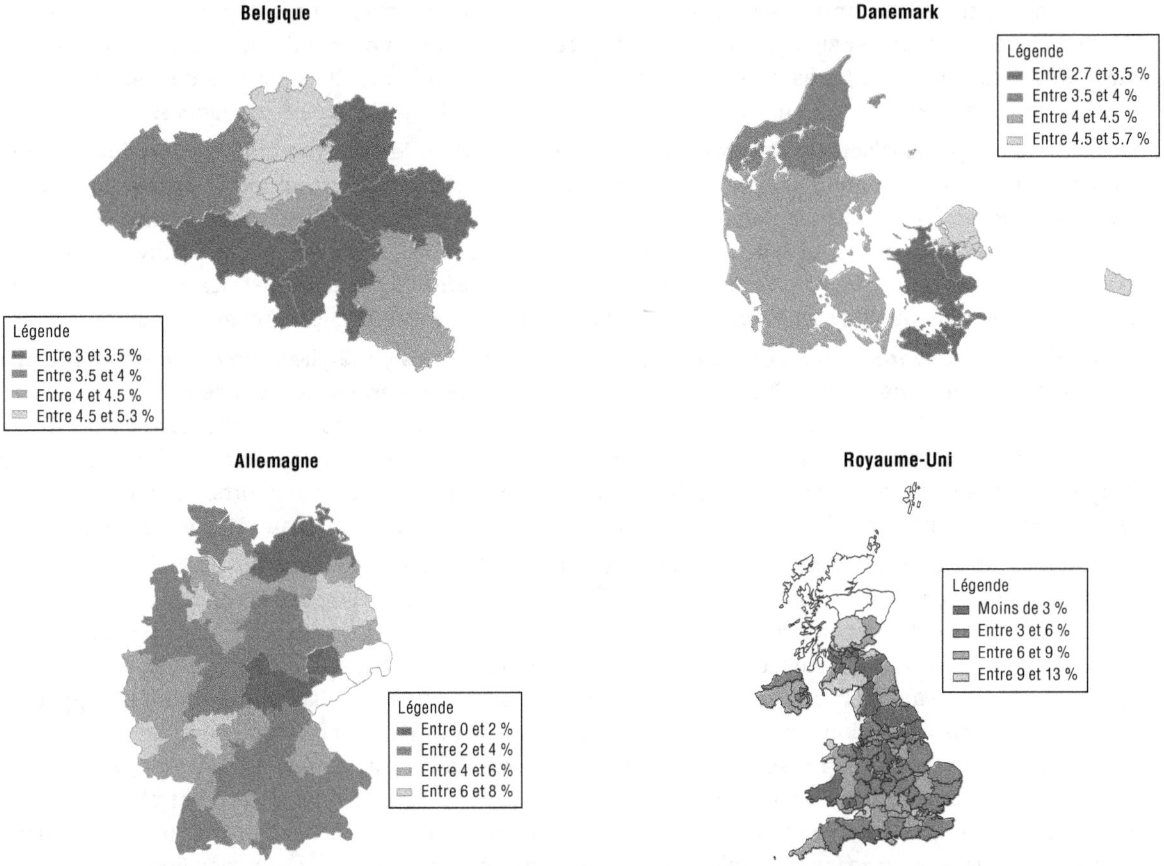

Belgique

Légende
Entre 3 et 3.5 %
Entre 3.5 et 4 %
Entre 4 et 4.5 %
Entre 4.5 et 5.3 %

Danemark

Légende
Entre 2.7 et 3.5 %
Entre 3.5 et 4 %
Entre 4 et 4.5 %
Entre 4.5 et 5.7 %

Allemagne

Légende
Entre 0 et 2 %
Entre 2 et 4 %
Entre 4 et 6 %
Entre 6 et 8 %

Royaume-Uni

Légende
Moins de 3 %
Entre 3 et 6 %
Entre 6 et 9 %
Entre 9 et 13 %

Note : Les graphiques sont établis à partir de l'analyse effectuée à l'aide de la base de données ORBIS.

Source : OCDE, d'après Hart M. et Temouri Y. (2013), « High-growth firm localities and determinants: Evidence from OECD countries ».

S'agissant de leur répartition sectorielle, les entreprises à forte croissance sont plus nombreuses dans les services que dans le secteur manufacturier. En revanche, elles ne sont pas excessivement majoritaires dans les secteurs technologiques ou à forte intensité de connaissances. En Écosse, par exemple, ces entreprises sont présentes surtout dans les services interentreprises (Brown et Mawson, 2013). En Suède, dans la région de Scania, les entreprises à forte croissance se retrouvent dans un large éventail de secteurs (Gabrielsson, Lindholm-Dahlstrand et Politis, 2012).

Dans les jeunes et petites entreprises, les facteurs particulièrement importants pour la croissance sont les compétences des entrepreneurs et des cadres, alors que dans les entreprises plus grandes et plus expérimentées, ce sont les structures formelles de gestion qui importent le plus (Wennberg, 2013). Les programmes de pépinières d'entreprises ont été créés pour aider les entrepreneurs ayant l'ambition et le potentiel de se développer à acquérir les compétences nécessaires. Ces pépinières fournissent aux entrepreneurs ayant des objectifs de croissance toute une série de services axés sur les compétences tels que parrainage, formation institutionnalisée, apprentissage mutuel informel et conseils en gestion (par exemple, l'aide au recrutement). Les pépinières d'entreprises peuvent être soit : des infrastructures « physiques » implantées géographiquement et proposant des services ; des programmes virtuels, sans implantation géographique ; ou un mélange des deux. Dans des cas plus rares, les gestionnaires des pépinières possèdent une participation dans les entreprises qu'ils assistent. L'encadré 6.2 décrit trois exemples de pépinières d'entreprises.

Encadré 6.2. **Exemples d'expériences de pépinières d'entreprises réussies**

Aux Pays-Bas, un consortium de cinq sociétés privées de conseil aux entreprises gère un programme intensif de pépinières d'entreprises (appelé « *Growth Accelerator* »), qui s'adresse aux entreprises dont le chiffre d'affaires annuel se situe entre 3 et 5 millions EUR et qui ont l'ambition de le porter à 20 millions EUR. Les entreprises participantes se voient établir un diagnostic de leur potentiel de croissance, puis suivent pendant cinq ans – sur une base hebdomadaire ou bimensuelle – des séances de conseil et de formation personnalisées. Les activités du programme sont cofinancées par les participants.

Un programme du même type a été mis sur pied en Angleterre. Le diagnostic initial des entreprises est réalisé sur la base d'une évaluation en ligne et d'entretiens téléphoniques. Les entrepreneurs rencontrent ensuite le responsable du programme, qui établit un ensemble de formes de soutien possibles et désigne un tuteur pour travailler avec chaque entreprise. Le tuteur sélectionne alors des prestataires de services de développement pour les entreprises. Ce programme, lancé en Angleterre en 2012 avec un budget de 200 millions GBP, a pour objectif d'aider 26 000 entreprises sur une période de trois ans. Une évaluation intermédiaire (Gouvernement britannique, 2014) a montré que les entreprises participantes avaient progressé sur un certain nombre de plans.

En Finlande, le programme de pépinières d'entreprises se présente sous une forme différente (Vigo). Ici, les pépinières sont des entreprises privées à but lucratif qui ont été créées et sont gérées par des entrepreneurs et des cadres expérimentés, lesquels offrent un soutien en matière de gestion et prennent des participations dans les entreprises qu'ils assistent (pas moins de 30 000 EUR dans chacune d'elles). L'État finlandais sélectionne les pépinières, paie leurs frais de gestion, co-investit dans les entreprises et possède un droit de veto sur les entreprises sélectionnées par les gestionnaires du programme.

Sources : OCDE (2013c), « Key Findings of the Work of the OECD LEED Programme on High-Growth Firms », *www.oecd.org/employment/leed/high-growthreport.htm*, et Autio (2013), « Promoting leadership development in high-growth firms », *www.oecd.org/cfe/leed/leadership-development-HGFs.pdf*.

L'OCDE a réalisé récemment une comparaison entre les pépinières d'entreprises mises en place dans ses pays membres et les non-membres (OCDE, 2013d). L'analyse porte sur différents aspects des programmes, comme par exemple la gouvernance, les activités du programme et le profil des entreprises participantes. Les principaux constats sont les suivants :

- **Gouvernance :** Les pépinières d'entreprises ont tendance à se présenter sous la forme de partenariats public-privé, dans lesquels le secteur public finance une partie des activités menées conjointement par les organisations privées. En revanche, le degré de sous-traitance des activités est variable.

- **Activités du programme :** Un outil de diagnostic est généralement utilisé pour mettre en évidence les atouts et les faiblesses des participants. Cet outil examine habituellement des aspects comme le concept de l'entreprise, son organisation, son fonctionnement et ses relations avec ses clients. Une fois le diagnostic établi, les activités du programme ciblent en général les compétences en matière de gestion et d'encadrement et comprennent des formations institutionnalisées, du mentorat, des réunions d'échanges et des séances – innovantes – d'apprentissage mutuel. L'avis fréquent des participants est que l'apprentissage mutuel est l'une des sources d'acquisition de connaissances les plus importantes du programme (mais qu'il ne faudrait pas convier à ces séances des chefs d'entreprise qui appartiennent au même secteur et sont des concurrents). Certains programmes fournissent en outre des services de conseil, par exemple sur l'utilisation des autres mécanismes de soutien mis en place par l'État ou sur la prestation de services d'aide aux entreprises (par exemple dans le domaine de la comptabilité ou du recrutement).
- **Durée :** Certains programmes se contentent d'effectuer le diagnostic des entreprises et d'aider ces dernières à trouver les prestataires de services dont elles ont besoin. D'autres fournissent une aide beaucoup plus poussée pendant des périodes pouvant aller jusqu'à cinq ans (par exemple le programme écossais « Companies of Scale »). Parce que les entreprises à forte croissance représentent un faible pourcentage de l'ensemble des entreprises, une certaine concentration des ressources sur des périodes plus longues paraît justifiée.
- **Entreprises participantes :** Les entreprises participant à des pépinières sont généralement sélectionnées sur la base de leur potentiel de croissance, qui est évalué en fonction des performances passées et de critères qualitatifs comme l'ambition de l'entrepreneur, la structure de gestion de l'entreprise et le degré d'innovation de ses produits et services. C'est ce qui fait la différence avec d'autres programmes d'action gouvernementale, où la sélection s'opère uniquement sur la base de critères quantitatifs. Les entreprises participantes ont tendance à provenir des régions les plus riches de chaque pays. Cela n'est pas surprenant, dans la mesure où les entreprises à forte croissance se trouvent principalement dans les grandes zones urbaines. Il ne faut cependant pas en déduire que les politiques d'innovation favorisent sans le vouloir les régions les plus avancées au détriment des autres. Les entreprises participantes émanent d'un large éventail de secteurs.

Tirés de la publication OCDE (2013d), les principaux messages adressés aux responsables de l'action publique souhaitant installer des pépinières d'entreprises sont fournis ci-après.

Principaux messages relatifs à la création et au fonctionnement des pépinières d'entreprises

- Faire participer des organisations du secteur privé (comme des sociétés de conseil aux entreprises, des spécialistes de la propriété intellectuelle et du marketing, ainsi que des juristes d'entreprise) aux phases de conception et de mise en œuvre.
- Faire cofinancer les pépinières par les entrepreneurs participants, de manière à s'assurer de leur implication dans les activités du programme.
- Si la pépinière prend part au capital des entreprises qu'elle assiste, s'assurer que cette pratique ne dissuade pas les entreprises prometteuses d'y participer. L'un des procédés recommandés est de prendre une part symbolique dans le capital de l'entreprise participante, ou de faire en sorte que cette part soit convertible en créance en cas de réussite.

Principaux messages relatifs à la création et au fonctionnement des pépinières d'entreprises *(suite)*

- Mettre au point un ensemble varié d'activités de développement des compétences qui s'appuie sur un apprentissage interactif et fondé sur l'expérience. S'assurer que l'apprentissage mutuel fait partie des activités au programme.
- Ne pas répartir les ressources entre un trop grand nombre d'entreprises. En revanche, privilégier les entreprises ayant l'ambition et le potentiel de se développer. Éviter de fournir un soutien pendant trop longtemps et sans fixer d'objectifs.
- Sélectionner les entreprises en utilisant à la fois des critères quantitatifs (par exemple, les taux de croissance récents du chiffre d'affaires et des effectifs, les ventes à l'export et l'investissement dans l'innovation) et qualitatifs (par exemple, les nouveaux produits ou services, l'ambition personnelle), et en accordant plus d'importance aux premiers.
- S'assurer que les pépinières d'entreprises ne ciblent pas uniquement les secteurs technologiques, et que les entreprises vouées à la croissance et situées dans des régions moins prospères sont tout spécialement prises en considération en raison de leur impact potentiel sur la création d'emplois.

Source : OCDE (2013d), « An International Benchmarking Analysis of Public Programmes for High-Growth Firms », *www.oecd.org/employment/leed/high-growthreport.htm*.

6.4. La nouvelle politique industrielle et la spécialisation intelligente

Le débat concernant les politiques d'innovation examinées précédemment doit tenir compte d'un nouvel élément, à savoir le regain d'intérêt au niveau mondial pour la politique industrielle (O'Sullivan et al., 2013 ; Warwick, 2013 ; Stiglitz, Lin et Monga, 2013). Cette politique a cependant changé de nature et n'est plus centrée comme autrefois sur le versement de subventions publiques et l'accompagnement des champions nationaux. Les partisans d'une nouvelle politique industrielle voient dans l'État un facilitateur qui, face à la complexité et à l'incertitude, permet une coordination plus étroite entre les différents acteurs économiques ainsi qu'une plus grande expérimentation au sein de l'économie. Comparée aux expériences passées de la politique industrielle, celle que l'on appelle la « nouvelle politique industrielle » présente quelques-unes ou l'ensemble des caractéristiques suivantes (Warwick, 2013 ; Warwick et Nolan, 2014) :

- plus d'importance accordée à la constitution de réseaux, à l'amélioration de la coordination et au renforcement de la sensibilisation
- diminution du soutien direct, à savoir les aides et les subventions de l'État (pour corriger le dysfonctionnement du marché)
- priorité à une politique industrielle stratégique (plutôt que défensive)
- abandon des stratégies sectorielles pour ne privilégier que certaines technologies et activités.

Les deux derniers points, en particulier, créent un rapprochement entre la politique industrielle et la politique d'innovation du fait des liens supposés entre le progrès technologique et l'évolution structurelle de l'économie. D'un autre côté, il est de plus en plus admis que l'État ne doit supporter les risques que de façon « proportionnée », c'est-à-dire suffisamment pour que cela compte, mais pas trop pour ne pas entraîner un risque moral. Les responsables de l'action publique sont en outre de plus en plus conscients de la nécessité de planifier une sortie de cette politique et de le faire savoir pour résister à la pression de ceux qui en bénéficient.

La nouvelle politique industrielle présente également deux autres aspects importants, comme le montrent les expériences menées dans des pays comme le Royaume-Uni et les Pays-Bas. D'une part, une stratégie industrielle n'est *pas* uniquement une question d'argent, c'est-à-dire le versement de fonds ou de subventions à des entreprises, des technologies, des activités ou des capacités particulières. C'est aussi un ensemble de mesures complémentaires prises par les pouvoirs publics pour permettre à un groupe particulier d'entreprises d'être performantes et d'acquérir un avantage concurrentiel au niveau mondial. Ces mesures peuvent être par exemple un allégement de la réglementation (ou une réglementation plus stricte en faveur de l'innovation), un assouplissement du marché du travail, des politiques migratoires facilitant l'accès des entreprises à de nouveaux talents, ou des marchés publics favorisant/encourageant l'innovation et la concurrence dans certains secteurs. D'autre part, bien que moins centrée sur les secteurs, la politique industrielle est *bel et bien* conçue avec la conscience que les divers secteurs et groupes d'entreprises ont des relations différentes avec l'État. Certains sont presque entièrement dépendants de la politique gouvernementale (par exemple les établissements privés de santé ou d'enseignement, ainsi que l'industrie de la défense), alors que d'autres en subissent beaucoup moins les effets (comme le commerce de détail de vêtements). Une approche différenciée tenant compte du rôle de l'État – positif ou négatif – est donc un autre aspect important de ce que l'on appelle la politique industrielle « intelligente ».

Lors de la mise en œuvre de ces nouvelles politiques industrielles, il est important d'avoir conscience et d'accepter que des erreurs et des faux-pas sont inévitables. Une partie de la difficulté consiste à mettre au point des procédures de gouvernance permettant de détecter et de corriger ces erreurs (Rodrik, 2008). Par voie de conséquence, le suivi et l'évaluation sont devenus des étapes indispensables de la politique industrielle. On note, heureusement, la tendance des professionnels de l'évaluation à faire un usage accru de techniques plus rigoureuses présentant deux caractéristiques connexes : la mise en évidence d'un événement contrefactuel (c'est-à-dire de ce qui serait arrivé en l'absence de mesure gouvernementale) et la déduction du lien de causalité (par opposition à la simple corrélation). On trouvera examen plus approfondi de cette question au chapitre 8 du présent rapport.

L'une des applications de la nouvelle politique industrielle est la spécialisation intelligente, qui consiste pour les administrations régionales (et nationales) à encourager les investissements dans les domaines pouvant « compléter les autres actifs productifs en vue de constituer les capacités intérieures de demain et d'acquérir un avantage concurrentiel interrégional » (Foray et al., 2009). La principale différence entre la spécialisation intelligente et les politiques industrielles et d'innovation traditionnelles est ce que l'on appelle la « découverte entrepreneuriale », c'est-à-dire un processus interactif dans lequel les forces du marché et le secteur privé découvrent et produisent des informations sur de nouvelles activités, tandis que les pouvoirs publics évaluent les résultats et donnent les moyens d'agir aux acteurs présentant le plus de potentiel (Foray, 2013 ; Hausmann et Rodrik, 2003). Il apparaît donc que les stratégies de spécialisation intelligente sont beaucoup plus décentralisées que les politiques industrielles traditionnelles.

À l'instar de la politique industrielle traditionnelle, les stratégies de spécialisation intelligente ont pour but de pallier les dysfonctionnements du marché/des systèmes et le manque de coordination. Dans le cas des politiques industrielles traditionnelles, de grandes quantités d'informations étaient nécessaires pour justifier le versement de subventions, et ces politiques avaient tendance à être mises en œuvre dans des secteurs intégrés verticalement et dotés d'un modèle d'évolution technologique stable. En revanche, dans le cas de la spécialisation intelligente – comme dans celui des nouvelles politiques industrielles –, le manque d'informations parfaites, le niveau d'avancement d'une activité donnée et les risques relatifs liés à l'intervention des pouvoirs publics sont des paramètres connus. L'accent est donc mis sur le soutien aux entrepreneurs – pour les aider à mettre en évidence leurs atouts en matière de connaissances au niveau régional –, et sur l'utilisation d'une approche plus exploratoire, en vertu de laquelle les responsables de l'action publique captent les signaux du marché à l'aide de toutes sortes d'outils d'évaluation (comme par exemple des sondages ou une analyse SWOT des forces, faiblesses, opportunités et menaces) et de mécanismes comme les partenariats public-privé, la prospective technologique et l'établissement de feuilles de route, pour n'en citer que quelques-uns. Un récent rapport de l'OCDE sur la spécialisation intelligente a énoncé les messages suivants (OCDE, 2013e) :

- **Les dispositifs de découverte entrepreneuriale.** La politique de spécialisation intelligente nécessite une « sélection entrepreneuriale » des possibilités de développement commercial (par exemple pour minimiser les échecs et éviter que les pouvoirs publics ne prennent des décisions peu avisées). Tandis que la spécialisation du pays/d'une région (autodécouverte) s'opérera en direction des entreprises performantes, le rôle de l'Etat sera de mettre au point une stratégie adaptable privilégiant les objectifs intermédiaires mesurables, recensant les goulots d'étranglement et les dysfonctionnements du marché, et garantissant l'injection de retours d'information dans le processus d'élaboration de la politique. Cette approche s'accompagne d'incitations pour stimuler l'entrepreneuriat et encourager l'agglomération.
- **La priorité aux plateformes et réseaux technologiques généralistes.** Compte tenu du nombre d'applications différentes que peuvent avoir les technologies polyvalentes, la création de plateformes regroupant les acteurs publics et privés ainsi que les organisations de normalisation peut permettre d'accroître la productivité dans les secteurs existants et de repérer plus facilement les secteurs où concentrer les ressources.
- **Des outils et une infrastructure de diagnostic s'appuyant sur des indicateurs.** La spécialisation intelligente requiert des régions et des pays qu'ils mettent en place une infrastructure et une série d'indicateurs permettant d'assurer le suivi et l'évaluation des résultats et des politiques publiques.
- **La gouvernance stratégique.** Une bonne gouvernance et le développement des capacités locales sont indispensables pour repérer les atouts au niveau local, harmoniser les actions gouvernementales, développer une masse critique, imaginer une vision d'avenir et mettre en œuvre une stratégie bien conçue. On trouvera un examen plus approfondi de cette question au chapitre 8 du présent rapport.
- **L'ouverture aux autres régions.** La stratégie de spécialisation régionale doit tenir compte du fait que les autres régions mènent également des activités de création de savoir, et qu'une duplication risque d'entraîner une baisse d'efficacité, et au final l'échec. Par conséquent, il est important qu'une coopération s'instaure avec des régions possédant des capacités et des stratégies complémentaires.

6.5. La politique agissant sur la demande et les grands enjeux mondiaux

La politique d'innovation agissant sur la demande a pour but d'accroître la demande d'innovations ou d'améliorer les conditions de leur adoption et de leur diffusion. Comme le décrit une publication de l'OCDE de 2011 (2011b), les principaux instruments utilisés par les pouvoirs publics sont les marchés publics orientés vers l'innovation, la réglementation, les normes et la diffusion d'informations (en particulier à l'intention des consommateurs).

L'idée de stimuler l'innovation par une politique de la demande – en particulier des marchés publics – n'est pas nouvelle. En réalité, cela fait des décennies que certains pays appliquent des procédures de passation de marchés publics pour l'approvisionnement technologique, principalement dans les secteurs de la défense, de l'énergie et des transports. Or, ces dernières années, l'intérêt des pouvoirs publics pour les initiatives axées sur la demande s'est renforcé, en partie dans l'espoir qu'elles puissent encourager l'innovation en direction de certains grands enjeux mondiaux comme le vieillissement de la population ou le changement climatique. Par ailleurs, compte tenu des restrictions budgétaires dans la plupart des pays de l'OCDE, les politiques agissant sur la demande présentent l'attrait d'être éventuellement moins coûteuses que d'autres formes de soutien. L'intérêt renouvelé pour ces dispositifs reflète peut-être aussi une conscience accrue des remontées d'informations qui s'opèrent entre la demande et l'offre au sein du processus d'innovation.

Principaux défis des marchés publics orientés vers l'innovation

L'utilisation des marchés publics pour promouvoir l'innovation peut avoir plusieurs raisons :

- Du fait de leur pouvoir d'achat, les administrations publiques peuvent avoir une influence *directe* sur l'innovation (les marchés publics peuvent permettre aux entreprises de récupérer les coûts irréversibles de leurs investissements risqués et parfois colossaux) mais aussi *indirecte* (en tant que principal consommateur, l'État peut influer sur la diffusion d'une innovation).
- La fourniture de certains services publics fondamentaux peut devenir plus rentable (à base égale) si les formes d'innovation adaptées sont retenues[6].
- L'octroi de marchés publics à des entreprises innovantes de petite taille peut permettre d'atténuer les problèmes d'accès au financement (par exemple en conférant aux prêteurs extérieurs un certain degré de sécurité).
- Les pouvoirs publics peuvent avoir besoin de créer un marché pour une nouvelle technologie dans le but de s'attaquer à un problème de fond nécessitant une action rapide. Un exemple est la recherche de technologies à faible émission de carbone pouvant être commercialisées.

Pendant un certain temps, la passation de marchés publics a été utilisée pour faciliter l'émergence de secteurs de pointe ; ce fut le cas dans des pays comme les États-Unis, le Japon et la France (où ces marchés ont permis de développer des technologies pour le train à grande vitesse et l'énergie nucléaire). Ces dernières années, en revanche, des pays comme l'Allemagne, l'Australie, la Finlande, le Royaume-Uni et la Suède ont donné une nouvelle impulsion aux marchés publics dans le but de promouvoir l'innovation et d'atteindre des objectifs sociétaux. Sur les 34 pays membres de l'OCDE, 16 indiquent avoir utilisé la passation de marchés pour favoriser l'offre de produits ou de services innovants. Cela dit, seuls six d'entre eux contrôlent ou mesurent régulièrement les résultats de cette stratégie (OCDE, 2014a).

Malgré l'existence de stratégies nationales, une récente enquête menée auprès des entreprises de six pays de l'OCDE (Allemagne, Autriche, Belgique, Finlande, Portugal et Suède) révèle que les exigences d'innovation sont relativement rares dans les contrats de marchés publics (Appelt et Galindo-Rueda, à paraître). Bien que la passation de marchés représente environ 16 % du PIB dans les pays de l'OCDE, une faible partie de ces dépenses est consacrée explicitement à l'innovation. Des progrès pourraient probablement être faits en ce qui concerne le recueil des bienfaits potentiels des marchés publics pour l'innovation, mais pour cela, plusieurs problèmes doivent être résolus :

- Les marchés publics orientés vers l'innovation doivent être efficients, concurrentiels et responsables.
- Les organismes spécialisés dans la passation des marchés – dont la principale tâche est de veiller à l'efficience des achats – manquent souvent de compétences en matière d'innovation. Certains pays de l'OCDE ont émis des consignes concernant les marchés publics orientés vers l'innovation (par exemple, le Royaume-Uni) ; d'autres (la Finlande, par exemple) ont mis en place des instruments de financement pour encourager ces types de marchés.
- La passation des marchés publics est souvent fragmentée entre les administrations locales, régionales et nationales. Cette fragmentation de la demande publique limite les effets d'échelle, lesquels peuvent être utiles pour favoriser le caractère innovant des marchés publics ; les marchés publics de faible ampleur peuvent néanmoins permettre l'expérimentation de nouvelles idées et de nouveaux modèles de services publics. Cela dit, pour un grand nombre d'investissements réalisés au profit d'une innovation potentielle, le fait de disposer d'un marché public de grande ampleur améliore la rémunération des risques.
- Lorsque le dispositif de passation des marchés est décentralisé et que les acheteurs publics professionnels sont peu nombreux, le manque de compétences concernant le caractère innovant des achats représente un gros problème. Une enquête réalisée en 2013 auprès des organismes publics chargés des achats en Finlande montre que la taille de ces organismes a un impact sur l'incidence des marchés publics orientés vers l'innovation. Contrairement aux organismes de petite taille, ceux comptant au moins 1 000 fonctionnaires sont plus susceptibles d'effectuer des achats pour lesquels ils sont les premiers utilisateurs. Ils sont aussi plus susceptibles d'attribuer des contrats incluant des travaux de mise en œuvre (qui peuvent donner lieu à un certain degré d'innovation). Par ailleurs, les responsables des marchés publics ne savent pas toujours comment s'y prendre, lors des procédures d'achat, pour tenir compte des critères sociaux, environnementaux ou d'innovation.
- Les marchés publics orientés vers l'innovation comportent plus de risques qu'une procédure d'achat standard. Ces risques, qui peuvent dissuader d'organiser des marchés tournés vers l'innovation, sont notamment les suivants :
  - **risques technologiques** : risques de non-réalisation dus aux caractéristiques techniques des achats (biens ou services nouveaux)
  - **risques organisationnels et sociétaux** : risques inhérents à l'organisme responsable des achats et/ou liés à l'adoption du bien ou du service par les utilisateurs
  - **risques liés au marché** : notamment le risque que les fournisseurs ne donnent pas suite à l'appel d'offres, ou que le marché potentiel ne se développe pas.

Les risques associés aux marchés publics tournés vers l'innovation ont tendance à augmenter avec le degré d'innovation. Plus spécifiquement, les procédures d'achat concernant des produits en phase de pré-commercialisation peuvent présenter des risques considérables. Il existe pour tous les risques des possibilités de les atténuer, par exemple via la conception du contrat et la modification des procédures. L'atténuation des risques nécessite cependant du personnel compétent et expérimenté. Pour que les marchés publics généraux accordent une plus grande place à l'innovation mais s'accompagnent de peu de risques supplémentaires, il suffit de spécifier, non pas les caractéristiques techniques prédéfinies des biens et des services, mais les fonctionnalités qu'ils doivent avoir. De cette manière, les marchés disposent d'une plus grande marge de manœuvre pour déployer leur créativité et proposer des produits nouveaux ou de conception nouvelle qui remplissent les fonctions spécifiées.

Les procédures d'achat public ne doivent pas désavantager les PME (innovantes). Dans la réalité, il est fréquent qu'elles privilégient les entreprises bien en place (qui disposent de moyens plus importants pour répondre aux appels d'offres de l'administration publique). Le fait d'appeler la plus grande variété possible d'entreprises à participer est une bonne chose pour l'équité, et cela permet d'élargir l'éventail des idées proposées. Les marchés publics ne doivent pas non plus exclure les acteurs non nationaux. Les pays de l'OCDE doivent respecter les normes et obligations internationales (par exemple l'Accord sur les marchés publics de l'OMC).

Quasiment aucune évaluation systématique n'a été réalisée pour déterminer les effets des marchés publics orientés vers l'innovation (voir aussi Warwick et Nolan, 2014), hormis quelques études de l'agence DARPA (*Defense Advanced Research Projects Agency*) aux États-Unis. L'OCDE cherche à améliorer la situation. L'objectif est de produire des indicateurs adaptés présentant de l'intérêt pour l'action des pouvoirs publics, et d'analyser l'impact des marchés publics sur l'innovation et d'autres performances économiques (Appelt et Galindo-Rueda, à paraître).

Principaux défis de la réglementation axée sur l'innovation

La réglementation est l'ensemble des règles mises en œuvre par les pouvoirs publics et les organismes gouvernementaux pour influencer les comportements des acteurs privés au sein de l'économie. La réglementation produit des effets indirects sur l'innovation, car elle établit les conditions-cadres des entreprises et n'entraîne aucun versement direct de fonds publics. Les réglementations peuvent influer sur les performances des produits ou des services (par exemple la qualité, la compatibilité ou les normes en matière d'émissions) ou leurs effets (par exemple sur la santé, la sécurité ou l'environnement), et donc avoir des conséquences directes sur la demande de biens et services innovants. Au Japon, par exemple, le programme *Top Runner* utilise un processus dynamique pour établir et réviser les normes d'efficience énergétique : ayant mesuré l'efficience maximale obtenue, il fait de cette performance le niveau de référence pour 23 catégories de produits. Sans puiser dans les finances publiques, ce procédé flexible de fixation des niveaux de référence incite les entreprises à améliorer rapidement les performances de leurs produits.

L'élaboration des politiques publiques doit tenir compte des considérations suivantes :

- La réglementation requiert une connaissance approfondie des différents secteurs et technologies. Ses effets sur l'innovation sont complexes et peuvent, de prime abord, être ambigus. La réglementation peut à la fois inhiber et stimuler l'innovation (comme le suggérait déjà l'hypothèse de Porter, examinée au chapitre 1 du présent rapport).
- Les effets de la réglementation sur l'innovation risquent de se faire sentir dans certains secteurs ou pour certaines technologies. La durée de ces effets peut aussi varier d'une réglementation à l'autre, selon les caractéristiques de chaque secteur.

- Pour évaluer la pertinence d'une politique réglementaire ciblée, les analystes doivent se demander si, en l'absence de cette réglementation, les acteurs du marché inventeraient la technologie appropriée. Par exemple, pourrait-on espérer que les constructeurs automobiles améliorent la consommation en carburant des moteurs s'il n'y avait pas de réglementation sur l'efficience des moteurs ? Le marché est-il verrouillé par les technologies et les plateformes existantes ? L'efficience ou non du marché dépendra certainement de considérations spécifiques à chaque secteur.
- Une grande attention doit être accordée à la forme précise de la réglementation. Ainsi, l'incertitude concernant la durée de la réglementation risque de réduire son efficacité ou son influence sur les conditions de la demande.
- L'analyse effectuée par l'OCDE montre qu'il est utile de tenir compte des caractéristiques de conception des différents instruments (fondés sur le marché ou la réglementation)[7]. Les caractéristiques auxquelles il convient de prêter attention sont les suivantes (exemple de la politique environnementale) :
  - **Rigueur.** L'objectif de la politique environnementale est-il ambitieux ?
  - **Prédictibilité.** Quel est l'effet de la politique sur l'incertitude des investisseurs ?
  - **Flexibilité.** L'innovateur a-t-il la liberté de choisir la méthode la plus efficace pour atteindre l'objectif ?
  - **Incidence.** La politique vise-t-elle directement l'externalité, ou agit-elle sur un « substitutif » de l'élément polluant ?
  - **Profondeur.** Existe-t-il des incitations à innover, telles que des objectifs progressivement plus exigeants ?

L'instrument idéal sera *suffisamment strict* pour encourager le maximum d'innovation, *suffisamment stable* pour offrir aux investisseurs un horizon de planification adapté à la réalisation d'investissements risqués et *suffisamment flexible* pour encourager les inventeurs à créer des solutions réellement innovantes ; il devra en outre *cibler de près* l'objectif visé par les pouvoirs publics et fournir des incitations permettant une innovation continue. Il n'existe pas de correspondance automatique entre le type d'instrument et ses caractéristiques fondamentales en termes de conception. Ainsi, des taxes environnementales diverses peuvent présenter toutes sortes de combinaisons de caractéristiques, et une norme réglementaire peut avoir plus de points communs avec une taxe qu'avec une norme technologique.

L'analyse des coûts-avantages sociaux d'une réglementation – à la fois avant et après sa mise en œuvre – est une tâche essentielle. Même lorsqu'une réglementation stimule l'innovation, la politique dans laquelle elle s'intègre peut présenter globalement un bilan négatif. Pour citer un exemple, l'analyse des coûts-avantages d'une réglementation mise en œuvre aux États-Unis concernant l'efficacité énergétique des véhicules automobiles montre qu'une légère hausse de la taxe sur les carburants entraînerait les mêmes économies de consommation de carburant mais à un coût beaucoup plus faible pour la société (notamment parce que cette réglementation est susceptible de réduire le coût marginal de l'utilisation d'un véhicule et donc encourager cette utilisation). Cette analyse peut être approfondie en isolant les effets spécifiques de la réglementation par rapport à d'autres facteurs. Elle nous montre, entre autres, la complexité intrinsèque des cheminements par lesquels la réglementation peut influer sur l'innovation.

Principaux défis des normes axées sur l'innovation

Les normes sont des documents élaborés d'un commun accord à des niveaux divers (sectoriel, national, régional ou international) et définissant les règles, pratiques, systèmes de mesure ou conventions appliqués à une technologie, une activité commerciale ou la société en général. Les normes influent de multiples manières sur l'innovation et d'autres indicateurs de la performance économique, et cela fait quelques années que les responsables de l'action publique se sont rendu compte de leurs effets bénéfiques sur l'économie.

Contrairement à la réglementation, l'établissement des normes relève principalement de la responsabilité du secteur des entreprises. Les pouvoirs publics agissent comme facilitateur ou coordonnateur. Le rôle du secteur public dans le domaine des normes consiste surtout à adopter des mesures pour permettre aux groupes sous-représentés de prendre part à leur élaboration (en particulier la communauté des chercheurs), et à apporter son soutien pour l'établissement des normes internationales. On constate en effet une tendance nette en faveur de la normalisation internationale, qui s'explique par l'importance croissante que revêtent, dans une économie mondialisée, une compatibilité et une interface transfrontières (à l'heure actuelle, par exemple, les fabricants d'ampoules à faible consommation d'énergie doivent répondre à des normes de performance différentes selon les marchés). Les pays et les entreprises jouant un rôle de premier plan dans l'établissement de normes internationales peuvent en retirer des avantages, si tant est que ces nouvelles normes soient compatibles avec celles existant au niveau national et/ou avec les caractéristiques de leur appareil de production.

Lorsque les normes sont introduites trop tôt, elles risquent d'empêcher et de bloquer l'émergence de technologies plus élaborées. Si elles arrivent trop tard, les coûts de la transition peuvent être si élevés qu'ils ralentiront ou empêcheront le processus. Si le cycle de vie des produits se raccourcit, le choix du moment le plus approprié pour lancer une norme risque de devenir de plus en plus important. Il n'existe malheureusement pas de règle générale pour savoir si une norme est prématurée, car l'innovation future peut toujours présenter des caractéristiques imprévues. Enfin, les normes établies par des organismes différents ne doivent pas se gêner ou se faire obstacle mutuellement. Un exemple de la façon dont cette question peut être traitée est le cas du Royaume-Uni, qui a décidé de créer une commission gouvernementale pour discuter de la politique de normalisation et prendre des décisions à cet égard.

Les principaux messages relatifs aux travaux de l'OCDE sur les politiques de la demande sont résumés ci-après.

Principaux messages relatifs à la politique de la demande et aux grands enjeux mondiaux

Marchés publics orientés vers l'innovation

- À l'instar des marchés publics traditionnels, ceux orientés vers l'innovation doivent être efficients, concurrentiels et responsables. Il est probable que les marchés publics puissent avoir des effets bénéfiques sur l'innovation dans la plupart des pays, à la fois par une baisse des coûts au fil du temps et par une intensification de l'activité innovante.
- Des consignes claires, des outils et une aide au renforcement des capacités sont nécessaires pour que les marchés publics puissent stimuler l'innovation. Les marchés publics orientés vers l'innovation comportent plus de risques qu'une procédure d'achat standard. Il est possible d'atténuer ces risques, mais cela nécessite du personnel compétent et expérimenté.

Principaux messages relatifs à la politique de la demande et aux grands enjeux mondiaux *(suite)*

- Les procédures d'achat public ne doivent pas désavantager les PME (innovantes). La participation aux marchés publics ne doit par exemple pas être trop coûteuse ni exiger de démarches administratives trop lourdes. Le fait d'appeler la plus grande variété possible d'entreprises à participer est une bonne chose pour l'équité et pour glaner le plus de bonnes idées possible.

Réglementation axée sur l'innovation

- La réglementation requiert une connaissance approfondie des différents secteurs et technologies. Ses effets sur l'innovation sont complexes et de durée incertaine et peuvent, de prime abord, être ambigus.
- Il convient d'accorder une grande attention à la forme précise de la réglementation. Certaines caractéristiques, mêmes mineures, d'une réglementation peuvent entraîner des comportements non souhaités. L'analyse des coûts-avantages sociaux de la réglementation est essentielle, car même si cette réglementation réussit à stimuler l'innovation, elle n'offre pas forcément un bon rapport coût-efficacité global.
- Dans l'idéal, un instrument de réglementation doit être suffisamment strict pour encourager le maximum d'innovation, suffisamment stable pour offrir aux investisseurs un horizon de planification approprié et suffisamment flexible pour encourager les innovateurs à créer des solutions réellement innovantes ; il doit en outre cibler de près l'objectif visé par les pouvoirs publics et fournir des incitations permettant une innovation continue.

Normes axées sur l'innovation

- Le rôle du secteur public dans le domaine des normes consiste principalement à adopter des mesures pour permettre aux groupes sous-représentés de prendre part à leur élaboration (en particulier la communauté des chercheurs), et à apporter son soutien pour l'établissement de normes internationales.
- Il convient de veiller à ce que les normes établies par des organismes différents ne se gênent pas ni ne se fassent obstacle mutuellement.

6.6. La politique à l'égard des consommateurs et l'innovation

Les consommateurs jouent un rôle important au regard de l'innovation, non seulement de par leur influence sur la demande de produits, mais aussi de par la façon dont ils peuvent influer sur les activités innovantes des entreprises. Les consommateurs peuvent être directement associés aux processus d'innovation des entreprises. La politique publique peut en outre orienter leur demande et leurs contributions à l'innovation en établissant des réglementations et des normes qui réduisent les risques encourus par les consommateurs lorsqu'ils adoptent des produits et des services innovants ; en garantissant l'existence d'une infrastructure des TIC efficiente pour permettre la collaboration entre les entreprises et les utilisateurs finaux ; en stimulant l'innovation axée sur les utilisateurs à l'aide de subventions ; en lançant des marchés publics pour trouver des innovations qui seront à terme vendues aux particuliers en vue de leur utilisation finale ; en fournissant des informations, organisant des campagnes de sensibilisation et soutenant des initiatives visant à informer et éduquer les consommateurs sur les produits et les services innovants.

Le rôle des consommateurs et de la politique de consommation à l'égard de l'innovation font l'objet d'une attention accrue depuis quelques années, dans le contexte des progrès dans le domaine des TIC, de l'évolution des comportements des consommateurs et de l'intensification de la concurrence, autant de facteurs favorisant l'innovation induite par les consommateurs et faisant apparaître de nouveaux défis pour des consommateurs qui évoluent sur des marchés plus complexes, fondés sur les données, à forte intensité de services et mondialisés. En 2014, consciente du rôle vital de la protection et de la responsabilisation des consommateurs au regard de la performance économique et de l'innovation, l'OCDE a recommandé aux responsables de l'action publique de revoir leur politique de consommation en tenant compte du caractère dynamique du marché actuel et des problèmes qu'il suscite (OCDE, 2014b). La recommandation du Conseil de l'OCDE s'appuyait sur le *Guide pour le développement des politiques de consommation* de l'OCDE (OCDE, 2010b). Proposant un processus en six étapes, ce guide fournit aux responsables de l'action publique et aux organismes de contrôle un cadre leur permettant de déterminer s'ils doivent intervenir – et, dans l'affirmative, quand et comment – pour régler efficacement les dysfonctionnements du marché.

Comme l'indique ce guide de l'OCDE, un consommateur prenant des décisions avisées et raisonnées représente un puissant moteur pour l'innovation, la hausse de la productivité et la concurrence. Les consommateurs jouent en effet un rôle très important en tant que moteurs de l'innovation et de la productivité dans le domaine des TIC et de l'internet. Dans ce cas précis, l'amélioration de la capacité d'accès à des produits et informations commerciales – et donc de la capacité de comparaison – à l'aide de toutes sortes de plateformes innovantes (comme les médias sociaux ou les sites web permettant de comparer les prix et les produits) et d'outils interactifs (comme les analyses et les notations de produits) a conduit le consommateur à s'intéresser à un éventail toujours plus grand de produits innovants (sous forme matérielle ou numérique). Ces interactions, ainsi que la demande de produits inventifs, ont incité les entreprises à mettre au point de nouveaux modèles économiques, à améliorer leurs produits et en développer de nouveaux, et à proposer aux consommateurs des offres plus personnalisées, dans de brefs délais et avec un bon rapport coût-efficacité. Les entreprises ont été aidées dans cette tâche par la collecte et l'analyse de données sur les consommateurs (OCDE, 2015a).

Toutefois, malgré les nombreux avantages que cette évolution comporte pour les entreprises comme pour les consommateurs, les parties prenantes soulignent la nécessité de trouver un meilleur équilibre entre, d'une part, l'innovation et, d'autre part, la protection et la responsabilisation des consommateurs. À cet égard, les responsables de l'action publique d'un certain nombre de pays mettent l'accent sur la révision non seulement de la politique de consommation, mais aussi des dispositions relatives à des domaines connexes comme les télécommunications, la protection de la vie privée et la concurrence[8]. Dans le même esprit, l'OCDE s'est intéressée aux moyens permettant d'accroître l'efficacité des dispositifs d'information et de protection des consommateurs – contre les pratiques frauduleuses et trompeuses – dans les domaines des services de télécommunications et du commerce électronique.

Les consommateurs et les services de télécommunications

Dans beaucoup de pays de l'OCDE, la déréglementation et la privatisation du secteur des télécommunications ont procuré au consommateur de nombreux avantages, notamment une offre continue de produits nouveaux et perfectionnés. D'un autre côté, le consommateur se trouve confronté à la difficile tâche de devoir comprendre et comparer des offres, des systèmes de tarification et des conditions contractuelles complexes. Les autorités de régulation et de contrôle des télécommunications ont signalé un certain nombre de techniques de marketing et de pratiques commerciales frauduleuses et trompeuses, qui ont pour effet de saper la confiance du consommateur (OCDE, 2011c). Cela concerne par exemple les vitesses annoncées du haut débit (qui sont en fait théoriques) ou les publicités mettant en avant le coût minimum d'un service, sans fournir d'informations sur les surcoûts éventuels. Un large éventail de mesures et de dispositifs de contrôle ont été mis en œuvre pour résoudre ces problèmes : codes professionnels et autres outils d'autodiscipline (qui ont la préférence de la plupart des autorités), lois et réglementations (par exemple concernant l'obligation d'information), et sanctions (civiles et pénales).

Un exemple d'approche flexible est celle mise en œuvre au Royaume-Uni, où l'autorité de régulation des télécommunications – l'Ofcom – a conclu un contrat avec une société privée pour la fourniture d'une plateforme permettant aux consommateurs de mesurer le débit effectif de leur connexion internet (par opposition au débit annoncé). Cette initiative a en outre permis à l'Ofcom de mieux comprendre les différences de débit entre les différentes zones géographiques. Un autre exemple utile est celui de la Colombie, où un règlement émis en 2011 par la Commission de réglementation des télécommunications (CRC) oblige les fournisseurs de services de télécommunications à publier sur leurs sites web des données concernant la qualité de leurs services. La CRC utilise ces données pour publier des informations sur la qualité de service des différents fournisseurs dans les différentes régions, ce qui aide les consommateurs à prendre des décisions en connaissance de cause (OCDE, 2014c).

Les consommateurs et le commerce électronique

Dans le cadre de la révision de ses *Lignes directrices régissant la protection des consommateurs dans le contexte du commerce électronique* (1999), l'OCDE a récemment recensé trois domaines dans lesquels l'innovation a eu des effets positifs pour les consommateurs et les entreprises, en particulier les PME. Ces domaines sont les suivants :

- **Paiements mobiles et en ligne** (OCDE, 2014d) : L'accès, dans le cadre du commerce électronique, à des modes de paiement plus pratiques et plus faciles à utiliser simplifie l'acquisition et l'usage des produits. Les consommateurs bénéficient de systèmes de paiement peu coûteux qui sont de plus en plus gérés par des organisations financières non traditionnelles telles que les opérateurs mobiles et les médias sociaux.
- **Contenus numériques :** L'innovation continue et l'intensification de la concurrence ont permis aux consommateurs de disposer d'une offre plus importante de produits de grande qualité à des prix compétitifs.
- **Commerce électronique participatif :** Les consommateurs en ligne contribuent directement à l'innovation grâce, par exemple, à l'échange d'informations sur leur expérience des marques et des produits, ou au financement participatif.

Du fait de la complexité croissante des produits et des transactions, ainsi que des progrès technologiques constants, la capacité des consommateurs à absorber et analyser les informations est devenue plus limitée. Comme l'indique le *Guide pour le développement des politiques de consommation*, les préjugés et les erreurs de perception qui influencent souvent les décisions du consommateur dans le commerce classique ont des effets particulièrement préjudiciables dans le contexte plus distant des achats en ligne. Ce problème est, semble-t-il, particulièrement prononcé lorsque les consommateurs effectuent des achats depuis des appareils mobiles (OCDE, 2010b).

Un certain nombre de mesures et de dispositifs de contrôle ont été mis en œuvre pour résoudre les questions ci-dessus et renforcer la confiance. En 2014, par exemple, pour permettre aux consommateurs de prendre des décisions avisées, la Commission européenne a publié une série d'icônes (utilisables sur la base du volontariat) visant à fournir des informations aux consommateurs achetant des contenus numériques[9]. Dans certains pays, les entreprises travaillent en collaboration avec les pouvoirs publics pour mettre en œuvre des programmes permettant aux consommateurs d'accéder facilement aux données de consommation les concernant qui sont recueillies par les entreprises des secteurs de l'énergie, de la banque et du commerce de détail. Par ailleurs, dans la mesure où les consommateurs ont tendance à conserver les paramètres par défaut qui s'affichent en ligne et à payer au final des surcoûts injustifiés, la Directive de l'Union européenne relative aux droits des consommateurs a interdit les options précochées sur les sites marchands[10]. Afin d'améliorer la transparence dans les transactions électroniques, les autorités publiques et le secteur privé ont également mis au point des guides concernant les avis et les témoignages, les dispositifs instaurant un label de confiance et les comparaisons de prix et de produits. En 2012, par exemple, après examen des sites de comparaison des prix, l'*Office of Fair Trading* britannique a demandé aux gestionnaires de ces principaux sites de fournir au consommateur des informations plus précises concernant : 1) la façon dont les résultats d'une recherche sont présentés ; 2) la façon dont ils sont classés ; et 3) l'identité de l'entreprise qui gère le site. L'Ofcom a mis en place en 2006 un système d'accréditation pour les plateformes de comparaison des prix des services, en particulier pour les télécommunications mobiles et le haut débit. Les principaux messages relatifs aux travaux de l'OCDE concernant la politique à l'égard des consommateurs et l'innovation sont résumés ci-après.

Principaux messages relatifs à la politique à l'égard des consommateurs et l'innovation sur les marchés des TIC

- **Sur un marché des TIC complexe, innovant et en évolution rapide, les politiques à l'égard des consommateurs doivent avoir pour objectif de créer un environnement fiable, pour les entreprises comme pour les consommateurs** (OCDE, 2014b). Les initiatives de protection et de responsabilisation du consommateur doivent tenir compte des avantages que procure l'innovation dans le domaine des produits et des services, et être pondérées. Pour pouvoir prendre des décisions avisées, les consommateurs doivent avoir accès à des choix, à des options de tarification dynamiques, à des offres personnalisées et à des informations stratégiques sur les produits et les transactions. Une autre nécessité est d'améliorer la protection contre les pratiques commerciales frauduleuses et trompeuses, de manière à renforcer la confiance et à stimuler la demande de produits nouveaux et novateurs.
- **L'articulation entre la politique de consommation et les actions gouvernementales connexes ayant une incidence croissante sur les consommateurs des marchés des TIC (par exemple, celles concernant les télécommunications, la protection de la vie privée et la concurrence) doit faire l'objet d'un examen plus approfondi.**

6.7. Panoplie de mesures concernant l'innovation

La panoplie d'instruments utilisés pour encourager l'innovation est très variable selon les pays. Depuis quelques années, le panachage de mesures suscite un intérêt croissant. Alors que l'on mettait auparavant l'accent sur la conception et l'évaluation des différentes mesures composant la politique d'innovation, l'attention se porte aujourd'hui davantage sur la compréhension de l'efficacité de l'ensemble des instruments utilisés pour améliorer le potentiel et les capacités d'innovation d'un pays. Les responsables de l'action gouvernementale sont de plus en plus conscients de l'interdépendance des différentes mesures et ont compris que l'efficacité ou le comportement des systèmes d'innovation nécessite une approche plus globale. Cela dit, bien qu'il soit prouvé que les complémentarités et les arbitrages entre les instruments d'action soient importants pour évaluer la politique d'un pays dans le domaine de la STI et son impact sur l'innovation et les performances économiques, ils sont encore mal compris.

Pour que le concept de panachage d'instruments soit utile à l'élaboration et l'analyse des politiques, il est nécessaire de définir chacun des instruments et leurs interactions. Ces instruments se distinguent par plusieurs caractéristiques : le public visé, le résultat souhaité et le mode d'intervention (par exemple : financement, réglementation). Certaines des distinctions les plus courantes sont de type binaire, par exemple les instruments axés sur l'offre ou la demande. Il ne faut y voir une alternative, mais bien une éventuelle complémentarité. La grande difficulté consiste en fait à trouver un juste équilibre en tenant compte de l'état actuel du système d'innovation concerné et de l'objectif pour l'avenir. Dans un système d'innovation donné, l'analyse des « goulots d'étranglement » est un outil de diagnostic important qui permet de cerner les domaines dans lesquels une intervention est nécessaire pour compléter les activités existantes des secteurs public et privé. Une grande partie des travaux empiriques consacrés aux panoplies de mesures en faveur de l'innovation portent, pour l'essentiel, sur l'examen des équilibres (et, par extension, des lacunes). En revanche, les interactions ont beaucoup moins été étudiées, sans doute à cause des difficultés pratiques et théoriques que cela suppose. Or, l'efficacité d'une action gouvernementale dépend presque toujours de son interaction avec d'autres mesures pouvant être mises en œuvre à des périodes et pour des objectifs distincts.

Le panachage de mesures varie d'un pays à l'autre car les mesures évoluent avec le temps et sont progressivement adaptées au contexte politique et socio-économique de chaque pays. C'est ce que confirment les réponses des pays au questionnaire de l'édition 2014 de la publication *Science, technologie et industrie : Perspectives de l'OCDE – 2014* (OCDE, 2015b). Ce questionnaire invitait les pays à évaluer l'évolution au fil du temps (dix ans plus tôt, aujourd'hui et dans un délai de cinq ans) de l'équilibre entre cinq types d'instruments d'action entrant dans la composition de la politique en faveur de la R-D et de l'innovation dans l'entreprise : mesures ciblées sur certaines populations/génériques ; instruments ciblés sur certains secteurs ou technologies/instruments génériques ; instruments financiers/non financiers ; instruments concurrentiels/non concurrentiels ; instruments agissant sur l'offre/la demande. Les principaux constats sont les suivants :

- **Mesures ciblées sur certaines populations ou mesures génériques (non ciblées) :** Les mesures ciblées sur certaines populations sont celles qui visent certains types d'entreprises, notamment les PME ou les entreprises axées sur les nouvelles technologies. Les réponses au questionnaire montrent que de nombreux pays se sont tournés au cours des dix dernières années vers des mesures ciblées, et que cette tendance se poursuivra dans les cinq années à venir. Il existe cependant des exceptions notables : en Pologne, les mesures sont et resteront majoritairement génériques ; en Allemagne, en France, au Royaume-Uni et en Suède, les mesures ciblées sur certaines populations sont de plus en plus délaissées, une tendance qui devrait se maintenir au cours des prochaines années. Il est intéressant de noter que le critère de la taille est de moins en moins utilisé pour cibler telle ou telle entreprise, au profit du critère de l'âge et, plus récemment, de celui du taux ou du potentiel de croissance.
- **Instruments ciblés sur certains secteurs ou technologies et instruments génériques (qui ne visent pas un secteur ou une technologie spécifique) :** Les instruments ciblés sur certains secteurs ou technologies soutiennent des domaines spécifiques de la R-D et de

l'innovation, ou des secteurs d'activité particuliers. L'équilibre entre les instruments ciblés et les instruments génériques est très variable selon les pays. Près de la moitié des pays indiquent que leur panoplie d'instruments s'oriente plus qu'auparavant vers un objectif sectoriel ou technologique, peut-être en raison de leur intérêt pour la « nouvelle politique industrielle ». Un petit nombre de pays de l'OCDE prennent la direction opposée. La Suède envisage d'abandonner l'orientation sectorielle et technologique marquée d'il y a dix ans pour privilégier une franche orientation générique dans les cinq ans à venir ; au cours de la même période, l'Allemagne et la Finlande espèrent passer d'une orientation légèrement sectorielle et technologique à une autre légèrement plus générique. Hors OCDE, la Chine compte se défaire de la forte orientation sectorielle et technologique de ces dix dernières années pour s'orienter vers une composition plus neutre dans les cinq ans à venir.

- **Instruments d'action financiers ou instruments d'action non financiers :** Les instruments financiers englobent à la fois les modes de financement directs (par exemple : crédits, prêts et garanties, avances remboursables, subventions accordées sur appel d'offres et chèques-innovation) et indirects (les incitations fiscales à la R-D, par exemple). Les instruments non financiers comprennent en revanche toute une série d'outils, notamment les services d'aide à l'innovation pour les entreprises, l'organisation d'événements et les campagnes d'information promouvant l'innovation des entreprises. Les instruments de soutien à la R-D et l'innovation des entreprises sont surtout financiers. Bien que la moitié environ des pays ayant répondu à cette question aient fait le choix de s'orienter davantage vers des instruments non financiers, les trois quarts continuent d'utiliser une majorité d'instruments financiers.
- **Instruments concurrentiels ou instruments non concurrentiels :** Les instruments concurrentiels allouent des financements de manière sélective sur la base de critères tels que les résultats attendus et la pertinence. Les instruments non concurrentiels peuvent être attribués sans distinction, ou à l'issue d'un processus de sélection reposant sur une liste de conditions requises. Les pays affichent une nette préférence pour les instruments concurrentiels. Près de la moitié des pays ayant répondu à cette question ont fait part de leur orientation vers davantage d'instruments concurrentiels. Cela dit, dans la zone OCDE, le Canada, les Pays-Bas et, dans une moindre mesure, le Royaume-Uni, indiquent qu'au sein de cette catégorie d'instruments, une majorité sont et resteront non concurrentiels, sans doute en partie du fait de leur utilisation intensive des crédits d'impôt sur la R-D pour encourager l'innovation d'entreprise.
- **Instruments agissant sur l'offre ou instruments agissant sur la demande :** Les instruments agissant sur l'offre visent à stimuler la production et l'offre de connaissances, dans le but d'accélérer les externalités de connaissances. Comme déjà indiqué dans le présent chapitre, les instruments agissant sur la demande sont conçus pour accroître les débouchés commerciaux et la demande d'innovation, ainsi que pour encourager les fournisseurs à répondre aux besoins connus des utilisateurs. Les réponses au questionnaire confirment que les instruments agissant sur l'offre ont depuis longtemps la faveur des pays, mais que des instruments agissant sur la demande sont utilisés depuis peu pour stimuler et coordonner la demande de solutions et de produits novateurs de la part du public. De nombreux pays indiquent qu'ils mettront davantage l'accent sur les instruments agissant sur la demande au cours des cinq ans à venir, mais la majorité s'attendent à une prépondérance des instruments agissant sur l'offre.

Pour résumer, l'autoévaluation fournie par les pays montre bien que la panoplie des instruments n'est pas la même partout, et que sa composition évolue avec le temps. De manière générale, un plus grand nombre de pays se sont orientés vers des dispositifs plus ciblés, présentant un caractère concurrentiel plus marqué, et incluant une plus grande diversité d'instruments. On trouvera un examen plus approfondi du panachage des instruments, de leur évaluation et de leur mise en œuvre au chapitre 8 du présent rapport.

Notes

1. Le financement public de la science et de la recherche fondamentale est abordé à la section 3.3 du présent rapport.
2. Tous ces dispositifs, y compris celui proposé par l'Italie, devront être évalués en tenant compte de l'obligation relative aux activités substantielles établie par le Forum de l'OCDE sur les pratiques fiscales dommageables. Le gouvernement britannique a déjà annoncé que son dispositif actuel ne sera plus accessible aux nouveaux entrants à partir de juin 2016 et qu'il sera progressivement démantelé à l'horizon 2021, pour être vraisemblablement remplacé par un autre, répondant aux exigences de l'OCDE.
3. Les externalités de connaissances qui ont lieu au sein d'un périmètre géographique se mesurent généralement par la diminution du nombre de citations de brevets dans un domaine technologique donné à mesure que la distance augmente (au-delà d'une certaine distance – en général un rayon de 150-200 km, les citations se font beaucoup plus rares) (voir OCDE, 2013b, pour un tour d'horizon des publications).
4. La section 7.2 sur l'innovation inclusive reviendra sur cette question.
5. À l'OCDE, les entreprises à forte croissance sont définies, pour les besoins statistiques, comme « les entreprises enregistrant un taux de croissance annualisé moyen supérieur à 20 % sur une période de trois ans, et comptant au moins dix salariés au début de la période d'observation. » La croissance se mesure à l'aide du chiffre d'affaires ou de l'emploi.
6. D'un autre côté, l'innovation peut aussi entraîner une augmentation du coût des politiques gouvernementales, les citoyens et les responsables de l'action publique choisissant l'option la plus qualitative, qui est également la plus coûteuse (par exemple dans le secteur de la santé).
7. Ces caractéristiques relèvent spécifiquement des travaux de l'OCDE sur la réglementation environnementale, mais la plupart s'appliquent également à d'autres domaines de réglementation.
8. Au Canada, le Conseil de la radiodiffusion et des télécommunications canadiennes (CRTC) a mis en place en 2013 un code national obligatoire pour les fournisseurs de services sans fil. L'objectif est de permettre aux consommateurs d'accéder plus facilement à des informations sur leurs contrats et les droits/responsabilités qui y sont associés, ainsi que d'établir des normes et codes de conduite pour l'industrie *http://www.crtc.gc.ca/fra/info_sht/t14.htm*.
9. Voir *http://ec.europa.eu/justice/consumer-marketing/files/model_digital_products_info_complete_fr.pdf*.
10. Voir *http://ec.europa.eu/justice/consumer-marketing/rights-contracts/directive*.

Références

Akcigit, U., D. Hanley et N. Serrano-Velarde (2014), « Back to basics: Basic research spillovers, innovation and growth », *NBER Working Paper Series*, n° 19473.

Andrews, D. et C. Criscuolo (2013), « Knowledge-based capital, innovation and resource allocation », *Documents de travail du Département des affaires économiques de l'OCDE*, n° 1046, Éditions OCDE, Paris.

Appelt, S. et F. Galindo-Rueda (à paraître), « Measuring the Link between Public Procurement and Innovation », *OECD Science, Technology and Industry Working Papers*, Éditions OCDE, Paris.

Autio, E. (2013), « Promoting leadership development in high-growth firms », document élaboré pour l'atelier de l'OCDE intitulé *Management and Leadership skills in High-Growth Firms*, Varsovie, 6 mai 2013. *www.oecd.org/cfe/leed/leadership-development-HGFs.pdf*.

Bravo-Biosca, A., C. Criscuolo et C. Menon (2013), « What drives the dynamics of business growth? », *OECD Science, Technology and Industry Policy Papers*, n° 1, Éditions OCDE, Paris, *http://dx.doi.org/10.1787/5k486qtttq46-en*.

Brown, R. et S. Mawson (2013), « Trigger Points and High Growth Firms: A Conceptualisation and Review of Public Policy Implications », *Journal of Small Business and Enterprise Development*, May, vol. 20(2), pp. 279-295.

Carlino, G. et W. Kerr (2014), « Agglomeration and innovation », *Harvard Business School Working Paper*, n° 15-007.

Foray, D. (2013), « Economic Fundamentals of Smart Specialisation », *Ekonomiaz*, vol. 83, n° 2, pp. 55-82.

Foray, D., P. David et B. Hall (2009), « Smart Specialisation – The Concept », *Knowledge Economists Policy Brief*, n° 9, juin 2009, *http://ec.europa.eu/invest-inresearch/pdf/download_en/kfg_policy_brief_no9.pdf?11111*.

Gabrielsson J., A. Lindholm-Dahlstrand et D. Politis (2012), « Sustainable high-growth entrepreneurship: A study of rapidly growing firms in the Scania region », document présenté lors de l'atelier OCDE-DBA (Danish Business Authority) intitulé *High-Employment-Growth Firms: Local Policies and Local Determinants*, Copenhague, 28 mars 2012, *www.oecd.org/cfe/leed/growthfirmsworkshop.htm*.

Gouvernement britannique (2014), *Interim Evaluation of Growth Accelerator*, BIS Research Paper n° 187, Department for Business, Innovation and Skills, Londres, *https://www.gov.uk/government/uploads/system/uploads/attachment_data/file/375059/bis-14-1204-interim-evaluation-of-growth-accelerator-2014.pdf*.

Griffith, R, H. Miller et M. O'Connell (2010), « Corporate Taxes and Intellectual Property: Simulating the Effect of Patent Boxes », *IFS Briefing Note*, n° 112, Institute for Fiscal Studies, Londres, *http://www.ifs.org.uk/bns/bn112.pdf*.

Hart, M. et Y. Temouri (2013), « High-growth firm localities and determinants: Evidence from OECD countries », document préparé pour l'atelier OCDE-DBA (Danish Business Authority) intitulé *High-Employment-Growth Firms: Local Policies and Local Determinants*, Copenhague, 28 mars 2012.

Hausmann, R. et D. Rodrik (2003), « Economic Development as Self-Discovery », *Journal of Development Economics*, vol. 72, n° 2, pp. 6032.

Henrekson, M. et D. Johansson (2010), « Gazelles as Job Creators: A Survey and Interpretation of the Evidence », *Small Business Economics*, vol. 35, pp. 227-244.

Martin, P., T. Mayer et F. Mayneris (2011), « Spatial Concentration and Plant-level Productivity in France », *Journal of Urban Economics*, vol. 69, n° 2, mars, pp. 182-195.

O'Sullivan, E. et al. (2013), « What is new in the new industrial policy? A manufacturing systems perspective », *Oxford Review of Economic Policy*, vol. 29, n° 2, pp. 432-462.

OCDE (2015a), *Perspectives de l'économie numérique de l'OCDE 2015*, Éditions OCDE, Paris, *http://dx.doi.org/10.1787/9789264243767-fr*.

OCDE (2015b), *Science, technologie et industrie : Perspectives de l'OCDE - 2014*, Éditions OCDE, Paris, *http://dx.doi.org/10.1787/sti_outlook-2014-en*.

OCDE (2014a), « L'utilisation stratégique des marchés publics », dans OCDE, *Panorama des administrations publiques 2013*, Éditions OCDE, Paris,*http://dx.doi.org/10.1787/gov_glance-2013-46-fr*.

OCDE (2014b), « OECD Recommendation on Consumer Policy Decision Making » (booklet), Éditions OCDE, Paris, *www.oecd.org/sti/consumer/Toolkit-recommendation-booklet.pdf*.

OCDE (2014c), *OECD Review of Telecommunication Policy and Regulation in Colombia*, Éditions OCDE, Paris, *http://dx.doi.org/10.1787/9789264208131-en*.

OCDE (2014d), « Consumer policy guidance on mobile and online payments », *OECD Digital Economy Papers*, n° 236, Éditions OCDE, Paris, *http://dx.doi.org/10.1787/5jz432cl1ns7-en*.

OCDE (2013a), *Panorama des régions de l'OCDE 2013*, Éditions OCDE, Paris, *http://dx.doi.org/10.1787/reg_glance-2013-fr*.

OCDE (2013b), *Regions and Innovation: Collaborating Across Borders*, Examens de l'OCDE sur l'innovation régionale, Éditions OCDE, Paris, *http://dx.doi.org/10.1787/9789264205307-en*.

OCDE (2013c), « Key Findings of the Work of the OECD LEED Programme on High-Growth Firms », Éditions OCDE, Paris, *www.oecd.org/employment/leed/high-growthreport.htm*.

OCDE (2013d), « An International Benchmarking Analysis of Public Programmes for High-Growth Firms », Éditions OCDE, Paris, *www.oecd.org/employment/leed/high-growthreport.htm*.

OCDE (2013e), *Innovation-driven Growth in Regions: The Role of Smart Specialisation*, Éditions OCDE, Paris, *http://www.oecd.org/sti/inno/smart-specialisation.pdf*.

OCDE (2011a), *Financing High-Growth Firms: The Role of Angel Investors*, Éditions OCDE, Paris, *http://dx.doi.org/10.1787/9789264118782-en*.

OCDE (2011b), *Demand-Side Innovation Policies*, Éditions OCDE, Paris, *http://dx.doi.org/10.1787/9789264098886-en*.

OCDE (2011c), « OECD Consumer Policy Toolkit Workshop on Communication Services: Summary of Proceedings », *OECD Digital Economy Papers*, n° 221, Éditions OCDE, Paris, *http://dx.doi.org/10.1787/5k480t1g546j-en*.

OCDE (2010a), *La stratégie de l'OCDE pour l'innovation : Pour prendre une longueur d'avance*, Éditions OCDE, Paris, *http://dx.doi.org/10.1787/9789264084759-fr*.

OCDE (2010b), *Guide pour le développement des politiques de consommation*, Éditions OCDE, Paris, *http://www.oecd.org/fr/sti/consommateurs/guide-pour-le-developpement-des-politiques-de-consommation-9789264079687-fr.htm*.

OCDE (2008), *Vers des pôles d'activités dynamiques : Politiques nationales*, Examens de l'OCDE sur l'innovation régionale, Éditions OCDE, Paris, *http://dx.doi.org/10.1787/9789264031852-fr*.

Rodrik, D. (2008), « Normalizing Industrial Policy », *Commission on Growth and Development Working Paper*, n° 3, Commission on Growth and Development, Washington, DC.

Rosenthal, S.S. et W.C. Strange (2004), « Evidence on the nature and sources of agglomeration economies », dans Henderson, V. et J.F. Thisse (dir. pub.), *Handbook of Regional and Urban Economics*, vol. 4, Amsterdam.

Stiglitz, J. E., J.Y. Lin et C. Monga (2013), « The rejuvenation of industrial policy », *World Bank Policy Research Working Paper*, n° 6628.

Uyarra, E. et R. Ramlogan (2012), « The Effects of Cluster Policy on Innovation », *NESTA Working Paper*, vol. 2012, n° 5.

Warwick, K.S. (2013), « Beyond industrial policy: Emerging issues and new trends », *OECD Science, Technology and Industry Policy Papers*, n° 2, Éditions OCDE, Paris.

Warwick, K.S. et A. Nolan (2014), « Evaluation of industrial policy: Methodological issues and policy lessons », *OECD Science, Technology and Industry Policy Papers*, n° 16, Éditions OCDE, Paris, *http://dx.doi.org/10.1787/5jz181jh0j5k-en*.

Wennberg, K. (2013), « Managing high-growth firms: A literature review », document élaboré pour l'atelier de l'OCDE intitulé *Management and Leadership Skills in High-Growth Firms*, Varsovie, 6 mai 2013, *www.oecd.org/cfe/leed/Wennberg_Managing%20a%20HGF.pdf*.

Westmore, B. (2013), « R&D, Patenting and Productivity: The Role of Public Policy », *Documents de travail du Département des affaires économiques de l'OCDE*, n° 1046.

Wilson, K. et F. Silva (2013), « Policies for seed and early stage finance: Summary of the 2012 OECD Financing Questionnaire », *OECD Science, Technology and Industry Policy Papers*, n° 9, Éditions OCDE, Paris, *http://dx.doi.org/10.1787/5k3xqsf00j33-en*.

L'impératif d'innovation
Contribuer à la productivité, à la croissance et au bien-être
© OCDE 2016

Chapitre 7

Mise en application du cadre conceptuel

Le présent chapitre examine certaines applications des politiques en faveur de l'innovation. Ces applications diffèrent selon le contexte national, mais peuvent également dépendre de la technologie ou du secteur concernés, ainsi que des objectifs spécifiques définis en matière d'innovation. Ce chapitre traite d'abord du programme d'action national pour l'innovation, avant d'examiner plusieurs enjeux spécifiques pour l'action publique, à savoir le rôle de l'innovation dans une croissance inclusive, l'innovation dans la santé et la fonction de l'innovation dans le programme d'action pour une croissance verte. Une attention particulière sera également portée à l'innovation dans le secteur public, essentielle pour améliorer l'efficacité et l'efficience de l'administration, mais qui peut aussi contribuer à soutenir l'innovation dans l'ensemble de l'économie.

Les données statistiques concernant Israël sont fournies par et sous la responsabilité des autorités israéliennes compétentes. L'utilisation de ces données par l'OCDE est sans préjudice du statut des hauteurs du Golan, de Jérusalem-Est et des colonies de peuplement israéliennes en Cisjordanie aux termes du droit international.

Le présent chapitre examine certaines applications des politiques en faveur de l'innovation abordées aux chapitres 3 à 6. Ces applications diffèrent selon le contexte national, mais peuvent également dépendre de la technologie ou du secteur concernés, ainsi que des objectifs spécifiques définis en matière d'innovation. Le chapitre 7 traite d'abord du programme d'action national pour l'innovation (section 7.1), avant d'examiner plusieurs enjeux spécifiques pour l'action publique, à savoir le rôle de l'innovation dans une croissance inclusive (section 7.2), l'innovation dans la santé (section 7.3) et la fonction de l'innovation dans le programme d'action pour une croissance verte (section 7.4). Une attention particulière sera également portée à l'innovation dans le secteur public (section 7.5), essentielle pour améliorer l'efficacité et l'efficience de l'administration, mais qui peut aussi contribuer à soutenir l'innovation dans l'ensemble de l'économie. Le chapitre 8 examinera certains des défis à relever pour appliquer ces politiques dans la pratique et pour transformer une stratégie pour l'innovation en action efficace et en résultats.

7.1. Programme d'action national pour l'innovation

On observe de nettes différences entre les pays dans les conditions de base de l'innovation, telles que le niveau de développement économique, la composition structurelle et la spécialisation commerciale de l'économie, ou la géographie, mais aussi dans les caractéristiques institutionnelles et les manières d'envisager l'action publique, comme le rôle joué par les pouvoirs publics et les différents acteurs privés et publics dans l'économie. De ce fait, les contraintes qui s'imposent aux autorités lorsque celles-ci élaborent les politiques destinées à répondre aux défis et possibilités rencontrés varient aussi selon les pays, tout comme varient les obstacles qui motivent l'action publique (comme nous l'avons vu au chapitre 1). Autre aspect, en fonction de ces conditions, les évolutions constatées à l'échelle mondiale dans le domaine de la science, de la technologie et de l'innovation – comme l'internationalisation de la recherche-développement (R-D) ou la nature changeante de l'innovation (examinées au chapitre 2) – peuvent se traduire par des ensembles de défis et de possibilités différents. Ainsi, l'arrivée de nouveaux acteurs dans la R-D mondiale ne produit pas les mêmes effets selon que les pays sont dotés d'une solide base de R-D ou ont des capacités plus restreintes dans ce domaine. La présente section étudie quelques-uns des principaux problèmes liés à l'établissement d'un programme national pour l'innovation et la manière dont les conditions initiales – performances économiques et caractéristiques structurelles – influent sur ce programme.

À l'heure actuelle, de nombreux pays ont en commun l'objectif général d'évoluer vers une croissance durable davantage induite par l'innovation, et beaucoup d'autres sont devenus plus conscients du rôle que joue l'innovation dans ce but. On considère que l'innovation est importante pour la croissance et la compétitivité, mais aussi pour aider à relever les défis sociaux et mondiaux. Il s'ensuit que la politique de l'innovation devient partie intégrante de la politique économique dans un grand nombre de pays, tant avancés qu'émergents, avec pour corollaire une certaine convergence des programmes d'action nationaux pour l'innovation.

Cependant, la nature précise des défis que les responsables de l'élaboration des politiques de l'innovation doivent relever, et les approches et trains de mesures qu'ils doivent adopter afin de contribuer efficacement à une croissance économique durable varient selon les pays, en fonction du stade de développement de chacun, de la structure de son économie, des capacités des entreprises, etc. Pour être efficaces, la politique de l'innovation et le système de gouvernance qui lui est associé doivent être adaptés aux défis spécifiques à relever. Par ailleurs, le choix et la combinaison des politiques d'innovation et des éléments de gouvernance connexes doivent être alignés sur les capacités de chaque pays en termes d'élaboration et de mise en œuvre des politiques. On peut distinguer, à cet égard, un certain nombre de programmes d'action stylisés, même si de nombreux pays auront à faire face à une mosaïque de problèmes qui leur sera propre (OCDE, 2011c, 2014b, 2015i).

Principaux programmes d'action publique pour l'innovation

Stimuler la croissance de la productivité dans les pays à revenu élevé

Le premier type de programme d'action dans lequel l'innovation joue un rôle important implique un renforcement de la croissance de la productivité et se rencontre surtout dans les économies avancées. Dans de nombreux pays, certaines sources de progression du revenu par habitant qui jouaient un grand rôle jusqu'ici atteignent désormais leurs limites. En raison de l'évolution démographique des économies avancées, la croissance est appelée à dépendre toujours davantage de l'augmentation de la productivité multifactorielle (PMF). Les projections à long terme de l'OCDE semblent indiquer que la contribution de la PMF au produit intérieur brut (PIB) par habitant dans les pays de l'OCDE pourrait passer d'environ 54 % à 88 % entre 2010 et 2060 (graphique 1.3 ; Braconier, Bloom et Davis, 2014). Les politiques susceptibles de contribuer à stimuler la croissance de la productivité deviennent donc essentielles pour obtenir une progression durable du revenu par habitant (OCDE, 2014b). Encourager l'innovation est un moyen important et par essence sans limite de parvenir à ce but. La capacité d'innovation dope la productivité en repoussant les frontières technologiques (principalement dans les économies avancées), en accélérant l'adoption des technologies existantes (dans les économies avancées et émergentes) et en diffusant technologies, procédés et pratiques au sein des économies.

De nombreux pays à revenu élevé disposent déjà d'un système d'innovation bien huilé. Pourtant, même dans ce groupe de pays, on observe de grandes différences dans les performances en matière d'innovation, dans le rôle des différents types d'innovation comme moteurs de la croissance, et dans le type des systèmes d'innovation, y compris les systèmes de gouvernance des politiques de l'innovation. Il s'ensuit également des disparités considérables dans certains des grands enjeux des politiques de l'innovation. L'encadré 7.1 donne quelques exemples de programme d'action pour l'innovation dans les économies avancées.

Encadré 7.1. **Programmes d'action dans des pays avancés de l'OCDE : France, Pays-Bas et Suède**

Contexte national des programmes d'action pour l'innovation : caractéristiques communes et différences

La France, les Pays-Bas et la Suède sont des pays à revenu élevé, forts d'un palmarès solide dans le domaine scientifique et technologique. La France est la deuxième économie de la zone euro. Les Pays-Bas et la Suède sont des économies de plus petite taille, mais extrêmement internationalisées, qui hébergent toutes deux des entreprises d'envergure mondiale. La France est plus dépendante de son marché national, beaucoup plus grand, mais dispose également d'un noyau d'entreprises internationales, même si ses petites et moyennes entreprises (PME) sont en général davantage tournées vers l'intérieur. Les Pays-Bas sont une plateforme commerciale et logistique essentielle en Europe et possèdent des atouts dans le secteur manufacturier, notamment les industries de transformation, dont certaines sont issues de l'agriculture. La Suède, elle aussi, est dotée d'un important secteur des services, mais conserve une base manufacturière solide et diversifiée, qui s'est considérablement transformée : changement de structure capitalistique, restructuration et servicisation. La diminution de la part du secteur manufacturier dans l'économie française suscite des inquiétudes.

Ces trois pays hébergent quelques-unes des entreprises multinationales les plus innovantes au monde, et ont toujours eu de solides systèmes d'enseignement et de recherche publique. La recherche dans le secteur privé se concentre fortement dans les grandes entreprises multinationales. Malgré des efforts de longue date dans ces trois pays, il s'est révélé difficile d'augmenter et d'élargir les activités de recherche dans le secteur des entreprises. Une conjoncture macroéconomique déprimée a ralenti les investissements privés dans l'innovation en France et aux Pays-Bas. Dans le cas de la France, la situation est aggravée par un système complexe et insuffisamment sélectif d'aides aux entreprises. L'efficience de ses incitations fiscales, en particulier, aurait besoin d'être revue. Depuis quelques années, les Pays-Bas utilisent massivement des incitations fiscales pour soutenir l'innovation dans les entreprises, ce qui bénéficie dans une large mesure aux PME. Les Pays-Bas présentent une intensité de R-D comparativement faible.

La Suède et les Pays-Bas possèdent deux des systèmes de recherche publique les plus féconds. De façon générale, la France a vu sa position mondiale s'éroder, mais reste l'une des principales puissances de la recherche internationale, avec des poches d'activités de recherche de pointe dans de nombreux domaines. On observe un regain d'intérêt des pouvoirs publics pour ce qui peut accroître l'utilité économique et sociétale de la recherche publique, que ce soit sous la forme de programmes de valorisation (aux Pays-Bas), de nouveaux modèles organisationnels (en Suède et aux Pays-Bas) ou de débats suivis sur la réforme de la gouvernance (en France). Les systèmes de financement de la recherche favorisent une collaboration entre les secteurs public et privé en matière de R-D. Cela passe, par exemple, par des appels à propositions de projet de recherche collaborative et par l'établissement de centres de compétences ou d'excellence plus stratégiques et à plus longue visée.

En Suède comme aux Pays-Bas, il semble y avoir un certain décalage entre la recherche universitaire, qui vise à repousser les frontières, et les types d'innovation moins ambitieux qui caractérisent certains pans du secteur des entreprises, notamment de nombreuses PME. Les deux pays déploient la recherche publique dans des organismes qui ne s'y étaient encore jamais intéressés – universités de sciences appliquées aux Pays-Bas et universités financées par les collectivités en Suède – en vue d'améliorer l'enseignement et de mieux répondre aux besoins économiques et sociaux des régions.

En France comme en Suède, les organismes de niveau intermédiaire jouent un rôle important, voire prépondérant, dans la gouvernance du système, tandis qu'aux Pays-Bas, l'élaboration des programmes d'action relève strictement des ministères concernés. La coordination « horizontale » est problématique dans les trois pays, et suscite notamment des tensions entre le ministère de l'Éducation ou de la Recherche et le ministère de l'Économie. Aux Pays-Bas, ces tensions sont gérées de manière bilatérale, tandis qu'en Suède, elles sont traitées au niveau des organismes, essentiellement par le conseil suédois de la recherche (VR) et l'agence nationale pour l'innovation (VINNOVA). En Suède, la politique de l'innovation est faible

Encadré 7.1. **Programmes d'action dans des pays avancés de l'OCDE : France, Pays-Bas et Suède** *(suite)*

par rapport aux autres domaines d'action (enseignement supérieur, par exemple), ce qui a nui à l'adoption d'une approche plus holistique de cette question. Les Pays-Bas et la France ont une longue expérience de la coordination interministérielle, mais, malgré des réussites notables, celle-ci pourrait encore être améliorée.

La Suède et la France affichent un bilan inégal en matière d'évaluation, laquelle a rencontré des résistances dans certaines parties du système de recherche publique français. Certaines fonctions spécialisées des nouveaux acteurs de la recherche publique, qui ne conduisent pas, de façon générale, à publier des travaux dans des revues de haut niveau, posent problème dans les cadres nationaux d'évaluation. Les Pays-Bas s'efforcent de mieux reconnaître et contrôler l'utilité de ce type de recherche, en s'appuyant sur les propres critères de cette dernière.

Défis et possibilités

La mondialisation a ouvert de nouvelles possibilités, mais a également accentué la concurrence. Les économies émergentes viennent de plus en plus se positionner en concurrentes au sommet des chaînes de valeur. Les Pays-Bas et la Suède ont adhéré très tôt à la mondialisation, et de manière plus systématique que la plupart des autres pays. La France, jusqu'ici, est restée davantage tournée vers son économie intérieure, du fait notamment de sa taille importante. La mondialisation vient ébranler certains traits qui caractérisent de longue date les modèles économiques de ces pays, entraînant, dans le cas de la Suède, des transferts de propriété et des restructurations d'entreprises considérables et une part de délocalisation, et, dans le cas des Pays-Bas, une relative difficulté à tirer parti de la croissance des marchés émergents. La France, quant à elle, s'inquiète de sa compétitivité internationale.

L'augmentation de la productivité et de la compétitivité représente un défi pour les trois pays. Tous enregistrent des niveaux élevés de productivité de la main-d'œuvre, les Pays-Bas et la France figurant dans le peloton de tête des pays de l'OCDE à cet égard. S'il reste possible d'augmenter les taux d'activité, notamment en France, c'est par la croissance de la productivité que de nouvelles améliorations du niveau de vie pourront être obtenues à long terme. Dans les pays avancés, une croissance soutenue de la productivité exige davantage d'innovation. En faisant progresser l'efficience de la production et le développement de nouveaux produits, l'innovation accroît la compétitivité des entreprises et les aide à conserver des niveaux élevés de salaires et de revenus.

En dépit des hauts niveaux de capital humain, les performances du système éducatif sont problématiques en France (pour de grands segments de la population et en nombre de doctorats), en Suède (diminution des scores mesurés dans le cadre du Programme international pour le suivi des acquis des élèves [PISA] de l'OCDE) et, dans une certaine mesure, aux Pays-Bas (baisse des taux d'achèvement des études supérieures et inadéquations). Les universités doivent faire face à des contraintes budgétaires, à l'augmentation des taux d'inscription et à des pressions pour qu'elles tiennent davantage compte des besoins de l'économie et de la société. On presse également les établissements publics de recherche de prouver et d'améliorer l'impact économique de leurs activités. Ce défi se retrouve dans l'attention que les politiques actuelles portent aux entreprises issues de la recherche universitaire, au revenu des licences et aux jeunes entreprises innovantes inspirées par la recherche. Les établissements publics de recherche ont du mal à s'adapter à l'évolution du rôle de l'État et aux types de projets de R-D qu'il leur confie, ainsi qu'aux changements dans les stratégies organisationnelles d'anciens champions nationaux qui sont devenus des entités beaucoup plus internationalisées et qui recourent généralement moins aux services des établissements publics de recherche pour leur R-D.

Les trois pays font face à des enjeux sociétaux majeurs, comme l'évolution démographique annoncée, la sécurité énergétique et la viabilité environnementale. L'innovation jouera un rôle important dans la résolution de ces problèmes. Les solutions adoptées pourraient ouvrir des possibilités de diversification industrielle, dans des domaines tels que la santé, la bioéconomie et les énergies renouvelables. Les sciences émergentes, les technologies génériques et l'évolution de l'organisation de l'innovation mondiale (dans le sens de l'ouverture et du partage, par exemple) offrent de nombreuses autres possibilités.

Encadré 7.1. **Programmes d'action dans des pays avancés de l'OCDE : France, Pays-Bas et Suède** *(suite)*

Programmes d'action nationaux et processus de réforme

Les processus formalisés et appuyés par les pouvoirs publics, jouent un rôle clé dans l'établissement et la coordination des programmes d'action aux Pays-Bas et en France. Des plans sectoriels mettant à profit les relations toujours plus nourries entre les secteurs public et privé déterminent une grande part des orientations dans les deux pays. Aux Pays-Bas, la planification intervient surtout dans les secteurs définis comme primordiaux, une nouvelle forme de politique industrielle destinée à définir des programmes d'action, à faciliter la coordination entre les entreprises et l'État, à regrouper les ressources, à tirer parti des capacités de la recherche publique, à améliorer l'adéquation des compétences et à encourager une démarche à l'échelle de l'administration tout entière. Parallèlement à ses plans sectoriels, la France a lancé des stratégies nationales pour la recherche et l'innovation en 2009 et en 2014. Leur élaboration a fait intervenir diverses parties prenantes, notamment des organismes de recherche, des chercheurs, des entreprises et des utilisateurs (des associations de patients, par exemple), mais le processus n'a pas été jusqu'à la proposition d'un plan de ressources pour la mise en œuvre de leurs objectifs, qui sont restés assez généraux. En Suède, l'efficacité de la coordination repose sur le capital social, la confiance en des agences publiques généralement efficaces et autonomes, et d'excellentes institutions de recherche. La stratégie nationale semble jouer un rôle moins important dans la coordination. Les projets de loi sur les politiques de recherche et d'innovation présentés tous les quatre ans aident les organismes dans la planification et l'élaboration de stratégies à moyen terme tout en fournissant aux pouvoirs publics un cadre de définition des priorités.

Les enjeux sociétaux sont traités à la fois dans les plans nationaux et dans le cadre des initiatives européennes du programme Horizon 2020. Aux Pays-Bas, les enjeux sociétaux sont de plus en plus souvent intégrés dans les priorités des secteurs primordiaux, tandis que la France a défini des stratégies de recherche pour dix de ces mêmes enjeux. Les technologies émergentes font l'objet de thèmes horizontaux dans la politique néerlandaise en faveur des secteurs primordiaux, alors qu'en France, les innovations à fort impact sont abordées dans le cadre de la commission Innovation 2030.

Source : Examens de l'OCDE des politiques d'innovation : France (OCDE, 2014c), Pays-Bas (OCDE, 2014d) et Suède (OCDE, 2013a) (ces deux derniers en anglais uniquement).

Combler l'écart de développement des pays à faible revenu et à revenu intermédiaire

L'innovation peut aussi contribuer à un autre objectif, étroitement lié au premier, à savoir la réduction des écarts de développement et de productivité. De nombreux pays émergents ont connu une croissance rapide ces dernières années, mais le rythme auquel ils comblent leur retard risque de se ralentir considérablement à mesure que leur PIB par habitant se rapproche des niveaux supérieurs. Cela dit, des écarts importants subsistent par rapport aux niveaux de productivité des économies les plus avancées (graphique 7.1 ; OCDE, 2015j), principalement liés aux différences de PMF. Encouragés par des exemples de réussites, nombre de pays à faible revenu et surtout de pays à revenu intermédiaire portent un intérêt croissant au développement de leurs capacités d'innovation comme moyen de continuer à combler leur retard sur les pays les plus avancés.

Les systèmes d'innovation des économies en développement et des économies émergentes présentent en général des types communs de faiblesses, notamment un manque de ressources humaines qualifiées, des capacités d'innovation insuffisantes dans les entreprises et une déconnexion entre l'industrie et les universités et organismes de recherche publics, que ce soit en matière de recherche ou d'enseignement. Les systèmes

Graphique 7.1. **Productivité totale des facteurs (PTF) en pourcentage du niveau des États-Unis, 2000 et 2008 (en %)**

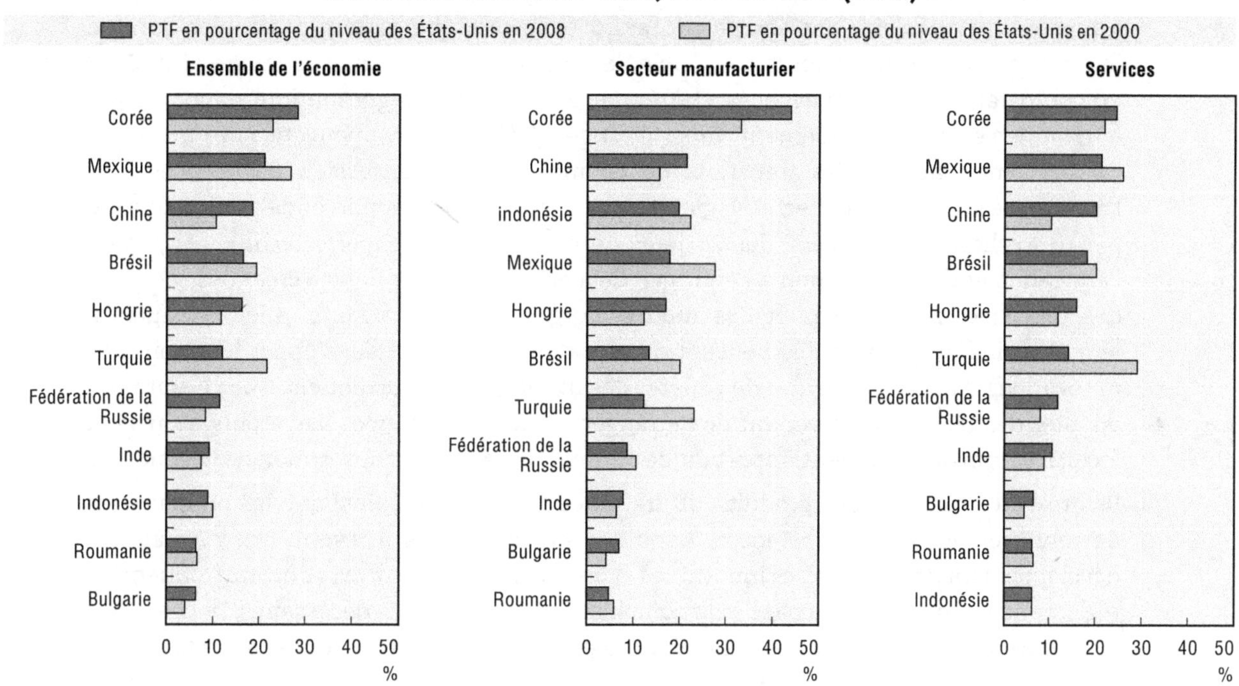

Note : La PTF ou productivité totale des facteurs, telle que représentée dans le graphique, est synonyme de la PMF analysée dans le texte.
Source : OCDE (2015j), *Perspectives du développement mondial 2014*, *http://dx.doi.org/10.1787/persp_glob_dev-2014-fr*.

d'innovation de nombre de ces pays sont en outre morcelés, avec des capacités et des cadres institutionnels qui ont encore besoin d'être renforcés et une gouvernance de la politique de l'innovation souvent balbutiante. Les défis liés à la gouvernance et à la mise en œuvre (voir chapitre 8) revêtent par conséquent une importance particulière, de même que l'innovation dans le secteur public (section 7.5). Dans de nombreux cas, les conditions-cadres de l'innovation présentent de graves déficiences, comme une absence de concurrence ou un mauvais fonctionnement des marchés de produits et des marchés financiers, auxquelles il est indispensable de remédier si l'on veut renforcer l'efficacité des politiques axées sur les activités d'innovation.

Les pays à revenu intermédiaire peuvent envisager quatre axes d'action principaux lors de l'élaboration de leurs stratégies d'amélioration de l'innovation et de la productivité (OCDE, 2015j). Ces axes ne sont pas incompatibles, il est possible d'apporter des améliorations sur plusieurs plans simultanément, et leurs imbrications sont nombreuses. En outre, certains pays jouissent de plus grandes ouvertures et possibilités dans certains domaines, du fait de conditions et de capacités qui leur sont propres. Les quatre axes d'action sont les suivants :

- **Opérer une diversification continue dans des activités à plus forte valeur ajoutée de l'économie.** Cette stratégie peut nécessiter une transition des secteurs primaires vers l'industrie et les services, mais également des changements dans l'agriculture, l'industrie et les services, afin d'opérer une diversification dans des activités à plus forte valeur ajoutée. Elle permet également de doper la productivité et constitue une condition indispensable pour rester compétitif avec les autres pays à revenu intermédiaire sur les marchés mondiaux.

- **Innover par l'adoption de connaissances existant ailleurs dans le monde et, de plus en plus, par le renforcement des capacités technologiques locales.** Bien souvent, les pays à revenu intermédiaire ont encore un retard technologique certain à combler, comme le montre leur niveau toujours très faible de productivité de la main-d'œuvre et de PMF en comparaison des pays avancés. Outre une plus grande intégration internationale par le commerce et l'investissement direct étranger (IDE), ces pays peuvent faire un usage efficace, entre autres, des transferts de technologie par concession de licences ; de l'assistance en matière de technologie, de conception, de production et de gestion fournie par des acheteurs étrangers, des sociétés de conseil et des experts techniques ; et de l'éducation et de la formation à l'étranger. Cela étant, ils doivent aussi créer des produits, des procédés, des services et des modes d'organisation innovants, mieux adaptés à leurs besoins que ceux qu'ils peuvent obtenir de l'étranger, et développer leurs propres innovations d'avant-garde afin de générer des avantages concurrentiels. Que ce soit pour adopter des technologies venant de l'étranger ou pour développer des atouts au niveau local, il est particulièrement important de stimuler la capacité d'absorption de l'économie.
- **Réformer les marchés des produits, du travail et des capitaux, ainsi que les programmes de renforcement des compétences.** Dans de nombreux pays à revenu intermédiaire, le développement des entreprises innovantes et productives est entravé par un environnement réglementaire inadéquat ou par l'indisponibilité des compétences nécessaires. Le chapitre 4 examine en détail l'importance des politiques générales qui portent sur ces aspects.
- **Cultiver un secteur des services concurrentiel et innovant.** Le secteur des services locaux peut se développer pour répondre à la demande des classes moyennes de plus en plus nombreuses. Les services peuvent aussi renforcer la compétitivité du secteur manufacturier et être une source de recettes d'exportation. D'où l'importance de renforcer l'innovation dans ce secteur.

Apporter des améliorations selon les quatre axes ci-dessus peut être un objectif prioritaire dans les pays à faible revenu et à revenu intermédiaire, et même dans les pays à revenu élevé, mais c'est dans les pays à revenu intermédiaire de la tranche supérieure que ces changements sont les plus cruciaux. Parallèlement, la plupart des pays à revenu intermédiaire (y compris ceux de la tranche supérieure) peuvent et doivent continuer d'exploiter les « anciens » moteurs de croissance (OCDE, 2015j), notamment en transférant la main-d'œuvre des secteurs à faible productivité (agriculture) vers les secteurs à plus forte productivité (industrie et services), et de tirer pleinement profit de la croissance induite par l'accumulation des facteurs, dont une meilleure utilisation de la main-d'œuvre et la concentration du capital humain et du capital physique. La plupart des pays à revenu intermédiaire disposent encore d'une marge d'amélioration dans ces domaines.

L'encadré 7.2 décrit les programmes d'action pour l'innovation de trois grandes économies émergentes, à savoir la République populaire de Chine (ci-après « la Chine »), le Mexique et la Fédération de Russie, et montre que, si ces programmes se ressemblent sur des points importants, ils se distinguent aussi nettement, sur un plan plus général, par les défis à relever, les possibilités à exploiter et les conditions de l'innovation. Certaines grandes économies se tournent vers un nouveau modèle de croissance qui table de plus en plus sur l'augmentation de la demande intérieure comme source supplémentaire de croissance. Ainsi, d'un côté, ces économies essaient de trouver de nouvelles formes de partenariat avec des entreprises étrangères afin de multiplier les transferts de technologies et les liens avec les entreprises nationales et, d'un autre côté, elles investissent pour appuyer le développement des PME et de l'innovation afin de mieux s'adapter à l'évolution de l'environnement économique.

Encadré 7.2. **Grandes économies émergentes : Chine, Mexique, Fédération de Russie**

Contexte national des programmes d'action pour l'innovation : caractéristiques communes et différences

La Chine, le Mexique et la Fédération de Russie font partie des grandes économies émergentes et sont membres du G20. Toutes trois se situent dans la tranche des pays à revenu intermédiaire, mais leurs trajectoires de développement et leurs spécialisations respectives divergent considérablement. La Chine comme la Fédération de Russie sont passées d'une économie centralement planifiée à une économie de marché, mais ont suivi pour ce faire des approches très différentes. La Chine est devenue la plus grande nation exportatrice du monde, fournissant une large gamme de produits destinés à l'exportation, tandis que la Fédération de Russie est restée très dépendante de ses exportations de matières premières, notamment le pétrole et le gaz. Le Mexique, quant à lui, a entrepris d'importantes réformes économiques et a bénéficié de la proximité du grand marché de l'Amérique du Nord, intégré dans le cadre de l'Accord de libre-échange nord-américain (ALENA). Les trois pays font face à des difficultés liées à leurs modèles de croissance respectifs, et l'innovation est un facteur essentiel de toutes les stratégies élaborées pour y remédier. Ils doivent relever le défi de la transition vers des industries qui prospèrent par l'innovation. La Chine s'efforce de rééquilibrer et de réorienter son économie, en exploitant de nouvelles sources de croissance, y compris l'innovation. Partie de niveaux très modestes dans les années 90, ce pays n'a cessé d'investir dans la science, la technologie et l'innovation. Il a en outre habilement tiré parti de sa grande taille et du dynamisme de son marché pour accéder aux technologies. La manière dont la Chine a réussi à augmenter ses capacités d'innovation contraste avec le rythme beaucoup plus lent auquel la Fédération de Russie et le Mexique ont évolué. Les trois pays avancent dans la mise à niveau de leur capital humain, mais seule la Chine est parvenue à rééquilibrer son système d'innovation pour le centrer sur le secteur des entreprises, et à en améliorer considérablement les résultats.

Résultats, capacités et gouvernance des systèmes d'innovation

Les trois pays disposent de capacités très différentes en matière d'innovation. La Chine a considérablement modernisé son système d'innovation, tandis que les efforts consentis par la Fédération de Russie et le Mexique dans ce domaine se sont essoufflés. Les dépenses de R-D en pourcentage du PIB sont restées inférieures à 0.5 % au Mexique et dépassent à peine 1 % en Fédération de Russie, alors qu'en Chine – après une augmentation continue depuis les années 90 – elles atteignent maintenant presque 2 %, se rapprochant de la moyenne de l'OCDE. Dans le cas du Mexique et de la Fédération de Russie, un grand nombre des indicateurs standard de résultat de l'innovation (commerce, production scientifique, brevets, etc.) témoignent de performances plutôt modestes. À l'inverse, les capacités d'innovation de la Chine ont progressé à grands pas dans le domaine scientifique et surtout dans le secteur des entreprises. Dans une certaine mesure, l'augmentation des capacités et des performances se reflète dans la croissance soutenue de la PMF en Chine, croissance qui, à la différence de ce qui s'est passé dans de nombreux autres pays, s'est poursuivie dans la seconde moitié des années 2000. La Fédération de Russie a enregistré des gains de productivité notables à la fin des années 90 et au début des années 2000, mais il est probable qu'ils étaient davantage induits par les gains d'efficience associés aux réformes des marchés que par l'innovation. Au Mexique, en revanche, la productivité n'a que faiblement augmenté. La forte concentration régionale des capacités d'innovation qui caractérise les trois pays s'explique dans une certaine mesure par leur taille, mais indique également qu'ils ne parviennent pas à exploiter efficacement leur plein potentiel.

Les indicateurs disponibles laissent supposer que la majorité des entreprises mexicaines n'innovent pas systématiquement. En Fédération de Russie, les entreprises manufacturières sont beaucoup moins susceptibles de se lancer dans des activités liées à l'innovation que leurs homologues des pays de l'OCDE. Sur les trois pays, seule la Chine a réussi à opérer un rééquilibrage de son système d'innovation, puisque 76 % de la R-D y est exécutée par le secteur des entreprises, contre un peu moins de 40 % au Mexique. En Fédération de Russie, la plus grande partie de la R-D est toujours effectuée dans des établissements publics de recherche sectoriels, qui n'ont à peu près aucune relation avec les entreprises industrielles et les universités. Au Mexique et surtout en Fédération de Russie, les liens entre les universités et les

Encadré 7.2. **Grandes économies émergentes : Chine, Mexique, Fédération de Russie** *(suite)*

établissements publics de recherche, d'une part, et les entreprises, d'autre part, restent peu développés, certaines incitations décourageant, des deux côtés, une coopération plus étroite. L'un des grands obstacles réside dans les entreprises elles-mêmes, qui n'ont que trop peu de capacités d'innovation, présentent une faible capacité d'absorption de l'innovation, n'ont pas de liens solides avec les établissements publics de recherche et les universités, et, surtout, profitent d'un accès facile à des rentes économiques, ce qui ne les incite guère à innover.

Le renforcement des performances de l'innovation passera par des investissements soutenus dans les ressources humaines et par des améliorations qualitatives de ces ressources. Parti d'un faible niveau, le Mexique s'est constitué sur deux décennies un important réservoir d'ingénieurs, qui reste cependant inférieur à celui de la plupart des autres pays de l'OCDE, du fait de la faible demande effective de ce type de compétences. La majorité de la main-d'œuvre mexicaine présente toutefois un faible niveau de compétences. La Chine dispose de la plus grande réserve au monde de ressources humaines en science et technologie, mais la part des diplômés du supérieur dans la population reste très modeste. En outre, la Chine manque encore de chercheurs de classe internationale, même si certains signes montrent que cette situation est en train de changer. La Fédération de Russie se démarque sur le plan des niveaux d'éducation formelle. La part de la population active diplômée de l'enseignement supérieur est similaire à celle de la plupart des pays les plus avancés de l'OCDE. S'agissant de la qualité de l'éducation, certaines parties de la Chine affichent des résultats impressionnants dans l'évaluation PISA des étudiants du secondaire que l'OCDE réalise, tandis que la Fédération de Russie et le Mexique sont en retard sur la plupart des pays de l'OCDE.

En Fédération de Russie, la base scientifique reste largement sinistrée après une longue période de manque de ressources. Si l'on considère le nombre de publications scientifiques, le pays a un niveau de production comparable à celui du Brésil ou des Pays-Bas. Sa production, en revanche, a des retombées scientifiques bien moins importantes que celle du Mexique ou de la Chine. Au Mexique, le « système national de chercheurs » a renforcé l'efficience de la recherche publique au fil du temps et a permis à plusieurs universités et centres publics de recherche de très haute qualité de voir le jour. Le système a cependant dû composer avec des ressources limitées, et l'accent mis sur des produits prédéfinis semble avoir découragé une recherche à plus long terme. Sur les dix dernières années, les performances de la recherche publique se sont considérablement améliorées en Chine. Sa production scientifique totale place désormais le pays en deuxième position, derrière les États-Unis, même si l'impact des citations de ses publications le classe juste au-dessus du Mexique, soit un retard considérable sur la plupart des pays de l'OCDE.

Défis et possibilités

Les trois pays ont des défis à relever pour préserver leurs sources actuelles de croissance économique. En Chine, la pression des coûts et la dégradation de l'environnement ralentissent progressivement le « moteur » de croissance que constitue la fabrication à faible coût. Devant la détérioration des conditions-cadres et la montée des problèmes sociaux, la croissance des activités de fabrication tirée par les exportations a stagné au Mexique, et les exportations de produits primaires restent importantes. Jusqu'à présent, en Fédération de Russie, la croissance a reposé sur des facteurs transitoires, notamment les gains liés à l'évolution des termes de l'échange sur les marchés mondiaux du pétrole et du gaz. Même si les défis sont différents, la solution pour les relever passe invariablement par une amélioration de la productivité et par une diversification et une modernisation de l'économie conduites par l'innovation.

L'amélioration des conditions-cadres de l'innovation des entreprises est un défi majeur, notamment pour la Fédération de Russie et le Mexique. La réglementation excessivement restrictive, les dérogations au principe de légalité et le manque de concurrence continuent de jouer un rôle désincitatif critique pour l'innovation et l'entrepreneuriat. Cadres juridiques inadéquats, corruption et faiblesse des infrastructures des technologies de l'information et des communications (TIC) et des infrastructures physiques font partie des problèmes communs aux trois pays.

Encadré 7.2. **Grandes économies émergentes : Chine, Mexique, Fédération de Russie** *(suite)*

Les trois pays doivent faire face à des enjeux sociaux et environnementaux considérables, que l'innovation pourrait contribuer à résoudre. Ces défis comprennent la dégradation de l'environnement, la santé publique et le système énergétique. La Chine et le Mexique connaissent en outre des problèmes de sécurité alimentaire, tandis que la Fédération de Russie et, chose inhabituelle pour un pays à ce niveau de revenu, la Chine, doivent faire face au vieillissement rapide de leur population, et à ses conséquences sur toute l'économie et la société, y compris sur le système d'innovation. Ces pays devront opérer un rééquilibrage régional des capacités d'innovation sur leurs vastes territoires s'ils veulent pouvoir répondre à une multitude de problèmes de développement social, environnemental et économique. Il est absolument indispensable qu'ils renforcent les capacités de leurs institutions scientifiques et renouent avec un cercle vertueux d'accumulation de capacités et d'innovation dans le secteur des entreprises, tout en alignant leurs activités sur les objectifs nationaux, de façon plus directe et plus efficace que cela n'a été le cas jusqu'ici.

Programmes d'action nationaux et processus de réforme

Les programmes nationaux en faveur de l'innovation n'ont pas la même importance ni le même champ d'application dans les trois pays. Celui de la Chine est relativement large : outre l'accent traditionnellement placé sur la croissance économique, il intègre la viabilité environnementale, les enjeux sociétaux et les possibilités en matière de cohésion sociale. À cet égard, il ressemble au programme de nombreux pays avancés de l'OCDE. Ainsi, les grands projets nationaux dans le domaine scientifique et technologique ciblent principalement la santé publique, le vieillissement de la population, la sécurité sanitaire des aliments et des médicaments, et la prévention des catastrophes, tandis que le programme Innovation 2020 de l'Académie chinoise des sciences intègre l'énergie et la santé dans ses quatre objectifs sectoriels. Le programme d'action de la Fédération de Russie continue d'être très orienté sur les hautes technologies et privilégie les industries stratégiques entretenant des liens avec le grand complexe militaro-industriel du pays, ainsi que le secteur de l'énergie et les TIC. Celui du Mexique, un peu moins large et visible, est étroitement lié aux activités du système de recherche publique, lequel est de taille relativement limitée. Ce programme aussi a récemment accordé également davantage d'attention aux enjeux sociétaux, tels que le changement climatique et la sécurité alimentaire.

Comparé aux pays de l'OCDE, le financement de la R-D publique en Chine est fortement orienté vers la recherche appliquée et le développement, ce qui laisse supposer qu'un rééquilibrage est nécessaire, au profit d'une recherche fondamentale d'avant-garde, si la Chine veut aller au-delà d'un simple « rattrapage ». La Fédération de Russie a fortement augmenté les crédits alloués à la R-D publique au cours des sept ou huit dernières années, en en réservant une grande partie au développement des infrastructures de recherche (y compris dans les universités) et à des programmes scientifiques de pointe dans des domaines tels que les matériaux, par exemple. Quant au Mexique, même si le financement de la R-D publique y a augmenté à un rythme supérieur à celui de la moyenne de l'OCDE ces dernières années, les crédits restent globalement faibles et sont en grande partie utilisés pour payer les salaires des chercheurs.

Dans les trois pays, le secteur public continue de jouer un rôle prépondérant dans les systèmes nationaux d'innovation. Même en Chine, pays qui est peut-être celui qui a le plus progressé dans l'établissement d'un système d'innovation centré sur le secteur privé, les entreprises publiques et les établissements publics de recherche restent prédominants. La Chine et la Fédération de Russie ont cherché à réformer les établissements publics de recherche datant de l'ère soviétique. Des transformations radicales ont eu lieu dans les années 90 en Chine, et les réformes se poursuivent, l'objectif étant un meilleur alignement des établissements publics de recherche sur les défis du développement économique et social. En Fédération de Russie, les réformes ont été plus lentes et plus fragmentaires, même si elles se sont accélérées récemment, à la faveur d'une réorganisation majeure de l'Académie des sciences de Russie en 2013 et du renforcement en cours des établissements sectoriels publics, théoriquement privatisés.

Encadré 7.2. **Grandes économies émergentes : Chine, Mexique, Fédération de Russie** *(suite)*

L'objectif des programmes d'action pour l'innovation des trois pays est d'encourager cette innovation dans les grandes entreprises et de soutenir l'entrepreneuriat et les PME. En Chine, divers instruments visent à favoriser un système d'innovation centré sur les entreprises et mettent l'accent sur la capacité d'innovation endogène des entreprises nationales. Cependant, la prédominance des entreprises publiques, notamment dans les services collectifs, a tendance à mitiger les incitations à innover qui découlent normalement de la concurrence. La Fédération de Russie a élaboré un certain nombre de mesures ciblant les entreprises et visant notamment à lever les obstacles administratifs et à améliorer les conditions-cadres (y compris les régimes fiscaux et douaniers). D'autres mesures sont axées sur les grandes entreprises publiques, en particulier le Programme de développement de l'innovation, qui donne à ces dernières la mission d'élaborer des stratégies d'innovation et de coopérer avec les universités et les établissements de recherche. Une grande partie du soutien du Mexique à l'innovation des entreprises est liée à des partenariats public-privé avec des établissements publics de recherche et des universités.

Les trois pays mettent l'accent sur les ressources humaines et les compétences dans leur action en faveur de l'innovation. En Chine, divers programmes de recrutement de talents cherchent à attirer et retenir des universitaires de haut niveau (y compris de l'étranger) et à répondre aux besoins en personnel innovant du secteur des entreprises, à l'aide de programmes de mobilité, par exemple. La Fédération de Russie a lancé des initiatives pour améliorer les qualifications des ingénieurs dans les secteurs stratégiques au moyen de nouveaux programmes de formation et de stages de longue durée dans de grands centres de recherche et d'ingénierie, dans le pays et à l'étranger. Beaucoup de mesures prises par le Mexique sont destinées à soutenir l'élite des ressources humaines en science et technologie (RHST) et des chercheurs. Davantage de crédits ont été alloués aux bourses financées par l'État et à l'amélioration de la qualité des programmes post-licence proposés par les universités et les établissements publics de recherche.

Dans les trois pays, des initiatives visent à corriger les déséquilibres régionaux dans les activités d'innovation. En Chine, pour stimuler le développement de la région ouest, la Stratégie d'exploration du Grand Ouest soutient les investissements dans les infrastructures de recherche, les collaborations dans le domaine de la recherche et la mobilité des ressources humaines entre les régions de l'est et de l'ouest. En Fédération de Russie, l'État appuie le développement de pôles régionaux et injecte des fonds dans certaines universités régionales afin de renforcer leurs capacités de recherche et leurs liens avec les entreprises locales. Au Mexique, le gouvernement fédéral collabore avec les autorités des États pour assurer un petit financement à la recherche appliquée dans les régions.

Source : *OECD Reviews of Innovation Policy*, China (OCDE, 2008a), Mexico (OCDE, 2009a et OCDE, 2013b), Russian Federation (OCDE, 2011a).

L'encadré 7.2 montre également que, dans des pays aussi différents que la Chine, le Mexique et la Fédération de Russie, mais aussi le Chili, la Corée et l'Afrique du Sud, la politique de l'innovation ainsi que les réformes en matière de gouvernance des politiques sont inspirées par une meilleure compréhension du rôle et des influences réciproques de la création et de la diffusion de technologies, et comprennent généralement des stratégies visant à favoriser l'apparition d'un nouvel avantage comparatif. Le développement économique exceptionnel de la Corée, comme celui du Japon précédemment, est très instructif à cet égard. Le cas de la Corée montre qu'il faut disposer d'un niveau non négligeable de capacités en sciences et en technologies pour mettre en œuvre efficacement des stratégies d'imitation, et plus encore pour progresser dans la chaîne de valeur et accélérer le processus de rattrapage (OCDE, 2009b, 2014f).

Cela étant, des problèmes demeurent, délicats à résoudre et nécessitant une attention particulière. Il peut par exemple être difficile d'obtenir le dosage de spécialisation, d'ouverture et de flexibilité nécessaire pour éviter un « verrouillage » sur des trajectoires peu performantes ou un détournement par des intérêts particuliers. En outre, le système de gouvernance doit offrir une perspective assez longue aux politiques de l'innovation, ce qui est souvent compliqué à maintenir compte tenu des incitations des décideurs et de l'existence de demandes à court terme (« incohérence temporelle »), et de la multiplicité des niveaux de gouvernance. Ce dernier point est étudié plus longuement dans le chapitre 8.

De plus, les programmes d'action pour l'innovation des différents pays présentent un fort degré d'interdépendance. La réussite des principaux acteurs, par exemple, modifie considérablement l'environnement dans lequel les autres économies en rattrapage opèrent. De nombreux pays devront renforcer leurs capacités de R-D et les infrastructures connexes, et développer les liens entre les entreprises étrangères et le système d'innovation, s'ils veulent, par exemple, rester compétitifs sur le plan international en tant que lieu d'implantation d'activités de R-D (OCDE, 2008b).

Diversifier l'économie et progresser dans la chaîne de valeur

L'un des objectifs connexes que peuvent servir les politiques de l'innovation a trait à la compétitivité et aux possibilités pour les pays d'améliorer leur position dans les chaînes de valeur mondiales ou régionales. Nombreux sont ceux qui ressentent le besoin de diversifier leur économie et de progresser dans la chaîne de valeur, en favorisant la transition vers des entreprises et des activités à plus haute valeur ajoutée, par exemple. Cette perception est renforcée par le fait qu'un grand nombre de pays, notamment ceux de petite taille, subissent les effets d'une nouvelle concurrence de la part d'économies émergentes telles que la Chine dans les activités qui exigent beaucoup de main-d'œuvre. L'encadré 7.3 donne des exemples de programmes d'action pour l'innovation élaborés par certains de ces pays.

La Hongrie offre un autre exemple de pays cherchant à progresser dans la chaîne de valeur[1]. Elle s'est constitué une base manufacturière importante (principalement en servant de plateforme d'exportation vers d'autres pays de l'UE), tout en présentant une structure d'exportations très semblable à celle de la Chine. Pour accroître leur compétitivité et progresser dans la chaîne de valeur, les entreprises doivent stimuler leur productivité au moyen de l'innovation. L'IDE réalisé par des entreprises multinationales en Hongrie a créé un secteur manufacturier important, produisant et exportant des biens qui sont traditionnellement classés dans les produits de moyenne ou même de haute technologie (quoique les entreprises basées en Hongrie présentent une intensité de R-D relativement faible). L'une des principales tâches de la politique de l'innovation est de mieux intégrer ce secteur dans le système national d'innovation (universités et organismes de recherche publique compris) et de renforcer les capacités d'absorption des PME hongroises pour permettre au pays de sortir de sa structure économique duale, partagée entre un secteur des entreprises multinationales, très productif et internationalisé, et un secteur des PME beaucoup moins dynamique.

Encadré 7.3. **Petites économies émergentes : Colombie, Pérou, Viet Nam**

Contexte national des programmes d'action pour l'innovation : caractéristiques communes et différences

La Colombie, le Pérou et le Viet Nam sont des pays à revenu intermédiaire qui ont bénéficié de périodes de performances économiques favorables et de développement social au cours des dix ou vingt dernières années. La Colombie et le Pérou ont réalisé des avancées décisives en venant à bout de conflits internes de longue date, qui entravaient gravement leur développement. Le Viet Nam a à son actif des réalisations socioéconomiques impressionnantes, à commencer par les réformes *doi moi* à la fin des années 80. Les trois économies ont fait preuve d'une résilience à la crise, même si la croissance de leur revenu par habitant s'est ralentie dans l'environnement international moins dynamique de ces dernières années. Ouvrant progressivement leur économie, le Pérou et surtout la Colombie sont passés d'un modèle de remplacement des importations à un modèle plus ouvert afin de tirer parti des avantages de la mondialisation. Les économies de la Colombie et du Pérou ont largement bénéficié de la flambée de la demande de matières premières, laquelle a dopé l'activité du secteur minier et du secteur des biens non échangeables, tout en exerçant une pression sur le développement du secteur manufacturier, des services marchands et de l'agriculture du pays. Le Viet Nam, qui se situe dans l'une des régions les plus dynamiques du monde, s'est inspiré des réussites des pays d'Asie de l'Est, le Japon en tête, qui ont fait des émules et ont été adaptées de façon sélective par des cohortes de « tigres » et de « dragons » asiatiques, puis dernièrement par la Chine. Si ces pays doivent tous leur essor à une croissance tirée par les exportations et fondée sur les activités manufacturières, le rôle joué par l'IDE varie. Les investissements réalisés par des entreprises d'Asie de l'Est et des entreprises occidentales ont permis aux producteurs vietnamiens de s'introduire dans des chaînes de valeur mondiales contrôlées par les acheteurs (habillement, ameublement et électronique, par exemple), qui représentent désormais une grande part du commerce international de nombreux produits standardisés. Le Viet Nam a réussi à développer ses exportations de produits très variés, mais en particulier le pétrole, le riz, le café et les produits comestibles de la mer, ainsi que les vêtements et les chaussures. Plus récemment, la production de l'industrie électrique et électronique a connu un bel essor (assemblage de téléphones portables par des entreprises coréennes, par exemple).

Résultats, capacités et gouvernance des systèmes d'innovation

Les indicateurs disponibles mettent en évidence la faiblesse des capacités et des engagements de ressources dans le domaine de la science, de la technologie et de l'innovation (STI). La somme considérable d'innovations présentant un élément de nouveauté pour le pays est patente, mais la technicité de la production reste faible. Dans le cas du Viet Nam et du Pérou, il est impossible d'établir le montant des dépenses engagées dans la R-D, car les principales statistiques remontent à une décennie. Des données parcellaires semblent indiquer que les entreprises financent et effectuent une part mineure des dépenses intérieures brutes de R-D (DIRD). Les taux de dépôts de brevets de portée internationale sont très faibles, et les données relatives à la productivité laissent penser que les activités d'innovation ont des répercussions économiques limitées.

Les trois pays ont obtenu des résultats très importants en matière d'amélioration des compétences, conséquence d'efforts de longue haleine pour renforcer et développer l'enseignement secondaire et l'enseignement supérieur. Il reste toutefois d'importants problèmes à régler, sur le plan tant quantitatif que qualitatif. Le Pérou et la Colombie figurent dans le bas du classement PISA 2012 établi par l'OCDE à partir des résultats obtenus par les élèves du secondaire. Le Viet Nam, en revanche, obtient des scores similaires à ceux de pays à revenu bien plus élevé. La libéralisation du secteur de l'enseignement supérieur au Pérou ne s'est pas accompagnée d'une réglementation appropriée, ce qui a nui à la qualité. De plus, les systèmes d'enseignement de la Colombie et du Pérou ne tirent pas pleinement parti des ressources humaines à leur disposition, car ils offrent moins de possibilités aux élèves défavorisés et contribuent ainsi à aggraver des inégalités déjà très marquées. Les trois pays peuvent encore largement améliorer l'adéquation des compétences aux besoins de l'industrie.

Encadré 7.3. **Petites économies émergentes : Colombie, Pérou, Viet Nam** *(suite)*

Les résultats des universités et des établissements publics de recherche se sont quelque peu améliorés, comme le montrent les tendances à la hausse du nombre de citations et de publications scientifiques. Cela étant, malgré un ensemble de réformes, la gouvernance de ces structures continue de pâtir d'importants goulets d'étranglement. Le Viet Nam n'a pas réformé son secteur des établissements publics de recherche aussi profondément que l'a fait la Chine. Ni le Pérou ni la Colombie n'ont pris la pleine mesure du rôle que peuvent jouer l'enseignement supérieur et la recherche publique en favorisant l'accumulation de capacités d'innovation dans les entreprises, par un meilleur alignement des programmes d'études sur les besoins des entreprises innovantes, par exemple, ou par l'adoption de méthodes d'enseignement qui se rapprochent de l'« apprentissage par la pratique ». Les établissements publics de recherche semblent ne pas être suffisamment sensibles à l'évolution des exigences du marché et de la société, et ont tendance à être liés à des intérêts sectoriels limités, ce qui nuit à leur capacité d'appui à l'effort national de diversification de l'économie.

En Colombie et au Pérou, des rigidités institutionnelles et des problèmes de corruption limitent les possibilités d'aide publique à l'innovation dans le secteur des entreprises et n'incitent pas à expérimenter de nouveaux instruments et modes de gouvernance. Le Pérou, le Viet Nam et, dans une moindre mesure, la Colombie, ne disposent pas encore, pour élaborer leur politique STI, d'une base d'informations qui soit comparable à celle des pays de l'OCDE sur le plan des définitions, de la couverture et du niveau d'actualité. Il leur est dès lors plus difficile de concevoir des politiques appropriées pour amorcer un cercle vertueux, tellement nécessaire pourtant, d'accumulation de capacités d'innovation dans le secteur des entreprises. L'absence de veille stratégique fait obstacle à la recherche des principales contraintes et à l'amélioration de la conception et des résultats des instruments d'action.

Défis et possibilités

La diversification de l'économie et le passage à des activités à plus haute valeur ajoutée représentent un défi essentiel pour les trois pays. Les bons résultats de la Colombie et du Pérou sont fortement tributaires des exportations de matières premières. L'innovation peut contribuer à développer de nouvelles activités économiques, à stimuler la productivité afin de soutenir la croissance des revenus et de l'emploi pour une population urbaine en expansion, à favoriser une diversification de l'agriculture afin d'améliorer les moyens d'existence des populations rurales, et à renforcer la viabilité environnementale de la croissance. S'agissant du Viet Nam, dont l'économie est plus diversifiée, l'un des grands défis est de consolider sa position dans les chaînes de valeur mondiales en renforçant ses capacités d'innovation. Investir davantage en ce sens permettrait à ce pays de réduire certaines des contraintes qui brident l'absorption des technologies et de favoriser une croissance soutenue de la productivité. Les retombées technologiques de l'IDE, par exemple, semblent avoir été plutôt faibles jusqu'ici, car les entreprises multinationales ont été principalement attirées par le faible coût de la main-d'œuvre. Une plus forte imbrication de leurs activités dans l'économie intérieure – qui serait également souhaitable en Colombie et au Pérou – aiderait à enclencher un cercle vertueux de modernisation.

Les performances nationales en matière d'innovation dépendent de façon décisive des capacités internes des entreprises dans ce domaine. À cet égard, les trois pays doivent redoubler d'efforts pour obtenir des améliorations durables. Les entreprises sont le moteur de tout système d'innovation efficace. Un système d'innovation performant, obéissant aux lois du marché, nécessite des conditions-cadres qui encouragent les entreprises à innover. Malgré des améliorations en matière de primauté du droit, de régimes réglementaires, d'ouverture, d'intensification de la concurrence, de développement financier et de renforcement des droits de propriété intellectuelle, la marge de progression demeure importante. Les bénéfices de telles améliorations peuvent être considérables. Cependant, si les conditions-cadres sont un préalable indispensable, elles doivent aussi s'accompagner d'une politique visant spécifiquement à encourager l'accumulation systématique des capacités d'innovation dans un large éventail d'entreprises.

Faire mieux connaître la politique de l'innovation et sa crédibilité comme moteur d'un développement économique durable représente en soi un énorme défi. Au Viet Nam et au Pérou, les faibles ressources consacrées à l'innovation en attestent. En Colombie, on note des signes encourageants d'amélioration,

Encadré 7.3. **Petites économies émergentes : Colombie, Pérou, Viet Nam** *(suite)*

notamment la somme considérable de fonds publics prélevée sur les redevances minières et allouée à la science, à la technologie et à l'innovation, et l'on peut aussi obrver des progrès notables dans la promotion de l'économie numérique. Les trois pays font face à des enjeux sociétaux majeurs, parmi lesquels les problèmes liés à la sécurité (notamment en Colombie et au Pérou), à l'environnement (dans les districts miniers, par exemple), à l'urbanisation et à la santé. L'innovation joue un rôle essentiel dans les solutions apportées à ces problèmes et offre des possibilités de diversification de l'économie.

Programmes d'action nationaux et processus de réforme

L'innovation occupe désormais une place bien plus grande dans les programmes d'action nationaux des trois pays. Contrairement à ce qu'on observait il y a dix ans, l'innovation est désormais présente dans des documents de stratégie de première importance. Le Viet Nam et la Colombie ont largement axé leurs politiques sur l'éducation, en allouant des crédits considérables à cette dernière. Le Viet Nam s'est fixé des objectifs ambitieux d'augmentation des dépenses publiques dans la science et la technologie. L'attention se concentre actuellement sur l'amélioration des capacités d'innovation des établissements publics et leur transition vers un mode de fonctionnement fondé sur le jeu du marché. On observe également que les programmes d'action s'efforcent d'utiliser des acteurs et des fonds publics pour potentialiser les bénéfices de l'innovation, avec toutefois un succès limité jusqu'ici. Le Viet Nam tente de faire appel à des entreprises publiques pour mener le processus de modernisation. La Colombie a conçu un mécanisme complexe de redistribution régionale des dépenses de STI financées par les redevances minières et le Pérou a élaboré un programme similaire, quoique plus limité, axé sur le développement des universités régionales.

Il y a fort à faire pour concrétiser l'ambition d'élaborer des systèmes d'innovation qui puissent effectivement entraîner un développement social et économique durable. Par le passé, les programmes d'envergure n'ont pas toujours bénéficié des ressources ni des réformes qui s'imposaient pour que les conditions nécessaires – capacité de mise en œuvre, coordination et alignement sur les objectifs nationaux – soient réunies. En dépit des progrès accomplis, il reste beaucoup à faire pour venir à bout des insuffisances des institutions et des dispositifs de gouvernance dans les trois pays. En effet, le manque de transparence et d'évaluation, l'absence de délimitation claire des fonctions institutionnelles, le défaut de coordination intergouvernementale et la faiblesse des capacités administratives limitent l'efficience et l'efficacité des politiques.

En outre, les politiques sont souvent fondées sur l'idée d'un système national d'innovation centré sur les universités et les établissements publics de recherche, et qui met par conséquent l'accent sur la science, la technologie et la R-D, au détriment d'une innovation plus large. En Colombie, comme dans d'autres pays tel le Pérou qui ont une longue tradition légaliste, cette idée est formalisée dans une définition officielle du système national d'innovation qui mentionne uniquement les acteurs de la recherche publique. Cette définition contraste fortement avec la réalité : tous les systèmes d'innovation performants sont mus par un noyau d'entreprises dynamiques. Le Viet Nam ne se défait que progressivement de l'héritage de son système de recherche d'inspiration soviétique, qui sépare R-D et production. Les conceptions étroites de l'innovation n'offrent guère d'indications sur ce qui serait nécessaire pour répondre aux besoins des innovateurs du secteur des entreprises et négligent souvent ce qui n'est pas issu de la R-D, comme les innovations de procédé, de conception, d'organisation et de commercialisation, alors qu'elles présentent de plus en plus d'intérêt pour (entre autres) les secteurs des services en pleine croissance de ces trois pays. Certaines mesures en faveur de l'innovation, directement inspirées d'expériences menées dans des écosystèmes d'innovation très avancés, sont parfois (en Colombie par exemple) trop axées sur le nombre de titulaires d'un doctorat ou sur les jeunes entreprises innovantes nées de la R-D, par exemple, et ne couvrent de ce fait qu'un segment d'innovation plutôt étroit.

Source : OECD Reviews of Innovation Policy, Colombia (OCDE, 2014g), Peru (OCDE, 2013c) et Viet Nam (OCDE, 2014h).

L'innovation dans les économies fondées sur l'exploitation des ressources naturelles

La diversification est également un défi majeur pour les économies fondées sur l'exploitation des ressources naturelles. Le Chili est l'un des plus gros exportateurs de cuivre, par exemple, et la Norvège, l'un des plus gros exportateurs de pétrole et de gaz. Dans certains domaines, comme la salmoniculture, les deux pays se font concurrence sur les marchés mondiaux, bien qu'ils soient étroitement liés par des flux d'IDE et de connaissances (participation de la Norvège aux activités d'aquaculture chiliennes, par exemple). L'Afrique du Sud est un autre pays connu pour ses ressources naturelles. Plusieurs des pays qui ont fait l'objet d'un examen de l'OCDE, dont le Chili, la Norvège, la Fédération de Russie et l'Afrique du Sud, ont tiré profit de la forte demande mondiale de matières premières. La Nouvelle-Zélande a profité de l'augmentation de la demande mondiale de produits alimentaires, même si elle n'a pas totalement tiré parti des avantages de la mondialisation. Cependant, dans des secteurs à vocation exportatrice, comme celui des produits laitiers ou de la viande conditionnée, la Nouvelle-Zélande réalise des économies d'échelle qui, compte tenu de la taille et de l'emplacement de son marché, sont difficiles à obtenir dans de nombreux autres secteurs.

La réussite économique de la plupart de ces pays, lorsque réussite il y a eu, n'est pas fondée seulement sur l'exploitation des ressources naturelles, mais aussi sur la manière dont ces ressources et les recettes connexes ont été gérées et dont les possibilités liées à l'extraction des ressources ont été mises à profit. Il a fallu pour cela renforcer les capacités afin d'évaluer ces possibilités et de mettre en place des politiques spécifiques pour les exploiter, ainsi que des conditions-cadres favorables.

Les pays qui tirent une grande partie de leur revenu de l'extraction des ressources naturelles – le cuivre au Chili, les hydrocarbures en Norvège et au Mexique, divers produits de base, dont des métaux, en Afrique du Sud, par exemple – doivent faire face à des problèmes spécifiques. Premièrement, les prix des matières premières sont très sujets à la volatilité, comme le montrent les récentes fluctuations du prix du pétrole, ce qui n'est pas sans incidence sur l'économie réelle. Cela étant, certains pays ont tiré profit de l'augmentation des recettes provenant de l'extraction des ressources naturelles pour mettre en place de nouveaux mécanismes de financement du développement industriel et régional. Parallèlement, les exportations de ressources naturelles peuvent avoir des effets défavorables sur d'autres secteurs de l'économie. Enfin, les pays peuvent être vulnérables, parce que leurs ressources naturelles sont limitées ou susceptibles d'être remplacées par un autre produit résultant de l'innovation.

Les économies fondées sur l'exploitation des ressources naturelles ont dès lors un certain nombre de points à gérer, ce qui nécessite des mécanismes de gouvernance adéquats, si elles ne veulent pas risquer d'être frappées par la « malédiction des ressources ». Ces pays doivent notamment stabiliser leur économie en lissant le revenu disponible provenant des matières premières (pétrole et gaz, métaux, etc.), tout en évitant le risque d'effet néfaste sur d'autres secteurs de l'économie (le « mal néerlandais »). Il est également important qu'ils facilitent et encouragent un changement structurel vers de nouvelles activités économiques, pour se préparer à un avenir où les recettes tirées des ressources naturelles commenceront à diminuer. Les politiques doivent en outre prévoir des incitations adéquates pour que s'enclenche une évolution à long terme vers une croissance davantage induite par l'innovation. La tâche peut s'avérer difficile si la rente des matières premières est devenue une source majeure de revenu dans de grands pans de l'économie.

Un certain nombre d'économies fondées sur l'exploitation des ressources naturelles s'efforcent d'encourager la diversification de leurs activités et, dans certains cas, utilisent les recettes tirées de l'exploitation des ressources naturelles ainsi que les capacités technologiques constituées à l'intérieur et autour des industries liées à leurs ressources. L'expérience et les résultats varient considérablement d'un pays à l'autre. La Norvège offre un exemple de premier choix d'une gestion prudente, reposant sur une vision à long terme, des recettes considérables tirées du secteur pétrolier. Elle a réussi à la fois à bien gérer ses recettes pétrolières et gazières et à saisir les occasions de développer des activités à forte intensité de savoir dans et autour de ce secteur, en l'utilisant comme une plateforme pour renforcer ses propres capacités technologiques et aboutir au développement de biens et de services marchands.

Le Chili aussi gère activement ses recettes et en alloue une partie à l'investissement sur le long terme dans l'innovation. La gestion des fonds provenant des activités d'extraction soulève des problèmes spécifiques quant au rôle des régions et des États dans l'économie, et accroît la nécessité de renforcer le dialogue entre les différents niveaux d'administration sur les sujets liés à la politique de l'innovation (OCDE, 2013d). Le Chili a mis en place une série de conditions-cadres de bonne qualité et a très bien réussi à développer de nouvelles activités axées sur l'exportation dans les secteurs traditionnels, notamment l'agroalimentaire. Le pays s'efforce sans relâche d'évoluer vers un développement davantage fondé sur l'innovation. Pour y parvenir, il a mis en place de nouvelles structures de gouvernance et de nouveaux mécanismes de financement de l'innovation, comme le Fonds d'innovation (FIC), et le prélèvement correspondant sur les recettes minières, le Conseil national de l'innovation pour la compétitivité et la Commission interministérielle de l'innovation. Le nouveau Conseil national de l'innovation, en collaboration avec la Société pour le développement de la production (CORFO), a mis en place une stratégie de pôles destinés à renforcer et à élargir l'avantage concurrentiel du pays dans différents domaines, de l'extraction minière aux services, en passant par l'agroalimentaire. Ces dernières années, les pouvoirs publics ont privilégié davantage les stratégies de spécialisation intelligente, visant à transformer la structure de la production, augmenter la productivité et diversifier l'économie, et à encourager un développement durable. L'objectif des pouvoirs publics est de renforcer, par une coopération public-privé, les secteurs stratégiques dans lesquels le Chili dispose d'un fort potentiel de croissance, en fournissant les ressources nécessaires pour lever les obstacles au développement et à la montée en puissance de ces activités. La Nouvelle-Zélande cherche également à s'engager sur la voie d'une croissance davantage induite par l'innovation, et a intégré cette dernière dans sa stratégie de croissance.

La création d'une boucle de rétroaction positive entre un haut niveau d'adaptabilité et l'innovation aide une économie à se diversifier et à progresser dans la chaîne de valeur. Des possibilités peuvent aussi naître d'une action concertée dans les domaines de la science et de l'économie qui présentent un net potentiel. Ainsi, plus que bien d'autres pays, la Norvège a cultivé un fort soutien social aux initiatives qui s'attachent à rechercher des solutions aux problèmes de portée mondiale, comme le développement durable, et aux questions qui s'y rapportent, comme les énergies propres. Des programmes à grande échelle dans ces domaines pourraient se révéler très efficients pour diriger l'aide publique vers l'innovation et pourraient avoir des effets considérables sur les secteurs et les domaines de la science et de la technologie.

L'un des secteurs primaires qui offre des possibilités d'innover dans de nombreux pays, tant avancés qu'émergents, est l'agriculture. Ce secteur est important non seulement en tant que source de croissance et de compétitivité pour de nombreux pays, mais aussi en tant que pourvoyeur de nourriture pour une population mondiale de plus en plus nombreuse et dont le pouvoir d'achat progresse également. L'innovation dans l'alimentation et dans l'agriculture est par conséquent une question particulièrement importante pour les responsables des politiques publiques (encadré 7.4).

Encadré 7.4. **L'innovation dans l'alimentation et l'agriculture**

Le secteur agroalimentaire doit fournir une nourriture saine, sûre et nutritive à une population mondiale de plus en plus nombreuse et dont le pouvoir d'achat progresse également, des aliments à des cheptels d'animaux d'élevage qui ne cessent d'augmenter, et des fibres et combustibles pour un éventail de plus en plus large d'utilisations industrielles, le tout sans épuiser les ressources disponibles, qu'il s'agisse des terres, de l'eau ou de la biodiversité.

Les gouvernements et la communauté internationale ont conscience que l'innovation est essentielle pour obtenir les gains de productivité que ces objectifs demandent, tout en relevant les défis liés à la durabilité et au changement climatique. Au cours des deux dernières décennies, la croissance de la PMF, entraînée par l'adoption d'innovations et par un ajustement structurel, a été la principale source d'augmentation de la production agricole. Les éléments probants qui ressortent d'un grand nombre d'études économétriques montrent que les bénéfices estimés de la R-D agricole dépassent de loin ses coûts, avec des taux de rendement annuels compris entre 20 % et 80 % (Alston, 2010). Au niveau microéconomique, il apparaît clairement que l'adoption d'innovations conduit à des gains de productivité (OCDE, 2014i). Les innovations dans les intrants et dans les pratiques agricoles ont permis d'améliorer la performance écologique dans la plupart des pays de l'OCDE (OCDE, 2014e). Un certain nombre de technologies et de pratiques, telles que le travail réduit du sol, la rotation des cultures, le couvert végétal et l'utilisation de variétés améliorées, permettent déjà une « intensification durable de la production ». D'importantes améliorations restent possibles avec une adoption plus large des technologies actuelles, en particulier par les petits exploitants, mais les défis à venir, comme le changement climatique, nécessitent de mettre au point des solutions innovantes, mieux adaptées à l'évolution et à la diversité des demandes.

À partir de sa Stratégie pour l'innovation, l'OCDE a élaboré un cadre d'examen des mesures qui favorisent ou découragent l'innovation dans le secteur de l'alimentation et de l'agriculture. Ce cadre a été utilisé à titre expérimental dans des examens par pays, lesquels cherchent à déterminer dans quelle mesure le contexte de l'action des pouvoirs publics facilite l'investissement, et si les incitations visant l'alimentation et l'agriculture permettent aux systèmes d'innovation agricole d'aligner l'apport d'innovations sur la demande du secteur et facilitent l'adoption des innovations au niveau des exploitations agricoles et des entreprises (OCDE, 2013e, 2014j, 2014k, 2014l).

L'innovation dans l'agriculture est fortement influencée par les mesures de soutien aux agriculteurs, qui représentent aujourd'hui 18 % en moyenne des recettes agricoles brutes dans la zone OCDE (OCDE, 2014m). Certains pays continuent de s'en remettre massivement à des mesures qui ont des effets de distorsion de la production et des échanges, et qui ont tendance à décourager l'innovation. D'autres optent pour un mode de soutien des revenus plus neutre, qui accroît la capacité d'investissement des producteurs, mais n'encourage pas l'adaptation. Les incitations à une utilisation plus durable des ressources ciblent souvent l'adoption de pratiques de production spécifiques au lieu d'encourager des approches plus souples pour atteindre les résultats environnementaux (OCDE, 2012a, 2013e).

Les systèmes d'innovation agricole disposent souvent de leur propre financement ainsi que d'une gouvernance et d'institutions spécialisées, même si dans la plupart des pays, ils entretiennent des liens institutionnels avec le système général d'innovation. L'intensité de la R-D publique du secteur est généralement supérieure à celle des activités non agricoles (voir le graphique ci-après). L'investissement privé y est moins important, peut-être du fait de la petite taille des entreprises et des exploitations. L'investissement privé se concentre dans les grandes entreprises de production d'intrants et de transformation des produits alimentaires, et dans des domaines tels que le matériel agricole et les semences. Dans de nombreux pays, l'enseignement agricole ne parvient pas à suivre l'évolution des besoins du secteur. L'assistance technique est assurée par des acteurs tant publics que privés et est souvent subventionnée. L'adoption des innovations reste cependant inégale.

Encadré 7.4. **L'innovation dans l'alimentation et l'agriculture** *(suite)*

Intensité de la R-D publique dans une sélection de pays, agriculture et ensemble des activités

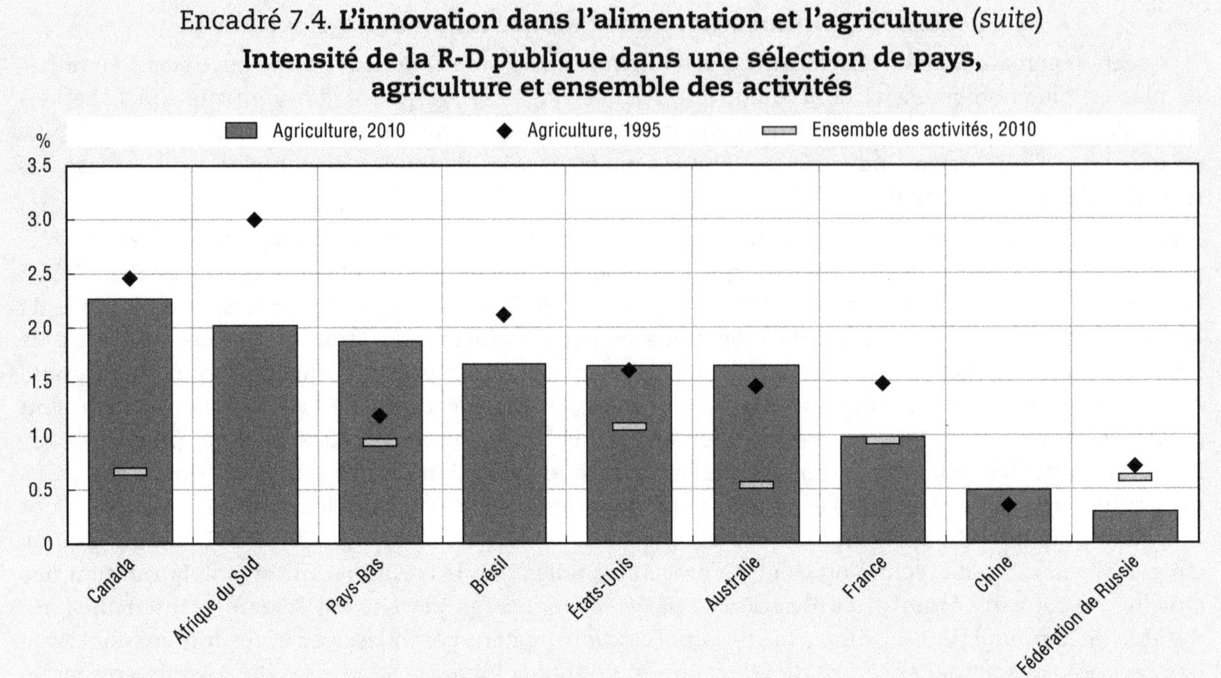

Source : Statistiques de la recherche et développement de l'OCDE, 2014, *http://www.oecd.org/sti/inno/researchanddevelopmentstatisticsrds.htm* ; ASTI (Agricultural Science and Technology Indicators) IFPRI, 2014, *http://www.asti.cgiar.org/*.

Orientations pour l'innovation dans l'alimentation et l'agriculture (OCDE, 2014m, 2013e)

- Plutôt que soutenir les revenus des exploitations, investir dans les savoirs, la formation et les infrastructures stratégiques susceptibles d'améliorer à long terme la productivité, la viabilité et la rentabilité du secteur.
- Renforcer la gouvernance de l'innovation dans l'agriculture afin d'améliorer l'orientation stratégique sur les problèmes à long terme. Faire en sorte qu'une évaluation systématique soit partie intégrante des mécanismes de financement public de l'innovation.
- Renforcer la coordination entre les acteurs et les politiques de l'innovation afin de mieux relier l'offre et la demande.
- Clarifier les rôles des acteurs publics et privés dans l'innovation, identifier les domaines prioritaires en matière de partenariat et concevoir des systèmes de gouvernance performants autour de partenariats public-privé.
- Garantir aux agriculteurs l'accès à des services indépendants de vulgarisation et de conseil afin d'améliorer leurs connaissances techniques et leurs compétences professionnelles.
- Renforcer la coopération à travers des réseaux de recherche internationaux, régionaux et locaux afin d'amplifier les retombées de la R-D et de rendre les systèmes nationaux d'innovation plus efficients.
- Faciliter l'accès aux systèmes d'information, par exemple concernant la génétique ou les sols.

Sources : Alston, J. (2010), « Les avantages de la recherche-développement, de l'innovation et de l'accroissement de la productivité dans le secteur agricole », *http://dx.doi.org/10.1787/5km91nfjnhq3-fr* ; OCDE (2014i), *Dynamique de la croissance de la productivité des exploitations laitières* ; OCDE (2014e), *Compendium des indicateurs agro-environnementaux de l'OCDE, http://dx.doi.org/10.1787/9789264181243-fr* ; OCDE (2013e), *Les systèmes d'innovation agricole, http://dx.doi.org/10.1787/9789264200661-fr* ; OCDE (2014j), *L'innovation au service de la productivité et de la durabilité de l'agriculture : Examen des politiques australiennes* ; OCDE (2014k), *L'innovation au service de la productivité et de la durabilité de l'agriculture : Examen des politiques brésiliennes* ; OCDE (2014l), *L'innovation au service de la productivité et de la durabilité de l'agriculture : Examen des politiques canadiennes* ; OCDE (2014m), *Politiques agricoles : suivi et évaluation 2014 : Pays de l'OCDE* ; OCDE (2012a), *Politiques agricoles : suivi et évaluation 2012 : Pays de l'OCDE, http://dx.doi.org/10.1787/agr_pol-2012-fr*.

L'innovation pour la croissance inclusive et la croissance verte

Comme nous l'avons vu au chapitre 1, les programmes d'action pour l'innovation se sont élargis ces dernières années et intègrent désormais des objectifs qui vont au-delà de la croissance, de la productivité et de la compétitivité. L'innovation étant un important moteur de croissance, les bénéfices de cette croissance devraient au final s'étendre à toute l'économie, parfois avec le soutien de politiques sociales et redistributives pour aider à diffuser les avantages de la croissance induite par l'innovation dans l'ensemble de la population. La forte croissance de certaines grandes économies émergentes, notamment la Chine et l'Inde, a contribué à réduire significativement la pauvreté à l'échelle mondiale au cours des dix dernières années. Parallèlement, les inégalités se sont creusées dans de nombreux pays, ce qui a conduit à préconiser une croissance plus inclusive. Dans plusieurs économies émergentes, le programme d'action pour l'innovation s'est enrichi d'un nouveau thème, qui vise spécifiquement à encourager une innovation inclusive, autrement dit une innovation dont le seul but est d'améliorer le bien-être des groupes à faible revenu et des groupes exclus. La Chine, la Colombie, l'Afrique du Sud, l'Inde et l'Indonésie font partie du groupe de plus en plus vaste des pays qui considèrent explicitement l'innovation inclusive comme faisant partie intégrante d'une approche plus large de l'innovation. La section 7.2 du présent chapitre analyse ce point plus en détail.

La croissance verte et la durabilité font aussi partie des objectifs de plus en plus présents dans les programmes d'action pour l'innovation, souvent dans le cadre de mesures plus larges visant à axer davantage l'innovation sur les problèmes sociaux et mondiaux. Une poignée de pays en ont fait leur principal objectif en matière d'innovation, comme la Corée lorsqu'elle a concentré son action sur la croissance verte, mais de nombreux autres y accordent désormais une grande importance lors de l'élaboration des politiques d'innovation horizontales. La section 7.4 s'intéresse plus en détail à ce que cela implique en pratique.

Les stratégies d'innovation aujourd'hui

Compte tenu de la diversité des objectifs, des points de départ et des approches en matière d'élaboration et de mise en œuvre des politiques de l'innovation, les stratégies varient considérablement d'un pays à l'autre. Les réponses qui ont été fournies par les pays au questionnaire réalisé à l'occasion de l'édition 2014 de la publication *Science, technologie et industrie – Perspectives de l'OCDE*, questionnaire qui portait sur les 34 pays de l'OCDE et plus de 10 économies émergentes, révèlent à la fois des similitudes et des différences dans les buts et les priorités d'action selon les pays et mettent aussi en évidence des caractéristiques internationales dans les stratégies STI nationales, et de grandes orientations qui se retrouvent d'un pays à l'autre (OCDE, 2015i). Première similitude, quelles que soient l'approche et les modalités retenues pour l'action publique, presque tous les pays accordent une haute priorité à l'innovation des entreprises et à l'entrepreneuriat innovant. Deuxièmement, la plupart des pays cherchent à consolider leur écosystème d'innovation en renforçant leurs capacités et infrastructures de R-D ; en développant globalement les ressources humaines, les compétences et les capacités ; et en améliorant les conditions-cadres de l'innovation, y compris la compétitivité. Troisièmement, si des pays parvenus à des stades de développement socioéconomique différents se rejoignent sur quelques priorités de leurs politiques STI, d'autres préoccupations en revanche sont propres à certaines économies. En témoigne la relative concentration de pays dans des domaines d'action STI stratégiques, selon l'intensité des DIRD (voir graphique 7.2).

Graphique 7.2. **Principales priorités et caractéristiques des politiques STI nationales, par niveau d'intensité de R-D, 2014**

Partie A. Principales priorités des politiques STI nationales, autoévaluation par les pays, en pourcentage de pays

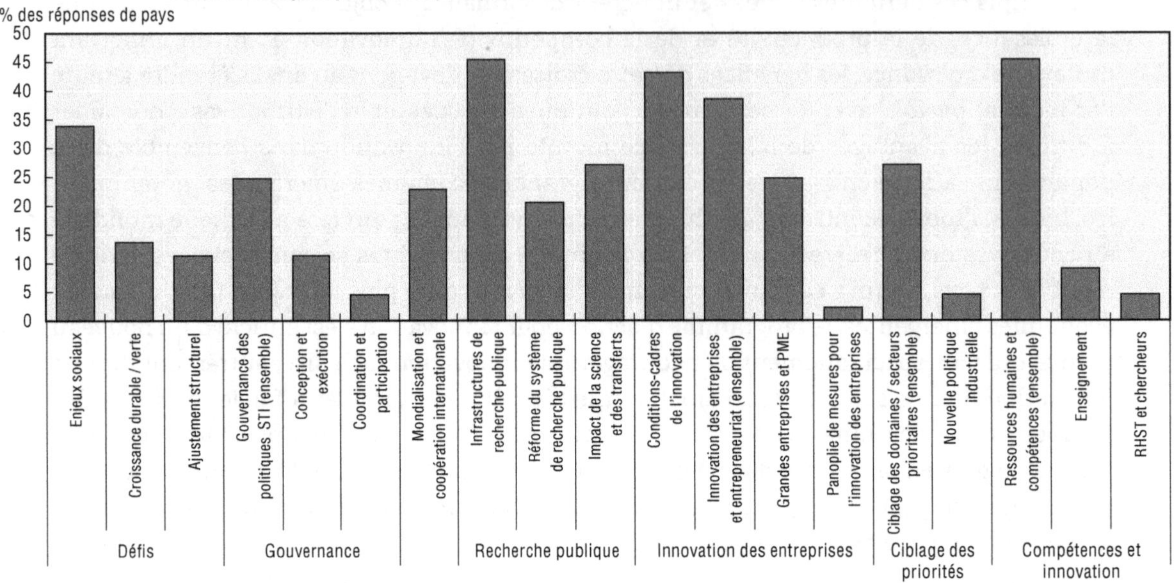

Partie B. Dispersion des pays en fonction des priorités des politiques STI et de l'intensité de R-D

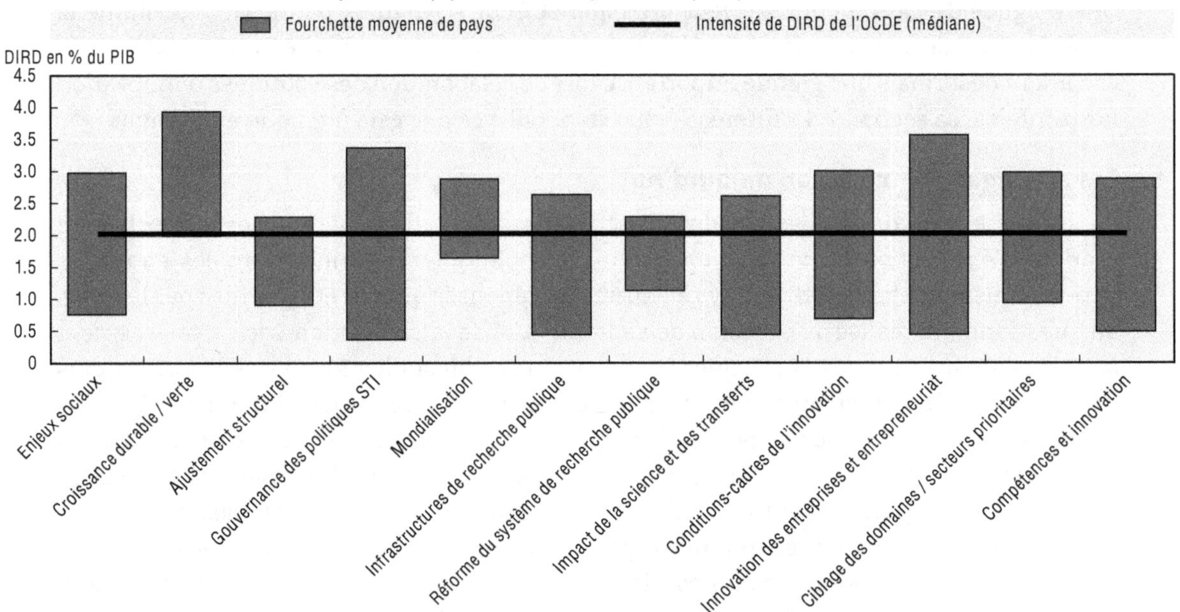

Notes : Les priorités des politiques STI ont été définies à partir des réponses des pays (autoévaluation) à la question suivante : « Quelles sont les grandes priorités de la politique STI dans votre pays ? Veuillez choisir trois (cinq au MAXIMUM) priorités d'action de la politique STI dans les listes déroulantes ci-dessous et décrire brièvement, en vos propres termes (une phrase), ces grandes priorités. » Les réponses sont fournies par les délégués au Comité de la politique scientifique et technologique de l'OCDE.

La partie B montre dans quelle mesure les priorités nationales en matière de STI peuvent être liées à l'avancement du système de R-D. Pour chaque priorité de la politique STI, le graphique fait apparaître l'intensité de DIRD des pays qui ont cité cette priorité comme constituant une question majeure. La fourchette moyenne de pays comprend l'ensemble des pays de l'OCDE et des économies non membres de l'OCDE, à l'exclusion des deux qui présentent l'intensité de R-D la plus importante et des deux qui présentent l'intensité de R-D la moins importante, sauf pour les priorités d'action Croissance durable / verte et Ajustement structurel, pour lesquelles la fourchette moyenne comprend les deux pays situés à chaque extrémité afin de contrebalancer le faible nombre de pays dans ces deux catégories. L'intensité de DIRD est exprimée en pourcentage du PIB.

Sources : OCDE (2015i), *Science, technologie et industrie : Perspectives de l'OCDE 2014, http://dx.doi.org/10.1787/sti_outlook-2014-fr.*

En règle générale, les pays qui occupent déjà un rang élevé en matière de R-D et d'innovation des entreprises privilégient l'investissement dans la base scientifique, à la fois la recherche publique et les ressources humaines, afin de renforcer l'assise de l'innovation future. Ces pays très performants hiérarchisent également le soutien qu'ils accordent à la recherche et à l'innovation de façon à obtenir un avantage concurrentiel dans de futurs domaines de croissance, tels que les technologies vertes et la santé, et pour contribuer à relever les défis mondiaux. L'encadré 7.5 ci-dessous réunit quelques exemples récents d'approches stratégiques en Allemagne, en Corée et en Finlande.

Encadré 7.5. **Exemples d'approches stratégiques de l'innovation : Finlande, Allemagne et Corée**

Finlande : la stratégie SUUNTA. En 2013, les principaux organismes responsables de la politique de l'innovation (Académie de Finlande, Tekes, Sitra, Finnvera et Finpro) ont décidé d'unir leurs forces pour élaborer une stratégie commune (la stratégie SUUNTA) dans l'idée d'élargir le soutien en matière de recherche, de développement et d'innovation à des écosystèmes économiques plus larges que des projets, des entreprises ou des secteurs spécifiques, et ce dans des domaines stratégiques pour la Finlande. Cette entreprise a débuté par de vastes travaux d'analyse et de prospective qui ont permis d'étudier les mégatendances, les débouchés et les défis commerciaux auxquels la Finlande faisait face ; elle a pour objectif de trouver des moyens innovants de mettre en œuvre les politiques. L'incertitude et la complexité croissantes de l'économie mondiale, conjuguées à l'essor rapide du numérique et à l'intensification de la concurrence, font que les entreprises renforcent de plus en plus souvent leur compétitivité en développant des relations symbiotiques avec leurs collaborateurs, leurs concurrents et d'autres acteurs des écosystèmes d'entreprises. Cette évolution remet en cause la réflexion actuelle sur la politique de l'innovation, la mise en œuvre de celle-ci et l'évaluation de son impact.

La stratégie SUUNTA a permis de déterminer que les domaines les plus prometteurs pour l'émergence de nouveaux écosystèmes d'entreprises étaient les ressources naturelles et l'efficience d'utilisation des ressources, la numérisation, le bien-être et la santé ; elle recherche également des moyens de relier ces écosystèmes aux plateformes mondiales afin d'attirer des investissements en Finlande. Elle vise en priorité à détecter les écosystèmes d'entreprises émergents et à les stimuler grâce à une meilleure coordination entre les principaux organismes chargés des politiques de l'innovation ; cette amélioration passe, par exemple, par la désignation d'acteurs chargés d'orchestrer le développement des écosystèmes, par la création de plateformes physiques ou virtuelles d'expansion de ces écosystèmes, par l'identification et la résolution des problèmes qui font obstacle aux évolutions, par l'obtention d'un appui politique lorsque cela est nécessaire et par l'élaboration d'instruments d'action, de façon à permettre aux organismes de collaborer de manière plus harmonieuse.

Allemagne : stratégie pour les hautes technologies. La stratégie allemande pour les hautes technologies est une stratégie d'innovation interministérielle complète. L'objectif est de faire en sorte que les bonnes idées puissent se transformer rapidement en produits et services novateurs. La stratégie vise à mettre en place des conditions favorables à l'innovation, à regrouper les ressources et à encourager les transferts. De nouvelles initiatives relatives au personnel qualifié doivent être lancées, notamment dans les STIM (sciences, technologies, ingénierie et mathématiques), et des actions sont également entreprises pour accroître l'attractivité et la perméabilité de la formation professionnelle en Allemagne. Les règlements et normes techniques seront harmonisés afin d'améliorer l'environnement dans lequel les entreprises opèrent. Par ailleurs, l'Allemagne cherche à accroître son attrait au plan international en tant que centre d'investissements en capital-risque. Le pays entend élaborer une stratégie de libre accès qui facilitera une mise à disposition efficace et permanente des publications financées par des fonds publics.

S'agissant du système de diffusion des connaissances, de nouvelles mesures ont été adoptées afin d'étendre de façon stratégique les options de coopération des universités avec les entreprises industrielles

Encadré 7.5. **Exemples d'approches stratégiques de l'innovation : Finlande, Allemagne et Corée** *(suite)*

et la société, de combler les fossés en matière de commercialisation et d'accélérer l'internationalisation des pôles de technologies de pointe et d'autres réseaux comparables. On encourage en outre le développement d'une industrie concurrentielle, fortement créatrice d'emplois. L'objectif est d'augmenter le nombre de PME participant aux programmes de financement de l'innovation en simplifiant les conditions d'octroi des aides. On prévoit en outre d'accroître le nombre des jeunes entreprises innovantes allemandes grâce à l'amélioration des instruments d'action existants et au raccordement de ces entreprises aux centres mondiaux de croissance et de création de valeur. Une gestion novatrice des marchés publics offrira d'autres moyens d'inciter les entreprises industrielles à innover.

Corée : stratégie de l'économie créative. Pour relever les défis liés à l'évolution de la situation mondiale et aux limites de la stratégie de rattrapage précédemment mise en œuvre par la Corée, l'Administration Park a introduit la notion d'« économie créative » dans ses promesses de campagne présidentielle en 2013. La stratégie de l'économie créative vise à faire évoluer le modèle de croissance coréen, le pays passant d'une économie industrielle à une économie du savoir, fondée sur l'utilisation de la science, de la technologie et de l'innovation et sur des idées créatives. En misant avant toute chose sur la créativité pour renforcer les capacités du pays dans les domaines de la science et de la technologie et dans celui des TIC, l'Administration Park cherche à créer de nouveaux marchés, de nouveaux emplois et de nouvelles possibilités de croissance durable.

Pour assurer une mise en œuvre efficace de la stratégie d'économie créative, le ministère de la Science, des TIC et de la Planification a publié un plan d'action en juin 2013. Ce plan définit six axes stratégiques : 1) créer un écosystème qui récompense la créativité et encourage les startups ; 2) appuyer les PME afin qu'elles jouent un rôle moteur dans l'économie créative ; 3) susciter de nouveaux moteurs de croissance pour ouvrir de nouveaux secteurs et marchés ; 4) soutenir des leaders créatifs mondiaux qui marient idées, talent et esprit de compétition ; 5) renforcer les capacités d'innovation dans la science et la technologie et dans les TIC, comme base de l'économie créative et 6) créer une culture de l'économie créative qui amène les gens et les pouvoirs publics à collaborer. Chaque axe stratégique comprend trois à cinq tâches spécifiques, notamment l'établissement de la « Ville de l'économie créative », plateforme en ligne ouverte réservée au développement des idées, et du « Centre d'innovation de l'économie créative », plateforme d'innovation hors ligne consacrée aux partenariats public-privé ou central-local.

Les pays qui ont inscrit la contribution de l'innovation à la croissance durable et à la croissance verte parmi les grandes priorités de leur politique STI en 2014 présentent généralement une intensité de R-D plus importante. Dans les pays de l'OCDE dont les performances dans le domaine de l'innovation ont pris du retard, l'accent est mis sur le renforcement des capacités institutionnelles pour le pilotage ou la direction des politiques STI, sur le renforcement des liens entre la recherche publique et l'industrie, et sur l'amélioration de la qualité de l'enseignement supérieur et de la recherche (OCDE, 2011c). Les petits pays de l'OCDE fortement exposés au commerce et aux IDE sont également plus susceptibles de considérer les défis posés par la mondialisation de la science, de la technologie et de l'innovation, et l'accroissement de la coopération internationale comme des priorités majeures.

Pour leur part, les économies en rattrapage et les économies émergentes cherchent à intégrer les stratégies STI dans leurs plans de développement économique à long terme. Les pays émergents et ceux à revenu intermédiaire (Argentine, Colombie, Costa Rica, Malaisie, Viet Nam, par exemple) élaborent des stratégies destinées à diversifier leur économie et à favoriser l'innovation afin d'améliorer leur compétitivité, de progresser dans les chaînes de valeur mondiales et d'échapper au « piège du revenu intermédiaire ». Les pays présentant une intensité de R-D moindre privilégient généralement la contribution de l'innovation à l'ajustement structurel et à une nouvelle approche de la croissance, l'amélioration des retours sur investissement dans la science et l'impact de celle-ci, et l'augmentation du vivier de compétences. En Chine, par exemple, le plan stratégique à moyen et long terme pour le développement de la science et de la technologie (2006-20) tend à utiliser l'innovation comme un outil de restructuration de l'industrie du pays et à passer d'une croissance entraînée par l'investissement à une croissance induite par l'innovation.

Les pays en développement cherchent également de nouveaux moyens de promouvoir l'innovation. Certains pays riches en ressources naturelles, comme le Chili, la Colombie et le Pérou, mettent en œuvre de nouveaux dispositifs de financement de l'innovation, notamment des fonds technologiques sectoriels, parfois dans le contexte de stratégies de spécialisation intelligente, au Chili, par exemple. Les marchés publics sont également considérés comme un outil de promotion de l'innovation et de montée en gamme de la production dans les domaines considérés comme prioritaires (cas de l'Afrique du Sud, du Brésil, de la Chine et de l'Inde, par exemple). En outre, des pays en développement tels que le Brésil, le Maroc et l'Inde se servent de plus en plus de l'IDE pour favoriser l'innovation et la modernisation industrielle en encourageant la création de liens et les transferts de technologie. Certains pays en développement privilégient également le développement durable : ils investissent dans la mise au point de nouvelles technologies et dans les conditions favorisant l'apparition de nouveaux modèles économiques respectueux de l'environnement. Les banques de développement jouent souvent un rôle déterminant en finançant les innovations vertes (OCDE, 2013d). La coopération Sud-Sud aussi gagne du terrain en tant que moyen de promouvoir l'innovation dans les pays en développement. La Société brésilienne de recherche agricole (EMBRAPA), par exemple, a renforcé son partenariat avec l'Afrique, accru sa collaboration avec le Forum pour la recherche agricole en Afrique (FARA) et ouvert une agence locale au Ghana. EMBRAPA Afrique est chargée du partage des connaissances et du transfert de technologies, afin d'améliorer la compétitivité des produits agricoles en Afrique et leur accès aux marchés mondiaux. Elle mène des programmes de recherche et assure une assistance technique. Elle participe également à l'initiative Marché de l'innovation agricole Afrique-Brésil, qui cible les petits producteurs et vise à renforcer l'innovation agricole au profit du développement en Afrique. Enfin, un nombre croissant d'économies en développement ont accentué leur action en direction des startups (encadré 7.6).

Cela étant, les pays de l'OCDE et les économies émergentes ont en commun certaines préoccupations et priorités en ce qui concerne la gouvernance de leur système et de leur politique d'innovation ; le soutien de l'innovation dans les entreprises, de l'entrepreneuriat et des PME ; et la contribution de l'innovation à la réponse aux enjeux sociaux (y compris en matière d'inclusion). La plupart des pays ont défini des cibles quantitatives pour mesurer leurs résultats et leurs progrès, notamment des cibles de dépenses de R-D (OCDE, 2015i). Le volume de DIRD à atteindre est souvent exprimé en pourcentage du PIB et, dans certains cas, la contribution relative du secteur des entreprises ou du secteur public est également spécifiée. La Chine et la Fédération de Russie définissent leurs cibles de production scientifique et technologique en nombre de brevets, de citations et de publications. La Nouvelle-Zélande prend en compte les résultats économiques, tels qu'ils apparaissent dans l'augmentation des exportations, tandis que la Corée s'intéresse à la création d'emplois liés à la science et à la technologie. Le Danemark et la Suisse effectuent un suivi des résultats scolaires et de la proportion des cohortes de jeunes qui terminent le deuxième cycle de l'enseignement secondaire ou une formation supérieure.

Encadré 7.6. **Politiques en faveur des startups dans les économies en développement**

Les chapitres 2 et 4 ont attiré l'attention sur le rôle important que jouent les jeunes entreprises et les startups dans l'innovation. La diffusion des TIC et la transformation de l'organisation de la production dans le monde, qui accentuent la réticularité du fonctionnement des entreprises, ont contribué à susciter un intérêt croissant pour les startups à la fois dans les pays de l'OCDE et dans les pays en développement. Ces jeunes entreprises peuvent participer au changement structurel en proposant de nouveaux produits et services à forte intensité de savoir. Elles peuvent également aider à soutenir l'innovation, améliorer la productivité et créer des possibilités d'emplois de qualité. Bien que l'appui de la création de startups suscite un intérêt croissant, il n'existe pas de définition universelle de ce type d'entreprises. On peut les caractériser par leurs performances, c'est-à-dire leur potentiel de croissance, ou par leur orientation innovante ou technologique. Ce sont des entreprises novatrices, qui offrent généralement des solutions à des problèmes récemment apparus ou créent des demandes en développant de nouveaux types d'activités. L'Argentine et le Brésil, par exemple, les définissent comme des entreprises de technologie ; le Chili, comme des entreprises à forte croissance ; et le Kenya, le Nigéria et le Pérou, comme des entreprises des TIC.

Les startups peuvent jouer un rôle déterminant en stimulant l'innovation et en dynamisant et diversifiant l'économie. Elles doivent toutefois surmonter des obstacles considérables pour parvenir à fonctionner et croître, surtout dans les pays en développement. Les entreprises du savoir s'épanouissent dans des environnements innovants denses, où les nouveaux entrepreneurs peuvent entrer en relation avec une base scientifique dynamique et de haute qualité, où l'accès aux technologies et au financement est aisé et où le cadre réglementaire est favorable aux activités commerciales (OCDE, 2010a, 2013f). La diffusion des TIC et l'essor de nouveaux domaines comme la biotechnologie et les énergies renouvelables ont favorisé la création de ce type d'entreprises, notamment dans les pays de l'OCDE. Néanmoins, ce phénomène gagne actuellement plusieurs pays d'Afrique, d'Asie et d'Amérique latine, quoique dans une bien moindre mesure. Trois grands facteurs expliquent cette évolution :

- La forte croissance du PIB au cours des dix dernières années a contribué à ouvrir des possibilités à ces entreprises dans les économies en développement.
- L'augmentation de la mobilité des talents et le dégroupage de la production mondiale ont aidé les travailleurs des économies en développement à acquérir des qualifications professionnelles dans des universités et des entreprises à l'étranger, ce qui a favorisé l'essor d'une culture entrepreneuriale.
- La dissémination des TIC a créé des occasions d'échange de connaissances, faisant de la création de startups une option réaliste dans les économies en développement également. De plus, les autorités des pays en développement ont commencé à considérer ces entreprises comme une nouvelle source potentielle de croissance (OCDE, 2013d, 2013f).

Les startups innovantes affrontent de plus grandes difficultés que les entreprises classiques, car leurs activités sont risquées et incertaines, en particulier dans les premiers temps. Les politiques publiques peuvent les soutenir par un large éventail de mesures, à chaque stade de leur développement, en proposant des financements, des conseils et de la formation, parallèlement à la mise en place d'un cadre juridique favorable. Dans les pays riches en ressources naturelles, les incitations à la création de startups contribuent à bâtir un pôle d'innovation autour des activités traditionnelles. Dans les pays qui attirent beaucoup d'IDE dans des activités à forte valeur ajoutée, encourager la création de startups peut être un moyen efficace de renforcer la compétitivité et d'augmenter l'impact de ces investissements sur l'économie locale. Souvent, les startups se développent dans des secteurs liés aux TIC ; aussi une infrastructure numérique adéquate (accès rapide et fiable à l'internet, par exemple) est-elle une condition préalable à leur création et à leur expansion. D'après le classement *Forbes Africa* des principales startups africaines, les jeunes entreprises à vocation technologique opèrent principalement dans les secteurs des logiciels et des télécommunications (*Forbes Africa*, 2012). La plupart de ces entreprises ont été créées assez récemment et proposent un éventail de services innovants pour le continent africain (une startup kényane, par exemple, est spécialisée dans les systèmes de vente au détail en ligne en Afrique).

Encadré 7.6. **Politiques en faveur des startups dans les économies en développement** *(suite)*

Les pays en développement commencent à mettre en place des instruments destinés à faciliter la création de startups. Une grande attention a été portée à l'accès au financement ; toutefois, aussi essentielles qu'elles soient, les ressources financières ne suffisent pas à favoriser la création et l'expansion de ces entreprises. Un cadre juridique facilitant l'établissement et le fonctionnement des entreprises technologiques est primordial. Les programmes ciblés sur le développement des compétences techniques et managériales sont également essentiels. L'expérience des pays de l'OCDE montre que l'important n'est pas seulement de concevoir un instrument spécifique, mais de mettre en place un dosage de mesures propre à accompagner les entreprises à tous les stades de leur développement. Le capital-risque, par exemple, est efficace quand il existe des capacités de financement des premiers stades (investisseurs de capitaux de démarrage et investisseurs providentiels, par exemple) et que des mesures susceptibles de soutenir la transformation d'idées en plans de développement (pépinières d'entreprises et programmes d'accélérateurs, par exemple) sont en place. Ainsi, dans les pays d'Amérique latine, les modes de soutien des startups varient, tant par les approches retenues que par les arrangements institutionnels dans lesquels celles-ci s'inscrivent. Certains, comme le Brésil et le Chili, accumulent de l'expérience depuis les années 90 ; d'autres, comme la Colombie et le Pérou, n'ont commencé que récemment à mettre en place des programmes destinés aux startups.

Sources : OCDE (2010a), *SMEs, Entrepreneurship and Innovation, http://dx.doi.org/10.1787/9789264080355-en* ; OCDE (2013f), *Start-up Latin America, http://dx.doi.org/10.1787/9789264202306-en* ; OCDE (2013d), *Perspectives on Global Development 2013* ; *Forbes Africa* (2012), « Ranking of top 20 African startups ».

En règle générale, les stratégies STI nationales s'inscrivent dans un projet et sont conçues à partir d'éléments probants fondés sur des données, d'outils tels que des scénarios, et d'analyses des menaces, opportunités, forces et faiblesses (MOFF). Le processus d'élaboration d'une stratégie de l'innovation est peut-être plus important que le document final, car il aide à mettre en évidence les problèmes, les obstacles et les possibilités cachées et favorise un processus d'apprentissage. Les stratégies nationales présentent généralement un tableau des principaux défis que le système national d'innovation doit relever et des orientations qu'il faudrait prendre pour ce faire. Les stratégies de l'innovation peuvent être utilisées de nombreuses manières : elles peuvent amorcer un échange de points de vue entre les parties prenantes et les aider à s'entendre sur une vision fondamentale commune de la recherche et de l'innovation, favoriser une convergence de vues entre les parties prenantes et les décideurs publics et concourir à la définition des priorités et à la planification des ressources.

En pratique, les stratégies nationales de l'innovation varient considérablement d'un pays à l'autre (par leurs ambitions, leur échéance, leur portée, leur niveau d'utilité pour l'action, etc.), ce qui détermine une série de problèmes potentiels de conception et de mise en œuvre, et ouvre du même coup un large champ d'apprentissage et de partage de bonnes pratiques. Cependant, les stratégies nationales ne sont pas toujours efficaces : le problème peut venir d'une conception inadéquate (manque de réalisme lors du choix des objectifs, notamment), mais aussi d'un processus de conception inapproprié (consultation insuffisante des parties prenantes, par exemple) ou encore du processus de mise en œuvre à proprement parler (manque de suivi et d'évaluation, par exemple). D'autres obstacles peuvent résulter d'un manque de motivation ou même de la résistance opposée par certains acteurs, dont les préoccupations et les priorités n'ont pas été suffisamment prises en compte. Il peut également arriver que le cadre institutionnel soit un frein, lorsqu'il se prête imparfaitement à la réorientation des ressources qu'imposent parfois les nouvelles stratégies. Enfin, à mesure que l'innovation devient un outil permettant d'atteindre un large éventail d'objectifs politiques et que le nombre de ministères, d'organismes et de parties prenantes concernés grandit, il devient de plus en plus délicat d'élaborer une stratégie cohérente et de la mettre en œuvre de manière coordonnée. Les questions soulevées par ces problèmes sont examinées plus en détail au chapitre 8 de ce rapport. Un certain nombre d'enseignements essentiels issus des travaux de l'OCDE sur les stratégies nationales de l'innovation sont résumés ci-après.

Principaux messages pour l'élaboration des stratégies de l'innovation au niveau national

- On constate d'importantes différences entre les pays en ce qui concerne les conditions de base de l'innovation et les difficultés qu'il leur faut surmonter pour parvenir à renforcer les performances en matière d'innovation. Cela étant, à l'heure actuelle, de nombreux pays avancés, émergents et en développement ont en commun l'objectif de s'orienter vers une croissance durable davantage induite par l'innovation, et beaucoup d'autres sont devenus plus conscients du rôle que l'innovation peut jouer dans cette optique.
- La plupart des pays considèrent que l'innovation est importante pour la croissance et pour la compétitivité, mais aussi pour aider à relever les défis sociaux et mondiaux. Il s'ensuit que la politique de l'innovation devient partie intégrante de la politique économique dans un grand nombre de pays, tant avancés qu'émergents, avec pour corollaire une certaine convergence des programmes d'action nationaux pour l'innovation.
- Pour être efficaces, les politiques d'innovation et le système de gouvernance qui leur est associé doivent être adaptés aux enjeux spécifiques auxquels est confronté chaque pays. Par ailleurs, le choix et la combinaison des politiques d'innovation et des éléments de gouvernance connexes doivent être alignés sur les capacités de chaque pays en termes d'élaboration et de mise en œuvre des politiques.
- Toutefois, bien que le contexte institutionnel de l'élaboration des politiques diffère d'un pays à l'autre, il n'en demeure pas moins que les pays auraient beaucoup à gagner à mettre en commun leurs expériences et leurs bonnes pratiques.
- La conception et la mise en œuvre des stratégies nationales d'innovation entrent pour une part essentielle dans les résultats recherchés. Le processus d'élaboration d'une stratégie nationale revêt une importance particulière et nécessite une participation précoce et adéquate des parties prenantes clés.

7.2. Innovation et croissance inclusive

Nous avons vu au chapitre 1 que la croissance économique, telle que mesurée par le PIB, ne peut plus être l'unique objectif des politiques publiques, car le bien-être socioéconomique ne dépend pas seulement de la croissance. Cette section examine brièvement deux aspects de la relation entre innovation et croissance inclusive, à savoir : 1) la capacité d'inclusion des politiques de l'innovation et la mesure dans laquelle elles devraient être rendues plus inclusives ; 2) les politiques de l'innovation visant spécifiquement à améliorer le bien-être des groupes sociaux à faible revenu et des groupes exclus. Les travaux de l'OCDE s'intéressent au lien entre innovation et croissance inclusive dans les économies du savoir d'aujourd'hui. Ils cherchent également à déterminer dans quelle mesure les changements technologiques nouveaux ou émergents pourraient déboucher sur une croissance sans emploi, ce qui compromettrait sérieusement la croissance inclusive.

Politiques de l'innovation et croissance inclusive

L'OCDE (2014n) définit la croissance inclusive comme une croissance économique qui crée des possibilités pour tous les segments de la population et qui distribue équitablement les dividendes de la prospérité accrue, tant en termes monétaires que non monétaires, à travers l'ensemble de la société. Le présent rapport utilise le terme « inclusion sociale » pour désigner les processus qui ouvrent des possibilités à tous les segments de la population, notamment aux personnes qui se situent dans les déciles inférieurs de la distribution des revenus et celles qui sont exclues pour d'autres raisons. L'inclusion sociale se caractérise par trois dimensions : 1) sa nature multidimensionnelle ; 2) l'accent mis sur la distribution et 3) son utilité pour l'action des pouvoirs publics (encadré 7.7).

Encadré 7.7. **Caractérisation de l'Initiative de l'OCDE sur la croissance inclusive**

Les dimensions ci-après caractérisent l'approche adoptée par l'OCDE dans son initiative en faveur de la croissance inclusive.

- **Nature multidimensionnelle.** Il est largement reconnu que le PIB ne capte qu'une partie du bien-être économique et exclut d'autres dimensions qui sont également importantes pour le bien-être, telles que l'emploi, les compétences et le niveau d'instruction, l'état de santé, l'environnement, la participation citoyenne et les liens sociaux (Stiglitz et al., 2009).
- **Accent mis sur la distribution.** Une « croissance inclusive » implique que chacun, indépendamment de son milieu socioéconomique, de son sexe, de son lieu de résidence ou de son origine ethnique, ait des chances équitables de contribuer à la croissance (autrement dit, que chacun participe au processus de croissance) et que cette contribution procure à tous des avantages équitables (autrement dit, que chacun profite des résultats du processus). L'accent mis sur le groupe « cible » à « inclure » est essentiellement une question de politique publique, qui porte la marque spécifique des caractéristiques socioéconomiques des pays.
- **Utilité pour l'action des pouvoirs publics.** La croissance inclusive doit permettre de mener des actions concrètes et établir un lien entre les instruments d'action et les dimensions monétaires et non monétaires connexes, compte tenu des effets redistributifs. Cela implique notamment de mesurer l'impact des politiques et des institutions sur les différentes dimensions de l'inclusion, et d'évaluer les compromis et les complémentarités que l'on s'attend à trouver entre les politiques en faveur de la croissance et celles en faveur de l'inclusion.

Source : OCDE (2014n), *All on Board: Making Inclusive Growth Happen, http://dx.doi.org/10.1787/9789264218512-en.*

La croissance inclusive part du principe que la croissance économique est essentielle au bien-être, car elle apporte les ressources qui contribuent à créer les conditions d'une croissance plus inclusive. Ainsi, la croissance économique est fortement corrélée à la réduction de la pauvreté (OCDE, 2015a). D'après les données de la Banque mondiale, 972 millions de personnes vivaient avec moins de 37.50 USD par mois en Chine en 1981, et ce nombre a été ramené à 157 millions en 2009. L'Inde est également parvenue à faire reculer considérablement la pauvreté : le taux officiel est passé de 45 % en 1994 à 37 % en 2005. Entre 2005 et 2012, période durant laquelle l'Inde a enregistré le taux de croissance économique le plus fort de son histoire et a mis en œuvre un certain nombre de politiques destinées à venir en aide aux pauvres, l'extrême pauvreté a continué de reculer, tombant à 22 % de la population, soit environ 270 millions de personnes (Gupta et al., 2014).

Cependant, le lien entre innovation et inclusion sociale est souvent plus complexe que ce qu'on peut établir à partir de données agrégées de ce type. Les éléments probants tirés des données régionales sur l'innovation montrent une relation non linéaire entre l'investissement dans la R-D et les inégalités régionales. En moyenne, les régions qui avaient investi massivement (plus de 2 % de leur PIB) dans la R-D en 2004-06 présentaient les taux les plus élevés d'inégalité des revenus en 2010. Les disparités étaient moins importantes dans les régions associées à des niveaux intermédiaires d'investissement dans la R-D en 2004-06, mais augmentaient de nouveau vers le bas de la plage (régions investissant moins de 0.8 % de leur PIB dans la R-D). Il est donc important de s'intéresser aux différentes dimensions de la croissance inclusive, telles que l'inclusion industrielle.

Inclusion industrielle

L'inclusion industrielle renvoie au degré de similitude des capacités d'innovation des entreprises, des secteurs, des régions, des universités et des établissements publics de recherche à l'intérieur d'un pays. Elle s'oppose à la concentration des principales capacités d'innovation dans les entreprises, les secteurs, les régions ou les universités de renommée internationale qui ont une forte avance par rapport aux autres acteurs de l'économie. La concentration de l'excellence parmi les entreprises, par exemple, et notamment si les régions ou les secteurs considérés sont très restreints, se caractérise par la coexistence d'entreprises très productives et d'entreprises faiblement productives, la productivité étant étroitement liée aux capacités d'innovation. Les données microéconomiques révèlent une dispersion considérable : Syverson (2004) montre qu'aux États-Unis, par exemple, l'usine figurant dans le 90e centile de la distribution de la productivité produit presque deux fois plus avec les mêmes quantités d'intrants que l'usine figurant dans le 10e centile. Hsieh et Klenow (2009) ont mis en évidence une dispersion encore plus importante entre les entreprises en Chine et en Inde. De nouveaux travaux de l'OCDE (OCDE, 2015b) font également apparaître un large fossé en matière de productivité entre les entreprises qui se situent à la frontière et les retardataires.

Celles qui font la course en tête sont en général compétitives au niveau mondial et comptent dans leurs rangs les plus importants investisseurs en R-D du globe ainsi que quelques entreprises basées dans des pays émergents et des pays en développement (Commission européenne, 2013). Une autre dimension de la concentration de l'innovation apparaît lorsqu'on s'intéresse aux différences de taille des entreprises. Dans la plupart des pays représentés dans le graphique 7.3, les PME représentent moins de 40 % du total des dépenses *intra-muros* de R-D du secteur des entreprises (DIRDE). L'Estonie et la Nouvelle-Zélande, où les PME réalisent plus de deux tiers des DIRDE totales, font exception.

Côté recherche publique, la contribution à l'innovation se concentre également dans un petit nombre d'universités et d'établissements publics de recherche de premier plan. Ce rôle prépondérant est souvent corrélé avec d'autres indicateurs de hautes performances, notamment la qualité de l'enseignement. Des classements tels que l'*Academic Ranking of World Universities* (établi en 2003 et connu sous la dénomination « classement de Shanghai ») et le *Times Higher Education World University Ranking* (créé en 2004) illustrent l'importance accrue de cette course à l'excellence entre grandes universités. Se faire une place parmi les universités de recherche de classe mondiale nécessite des investissements à long terme (Salmi, 2013).

Graphique 7.3. **DIRDE par catégorie de tailles d'entreprise, 2011**

En pourcentage de la R-D exécutée par le secteur des entreprises

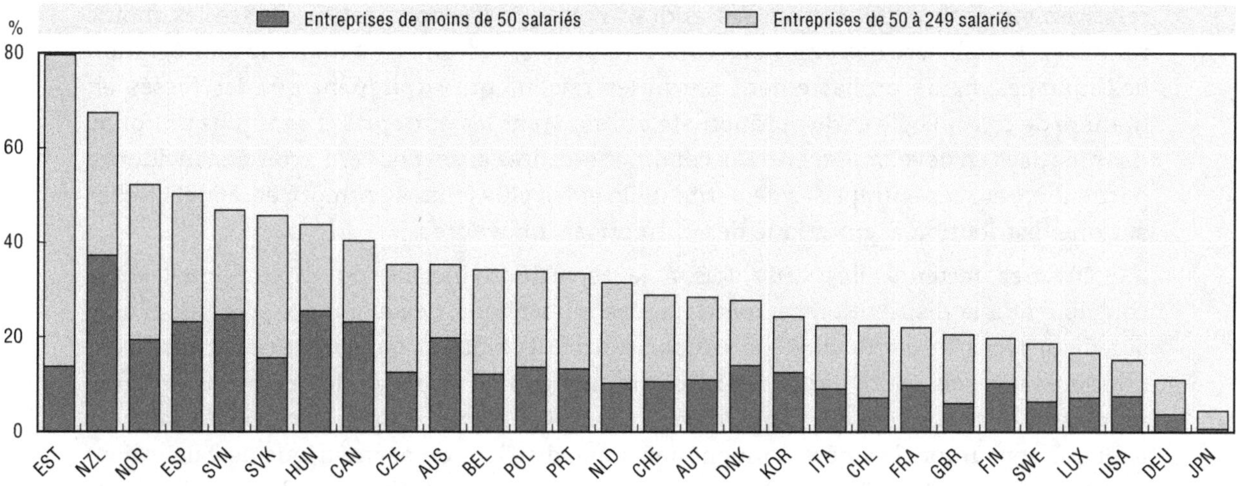

Source : OCDE (2013g), *Science, technologie et industrie : Tableau de bord de l'OCDE 2013. L'innovation au service de la croissance, http://dx.doi.org/10.1787/sti_scoreboard-2013-fr.*

Dans les pays de l'OCDE, un petit nombre de centres d'innovation régionaux drainent les ressources : plus de 33 % de la R-D est réalisée par les 10 % de grandes régions de l'OCDE qui se placent en tête du classement – et qui regroupent également un quart des emplois qualifiés –, et les 10 % de petites régions de l'OCDE qui occupent les premiers rangs déposent 58 % des demandes de brevets (OCDE, 2014e). Cette concentration est encore plus marquée dans les pays non membres de l'OCDE : en Chine, les trois premières régions – Guangdong (46 %), Beijing (14 %) et Shanghai (14 %) – déposent près de trois quarts des brevets. En Inde, près de deux tiers des dépôts de brevets sont effectués dans les trois premières régions – Maharashtra, qui comprend la capitale du pays, Mumbai (26 %), Delhi (24 %) et Andhra Pradesh (13 %) (Creszenci et al., 2012).

La recherche de pointe est souvent effectuée dans des centres d'excellence régionaux, qui, par leur nature même, sont liés à un lieu géographique et (souvent) intégrés dans un réseau local. Ces centres créent des ouvertures localement, mais celles-ci ne se répartissent pas uniformément dans le pays. En effet, si l'on regarde de plus près la distribution des dépôts de brevets – mesurée ici au nombre de brevets déposés au titre du Traité de coopération en matière de brevets –, on constate de grandes disparités régionales. En Chine, par exemple, la majorité des brevets sont déposés dans les régions côtières. En Angleterre ou en Allemagne, les régions du sud sont plus actives que les régions du nord. En France et en Espagne, les dépôts de brevets se concentrent dans les régions autour des capitales, Paris et Madrid.

D'autres indicateurs régionaux, comme le nombre de publications scientifiques régionales pour 1 000 habitants, font également apparaître une forte concentration. En 2010, les 40 premières régions de l'OCDE (sur près de 1 700 régions pour lesquelles des données sont disponibles) inscrivaient un tiers des publications scientifiques à leur actif (OCDE, 2013g). Les parts régionales dans les dépenses de R-D présentent un tableau similaire (OCDE, 2013h).

Facteurs déterminant la concentration de l'innovation

La concentration de l'innovation n'est pas un phénomène nouveau : elle s'explique par les économies d'échelle substantielles et les perspectives considérables qui résultent des effets d'agglomération. Cependant, les divergences notables dans les dimensions de la concentration appellent des approches différentes. La coexistence d'entreprises très performantes et d'entreprises peu performantes sur certains marchés est d'ailleurs relativement étonnante, car on s'attendrait à ce que la concurrence chasse les moins rentables. La faiblesse des pressions concurrentielles, combinée au manque d'intégration des marchés, figure probablement parmi les raisons qui expliquent que les fossés en matière de technologie et de productivité qui séparent les entreprises sont plus profonds dans les pays en développement. Les conditions-cadres aussi peuvent avoir une incidence particulière sur les entreprises de petite taille et les plus jeunes entreprises, et déboucher sur une distribution asymétrique des entreprises innovantes.

D'autres facteurs, liés cette fois à la répartition inégale du capital intellectuel, contribuent à la distribution asymétrique des innovations. Les éléments probants réunis sur deux types de production de connaissances (brevets et/ou publications) montrent que seule une très petite partie des idées ont une grande valeur (telle que mesurée par le nombre de citations dont elles font l'objet ou d'autres critères). L'un des principaux facteurs expliquant pourquoi les idées donnent lieu à une distribution asymétrique de valeur tient au fait que, par nature, les connaissances n'engendrent ni rivalité ni exclusion – les coûts marginaux sont faibles, aussi les bonnes idées conquièrent-elles facilement des marchés entiers, supplantant toutes les autres. Cela se produit même plus fréquemment à mesure que la mondialisation des marchés progresse.

Ces dynamiques peuvent à leur tour renforcer la concentration des capacités d'innovation parmi les acteurs, étant donné que les avantages de l'agglomération et de la réputation récompensent ceux qui donnent naissance à des idées gagnantes. Souvent, la réussite attire non seulement des talents, mais aussi des ressources, qui viennent s'investir dans la future production d'idées. La probabilité de voir d'autres innovations majeures se faire jour dans les zones où se concentrent les capacités est élevée. Le rôle dominant de certains acteurs dans l'introduction d'innovations majeures s'en trouve renforcé, du fait des effets de synergie produits par la concentration des meilleures ressources. Ces dynamiques s'expriment tant dans les entreprises que dans les universités. Quoique particulièrement sensible dans les secteurs fondés sur le capital intellectuel (notamment dans le secteur des logiciels), leur influence s'étend à un groupe de plus en plus large du fait des grandes transformations qui s'opèrent dans d'autres secteurs.

Les avantages engendrés par l'agglomération influent également sur l'inclusion industrielle, c'est-à-dire la proximité des capacités d'innovation dans les différentes régions d'un pays. Le fait que les inventeurs aient besoin d'un accès à des infrastructures spécifiques et à des infrastructures de production participe également à la concentration. L'imperfection des conditions du marché financier en dehors des grandes agglomérations peut entraver les initiatives prises par d'autres régions pour atteindre des niveaux similaires d'activités d'innovation. Les villes offrent en général les avantages les plus importants en matière d'agglomération – externalités positives découlant de la concentration d'un grand nombre d'entreprises, de travailleurs et de clients en un même lieu. Ces avantages font que les entreprises et travailleurs des grandes villes sont généralement plus productifs que ceux des petites villes ou des zones rurales. En d'autres termes, la même quantité d'intrants permet une production plus importante – et, partant, un PIB par habitant plus élevé – dans les grandes villes. L'importance de la proximité géographique dans certaines formes d'innovation en collaboration peut également accroître les forces agglomérantes.

La propension des inventeurs à déposer des brevets collectifs avec des partenaires de la même région est supérieure à leur propension à en déposer avec des co-inventeurs de régions différentes, dans le même pays ou à l'étranger.

À l'inverse, la destruction créatrice qui caractérise la croissance fondée sur l'innovation peut remettre en question la position des chefs de file dans l'économie mondiale, en abaissant la concentration d'activités d'innovation parmi les détenteurs d'« idées gagnantes ». Il est possible toutefois que ces chefs de file soient avantagés lorsqu'il s'agit de maintenir leur position, compte tenu des actifs sur lesquels ils peuvent s'appuyer, mais il faut pour cela que la part des actifs immobilisés dans des installations existantes ne soit pas trop importante. Parallèlement, de nombreux gouvernements ont eu tendance à concentrer leur soutien sur les principaux acteurs afin de renforcer la compétitivité nationale, ce qui a eu pour effet d'intensifier encore la concentration des capacités d'innovation.

Démocratisation de l'innovation

Le concept de « démocratisation de l'innovation » se rapporte à l'élargissement du groupe des innovateurs confirmés à des acteurs qui auparavant ne participaient pas aux processus d'innovation – en particulier de petites entités, c'est-à-dire des personnes, des entreprises et des entrepreneurs de divers horizons, généralement considérés comme des « non-initiés » –, mais qui ont l'occasion de faire aboutir des initiatives venant « d'en bas ». La réussite de ces non-initiés dans le domaine de l'innovation est étroitement liée à leur capacité à atteindre une échelle suffisante, ce qui place cette question au cœur des possibilités d'instaurer une dynamique plus démocratique de l'innovation. Si une grande partie de l'innovation présente un fort degré de concentration, certains éléments témoignent également du phénomène inverse : le graphique 7.4 montre que la part des jeunes entreprises dans l'innovation peut être substantielle, en particulier lorsqu'on s'intéresse au secteur des services aux entreprises dans certains pays.

Graphique 7.4. **Brevets déposés par de jeunes entreprises, par secteur, 2009-11**

Part des jeunes entreprises déposant des brevets et part des brevets déposés par de jeunes entreprises

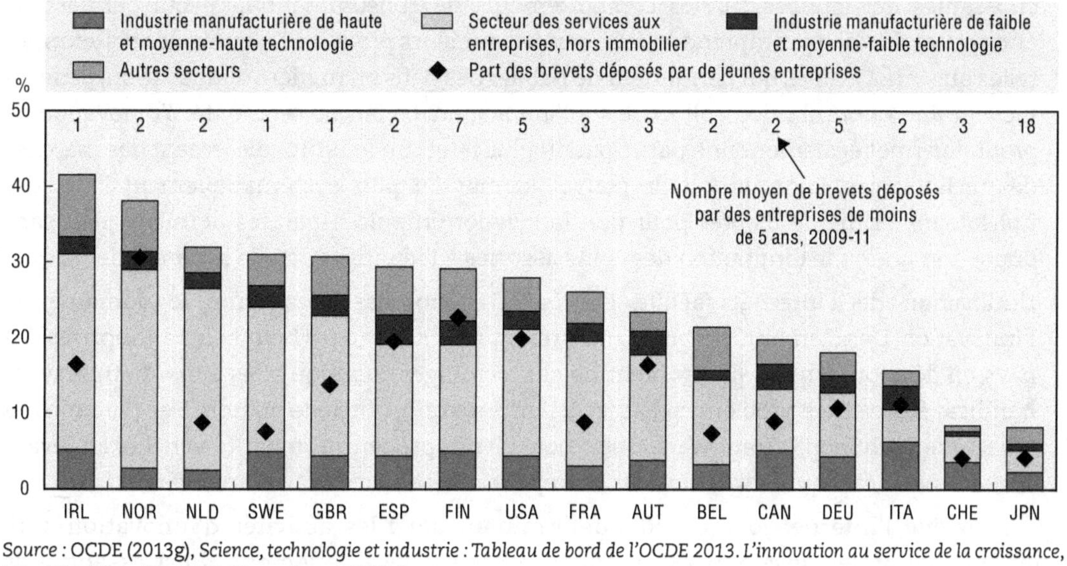

Source : OCDE (2013g), *Science, technologie et industrie : Tableau de bord de l'OCDE 2013. L'innovation au service de la croissance*, *http://dx.doi.org/10.1787/sti_scoreboard-2013-fr.*

Parmi les évolutions engendrées par les TIC qui ont contribué à démocratiser l'innovation, celles évoquées ci-après ont joué un rôle déterminant :

- **La distribution des produits est désormais moins onéreuse, ce qui réduit le coût de lancement des innovations.** Cette réduction des coûts est liée au fait qu'accéder aux clients sur l'internet revient moins cher que par l'intermédiaire des magasins traditionnels. Des plateformes numériques spécialisées, comme l'App Store d'Apple pour les applications mobiles, permettent aux producteurs de vendre leurs produits directement à leur principal public cible. De la même manière, Amazon offre à des tiers la possibilité de vendre leurs produits sur sa plateforme, tandis que Facebook et Twitter (entre autres) facilitent les campagnes de commercialisation ciblées.
- **Les coûts de production liés à l'innovation ont diminué dans certains secteurs.** Les logiciels ont contribué à réduire les coûts de fabrication de produits de haute qualité dans un certain nombre de domaines. Les services d'infonuagique – tels qu'Amazon Web Services – offrent des capacités de traitement de données de haute qualité sans imposer d'importants investissements de départ, insufflant ainsi un nouveau dynamisme aux startups du secteur numérique. À ce jour, les évolutions de ce type semblent avoir principalement profité aux grandes entreprises, mais certains signes montrent que des entreprises plus petites commencent également à en retirer des avantages.
- **Les risques ont diminué pour certaines innovations de même que le délai entre le développement des produits et leur lancement sur le marché.** Dans le domaine des logiciels, en particulier, des startups peuvent se créer presque instantanément et, en cas d'échec, arrêter leurs activités sans trop de difficultés. Les observateurs du marché mettent également en avant les possibilités d'adopter une approche plus expérimentale de l'innovation, qui consiste à proposer de multiples produits aux consommateurs, puis à ajuster l'offre en fonction des informations fournies par des utilisateurs-testeurs. Si les avis convergent, les produits sont commercialisés à plus grande échelle, parfois même dans le monde entier. Un certain nombre de sites en ligne, tels que UserTesting.com, aident également les entreprises dans leurs essais.
- **La demande d'innovations peut être évaluée plus facilement.** On collecte des quantités croissantes de données sur les comportements de consommation, ce qui permet aux entreprises de mieux comprendre la demande pour leurs produits. En outre, des plateformes telles que InnoCentive, qui permettent de publier des défis en matière d'innovation, peuvent faciliter une « contribution collective » à l'innovation. Le fait de segmenter l'innovation de produit permet également une participation plus large, un approfondissement des marchés des technologies. Enfin, le fait de pouvoir demander plus systématiquement l'avis des utilisateurs, et même d'opter pour une innovation impulsée par ces derniers, peut sans doute entraîner une diminution des coûts associés à l'identification de la demande.
- **L'utilisation de l'internet facilite l'accès aux connaissances dans le domaine de l'innovation.** Des éléments probants montrent que ce sont en particulier les entreprises des pays en développement qui profitent de ces avantages, alors qu'elles étaient auparavant handicapées par des problèmes d'accès à l'information, officielle ou non. Des plateformes telles que TechShop offrent un soutien pour l'entrepreneuriat à petite échelle, en levant certains obstacles qui empêchent les entreprises de se lancer dans l'innovation.

Pour que l'internet joue un rôle déterminant dans les activités d'innovation, tant dans les économies développées que dans celles en développement, il est essentiel de mettre en place des réseaux de collecte et des réseaux transnationaux qui assurent l'interface entre les réseaux locaux et l'ensemble de l'internet. Dans plusieurs pays en développement, le réseau de communication se présente souvent comme un fleuve avec de nombreux bras : les réseaux régionaux déversent leur trafic dans une dorsale centrale nationale qui se termine par un câble sous-marin à fibre optique. Il est évident que cette configuration fait courir un risque plus élevé à l'économie. Ce type de points faibles dans les infrastructures empêche un développement économique fondé sur l'internet. La présence de centres de données ou d'autres installations locales susceptibles d'héberger des points d'échange internet (IXP, Internet Exchange Point) et des serveurs est également essentielle (OCDE, 2014o).

La hausse de la demande de produits personnalisés – qui comportent souvent une importante composante de services – peut également favoriser les petits entrepreneurs agiles, qui choisissent une stratégie d'innovation à plus petite échelle et qui ont la capacité de s'ajuster aux évolutions de la demande. En d'autres termes, les petites entreprises peuvent tirer parti de leur capacité à réduire les asymétries d'information entre utilisateurs et producteurs (Von Hippel, 2005). L'adoption d'approches ascendantes et non planifiées de l'innovation peut également être plus profitable aux innovateurs compétitifs que des démarches plus rigides centrées sur les contributions des services de R-D à l'innovation (Radjou et al., 2013). En effet, les petites entreprises ne sont pas enserrées dans le carcan d'un modèle économique historique, qui bride parfois l'adaptation des activités dans les grandes entreprises.

Les innovations progressives et non technologiques au service de la croissance (par rapport à des innovations plus technologiques) offrent également de plus grandes possibilités d'innovation aux acteurs qui ne font pas partie de l'élite professionnelle. Par ailleurs, le nombre croissant de personnes hautement qualifiées a contribué à enrichir le vivier de petits innovateurs ayant des chances de réussir. Ce phénomène concourt à la démocratisation de l'innovation, qui cherche à faire participer des groupes exclus. Par ailleurs, des niveaux plus élevés de compétences dans les groupes d'« utilisateurs pilotes » (éventuellement conjugués à de plus vastes possibilités de développer des produits) permettent aux consommateurs eux-mêmes de participer plus activement à la production d'innovations (Von Hippel, 2005). Cette évolution est susceptible d'éliminer certains des problèmes que posent d'éventuelles asymétries d'information entre producteurs et utilisateurs, et peut même parfois stimuler efficacement l'entrepreneuriat.

En dépit de ces évolutions, un certain nombre de tendances laissent entrevoir, au contraire, un accroissement de la concentration :

- L'importance croissante des chaînes de valeur mondiales pourrait déboucher sur une plus forte concentration dans un ensemble spécifique de tâches – celles dans lesquelles les entreprises d'un pays disposent d'un avantage comparatif. Selon les structures de gouvernance des chaînes de valeur mondiales, cela peut conduire à une concentration accrue des capacités d'innovation parmi les acteurs nationaux.
- Les secteurs qui se caractérisent par des « concours d'innovation » peuvent également enregistrer une augmentation de la concentration. Les grandes entreprises pourraient avoir plus de facilités à se lancer dans ce type de matchs, car elles ne mettent pas leur existence en danger en s'engageant dans l'innovation – ayant diversifié leurs investissements dans l'innovation, notamment, elles peuvent s'appuyer sur d'autres sources de revenus marchands, et ne dépendent pas des revenus tirés de leurs innovations récentes pour survivre (Fernandes et Paunov, 2015).
- Des éléments probants montrent que les petites entreprises ont une efficience bien inférieure, en particulier dans les économies en développement. Ce constat renvoie aux avantages potentiels d'une concentration accrue des ressources

(Hsieh et Olken, 2014) ; en d'autres termes, sur le plan de l'efficience, ces économies pourraient avoir davantage à gagner de l'accroissement de la concentration que du phénomène inverse.

En même temps, il n'y a pas d'incompatibilité entre la concentration des activités d'innovation et la démocratisation de l'innovation. Dans de nombreux cas, les chefs de file de l'innovation ont des liens avec – ou même sont intégrés dans – des écosystèmes d'innovation plus vastes qui comprennent de grandes et de petites entreprises, des universités, etc. La démocratisation peut faciliter l'accès à une plus large communauté, qui partagera les récompenses de l'ensemble de l'écosystème si celui-ci remporte la course. En outre, les différences dans les domaines scientifiques ou techniques influent à la fois sur les possibilités de démocratisation et sur les besoins de concentration. La hausse des coûts liés au développement et au déploiement des innovations dans un certain nombre de domaines – industrie pharmaceutique, par exemple – pourrait également déboucher sur une plus grande concentration dans ces secteurs. À l'inverse, les innovations dans les services – en particulier dans la commercialisation ou l'organisation – nécessitent souvent moins d'investissements.

Dynamique de la diffusion

La distance entre les chefs de file de l'innovation et le reste de l'économie dépend de la facilité avec laquelle les technologies de pointe se diffusent dans l'économie. L'ampleur de ce phénomène influe sur les écarts de capacités d'innovation entre les initiés et les non-initiés. Une diffusion plus large favorise l'inclusion industrielle – ainsi que l'inclusion sociale –, mais il est aussi indispensable que l'innovateur se voit accorder une récompense exclusive sous une forme ou une autre si l'on veut encourager l'innovation. C'est l'essence même du système de propriété intellectuelle, qui octroie aux inventeurs des droits exclusifs sur les avantages que procure leur invention pendant une période donnée. Cependant, il est également essentiel de faciliter la diffusion pour favoriser le processus d'innovation. L'innovation et le changement technique dépendent des savoirs nouveaux, car, contrairement à la propriété physique, les savoirs augmentent au fil du temps. Les nouveaux savoirs se développent à partir du stock existant de connaissances (« lorsqu'on se tient sur les épaules des géants »), les nouvelles découvertes s'appuient sur le niveau atteint par la science, et les nouvelles idées naissent d'expériences passées. En conséquence, dans la mesure où l'innovation dépend, au final, de la connexion à diverses sources de connaissances, la disponibilité accrue de ces connaissances peut offrir des possibilités plus grandes d'innovation pour les entreprises (Arthur, 2007).

Les occasions de saut technologique mettent en évidence une autre approche de la diffusion. Elles apparaissent souvent dans des régions ou au sein de groupes exclus ou laissés à la traîne dans les économies émergentes qui manquent d'infrastructures de base (notamment de réseaux d'électricité ou de téléphonie fixe). De nouvelles évolutions, telles que la téléphonie mobile, peuvent alors permettre un saut technologique. Les processus d'adoption ne doivent donc pas nécessairement être linéaires et suivre le même cheminement que dans d'autres pays. En Chine, l'utilisation du solaire thermique pour se chauffer, mise au point par l'Université de Tsinghua, a permis de sauter l'étape du gaz ou de l'électricité dans certaines zones rurales et offert de nouvelles possibilités de compétitivité (Lee, 2014).

La propagation des connaissances contribue de façon essentielle à la diffusion de l'innovation, des initiés aux non-initiés, améliorant par là même la performance globale. Il a été montré qu'un élargissement des possibilités de propagation du savoir avait des effets positifs sur la performance des entreprises. Bloom et al. (2013) font état de données recueillies aux États-Unis qui prouvent que les investissements dans la R-D s'accompagnent d'externalités positives en matière de connaissance, et qui montrent que le rendement social de la R-D est au moins deux fois supérieur à celui du rendement privé. Les connaissances se prêtent à ces retombées : une fois créées, elles peuvent être reproduites et diffusées à un coût quasi-nul et bénéficient à des entreprises autres que celle dont elles proviennent (Arrow, 1962).

La proximité géographique joue un rôle important dans la propagation du savoir (Krugman, 1991 ; Audretsch et Feldman, 1996). Même pour les connaissances codifiées sous forme de brevets, de nombreux travaux publiés attestent que les citations de brevet sont localisées géographiquement, un fait qui reste vrai lorsqu'on neutralise les effets de la concentration préexistante d'activités liées sur le plan technologique (Jaffe et al., 1993). Dans certains pays, le succès des centres d'innovation régionaux contribue aux avantages associés à l'innovation ou aux avantages économiques dans les régions voisines. Toutefois, ce n'est pas toujours le cas et cela dépend en partie de la capacité régionale d'absorption et de la dynamique d'agglomération, comme l'illustrent les exemples de l'Inde et de la Chine. Les données probantes recueillies dans les pays de l'OCDE révèlent que les externalités interrégionales de l'investissement dans la R-D dépendent en partie des caractéristiques de la région voisine. Si celle-ci est une région rurale, en particulier, les avantages économiques semblent plus importants, car les régions urbaines ont davantage de risques d'entrer en compétition pour les ressources essentielles (Lembcke, Ahrend et Maguire, à paraître).

Les possibilités plus grandes offertes par l'adoption généralisée des TIC peuvent réduire les obstacles à la transmission d'informations de plus en plus élaborées. La vidéoconférence est l'un des moyens de transférer des quantités toujours plus grandes d'informations sous des formes correspondant au concept de « proximité ». Les entreprises ayant un accès moindre aux réseaux de connaissances « hors ligne » (entreprises situées dans des endroits isolés, par exemple) peuvent avoir plus à gagner de la diffusion du savoir par l'internet. Cela nous amène aux avantages éventuels de l'internet lorsqu'il s'agit de contribuer à la démocratisation de l'innovation en renforçant les possibilités offertes aux entreprises à la traîne de concurrencer celles qui sont en tête du tableau. Les données factuelles confirment également des études précédentes indiquant que ce sont les petites entreprises, et non les grandes, qui bénéficient le plus des retombées (voir, par exemple, Acs, Audretsch et Feldman, 1994). L'internet facilite en outre les retombées pour les chercheurs et leurs universités. Ding et al. (2010) montrent que l'internet a favorisé l'inclusion des scientifiques femmes ainsi que la production globale de travaux de recherche des personnes travaillant dans des établissements qui n'appartenaient pas à l'élite, en élargissant l'accès aux connaissances de collègues et les possibilités de collaboration.

Plusieurs études de cas illustrent comment des innovateurs non officiels et des innovateurs locaux ont tiré parti de l'internet et des réseaux mobiles. Dans leur étude sur l'Ouganda, Muto et Yamano (2009) révèlent que les agriculteurs situés loin du centre du pays profitent davantage de ces réseaux – indépendamment du fait qu'ils possèdent ou non un téléphone portable –, ce qui prouve les retombées positives de ces infrastructures. Les études ont également montré que, de façon générale, les microentreprises – y compris celles opérant dans le secteur non structuré de l'économie – bénéficient des TIC, surtout par l'intermédiaire des téléphones portables (OCDE, 2015a).

Ces possibilités s'accompagnent de réserves, dans la mesure où il est rare que les réseaux de connaissances garantissent à eux seuls les performances des entreprises, ces performances étant plutôt déterminées par les « capacités d'absorption » propres à chaque firme. L'affaiblissement des flux de connaissances lorsque les capacités internes sont basses a été un thème central des travaux publiés sur la propagation du savoir (Görg et Greenaway, 2004, par exemple). Les entreprises doivent avoir les moyens d'exploiter les connaissances auxquelles elles accèdent, faute de quoi elles n'en tirent guère de bénéfices (Hu et al., 2005 ; Kokko et al., 1996). Cela tient au fait que les connaissances ont souvent une composante « tacite » qui ne peut pas être transférée facilement, ou qui pourrait être inappropriée dans certains contextes d'entreprise nécessitant des ajustements. En outre, les conditions-cadres pourraient avoir des effets différents d'une entreprise à l'autre. Les effets hétérogènes des politiques générales sur les entreprises étaient l'un des principaux thèmes du projet DYNEMP de l'OCDE (Criscuolo et al., 2014). L'une des constatations de ce projet a été que, dans de nombreux pays, les politiques ne sont pas correctement orientées vers la croissance des jeunes entreprises innovantes, et favorisent parfois clairement les entreprises historiques.

Les politiques d'innovation produisent des résultats différents sur l'inclusion industrielle et sur l'inclusion territoriale selon la façon dont elles interagissent avec d'autres mesures et conditions-cadres. Plusieurs aspects conceptuels ou procéduraux peuvent finir par orienter les effets des politiques d'innovation vers l'exclusion. Indépendamment de leurs objectifs, il est possible que les politiques aient des résultats différents et contribuent à exclure certains individus ou groupes, et ce en raison de leur conception, qui peut comporter : 1) des procédures d'application longues ou coûteuses avant qu'il soit possible de réaliser des bénéfices, ce qui nuit aux startups ; 2) des procédures d'application complexes nécessitant un savoir-faire que seules un petit nombre d'entreprises possède ; 3) des avantages liés aux résultats passés, exploitables dans des procédures d'application ultérieures, ce qui avantage les entreprises historiques ; 4) un manque d'information à l'intention des non-initiés sur les programmes d'action existants, ce qui peut réduire la proportion de participants extérieurs ; et 5) des coupes budgétaires influant sur le montant de financement disponible, ce qui peut aboutir à une sélection plus stricte des candidats.

On retrouve le même problème s'agissant de l'inclusion territoriale, car les politiques d'innovation qui visent des secteurs, des enjeux sociaux ou des types d'établissements spécifiques auront, de fait, une dimension géographique susceptible de faciliter ou d'entraver l'inclusion. Certaines règles de programme, telles que le respect de conditions imposées par des fonds régionaux, peuvent aussi renforcer le flux de fonds publics en faveur de l'innovation reçu par les régions les plus en pointe. Bien que, souvent, les débats d'orientation ne tiennent aucun compte de ces aspects, ceux-ci jouent un rôle essentiel dans la façon dont les politiques contribueront à l'inclusion industrielle ou territoriale, car ils tendent à aggraver l'« exclusion ».

Ce problème touche aussi bien les économies avancées que les économies émergentes ou en développement. Il est souvent plus facile et plus simple de déterminer quels sont les facteurs d'innovation les plus importants que de chercher à connaître les facteurs les plus modestes ou les plus récents. En outre, utiliser les résultats passés comme critère (utiliser les publications précédentes pour sélectionner des initiatives d'excellence en recherche, par exemple) est chose facile, mais prévoir la réussite future potentielle est plus difficile et plus risqué. Les problèmes peuvent être plus marqués dans les économies en développement et dans les économies émergentes, car les critères de sélection excluent souvent les acteurs appartenant au secteur informel.

Des politiques complémentaires de soutien de l'environnement d'action dans lequel les entreprises opèrent peuvent être essentielles pour créer les conditions d'une démocratisation de l'innovation. L'exemple des politiques relatives aux droits de propriété intellectuelle en est une bonne illustration. Ces droits ouvrent des possibilités à différents acteurs, mais ce sont souvent les grandes entreprises qui en font l'utilisation la plus intensive. En effet, les coûts de mise en application constituent un obstacle majeur pour les petites entreprises car ils ne sont pas proportionnels à la taille des entreprises : les honoraires d'avocat, les coûts de gestion et le temps nécessaire pour régler le contentieux peuvent être considérables. La taille des portefeuilles de brevets des entreprises peut aider à éviter des litiges coûteux en permettant le recours à des stratégies de concession réciproque de licences, ce qui, là encore, désavantage les petites entreprises par rapport aux grandes – sans compter que ces dernières peuvent aussi parvenir à des accords plus facilement du fait de contacts répétés avec leurs concurrents (Lanjouw et Schankerman, 2004). Le fait que les petites entreprises soient moins préparées à faire face à des procédures judiciaires vient encore aggraver les choses, en augmentant leur exposition aux procès. Dans le même temps, le manque de capacités à gérer et négocier leurs portefeuilles de propriété intellectuelle impose un coût irrécupérable qui les freine dans l'acquisition de droits de propriété intellectuelle. Il a aussi été démontré que la corruption de l'environnement des affaires compliquait l'acquisition de titres de propriété intellectuelle par les petites entreprises (Paunov, 2014). Enfin, les droits de propriété intellectuelle ne sont utiles aux entreprises que si celles-ci peuvent utiliser les inventions protégées pour produire de l'innovation, ce qui exige des ressources financières que les petites structures ne possèdent pas toujours. En conséquence, sauf à mettre en place des politiques complémentaires, la propriété intellectuelle risque de ne servir que les entreprises les plus grandes. L'importance des effets d'interaction souligne le rôle critique de la mise en œuvre d'une approche intégrant l'ensemble des pouvoirs publics. C'est insuffisant toutefois dans un scénario où les interactions entre les politiques influent sur qui bénéficiera de leur mise en application.

Les crédits d'impôt pour la R-D sont un autre exemple d'instruments susceptibles d'introduire des biais (voir chapitre 6). Les pouvoirs publics disposent de divers outils pour promouvoir la R-D dans le secteur privé. En plus d'accorder des subventions ou des prêts et de fournir des services de R-D, beaucoup usent également d'incitations fiscales. Celles-ci se composent d'abattements, de crédits d'impôts ou d'autres avantages tels que l'amortissement accéléré des investissements dans la R-D. Aujourd'hui, 27 des 34 pays de l'OCDE et un certain nombre d'économies non membres accordent un traitement fiscal préférentiel aux dépenses de R-D et le font de multiples façons. Ce sont les entreprises multinationales qui en profitent le plus, car elles peuvent mettre en place des stratégies d'optimisation fiscale pour maximiser le soutien à l'innovation reçu. Ce phénomène peut fausser les règles de la concurrence et désavantager les jeunes entreprises et celles qui sont présentes uniquement sur le territoire national. Pour remédier au problème, l'Australie, le Canada, la Corée, la France, les Pays-Bas et le Portugal se montrent plus généreux envers les PME qu'envers les grandes entreprises. Lorsqu'elles sont bien conçues, les subventions directes peuvent aussi soutenir les petites entreprises.

Les politiques ont également des effets différenciés selon l'environnement local de l'entreprise, et en particulier selon que les entreprises ont ou non accès aux éléments essentiels à l'innovation (tels que les financements, le capital humain, les connaissances et les infrastructures). L'accès à ces ingrédients fondamentaux peut varier à l'intérieur d'une zone métropolitaine ou d'une région d'un même pays. L'accès à des sources de financement et de connaissances est un prérequis important pour les innovateurs. Les innovateurs de grande taille ont la possibilité d'internaliser certaines de ces sources (par exemple en créant leur propre laboratoire de R-D et en s'appuyant sur des ressources internes pour soutenir les investissements en faveur de l'innovation). À l'inverse, les petites entreprises font appel à des sources extérieures, car elles ne disposent pas en interne de ressources suffisantes. C'est surtout dans les pays en développement et dans les pays émergents que les conditions-cadres peuvent dresser des obstacles à l'innovation, en particulier pour les petites entreprises et celles qui rattrapent leur retard (Tybout, 2000).

Les efforts de libéralisation ont aussi stimulé l'utilisation des téléphones portables en Inde. L'Afrique, comme l'Inde, a connu une forte croissance du nombre d'abonnés mobiles. Or, les appels vers l'Afrique n'ont pas progressé au même rythme que ceux vers l'Inde. Le trafic international entrant de l'Inde (mesuré en minutes ou en nombre d'appels) était inférieur à celui de l'Afrique en 2003, mais il a augmenté, pour devenir dix fois supérieur en 2011. Dans le même temps, le prix d'un appel vers l'Inde a été divisé par dix. La différence tient au fait que les gouvernements ont choisi soit de laisser le marché fixer les prix des appels entrants, soit d'imposer un prix unique par l'intermédiaire d'un accord officiel. Entre 2003 et 2011, par exemple, les frais de terminaison payés par les opérateurs de télécommunications acheminant les appels des États-Unis vers le reste du monde ont été divisés par deux (de 0.09 USD environ par minute à 0.04 USD). Pour le marché fortement concurrentiel de l'Inde, les tarifs ont chuté, de plus de 0.14 USD à moins de 0.02 USD sur la même période. En Afrique, les tarifs ont augmenté en moyenne, ce qui a limité la demande d'appels vers le continent (OCDE, 2014p).

La politique de développement régional et la politique d'innovation peuvent se renforcer mutuellement de façon à promouvoir l'inclusion territoriale. À l'origine, la politique de développement régional se contentait de transférer les ressources, des régions riches vers les régions pauvres, mais une approche plus axée sur la croissance s'est imposée dans l'ensemble des pays de l'OCDE, avec l'objectif de renforcer globalement la capacité d'innovation nationale, y compris dans les régions moins avancées (OCDE, 2011b). Les politiques de développement régional sont donc susceptibles de compléter les politiques d'innovation pour soutenir plus efficacement l'inclusion territoriale. Les autorités régionales et locales aussi peuvent prendre d'importantes mesures complémentaires afin d'améliorer l'impact des instruments nationaux d'innovation, par exemple en fournissant des services de conseil en matière d'innovation aux entreprises dans un parc technologique financé à l'échelle nationale.

Pour atteindre cet objectif, il faut renforcer les capacités régionales d'action dans le domaine de l'innovation, aussi bien dans les pays de l'OCDE qu'ailleurs. L'Union européenne (UE) a encouragé l'élaboration de stratégies régionales d'innovation pendant de nombreuses années. Dernièrement, elle a financé une plateforme destinée à l'élaboration des stratégies de « spécialisation intelligente ». En fait, il est désormais indispensable de disposer d'une stratégie de ce type pour recevoir des fonds structurels de l'UE, car une part appréciable de ces fonds – en particulier dans les régions de l'UE les plus avancées – est consacrée à l'innovation et au développement des entreprises. Pour renforcer les capacités infranationales et améliorer l'utilisation des fonds d'innovation, on peut aussi instituer un conseil ou un forum pour l'innovation à l'échelle régionale. De l'Afrique du Sud au Danemark, des entités de ce type sont utilisées afin de faire en sorte que les politiques nationales et les initiatives infranationales génèrent de meilleurs résultats en matière d'innovation.

La discussion ci-dessus traitait principalement des incidences de l'environnement d'action sur l'inclusion industrielle, mais la conception même des politiques pourrait tout aussi bien avoir un impact sur l'inclusion industrielle et sur l'inclusion territoriale, avec des effets potentiels sur l'inclusion sociale. Il faudrait chercher à étudier plus précisément si le fait de concentrer l'excellence est effectivement de plus en plus important pour la croissance et l'inclusion – ou, inversement, si les possibilités de démocratisation de l'innovation, c'est-à-dire d'élargissement de l'accès des individus et des petites entreprises aux activités d'innovation et aux marchés, appuient la croissance et l'inclusion. Des travaux en cours de l'OCDE analysent le lien entre ces caractéristiques de marché des processus de production fondés sur le savoir et les inégalités croissantes que de nombreuses économies de l'OCDE ont connues ces dernières décennies, comme il est décrit dans OCDE 2015j.

Politiques d'innovation inclusive

Comme on l'a déjà noté au chapitre 1, les économies développées et émergentes doivent relancer la croissance et la rendre plus inclusive socialement, en ouvrant des perspectives à différents groupes de la société (OCDE, 2014q). Dans les pays en développement et les pays émergents, il demeure essentiel de lutter contre le haut niveau de pauvreté. L'innovation peut concourir à cet objectif en tant que moteur de la croissance des revenus et de la création d'emplois, ce qui, dans certaines conditions, bénéficiera à tous les membres de la société, qu'ils soient directement ou indirectement concernés. En outre, les innovations destinées spécifiquement aux groupes à faible revenu ou aux groupes exclus (« innovations inclusives ») peuvent considérablement améliorer le bien-être de ces populations.

Les innovations inclusives sont celles qui améliorent le bien-être des groupes les plus pauvres et des groupes exclus. Elles modifient souvent les technologies, les produits ou les services existants pour mieux répondre aux besoins des groupes à faible revenu et à revenu intermédiaire. L'une des méthodes consiste à abaisser le prix unitaire des produits en ne conservant que les fonctionnalités essentielles, mais en maintenant une qualité de base. L'abaissement du prix permet aux groupes à faible revenu d'acheter ces innovations. À titre d'exemple, on citera la Tata Nano (pour les biens), une voiture à bas coût produite en Inde à partir d'un concept réduit à l'essentiel, et le Centre de cardiologie de Narayana Health (pour les services), qui réalise des opérations de chirurgie cardiaque à un prix beaucoup moins élevé grâce à l'uniformisation et à l'utilisation d'une main-d'œuvre moins qualifiée. Le tableau 7.1 donne des exemples. Les innovations inclusives qui font intervenir les groupes exclus non seulement en tant que consommateurs, mais aussi comme participants au processus d'innovation, sont appelées « innovations locales ».

Tableau 7.1. **Exemples d'innovations inclusives**

Innovation de service		Innovation de produit
Empresas Públicas de Medellín	**Hôpital de cardiologie de Narayana Health**	**Pompe d'irrigation MoneyMaker**
Empresas Públicas de Medellín est une compagnie assurant des services de distribution d'énergie et d'approvisionnement en eau. Les usagers à faible revenu peuvent régler au moyen de cartes prépayées, de façon à utiliser le service de distribution d'énergie en fonction de leur revenu disponible. Les ménages n'ont aucun coût d'installation fixe à payer. **Innovation :** méthode de paiement à l'utilisation **Opérateur :** compagnie de services publics **Secteur :** énergie et eau **Pays :** Colombie **Échelle :** 43 000 usagers à faible revenu sont à nouveau raccordés au réseau depuis la mise en œuvre de la carte en 2007.	L'hôpital de cardiologie de Narayana Health réalise des opérations de chirurgie cardiaque et assure d'autres services de soins de santé à moindre coût à destination des populations pauvres. Il s'occupe également de communautés isolées grâce à la télémédecine. **Innovation :** *uniformisation* pour diminuer les coûts. *Utilisation des TIC* afin de mettre en place des centres de soins de santé dans des endroits isolés pour les communautés rurales pauvres. **Opérateur :** société privée **Secteur :** soins de santé **Pays :** Inde **Échelle :** 6 200 lits répartis dans 23 hôpitaux de 14 villes (contre 300 lits en 2001).	Pompes d'irrigation manuelles à bas coût créées et commercialisées. **Innovation :** ne nécessitent pas d'électricité ni de carburant pour fonctionner et ont un coût de fonctionnement faible. **Opérateur :** ONG ayant son siège aux États-Unis (KickStart) **Secteur :** agriculture **Pays :** Kenya, Mali, Tanzanie **Échelle :** les pompes sont distribuées dans les magasins locaux et vendus à d'autres ONG pour être diffusées à plus grande échelle dans les trois pays.

Sources : Suárez Franco, C.F. (2010) for Empresas Públicas de Medellín ; Kothandaraman, P. et S. Mookerjee (2008) et *www.narayanahealth.org* pour Narayana Health ; OCDE (2013) et *www.kickstart.org* pour la pompe d'irrigation MoneyMaker.

Aujourd'hui, les possibilités de développement à plus grande échelle des innovations inclusives sont plus nombreuses qu'auparavant : la richesse croissante des économies émergentes engendre une augmentation de la demande pour ce type d'innovations, car le pouvoir d'achat de segments plus larges de la société progresse, mais pas assez toutefois pour leur permettre d'accéder aux mêmes produits que ceux proposés aux ménages des pays développés. Les pays du groupe BRIICS – Brésil, Fédération de Russie, Inde, Indonésie, Chine et Afrique du Sud –, et notamment la Chine et l'Inde, gagnent en importance, car leur marché représente une part croissante dans l'économie mondiale (graphique 7.5).

Graphique 7.5. **Augmentation continue de la part des pays non membres de l'OCDE dans l'économie mondiale**

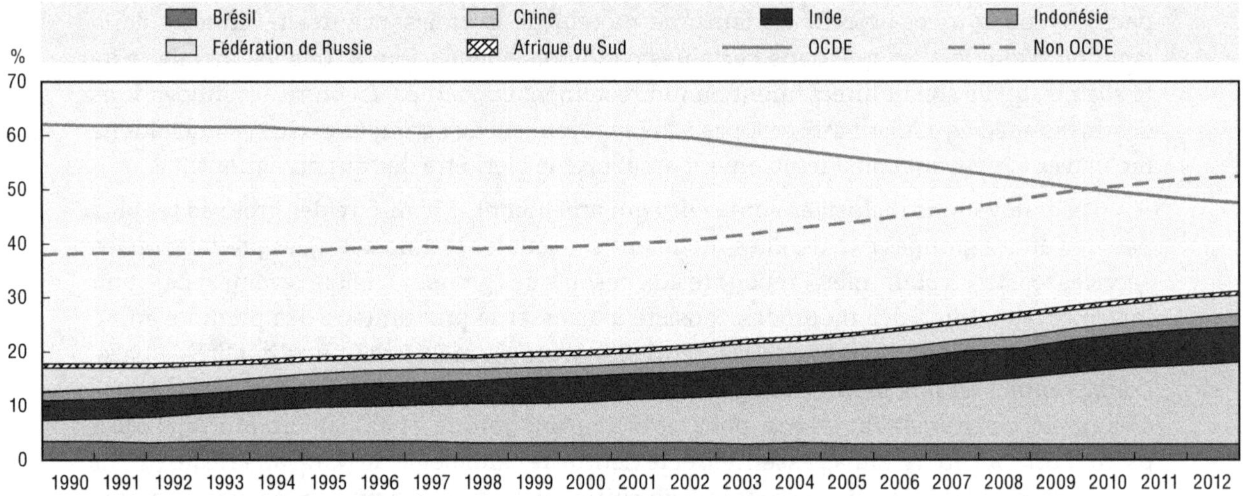

Source : OCDE (2014l), *Perspectives du développement mondial 2014, http://dx.doi.org/10.1787/persp_glob_dev-2014-fr.*

Plusieurs grandes sociétés multinationales accentuent leurs efforts de développement d'innovations inclusives, en particulier pour répondre aux besoins d'une classe moyenne en expansion dans les économies émergentes. Des sociétés telles que Siemens ont mis sur pied des projets de recherche poursuivant l'objectif SMART (simple, facile à entretenir, abordable, fiable et commercialisable rapidement) afin de lancer des produits de qualité à bas coût. On citera, par exemple, un dispositif de surveillance du rythme cardiaque fœtal qui ne fait pas appel à la technologie coûteuse des ultrasons (Siemens, 2011). Prahalad et Hart (2002) ont popularisé la notion de débouchés au « bas de la pyramide ». On peut se demander si cette nouvelle dynamique de marché aura une véritable incidence sur les plus pauvres, mais les débouchés que représentent les classes moyennes en expansion sont indubitablement une réalité. Les innovations destinées à ce marché pourraient également profiter aux économies de l'OCDE les plus pauvres.

Les approches d'innovation inclusive appellent à juste titre une action des pouvoirs publics, car les innovateurs sur le terrain sont souvent exposés à divers types de défaillances du marché. Obstacles à l'information sur les besoins des clients, problèmes d'infrastructure et manque d'accès au crédit peuvent contribuer à « pénaliser » la pauvreté : le coût de l'approvisionnement des pauvres est supérieur à celui de l'approvisionnement des marchés à revenu plus élevé (Mendoza, 2011). En outre, de nombreuses innovations inclusives font intervenir des services publics (éducation, santé, transport, etc.) dont les pauvres se retrouvent souvent exclus. L'État est donc une partie prenante essentielle, non seulement parce qu'il fournit des biens publics, mais aussi parce qu'il les réglemente.

L'un des défis majeurs de l'innovation inclusive est de parvenir à une échelle suffisante. L'échelle d'une innovation dépend de la segmentation du marché ou de la situation géographique des consommateurs. Cette dernière peut être déterminante (pour les activités agricoles, par exemple) non seulement pour améliorer les techniques de production locale, mais aussi pour les adapter à des contextes ruraux particuliers. Compte tenu du revenu et du nombre des consommateurs potentiels, les innovateurs classiques peuvent avoir plus de facilité à atteindre une échelle de production et une standardisation des produits que les innovateurs inclusifs (car l'agriculture joue un rôle moindre et les spécificités locales ont moins d'incidence sur des produits dont les pauvres n'ont généralement pas besoin). En revanche, il est possible que les innovateurs inclusifs rencontrent des problèmes de coûts que les services fondés sur les TIC (notamment) peuvent contribuer à régler. En effet, les économies d'échelle générées par l'expansion de services fondés sur les TIC sont souvent très faibles.

En l'absence de statistiques représentatives, les données recueillies jusqu'ici semblent indiquer que peu d'innovations inclusives ont été développées à grande échelle. Le type d'innovation devient un facteur déterminant lorsqu'il s'agit de passer à une échelle supérieure. La marge d'évolution avant d'atteindre l'échelle maximale dépend fortement de la demande – qui sera assez faible pour des produits localisés, mais pourra concerner des millions de consommateurs dans le cas de services ayant une couverture plus vaste, tels que la banque mobile. De plus, la transposition à plus grande échelle de chaque produit n'est pas une nécessité absolue : le processus même de conception d'innovations locales pour répondre aux besoins propres à un lieu peut soutenir un marché peu étendu par nature, tout en contribuant à réduire la pauvreté.

Parmi les innovations inclusives transposées à plus grande échelle avec succès figurent les téléphones portables et certains services mobiles (tels que M-PESA), plusieurs initiatives de microcrédit ainsi que les projets Jaipur Foot, Fuel from the Fields et Narayana Health. Ce succès tient à plusieurs raisons.

- Le produit répondait à une **forte demande**, comme le montre le consentement à payer des pauvres pour ces services. Les téléphones portables, par exemple, ont été adoptés même là où la fourniture d'électricité posait problème, car les besoins de communication étaient considérables. En 2013, on dénombrait 89.4 abonnements mobiles pour 100 habitants dans les pays en développement (UIT, 2014).
- Les innovateurs performants **ont investi pour acquérir une compréhension approfondie des besoins des pauvres**, ce qui peut se faire en associant directement ces derniers aux processus d'innovation.
- L'**élaboration de modèles économiques rentables** a été une priorité. Ce processus implique souvent de multiples itérations afin de déterminer les chances de réussite, ce qu'on pourrait qualifier de « **réflexion imaginative** ». Les **stratégies innovantes de tarification et de financement** ainsi que les processus d'entreprise modifiés se sont aussi révélés cruciaux. De façon générale, le principal critère a été la réduction des coûts, mais d'autres facteurs (dont la garantie de la qualité des produits et de l'utilité de l'application) ont également été déterminants. La recherche du meilleur rapport coût-efficacité et du profit a souvent servi de fondement aux initiatives fructueuses.
- Un **environnement réglementaire favorable** et l'expérimentation de différentes approches ont, dans bien des cas, joué un rôle crucial. Ainsi, les partenariats public-privé (pour la tablette Aashkar en Inde, par exemple) ont été utilisés pour soutenir la mobilisation des

communautés pauvres en Inde et en Afrique du Sud. Au Kenya, le succès de M-PESA n'aurait pas été possible sans une réglementation permettant à ce service de se développer comme il l'a fait.

- Les **initiatives entrepreneuriales privées** ont été déterminantes dans la transposition des innovations à plus grande échelle. Des sociétés privées (Nokia et Motorola, par exemple) ont adapté leurs combinés téléphoniques aux pays en développement, tandis que la participation de banques commerciales donnait aux établissements de microcrédit un coup d'accélérateur substantiel. D'autres acteurs – en particulier les organisations non gouvernementales (ONG), les organisations à but non lucratif ainsi que les universités ou les établissements publics de recherche – ont souvent apporté des ajustements pour fournir un meilleur produit à un marché plus vaste.
- **L'accès libre aux infrastructures d'information, y compris aux données**, permet d'élaborer des biens et services innovants. Un accès équitable et non discriminatoire peut donc maximiser la valeur économique et sociale des infrastructures d'information.
- **L'utilisation des infrastructures existantes a facilité la transposition des innovations à plus grande échelle.** En effet, certains obstacles ont pu être surmontés grâce aux réseaux d'acheminement (les petits magasins communautaires, par exemple) et aux sources de connaissances qui étaient déjà en place (ONG présentes sur le terrain, par exemple). Fuel from the Fields, une initiative entrepreneuriale locale qui permet de produire du charbon de bois à partir de déchets agricoles, fait appel à des établissements partenaires pour diffuser sa technique et son savoir-faire auprès de diverses communautés (Paunov et Lavison, à paraître).

Le microcrédit – l'octroi de prêts dépassant rarement quelques centaines de dollars des États-Unis – est un cas intéressant, car, contrairement aux autres innovations inclusives, c'est un produit plus éprouvé, longuement expérimenté, qui a réussi à se développer à grande échelle. D'après les estimations, environ 200 millions de personnes dans le monde avaient contracté un prêt auprès d'un établissement de microcrédit en décembre 2010, dont 130 millions vivant dans une extrême pauvreté – c'est-à-dire avec moins de 1.25 USD par jour, ou au-dessous d'un niveau inférieur de moitié au seuil national de pauvreté (Maes et Reed, 2012). Le marché du microcrédit, estimé entre 60 milliards USD et 100 milliards USD en 2013, répond à environ 20 % de la demande de crédit des pauvres à travers le monde (SFI, 2013). Parmi les divers établissements de microcrédit, le modèle de Grameen est assez répandu, la Grameen Bank comptant plus de 8.37 millions de membres en 2012 (Grameen Bank, 2013). Le microcrédit est intéressant aussi car il facilite l'adoption des innovations inclusives.

Le succès du modèle du microcrédit repose sur une mobilisation permanente pour fournir des services de crédit viables à des clients pauvres géographiquement dispersés et isolés. Contrairement aux groupes à revenu élevé, ces personnes n'ont généralement pas de garanties ni d'historique de crédit, et peuvent même parfois ne pas avoir de documents prouvant leur identité. Pour éviter l'aléa moral, les établissements de microcrédit ont dû trouver des solutions différentes des approches classiques (prêts fondés sur des garanties, par exemple) pour faire en sorte que les emprunteurs ne soient pas incités à se soustraire à leur obligation de remboursement. Le fait de permettre aux membres d'un groupe à faible revenu d'accéder au crédit en étant conjointement responsables du remboursement a été une solution déterminante. Une autre solution a consisté à fournir des incitations dynamiques – par exemple, la promesse de se voir prêter des sommes plus importantes ultérieurement à la condition que les prêts initiaux aient été remboursés en temps voulu.

Les innovations inclusives apportent la preuve que l'innovation peut réellement améliorer le bien-être des groupes à faible revenu et des groupes exclus. Les nouvelles technologies, notamment les TIC, ont multiplié les possibilités de mise au point d'innovations inclusives. En particulier, le fait que le secteur privé s'intéresse aux groupes à revenu intermédiaire toujours plus nombreux dans les économies émergentes ouvre des perspectives de transposition à plus grande échelle des innovations inclusives, et ce malgré les nombreuses difficultés auxquelles ces innovations se heurtent – du manque de financement et de connaissances techniques des innovateurs locaux au déficit d'information sur les besoins réels des consommateurs en ce qui concerne les innovateurs inclusifs. L'action des pouvoirs publics joue un rôle dans l'instauration d'un environnement propice à la montée en puissance des innovations inclusives, potentialisant ainsi une créativité inspirée du marché afin de remédier aux problèmes de développement de manière plus efficiente.

La coopération multidimensionnelle est extrêmement importante pour que les politiques parviennent à soutenir les innovations inclusives. Du fait qu'ils s'apparentent à des services publics, les produits nécessitent une coordination interinstitutionnelle au sein des administrations. Pour remédier aux défaillances du marché, il est en outre crucial de faire appel à divers acteurs : établissements publics de recherche et universités, secteur privé, banques et autres établissements de financement et organismes non gouvernementaux. Enfin, il est essentiel que les groupes à faible revenu et les groupes exclus soient associés au processus d'innovation et que leur participation ne soit pas marginalisée. Non seulement cette participation réduit les risques de faible adoption du produit, mais elle favorise aussi l'appropriation de celui-ci par les communautés concernées. Ces aspects sont souvent déterminants dans la diffusion de l'innovation inclusive. Des programmes tels que la politique de la Colombie en matière d'innovation sociale visent à associer une communauté plus large (pour plus d'informations, voir Paunov et Lavison, à paraître).

Par ailleurs, il est indispensable de s'attaquer aux problèmes de financement, car ceux-ci demeurent importants malgré la croissance considérable du secteur de l'« investissement d'impact » ces dernières années (Koh, Karamchandani et Katz, 2012). Plusieurs pays dont l'Inde et l'Afrique du Sud ont examiné la possibilité de créer un soutien financier spécifique pour les initiatives d'innovation inclusive. La Chine ne dispose pas de fonds réservé à cet effet, mais le Fonds spécial destiné au Programme scientifique et technologique pour le bien-être public a soutenu 23 projets comprenant diverses innovations inclusives dans des domaines tels que la santé, l'écologie ou la sûreté publique (CASTED, 2014).

Donner accès à la connaissance et au savoir-faire technique peut être un moyen déterminant de soutenir les innovations locales. L'une des façons de faciliter cet accès consiste, pour les administrations, à inciter les universités et les établissements publics de recherche à aider les innovateurs locaux. Il est également possible de soutenir les organismes intermédiaires qui font le lien entre les centres d'innovation officiels (les établissements publics de recherche, les universités) et les gens sur le terrain. Pour passer à une échelle supérieure, il est en outre essentiel de développer les liens entre les innovateurs et les sociétés du secteur privé et entre les innovateurs locaux eux-mêmes. L'exemple le plus connu d'organisme intermédiaire efficace est le *Honey Bee Network* en Inde. Par ailleurs, dès 1986, le ministère chinois des Sciences et Technologies a lancé le programme Spark, qui vise à transférer et à diffuser les sciences et les technologies dans les grandes régions rurales du pays, au moyen de fonds de subvention et de cours de formation aux technologies à l'intention des agriculteurs, et par la résolution des problèmes technologiques locaux grâce au savoir-faire d'instituts de recherche.

Enfin, les prix et les instruments connexes peuvent être particulièrement utiles pour attirer l'attention sur des initiatives d'innovation inclusive et pourraient à ce titre jouer un rôle bien précis. Entre autres exemples, on citera le défi du G20 sur l'innovation inclusive des entreprises (*Challenge on Inclusive Business Innovation*), un concours mondial destiné à repérer des « entreprises utilisant des méthodes innovantes, évolutives, reproductibles et commercialement viables pour atteindre les populations à faible revenu dans les pays en développement ». Ce concours a reçu 167 candidatures entre novembre 2011 et février 2012, dont la moitié provenait du secteur agricole, les secteurs du commerce de détail, du logement, de la santé et de l'éducation se partageant l'autre moitié. En outre, un prix pour une innovation abordable et inclusive, délivré conjointement par l'Inde et l'UE, est en cours d'élaboration par le Conseil national indien pour l'innovation, le Département indien des sciences et technologies et une délégation de l'UE. Ce prix récompensera les initiatives d'innovation inclusive issues d'une collaboration entre des organisations ou des individus indiens et européens, et soutiendra le développement des innovations lauréates (pendant leur phase d'incubation ou de transposition à plus grande échelle, selon le degré de maturité) (NInC, 2013).

On trouvera ci-après quelques conclusions à l'intention des pouvoirs publics sur les mesures susceptibles de favoriser l'innovation inclusive.

Principaux messages pour le soutien de l'innovation inclusive

Les pouvoirs publics peuvent aborder la question de l'innovation inclusive par de multiples voies. Les moyens suivants se sont avérés particulièrement pertinents :

- Tirer parti des technologies avancées et des TIC – surtout, mais pas uniquement, la téléphonie mobile –, car elles peuvent servir de tremplins pour de nombreux services.
- Associer les organismes intermédiaires – y compris les ONG ou les universités – qui font le lien avec les groupes d'utilisateurs et « transposent » les innovations inclusives.
- Élaborer des mécanismes de financement des initiatives d'innovation inclusive et mettre en place des prix pour encourager ces initiatives.
- Associer des ministères qui ne sont pas directement chargés de l'innovation. L'innovation inclusive relève souvent d'autres ministères, qui se consacrent à la lutte contre la pauvreté, au développement rural et à des questions précises dans les domaines de l'éducation, de la santé ou des infrastructures.
- S'attaquer aux problèmes réglementaires qui se font jour lorsque des entrepreneurs cherchant à répondre aux besoins de groupes à faible revenu poursuivent un objectif qui n'est ni purement lucratif ni purement social.
- Intégrer clairement les politiques d'innovation inclusive dans le programme général d'action pour l'innovation, afin d'unir en un même objectif la croissance et l'inclusion.

7.3. Encouragement de l'innovation dans la santé

Le défi de l'innovation dans la santé

Le chapitre 1 a déjà mis en évidence la contribution essentielle de l'innovation dans la santé à l'amélioration du bien-être et du niveau de vie. L'innovation dans la santé est un processus interactif et distribué, qui se déroule en plusieurs phases : 1) détermination du besoin ; 2) R-D ; 3) commercialisation ; 4) mise en œuvre ; et 5) diffusion. On appréhende de plus en plus souvent ces phases comme étant circulaires, itératives et fortement interdépendantes – contrairement à la conception classique d'un processus graduel et linéaire. L'innovation dans la santé est étroitement liée à la fourniture, à l'adoption et à l'utilisation de nouveaux traitements : le retour d'information des acheteurs, des fournisseurs et des patients est essentiel dans l'élaboration du processus d'innovation.

L'innovation dans la santé est une entreprise complexe et coûteuse, qui fait intervenir de multiples acteurs des secteurs public et privé. À chaque stade du cycle d'innovation, de nombreux facteurs sociaux et économiques sont susceptibles d'influer sur le développement, l'adoption ou la diffusion de nouvelles technologies en matière de santé. Plusieurs études menées dans la zone OCDE ont décelé d'importants goulets d'étranglement dans ce cycle et ont défini des stratégies pour y remédier. Les détails varient, mais les obstacles présentent des caractéristiques similaires d'un pays à l'autre. L'innovation en matière de prévention, de thérapie et de soins de santé dépend d'avancées techniques et scientifiques (incertaines) ; fait intervenir de multiples acteurs ; nécessite des engagements financiers considérables, une grande prise de risques et des délais importants ; et est très réglementée. En outre, la fourniture de soins de santé est souvent considérée comme un bien public, voire comme un droit dans certains pays.

L'État a un rôle essentiel à jouer : dans le financement de la recherche fondamentale et de la recherche clinique (graphique 7.6) ; dans la réglementation en matière de sécurité et d'efficacité ; dans la détermination des disponibilités, de l'équité et de l'accès ; et, souvent, dans la tarification ou le remboursement des produits et services de santé. Entre autres questions importantes, les décideurs publics doivent se demander si le système d'innovation fournit les innovations dont les patients ont le plus besoin et quels sont les coûts qui y sont associés. L'opinion publique a une grande importance en matière d'innovation dans la santé, et l'on trouve de nombreux exemples de pressions exercées par les citoyens sur les politiques publiques de santé (pour faciliter l'accès à la santé, maintenir les produits ou les services à un prix abordable, ou encore alourdir ou alléger le poids de la réglementation).

Graphique 7.6. **Financement public de la R-D liée à la santé, 2012**

(en pourcentage du PIB)

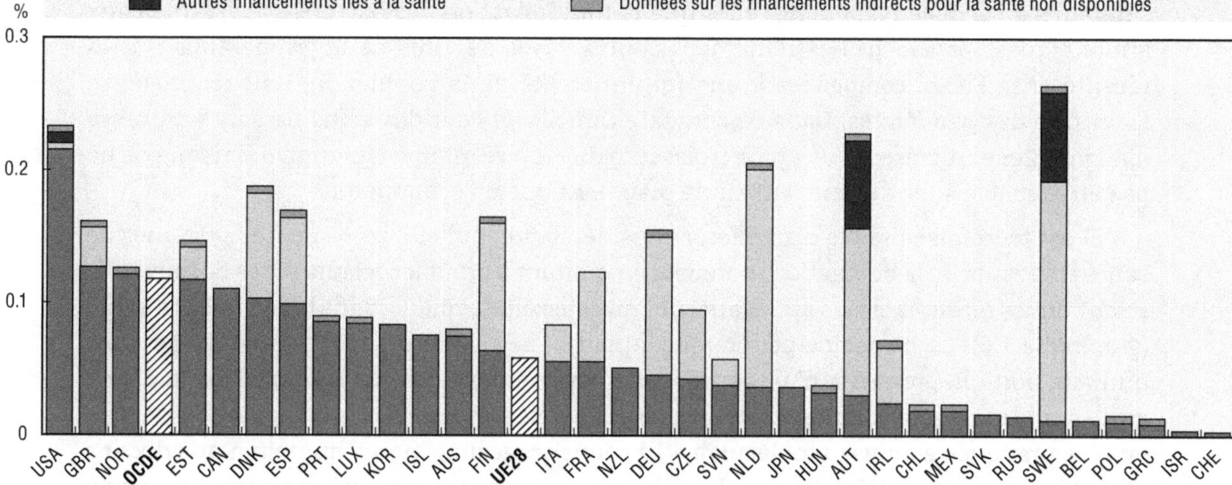

Notes : CBPRD = crédits budgétaires publics de R-D. Les CBPRD *directs pour la santé* comprennent les fonds publics consacrés principalement à l'objectif socioéconomique de protection et d'amélioration de la santé humaine. Le *progrès des connaissances* correspond à la part de la R-D non orientée et aux fonds généraux des universités consacrés à la R-D dans les sciences médicales (estimation de la part de la R-D dans ce domaine financée par la dotation globale accordée aux universités par les pouvoirs publics). Les *autres financements liés à la santé* sont des estimations ad hoc de l'OCDE fondées sur des sources nationales et intègrent le soutien à la R-D dans les hôpitaux ou des domaines connexes exclus des CBPRD.

Source : OCDE (2013g), *Science, technologie et industrie : Tableau de bord de l'OCDE 2013*, *http://dx.doi.org/10.1787/sti_scoreboard-2013-fr*.

La présente section ne donne pas un aperçu complet de l'ensemble des politiques et des défis relatifs à l'innovation dans la santé. Elle met plutôt en évidence les constatations issues de certains travaux récents de l'OCDE sur la contribution de l'innovation à l'amélioration des résultats en matière de santé et sur les politiques susceptibles d'aider à obtenir ces résultats. La section traite de cinq domaines qui ont fait l'objet de travaux récents, à savoir : 1) l'innovation et les enjeux mondiaux de la santé ; 2) les nouvelles approches d'optimisation du rôle des technologies modernes dans le développement de médicaments ; 3) le rôle des données massives aussi bien dans les soins que dans le développement de traitements plus efficaces ; 4) le rôle des TIC ; et 5) les questions relatives au paiement pour l'innovation.

Relever le défi de la santé

Améliorer la santé de la population mondiale représente un défi majeur pour les pouvoirs publics, défi qui impose d'agir tant à l'échelle nationale qu'internationale. Au cours des prochaines décennies, l'innovation – technique, sociale et organisationnelle – jouera un rôle décisif dans la fourniture de produits et services de soins de santé plus personnalisés, plus prédictifs et plus préventifs, et transformera radicalement la manière dont la médecine et les soins de santé sont pratiqués.

Les défis liés à la santé, mesurés à l'incidence de maladies chroniques telles que le diabète, l'obésité et la démence, sont de plus en plus nombreux dans les pays développés comme dans les pays en développement. Face à cette problématique, les pouvoirs publics tentent à la fois de contrôler les coûts des traitements et de définir de nouvelles stratégies dans les domaines de la prévision et de la prévention. Le vieillissement de la population a occasionné une augmentation des maladies chroniques et accentue les pressions subies par les systèmes de santé au niveau des coûts et de la prestation des soins, ce qui contraint les pouvoirs publics à rechercher de nouvelles solutions pour faire face aux prises en charge de longue durée. Dans le même temps, des maladies infectieuses telles que le VIH/sida, le paludisme, la tuberculose et les infections des voies respiratoires inférieures demeurent une menace pour une grande partie de la population mondiale. De nouvelles menaces sanitaires à l'échelle planétaire, telles que la multiplication des bactéries résistantes aux antibiotiques, les souches extrêmement contagieuses de virus de la grippe ainsi que la récente crise Ébola, conjuguées à une forte mobilité de la population, font réapparaître le spectre des pandémies. Dans ce contexte difficile, le coût des soins de santé ne cesse d'augmenter et représente une part croissante du PIB, créant une situation qui risque de ne pas être tenable à long terme tant sur le plan politique qu'économique.

Il est toutefois possible d'améliorer considérablement l'efficience de nos systèmes de santé et la santé de la population mondiale en mettant à profit les résultats des découvertes scientifiques récentes et en s'appuyant sur l'investissement public dans la R-D liée à la santé (graphique 7.6). La médecine génomique, apparue à la suite du séquençage du génome humain, porte la promesse d'un véritable bouleversement de l'innovation dans la santé, grâce à une meilleure compréhension des mécanismes de la vie et à une médecine de plus en plus pratiquée au niveau moléculaire. Le séquençage du génome humain a pris dix ans et a coûté 3 milliards USD. Depuis, le prix du séquençage a diminué rapidement jusqu'à son niveau actuel, à savoir environ 1 000 USD par génome, et des génomes entiers peuvent être séquencés en une journée. La compréhension des génomes et de leur interaction avec les facteurs environnementaux ainsi que l'utilisation de technologies émergentes dans la pharmacogénétique et la biologie des systèmes, par exemple, permettront peut-être des diagnostics et des interventions thérapeutiques plus prompts et plus précis, c'est-à-dire la pratique d'une médecine de précision.

Les dossiers médicaux électroniques et les bases de données biomédicales (telles que les biobanques humaines et les bases de données sur la recherche génétique) sont autant d'exemples d'innovations conçues pour réduire les coûts, accroître l'efficience et optimiser l'utilisation des résultats de la recherche. Des thérapies et des diagnostics entièrement nouveaux sont en cours d'élaboration au moyen de technologies fondées sur les cellules-souches, les nanotechnologies et la biologie de synthèse.

Nouveaux modèles d'innovation dans la santé et gestion des connaissances

Compte tenu des progrès scientifiques et technologiques rapides accomplis dans les sciences du vivant, de la complexité et de l'hétérogénéité des connaissances dans les domaines et sous-domaines de l'innovation en matière de santé, et de la nécessité de réunir de gros volumes de données scientifiques et cliniques, il est particulièrement difficile d'atteindre l'interopérabilité et le regroupement des connaissances nécessaires pour tirer pleinement profit de tous les avantages de la base de connaissances existante.

De nouveaux modèles d'innovation dans la santé et de gestion des connaissances sont nécessaires pour atteindre un certain nombre d'objectifs :

- soutenir une innovation plus radicale et augmenter l'efficacité de la recherche en collaboration
- accélérer la montée en puissance de la recherche, des milieux universitaires vers l'industrie, pour parvenir au chevet des patients
- augmenter l'efficience du développement thérapeutique et s'attaquer aux besoins médicaux non satisfaits et aux modes de traitement, comme les diagnostics à forte valeur ajoutée, les traitements antibiotiques et les maladies infectieuses négligées.

L'évolution des modèles économiques dans le secteur pharmaceutique dépend des progrès technologiques, des besoins médicaux et des contraintes économiques. Pour combler l'écart d'innovation, le secteur pharmaceutique se lance à présent dans des modèles de recherche en collaboration afin de gagner en souplesse et d'accroître la production de traitements tout en restant compétitif. L'objectif global de ces activités de mise en commun des connaissances et des technologies entre les sociétés pharmaceutiques et les milieux universitaires est d'accroître l'efficience des recherches préclinique et translationnelle en mobilisant l'intelligence mondiale, en évitant la redondance et, au final, en transposant plus rapidement la masse croissante de données biologiques en réserve de découvertes de médicament. Or, l'un des problèmes réside dans les incitations financières à faire passer les nouvelles technologies biomédicales de la recherche théorique à l'utilisation industrielle. Des mesures sont nécessaires pour renforcer le partage de l'information, accroître la flexibilité et fournir aux investisseurs des incitations suffisantes à prendre des risques. Pour faire face aux priorités de la santé publique, il faudra également développer de nouvelles méthodes de financement de la R-D, comme des émissions obligataires ou une meilleure utilisation des programmes caritatifs, de manière à soutenir l'innovation dans le domaine de la santé. Les pouvoirs publics doivent approfondir leur connaissance des possibilités qui s'offrent à eux et de leurs avantages respectifs.

Les pouvoirs publics et les entreprises ont un objectif commun : réduire le coût de la mise au point de médicaments en rationalisant les essais cliniques pour limiter leur ampleur et leurs délais[2]. Il convient donc de prendre des mesures pour simplifier, coordonner et traiter les autorisations nécessaires à l'organisation d'essais cliniques ainsi que pour harmoniser et normaliser les conseils dans ce domaine, pour concevoir des contrats types et pour élaborer des systèmes d'alerte rapide en cas de problème. On peut y parvenir en favorisant des échanges précoces entre les autorités de réglementation et les entreprises, de manière à contribuer à la définition de nouveaux paramètres valides sur le plan clinique (marqueurs biologiques indispensables pour une médecine personnalisée, pratique clinique et bases de données génétiques) pour améliorer les essais. Les échanges entre les autorités de réglementation et les acteurs du secteur peuvent aider à : créer des filières réglementaires stables, prévisibles et transparentes ; améliorer la validation des marqueurs biologiques et préparer le terrain à l'approbation des autorités ; relever le défi de la médecine personnalisée et des traitements ciblés ; étudier des méthodes de conception des essais cliniques de nouvelle génération ; et protéger les nouvelles stratégies de partage des connaissances et des risques.

L'évolution vers des traitements plus efficaces et plus sûrs, adaptés aux individus, peut être encore facilitée par un recours plus important aux marqueurs biologiques pour prendre la décision de poursuite ou d'abandon des recherches plus tôt dans le processus et pour définir plus précisément les pathologies aux niveaux moléculaire et génétique. La mise au point de biomarqueurs de diagnostic précis et fiables est étroitement liée aux progrès des technologies de recherche. Les bailleurs de fonds et les organismes de paiement (État et mutuelles notamment) doivent mieux comprendre les avantages et les inconvénients (c'est-à-dire le rapport coût-efficacité) de l'utilisation des marqueurs biologiques comme outils de diagnostic pour élaborer leurs plans de paiement et de remboursement. Le renforcement de la médecine fondée sur des preuves scientifiques et l'utilisation de nouveaux dispositifs de diagnostic nécessitera d'éduquer les médecins et les prestataires de soins de santé et de leur donner une formation statistique pour qu'ils puissent comprendre les tests et les résultats. Il faudra également expliquer l'utilité clinique des marqueurs biologiques sur le lieu de délivrance des soins, car cela peut influer sur le processus de soins et l'efficacité de la mise en œuvre.

Il pourrait être utile de concevoir des outils, cadres et processus d'évaluation des nouvelles technologies de recherche et de soins de santé, afin de saisir certains de leurs aspects, comme le rapport coût-efficacité et la rentabilité des investissements. L'évaluation pharmaco-économique devrait permettre d'obtenir des résultats optimaux sur le plan social en envoyant aux industriels des signaux plus clairs quant aux innovations les plus prisées, suscitant ainsi les types et les niveaux corrects d'investissement dans la R-D. Elle peut aussi être utilisée pour créer des incitations économiques à l'investissement dans les traitements de maladies rares et complexes, qui ont une taille de marché limitée et qui présentent un risque élevé d'échec et de perte financière. La réponse à apporter aux défis mondiaux a donné naissance à de nouvelles stratégies en matière de coopération entre entreprises, d'accès à la propriété intellectuelle et d'utilisation des droits y afférents, et de mécanismes de financement. Ces stratégies complètent les programmes traditionnels de développement sans les concurrencer. Étant donné qu'il est impossible d'utiliser un seul instrument (partenariats public-privé pour le développement de produits, garanties de marché, prix) pour résoudre tous les problèmes, les pouvoirs publics doivent mieux appréhender les différentes combinaisons de stratégies possibles pour atteindre des objectifs différents. On pourrait exploiter des cas représentatifs de façon à développer une stratégie d'innovation moins coûteuse dans le domaine des soins de santé. Les pouvoirs publics devraient tirer les leçons de ces stratégies innovantes destinées à relever les défis mondiaux liés à la santé, afin de tenter de les appliquer plus généralement à l'innovation dans la santé.

L'intégration et la cohérence des politiques de l'innovation dans des domaines telles que la santé, les sciences, le développement, les échanges et l'industrie apporteraient une aide précieuse pour faire face aux priorités de la santé publique. Il s'agit toutefois d'une tâche difficile, notamment en raison des obstacles institutionnels à la coopération lors de l'élaboration et de la mise en œuvre des politiques publiques. Les pouvoirs publics souhaiteront peut-être aussi encourager un rôle plus actif des patients et de leurs organisations dans la politique de l'innovation et dans l'élaboration de l'action publique relative aux essais cliniques et à l'accès aux nouveaux produits. Les patients représentent des sources importantes d'innovation, qui restent sous-exploitées. De nouveaux modes de communication et de constitution de réseaux entre les systèmes de santé, les usagers et les acteurs de l'innovation sont en train d'apparaître ; ils pourraient permettre d'aboutir à une meilleure adéquation entre les objectifs mondiaux en matière de santé et les investissements dans la R-D. Les pouvoirs publics doivent donc s'attacher à mieux les comprendre.

L'adhésion et la confiance de l'opinion publique sont essentielles à l'adoption des innovations et à leur diffusion. Les tests et services s'adressant directement aux consommateurs sont de plus en plus nombreux et aucun consensus ne se dégage sur la nécessité ou non d'un contrôle et d'une gouvernance ni sur leurs modalités. Les pouvoirs publics doivent donc mener une réflexion plus poussée à ce sujet. Il est indispensable d'établir des politiques claires quant à la confidentialité et à la sécurité des données personnelles pour une large gamme de technologies dans le domaine de la santé (génétique et génomique, dossiers médicaux électroniques, etc.). L'opinion publique se préoccupe également de l'égalité d'accès. L'État a un rôle central à jouer pour parvenir à trouver un équilibre entre les droits des individus et les priorités de la santé publique / de la recherche.

De la recherche biomédicale au développement des médicaments

Les systèmes de découverte et de développement des médicaments évoluent rapidement en réponse à la diversification et à la mondialisation des parties prenantes, au besoin de ressources très coûteuses et à la dépendance accrue à l'égard de l'innovation fondée sur les données. Les systèmes traditionnels de R-D ont pâti d'une baisse de la productivité et d'une augmentation continue des coûts, même si l'innovation mesurée par le nombre de dépôts de brevet est demeurée relativement robuste (graphique 7.7). Le taux d'abandon de molécules en cours de développement est resté élevé pour les indications thérapeutiques complexes, et ce malgré de nouvelles technologies prometteuses dans la découverte de médicaments et la recherche préclinique. Pour le marché, la réserve de molécules à l'étude dans des domaines tels que les troubles du système nerveux central est perçue comme insuffisante, et ce problème se conjugue à un certain nombre de fusions et d'acquisitions dans le secteur pharmaceutique. En bref, il règne une incertitude quant à la future structure du secteur des biotechnologies de la santé et de la pharmaceutique. Parmi les facteurs d'évolution des stratégies commerciales de l'innovation dans la santé, on citera :

- la baisse de productivité de la R-D innovante et l'incertitude réglementaire
- les possibilités qu'offrent les technologies et le développement des connaissances scientifiques médicales, y compris la détection et le traitement potentiel des troubles génétiques
- la reconnaissance de l'utilité des médicaments préventifs et des diagnostics compagnons
- l'arrivée de nouveaux acteurs du fait de la mondialisation des capacités de recherche et de l'augmentation du nombre d'entreprises concurrentes issues des économies émergentes
- l'incertitude quant aux évolutions économiques, par exemple en ce qui concerne la délivrance des médicaments de précision, et le rôle des traitements très onéreux dans les systèmes publics de santé
- la nature changeante de la demande et des résultats attendus, en particulier le rôle croissant joué par les organismes de paiement et les organisations de patients.

Graphique 7.7. **Brevets liés à la santé, 1999-2001 et 2009-11**

En pourcentage de la totalité des demandes de brevets en vertu du PCT

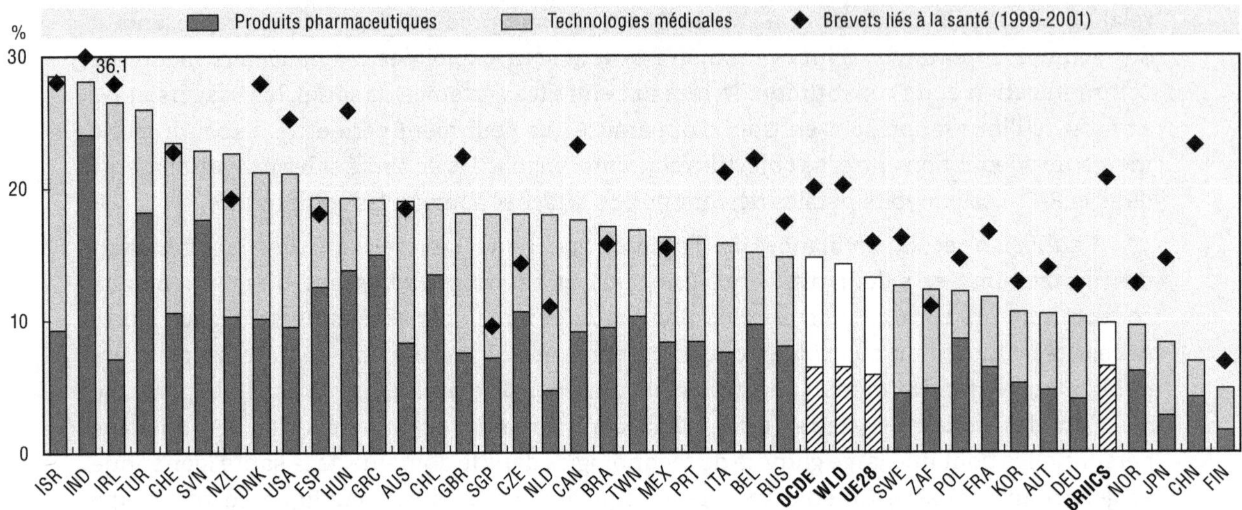

Source : OCDE (2013g), *Science, technologie et industrie : Tableau de bord de l'OCDE 2013*, *http://dx.doi.org/10.1787/sti_scoreboard-2013-fr*, d'après la base de données de l'OCDE sur les brevets, *www.oecd.org/sti/inno/basesdedonneesdebrevetsdelocde.htm*.

La future structure organisationnelle du secteur biopharmaceutique est un sujet qui suscite un vif débat. Certains voient l'essor des services d'externalisation et de gestion des connaissances comme le début d'un mouvement d'abandon des sociétés pharmaceutiques entièrement intégrées au profit d'un secteur davantage organisé en réseau. D'autres, au contraire, pensent que la complexité du secteur de la santé et la difficulté des décisions portant sur les dépenses d'équipement dans ce secteur annoncent plutôt un retour à une structure plus intégrée verticalement.

La quête de financement aux premières étapes de la recherche et de la transposition, les coûts élevés et la charge administrative que représentent le développement des produits et les approbations réglementaires, les pressions financières dues à la valorisation des entreprises biotechnologiques et pharmaceutiques, ainsi que les contraintes budgétaires publiques sont des constantes de ce secteur. Les problèmes spécifiques sont les suivants :

- coûts sans cesse plus élevés des longs programmes de développement et complexité de la réglementation
- contraintes croissantes pesant sur les dépenses publiques et la rentabilité des capitaux investis
- déficits de financement, de la recherche par exemple, mais aussi manque de fonds disponibles pour certaines maladies / approches
- tentatives d'amélioration de la valorisation des actifs et des entreprises à partir des connaissances qu'elles détiennent.

À titre d'exemple d'initiative cherchant à relever ces défis dans un contexte précis, citons l'atelier organisé récemment par l'OCDE à Lausanne, qui était consacré à la maladie d'Alzheimer et d'autres démences, lesquelles représentent des besoins médicaux non satisfaits liés au vieillissement des populations (encadré 7.8). Cet atelier et les travaux sur le développement intégré entrepris par le Gouvernement britannique montrent qu'il est possible de progresser dans le développement de médicaments, même pour des pathologies complexes telles que la maladie d'Alzheimer, si l'on s'appuie sur des partenariats public-privé bien conçus et faisant intervenir tous les acteurs concernés, y compris les pouvoirs publics et les autorités de réglementation, les groupes scientifiques consultatifs, les entreprises et les patients (OCDE, 2015c).

Encadré 7.8. **Développement de médicaments pour la maladie d'Alzheimer et d'autres démences**

La mise au point de nouveaux traitements de la démence dépend de la recherche biomédicale, de la transposition des travaux de recherche en traitements et du développement de nouvelles technologies biomédicales. Les neurosciences translationnelles font le lien entre les neurosciences fondamentales et le développement de nouveaux produits de diagnostic et produits thérapeutiques susceptibles d'améliorer la vie des patients ou d'éviter l'apparition des troubles du cerveau. Les technologies biomédicales émergentes, telles que la biologie de synthèse, les nanotechnologies, la pharmacogénomique et la technologie des cellules-souches, offrent des outils et des techniques permettant de passer du modèle classique de développement des médicaments à un modèle débouchant sur des innovations plus radicales. Cependant, pour concrétiser ces possibilités, la plupart des nouvelles technologies biomédicales doivent encore passer de l'environnement de recherche théorique à une échelle industrielle et à une utilisation clinique.

Au cours des dernières décennies, les principaux moteurs de la découverte et du développement de médicaments ont été les grandes sociétés pharmaceutiques. Il est toutefois devenu impossible de maintenir les processus traditionnels de découverte et de développement de molécules, en raison, entre autres, de méthodes de recherche trop gourmandes en ressources, d'une rentabilité des investissements en recul et d'un déficit chronique de connaissances sur les fondements biomédicaux des maladies. Pour accélérer l'élaboration de nouveaux traitements de la maladie d'Alzheimer et d'autres démences et gérer les risques financiers élevés, les parties prenantes suivent de plus en plus souvent des stratégies de collaboration intersectorielles. Les partenariats public-privé, en particulier, peuvent faciliter la réforme des modèles traditionnels d'innovation en matière de recherche et de santé et l'adoption de stratégies d'innovation plus efficientes (Galea et McKee, 2014). Ces partenariats offrent un environnement neutre et peuvent ainsi contribuer à accélérer la mise au point de traitements efficaces de la maladie d'Alzheimer, en appuyant la mission de chaque partie prenante et en comblant le déficit d'innovation dans les neurosciences – au final, en réduisant le taux d'abandon au stade de la recherche clinique et en diminuant les risques financiers.

Comme les nombreux échecs de la recherche clinique l'ont montré, le développement de médicaments pour la maladie d'Alzheimer demeure une entreprise à haut risque. Les pouvoirs publics, en étroite collaboration avec d'autres parties prenantes, recherchent actuellement de nouveaux mécanismes de financement et de partage des risques pour soutenir la recherche à forte intensité de ressources (Feldman et al., 2014 ; Scott et al., 2014). Pour que l'efficacité thérapeutique se retrouve dans l'efficacité des systèmes publics de santé, on utilise de plus en plus de mesures coût-avantages afin d'évaluer la réglementation et d'autoriser la mise sur le marché des traitements. Cependant, lorsqu'une nouvelle thérapie est introduite sur le marché, l'incertitude demeure souvent quant à sa performance au sein du système public de santé – en dehors des contrôles stricts d'un essai clinique. Pour que le développement de médicaments innovants soit un succès, il faut donc, au-delà des paramètres d'efficacité et de sécurité, envisager d'emblée les coûts de traitement futurs (Foster et al., 2014). Trouver un juste équilibre entre les risques financiers respectifs des producteurs (chercheurs, fabricants) et des acheteurs (mutuelles, patients) pourrait aider à soutenir la recherche innovante, à faciliter l'accès aux médicaments et à favoriser une utilisation rationnelle et la maîtrise des dépenses. Les politiques visant à soutenir la transparence des prix et la mesure de l'efficacité thérapeutique peuvent contribuer à une utilisation optimale et responsable de ressources limitées.

Pour le moment, la probabilité de succès du développement de molécules visant le système nerveux central, et notamment la maladie d'Alzheimer et d'autres démences, est plus faible que dans de nombreuses autres familles de maladies (*Tufts Center for the Study of Drug Development*, 2014). En général, les médicaments pour le système nerveux central sont plus compliqués à développer que d'autres, parce que les troubles du système nerveux qu'ils doivent soigner sont souvent chroniques et complexes, et que les résultats des

Encadré 7.8. Développement de médicaments pour la maladie d'Alzheimer et d'autres démences *(suite)*

essais cliniques sont difficiles à mesurer. En outre, il n'est pas possible d'accéder au cerveau pour l'étudier et le traiter, d'où une plus grande difficulté pour élaborer des modèles précis et pour atteindre des cibles thérapeutiques. Le faible taux de succès des essais cliniques, conjugué aux coûts d'investissement élevés, a été pour beaucoup dans la décision d'un certain nombre de sociétés pharmaceutiques et d'organismes de financement de se retirer de la recherche en neurosciences. Néanmoins, des initiatives récentes conduites par des gouvernements, comme les engagements pris par ceux du G7 à l'issue du Sommet sur la démence qui s'est tenu à Londres en 2013 et l'élaboration de plans nationaux de lutte contre les maladies neurodégénératives, ont incité des acteurs publics et privés à prendre diverses mesures pour augmenter les investissements.

Un atelier récent de l'OCDE (OCDE, 2015d) a offert une tribune internationale à toutes les parties prenantes pour qu'elles puissent faire évoluer le modèle mondial de la recherche médicale et de l'innovation en matière de santé pour la maladie d'Alzheimer et d'autres démences. Il a permis de démontrer que la recherche thérapeutique devait s'éloigner de la démence installée pour se recentrer sur les phases précliniques, ce qui demandera des outils de diagnostic adaptés, des essais de conception nouvelle et des procédures réglementaires plus souples. Il sera important d'intégrer les enseignements tirés des essais cliniques (résultats positifs et négatifs) aussi rapidement que possible dans les processus scientifiques réglementaires et dans les procédures réglementaires de qualification des organismes, de façon à pouvoir élaborer des politiques et adopter une réglementation en s'appuyant sur les meilleures bases scientifiques disponibles.

Source : Galea, G. et M. McKee (2014), « Public-private partnerships with large corporations », *http://dx.doi.org/10.1016/j.healthpol.2014.02.003* ; Feldman, H.H. et al. (2014), « Economic analysis of opportunities to accelerate Alzheimer's disease research and development », *http://dx.doi.org/10.1111/nyas.12417* ; Scott, T.J. et al. (2014), « Economic analysis of opportunities to accelerate Alzheimer's disease research and development », *http://dx.doi.org/10.1111/nyas.12417* ; Foster, N.L. et al. (2014), « Justifying reimbursement for Alzheimer's diagnostics and treatments », *http://dx.doi.org/10.1016/j.jalz.2014.05.003* ; Tufts Center for the Study of Drug Development (2014), « CNS drugs take longer to develop and have lower success rates than other drugs » ; OCDE (2015c), *Addressing Dementia – the OECD Response* ; OCDE (2015d), « Enhancing Translational Research and Clinical Development for Alzheimer's Disease and other Dementias », *http://dx.doi.org/10.1787/5js1t57jts44-en*.

Vers une meilleure gouvernance des données de santé

Pour les innovateurs de la thérapeutique, les cliniciens, les autorités de réglementation, les gestionnaires de système de santé et les pouvoirs publics, la clé réside dans le fait de disposer de données fiables qui retracent les progrès des patients dans le temps et comprennent des caractéristiques essentielles, telles que le profil génétique, les traitements et les services dispensés dans l'ensemble du système de soins de santé et de prise en charge sociale ainsi que les résultats rapportés par les patients et les résultats constatés, y compris le décès. Des données nettoyées, valides et complètes sur le parcours de soins de santé et les résultats obtenus répondent simultanément aux besoins de découverte et aux besoins d'évaluation, notamment en mettant en évidence les éléments suivants : parcours médicaux optimaux et sujets répondant au traitement de façon optimale ; traitements et parcours de soins d'un bon rapport coût-efficacité ; observance des consignes cliniques et résultats obtenus ; et incidents préjudiciables, erreurs médicales et fraudes. Des voix ont appelé récemment à réunir ce type de données, à l'occasion de plusieurs conférences internationales : un atelier sur la constitution de données pour l'innovation dans le domaine du traitement et de la prise en charge de la démence, organisé à Toronto en septembre 2014 par l'OCDE, l'Institut ontarien du cerveau et l'*Institute for Health Metrics and Evaluation* (OCDE, 2015e) ; une réunion internationale sur les progrès de la science au service de l'amélioration de la santé, organisée par la *Royal Society of Physicians* au Royaume-Uni en octobre 2014 ; et une réunion européenne sur l'amélioration des résultats pour des systèmes de soins de santé viables, tenue en novembre 2014.

De nouvelles possibilités de partenariat public-privé et de collaboration se font jour également en vue de l'élaboration et de l'utilisation de données de santé susceptibles d'être exploitées dans un large éventail d'innovations : approches de la R-D et des essais cliniques plus efficaces, plus rapides et moins coûteuses ; efficacité comparée de traitements existants et nouveaux pour une évaluation plus complète des technologies de santé ; évaluation plus approfondie et exhaustive des dépenses de soins de santé à des fins de planification et de budgétisation ; outils d'aide à la décision clinique permettant que les patients reçoivent d'emblée les soins adéquats au bon moment ; et outils de gestion des soins de santé permettant d'améliorer le vécu des patients et les résultats.

Pour que les énormes avantages liés à l'exploitation, dans ce secteur clé, des données électroniques relatives aux patients puissent être concrétisés, il faut d'abord relever les défis correspondants, notamment : la nécessité de normaliser les données pour accroître la possibilité que les données analysables puissent être partagées à l'intérieur des pays et entre eux ; les investissements dans l'infrastructure de données – y compris les systèmes de dossiers cliniques électroniques et les services de liaison de données – et dans l'amélioration du stockage, du traitement et de l'analyse des données ; et les investissements dans la qualité des données – évaluation de l'utilisabilité, incitations, certification et vérification. Il faut également résoudre les problèmes liés à la qualité des données et aux données manquantes ; les initiatives récentes de grandes entreprises pharmaceutiques pour mettre les résultats (négatifs) des essais cliniques à la disposition des chercheurs sont importantes pour les travaux futurs, mais elles contribuent aussi à éclairer les décideurs publics et les patients.

Cela dit, les problèmes qui tendent à ralentir l'exploitation des données de santé à des fins d'innovation tiennent à la façon dont ces données sont régies. Il est nécessaire d'établir des cadres de gouvernance qui maximisent les avantages, pour la société, de l'utilisation des données de santé tout en réduisant le plus possible les risques, pour les individus, d'un emploi abusif de ces données. Parmi les dommages que cet emploi abusif pourrait causer, citons le vol d'identité, la discrimination en matière d'assurance maladie ou d'emploi, la stigmatisation et les préjudices affectifs, ou encore la perte de confiance dans les prestataires de soins de santé et les pouvoirs publics.

Les données de santé qui mesurent les parcours et les résultats sont généralement personnelles et sensibles, et comprennent des informations relevant de la relation confidentielle entre les patients et leurs soignants. On peut obtenir le consentement des patients sur l'utilisation de leurs données dans le cadre d'une étude ciblée, en les invitant par exemple à participer à un essai clinique, mais cela n'est pas possible pour la réutilisation des données de santé globales à l'échelle de la population. Dans ce cas, en effet, les données consenties seraient biaisées car ne concernant que les survivants, elles seraient souvent trop coûteuses à recueillir et leur collecte pourrait devenir intolérable pour le public si l'on prévoit un important volume de projets. De nouvelles approches sont nécessaires pour permettre à la fois de protéger la vie privée des patients et d'améliorer les modalités d'enregistrement de leur consentement.

Éléments attestant du rôle de la gouvernance des données de santé en matière d'innovation

Tous les pays investissent dans les infrastructures de données, mais on constate de nettes différences entre eux quant à la disponibilité et à l'utilisation des informations : certains se démarquent par leurs pratiques innovantes, qui permettent un emploi des données dans le respect de la vie privée, tandis que d'autres sont à la traîne en raison d'un volume de données insuffisant ou de restrictions d'accès et d'utilisation de celles-ci, y compris par les pouvoirs publics eux-mêmes (OCDE, 2013i).

Sur les 22 pays qui ont participé à l'enquête de 2013, la moitié seulement établissait régulièrement des liens entre des ensembles de données nationaux pour comprendre les parcours et les résultats. Les pays chefs de file étaient le Canada, la Corée, le Danemark, la Finlande, Israël, la Nouvelle-Zélande, le Royaume-Uni, Singapour et la Suède. De la même façon, la moitié des 25 pays ayant répondu à l'enquête de 2012 envisageaient d'analyser à des fins de recherche les données recueillies dans les systèmes de dossiers médicaux électroniques, et 10 prévoyaient de se servir de ces données pour faciliter les essais cliniques ou y contribuer. Les pays qui avaient commencé à utiliser à des fins de recherche les données extraites des dossiers cliniques électroniques étaient la Belgique, la Corée, la Finlande, la France, l'Indonésie, l'Islande, le Japon, la Pologne, le Portugal, le Royaume-Uni, Singapour, la Slovénie et la Suède. Quatre pays indiquaient que les données issues des systèmes de dossiers médicaux électroniques étaient déjà utilisées pour faciliter les essais cliniques ou y contribuer (France, Indonésie, Royaume-Uni et Suède). En revanche, l'Allemagne, l'Autriche, les Pays-Bas et la Suisse déclaraient qu'il leur semblait très peu probable que les obstacles législatifs et techniques bloquant l'utilisation des données puissent être surmontés dans les cinq prochaines années.

En 2013, les pays ont été interrogés sur un ensemble de facteurs d'accessibilité des données directement liés à la législation relative à la protection de la confidentialité des informations médicales, et à son interprétation dans la pratique. Il leur a notamment été demandé si des acteurs du traitement des données ou des entités publiques avaient déjà échangé par le passé des données médicales personnelles nominatives, et s'il était possible que des universitaires, des fonctionnaires de l'État ou des acteurs du secteur privé du pays ou extérieurs au pays soient autorisés, sur demande, à accéder à des données médicales personnelles, une fois celles-ci désidentifiées. L'accessibilité des données s'est avérée la plus forte au Royaume-Uni, en Nouvelle-Zélande, en Suède et aux États-Unis, et la plus faible en Turquie, en Italie, au Japon et en Israël.

Bonnes pratiques de politique publique visant à améliorer la gouvernance des données de santé

Il est essentiel que les ministères de la Santé, les ministères de la Justice et les autorités de réglementation de la confidentialité des données collaborent efficacement si les pouvoirs publics veulent parvenir à maximiser les avantages sociétaux résultant de l'utilisation des données, tout en réduisant le plus possible les risques d'une telle utilisation pour la société. Dans le même temps, les pouvoirs publics ont besoin de circuits clairs et ouverts pour élaborer et utiliser les données en collaboration avec d'autres parties prenantes, de sorte que les cadres et les pratiques de gouvernance des données reflètent les valeurs et les priorités de la société. Le graphique 7.8 en donne un aperçu.

L'OCDE a réuni des spécialistes du droit et de la réglementation de la protection des données, des statistiques de la santé, des politiques sanitaires, de la recherche et des technologies de l'information, ainsi que des acteurs de la société civile pour examiner les pratiques actuelles de gouvernance des données dans les pays de l'OCDE et déterminer celles qui aident les pays à améliorer la gouvernance des données de santé. Les pays chefs de file ont fourni de bons exemples de pratiques permettant une utilisation des données respectueuse de la vie privée. Les cadres de gouvernance des données comprennent plusieurs éléments essentiels : consultation et information du public au sujet de la collecte et de l'exploitation des données de santé personnelles et des garanties mises en place ; législation permettant de partager et d'utiliser les données, sous réserve de garanties adéquates ; acteurs du traitement des données soumis à des normes strictes de gouvernance des données ; processus d'approbation de l'utilisation des données justes et transparents ; et recours aux meilleures pratiques de désidentification des données et de sécurisation des accès. La publication de ces recommandations est prévue en 2016.

Graphique 7.8. **Gouvernance des données et innovation dans la santé**

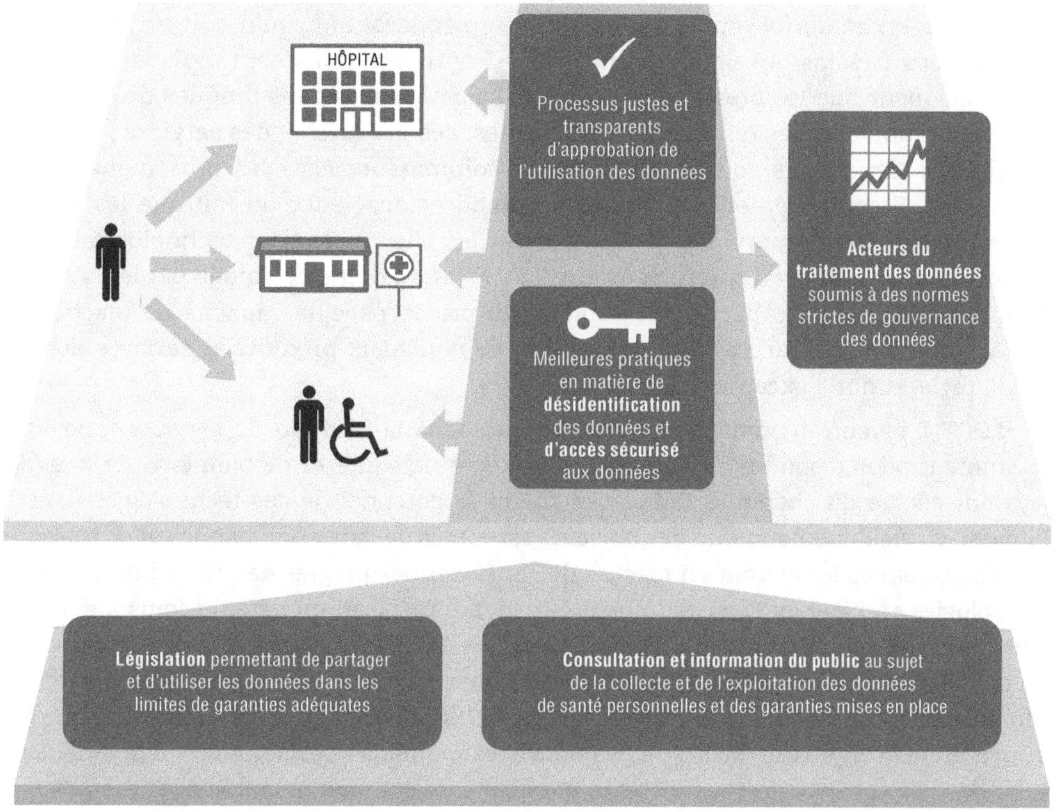

Source : OCDE (2015e).

Renforcement du rôle des technologies de l'information au service de l'innovation

Le rythme rapide du vieillissement des populations crée un impératif économique et social d'innovation – sociale, organisationnelle et technologique – qui doit être étayé par une réforme des politiques et un changement culturel profond. L'innovation peut tout à fait atténuer l'impact du changement démographique sur la société et créer de nouvelles sources de croissance (OCDE, 2013j). Les solutions aux problèmes économiques et sociaux que pose le vieillissement des populations appellent des politiques et des mesures de soutien et d'accélération de l'innovation, et l'élaboration d'idées, de produits, de processus, de formes d'organisation ou de services nouveaux destinés aux personnes âgées actives et en bonne santé. L'innovation dans les services de santé et les services sociaux, qu'ils soient fournis par le secteur public, privé ou associatif, sera cruciale pour relever les défis liés à une société vieillissante. Dans le même temps, il est essentiel de faire évoluer notre conception actuelle de l'âge mûr et de la vieillesse ; les personnes âgées devraient être considérées comme une richesse pour la société, que ce soit en tant que travailleurs, consommateurs, bénévoles ou soignants.

Le vieillissement de la population, dont les conséquences varient selon les secteurs, entraîne une modification de la structure de la demande dans l'économie. Des informations sur les besoins et les habitudes de consommation des personnes âgées peuvent maximiser les possibilités de transformation et d'innovation dans le secteur des services. L'innovation doit être guidée par les désirs, les besoins et les capacités de cette population. Or, les plus âgés sont souvent exclus des études de marché et des études sociales. Ce segment en expansion rapide demeure donc l'un des moins explorés et des plus mal compris de tous les marchés. L'aide des pouvoirs publics et des entreprises est nécessaire pour recueillir ces informations et maximiser ainsi les possibilités de transformation et d'innovation du secteur des services, afin qu'il soit en mesure de répondre aux besoins des populations âgées. Ces informations sont indispensables, en particulier, pour que les prestataires puissent saisir les occasions uniques de concevoir, en collaboration avec les responsables politiques, des produits et des services innovants susceptibles d'aider les sous-groupes de consommateurs âgés les plus menacés par la pauvreté. Il est également important de prendre conscience du fait que les adultes âgés sont les informateurs, les concepteurs et les clients clés des technologies et des services conçus et mis en œuvre pour eux. L'innovation doit être guidée par leurs désirs, leurs besoins et leurs capacités. La rapidité du prototypage, la capacité de réaction, et l'association des utilisateurs à la conception de nouveaux produits et services doivent être la règle, et non l'exception.

Les TIC jouent aujourd'hui un rôle critique dans la création de services innovants, notamment pour répondre aux besoins en matière de santé et de bien-être. Or, tous les pays ont encore du chemin à faire pour libérer le potentiel de ces technologies dans le domaine du vieillissement. L'un des objectifs essentiels de l'action publique est de s'assurer que les personnes âgées sont en mesure de bénéficier des progrès des TIC. L'internet et les technologies en ligne au service du bien-être, notamment en matière de soins à distance, vont jouer un rôle critique dans l'amélioration de la qualité de vie des personnes âgées et pour leur capacité à continuer d'apporter leur contribution à la société. La disponibilité immédiate d'informations, la capacité d'accéder à des services et d'en bénéficier, notamment en matière de santé et de bien-être, les nouvelles méthodes permettant d'apprendre sans sortir de chez soi (cyberformation), et la possibilité de communiquer avec les membres de leur communauté et de leur famille, ne sont que quelques-uns des moyens par lesquels les nouvelles technologies de l'information peuvent enrichir la vie des personnes âgées et leur permettre de continuer à jouer leur rôle dans la société. Dans plusieurs pays de l'OCDE, par exemple, près de 70 % de la population utilise aujourd'hui l'internet pour rechercher des informations relatives à la santé (graphique 7.9).

Toutefois, ces avantages potentiels ne se concrétiseront pas si l'on ne prête pas l'attention voulue aux obstacles technologiques, comme la pénétration du très haut débit, la simplicité d'utilisation et les questions éthiques et juridiques Les technologies doivent être accessibles et conviviales, disponibles à l'endroit et au moment qui conviennent ; des interfaces utilisateurs ou une connectivité de mauvaise qualité peuvent en compromettre l'adoption. Les personnes âgées auront également besoin de compétences, de confiance et d'assurance pour utiliser les nouvelles technologies. Il est essentiel de s'assurer que leur vie privée est respectée et qu'elles perçoivent les systèmes comme sûrs, et de leur offrir la possibilité de se former. Le contenu et la présentation des informations et services en ligne destinés aux personnes âgées ont également leur importance et nécessitent davantage d'attention si l'on souhaite que ces personnes adoptent ces services et en tirent parti.

Graphique 7.9. **Individus ayant recherché des informations relatives à la santé sur l'internet, 2008 et 2013**

(en pourcentage des individus ayant utilisé l'internet dans les trois derniers mois)

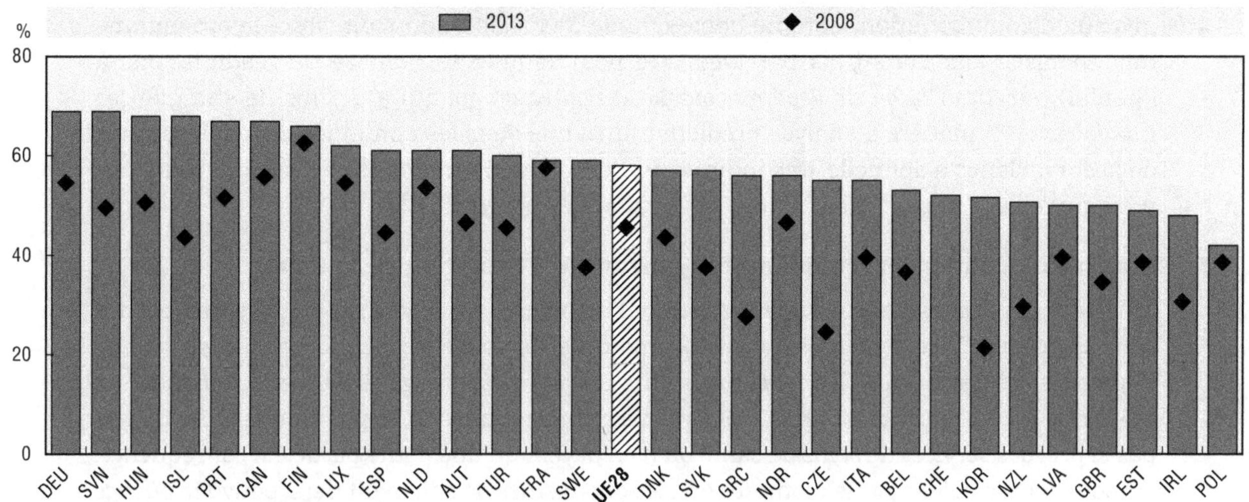

Source : OCDE (2014q), *Measuring the Digital Economy, http://dx.doi.org/10.1787/9789264221796-en.*

Les mécanismes de remboursement, et les modèles conçus pour promouvoir les nouveaux services et technologies du bien-être qui permettent de conserver une indépendance fonctionnelle et d'éviter l'hospitalisation, constituent l'un des domaines d'action les plus importants pour favoriser le marché des seniors. Pour que cela devienne réalité, les organismes de paiement publics et privés doivent mieux comprendre les rendements des investissements et corriger le déséquilibre entre les incitations visant les acheteurs et celles visant les bénéficiaires. Beaucoup d'initiatives restent au stade de « pilotes techniques réussis » sans jamais aboutir à un déploiement ni à des économies d'échelle de plus grande ampleur, principalement en raison de contraintes financières. Compte tenu des coûts initiaux, il est peu probable que les organismes de paiement publics ou privés augmentent leur financement ou leur prise en charge des technologies au service du bien-être et des services de soins à domicile, sauf si les rendements des investissements sont clairs. En particulier, les bailleurs de fonds publics voudront connaître non seulement les économies qu'il est possible de réaliser, mais aussi les avantages individuels et les retombées sociales susceptibles d'être engendrés. Les secteurs public et privé doivent également collaborer pour s'assurer que les nouveaux services et technologies concernés correspondent aux besoins et aux priorités.

Il est nécessaire d'élaborer des moyens collaboratifs permettant de promouvoir l'innovation et de façonner la « société des seniors/du troisième âge » du futur, par le biais d'une approche intégrée englobant tous les niveaux d'administration, afin de stimuler la recherche de mesures conjointes. Le succès passe par des approches innovantes variées et ciblées et de nouvelles mesures permettant d'évaluer les progrès et de surveiller l'impact. Qu'ils appartiennent au secteur privé ou au secteur social, les innovateurs d'aujourd'hui se heurtent à de nombreux obstacles : accès au capital, caractéristiques de l'économie des seniors, environnement réglementaire et absence de normes, processus d'approbation (y compris les pratiques de remboursement), viabilité des modèles économiques actuels. Il convient d'aligner la gouvernance, la finance, l'action publique, les entreprises, le secteur associatif et le développement technologique afin de mettre en œuvre des solutions innovantes adaptées. Cela nécessite une collaboration entre plusieurs acteurs et une approche différente – décloisonnement, stimulation d'une large coopération au niveau communautaire, partenariats public-privé et adoption d'une démarche englobant tous les niveaux d'administration. Comme bon exemple de collaboration, on citera le programme mis en place aux États-Unis par Medicare pour réduire le nombre de réadmissions à l'hôpital (*American Medicare Readmissions Reduction Program*), qui a permis de stimuler les innovations en matière d'analyse prédictive ainsi que dans les domaines de la télésanté et de la surveillance à domicile. Des indicateurs complémentaires sont nécessaires, toutefois, pour surveiller l'impact des politiques et évaluer les progrès.

Guider l'innovation en rémunérant la valeur dans le secteur de la santé

Dans de nombreux secteurs de l'économie, l'innovation est guidée par le consentement des consommateurs à payer pour de nouveaux produits et de nouvelles technologies. Le secteur de la santé est très particulier : les consommateurs (les patients) font généralement confiance aux médecins pour ce qui est du choix des options thérapeutiques et, le plus souvent, ne payent pas le prix des services de soins de santé ou n'en payent qu'une petite partie. En conséquence, l'innovation est guidée par les sommes que les organismes de paiement tiers (pouvoirs publics ou mutuelles de santé individuelles) sont disposés à payer pour la technologie.

Les régimes de paiement et les prix payés pour les biens et services de soins de santé diffèrent grandement selon les pays, mais les analyses récentes semblent indiquer que ces biens et services ne sont pas suffisamment axés sur la « valeur » qu'ils génèrent pour les patients (Porter, 2010). Changer les méthodes de paiement afin de tenir compte de la valeur des produits pour les consommateurs suppose tout d'abord que l'on mesure les résultats produits chez ces derniers. Or, ce type de pratiques est peu répandu dans les systèmes de santé. Il est également possible de recourir à l'évaluation économique au moment où les décisions relatives à la couverture et au prix des nouvelles technologies sont prises. De fait, les bailleurs de fonds publics ont de plus en plus souvent recours à une évaluation de ce type pour décider du remboursement des nouvelles technologies, surtout des médicaments.

Le principe d'une tarification fondée sur la valeur pour les produits pharmaceutiques a suscité un grand intérêt. Dans le contexte d'un système financé sur fonds publics, Claxton a défini le prix fondé sur la valeur comme étant celui « qui garantit que les bénéfices sanitaires attendus [d'une nouvelle technologie] sont supérieurs à l'activité sanitaire devant être déplacée ailleurs dans le NHS [(système national de santé anglais)], du fait de leur coût additionnel. [...] La tarification fondée sur la valeur devrait permettre, à court terme, de garantir que les technologies ne sont acceptées dans les systèmes de santé que si elles sont rentables, tout en envoyant des signaux clairs aux fabricants, à plus long terme, les incitant à investir dans le développement de technologies davantage susceptibles de présenter un bon rapport coût-efficacité » (Claxton, 2007).

Dans un rapport publié en 2013, l'OCDE a étudié de quelle façon 13 pays définissaient la « valeur des produits pharmaceutiques » lorsqu'ils décidaient du remboursement ou du prix de ces produits. Certains de ces pays utilisaient une évaluation économique formelle pour décider de leur financement, tandis que d'autres évaluaient le bénéfice thérapeutique supplémentaire apporté par la nouvelle technologie par rapport à une option thérapeutique existante et utilisaient cette évaluation pour négocier le prix avec le fabricant (Paris et Belloni, 2013). Cette étude a montré que les organismes de paiement sont, en principe, disposés à payer un prix supérieur ou à supporter des coûts supplémentaires pour un produit innovant. Cependant, il semble impossible d'établir un lien clair entre le niveau d'innovation et la majoration de prix.

Le prix que les pays consentent à payer pour une année de vie supplémentaire corrigée de la qualité varie fortement selon les domaines thérapeutiques. Il est généralement supérieur pour les pathologies graves et rares et lorsque des besoins médicaux ne sont pas satisfaits. En fait, les pays ne décident pas de financer une nouvelle technologie uniquement en fonction de son rapport coût-efficacité ; ils tiennent compte d'autres critères, tels que l'équité. Les organismes de paiement, en revanche, n'indiquent pas toujours clairement les critères qu'ils utilisent ni la façon dont ils pondèrent ces critères les uns par rapport aux autres. La tâche, certes, n'est pas facile, mais une plus grande transparence pourrait aider à envoyer les bons signaux aux innovateurs quant aux innovations souhaitées.

Quelques-uns des principaux messages qui se dégagent des travaux de l'OCDE sur l'innovation dans la santé sont résumés ci-après.

Principaux messages concernant l'innovation dans la santé

- L'innovation dans la santé est une entreprise complexe et coûteuse, qui fait intervenir de multiples acteurs des secteurs public et privé. L'État a un rôle essentiel à jouer dans le financement de la recherche fondamentale et de la recherche clinique ; dans la réglementation en matière de sécurité et d'efficacité ; dans la détermination des disponibilités, de l'équité et de l'accès ; et, souvent, dans la tarification et le remboursement des produits et des services de santé.
- La technologie et l'innovation offrent d'importantes possibilités d'amélioration de l'efficience des systèmes de santé mondiaux et de la qualité de la santé humaine, grâce, par exemple, à la génomique et à une meilleure utilisation des TIC.
- Il est nécessaire d'améliorer les modèles d'innovation dans la santé pour transposer les découvertes scientifiques en traitements efficaces. Les progrès dans le développement des médicaments nécessitent de plus en plus souvent des partenariats public-privé bien conçus, faisant intervenir les pouvoirs publics, les autorités de réglementation, les groupes scientifiques consultatifs, les entreprises et les patients.
- L'exploitation et le partage des données (massives) offrent de nouvelles possibilités d'innovation dans la santé, mais nécessitent des cadres solides de gouvernance des données de façon que l'utilisation de celles-ci se fasse dans le respect de la vie privée.
- Les TIC peuvent grandement aider à vieillir en bonne santé. Pour en concrétiser les avantages, il faut prêter attention aux obstacles technologiques et se préoccuper de l'utilisabilité ainsi que des questions éthiques et juridiques, y compris celles relatives au respect de la vie privé des personnes âgées. Des partenariats public-privé sont nécessaires pour aligner les incitations visant les acheteurs et celles tournées vers les bénéficiaires, et faire en sorte que les nouvelles technologies et les nouveaux services répondent aux besoins les plus importants.
- Les systèmes de paiement et les prix payés pour les biens et services de soins de santé doivent être davantage axés sur la valeur que ces derniers génèrent pour les patients. Cela nécessite un meilleur système de mesure des résultats pour les patients, et des évaluations.

7.4. Innovation et programme d'action pour une croissance verte

L'innovation verte aujourd'hui

L'innovation est indispensable pour parvenir à une croissance économique plus verte. Cependant, favoriser une innovation qui réduit les effets de l'activité économique sur l'environnement constitue un défi majeur pour les responsables de l'élaboration des politiques. On constate deux défaillances du marché, qui sont liées entre elles : 1) les externalités négatives qui découlent des effets préjudiciables des activités économiques sur l'environnement naturel ; et 2) les externalités positives associées à la production et à la diffusion des connaissances qui donnent naissance à l'innovation.

Dans les deux cas, certains agents (ménages, entreprises, pouvoirs publics) supportent les coûts (ou profitent des avantages) sans rien recevoir (ou payer) en échange. En l'absence de politiques publiques tendant à remédier aux défaillances du marché dans ces deux domaines – environnement et connaissances –, les ménages et les entreprises polluent trop, exploitent les ressources naturelles de manière trop intensive et innovent trop peu par rapport à l'optimum social. Si l'action publique est trop lente, les initiatives d'innovation devront être réorientées de plus en plus vers l'adaptation aux conditions écologiques changeantes, une stratégie qui, à coup sûr, sera plus coûteuse.

La présente section porte principalement sur les mesures qui cherchent à agir directement sur l'**orientation** de l'innovation en s'attaquant à la défaillance du marché relative à l'environnement. Les outils nécessaires pour remédier à la défaillance du marché en matière de connaissances – et donc à augmenter le **rythme** de l'innovation dans l'économie en général – sont examinés dans d'autres parties de ce rapport. Ces outils sont notamment l'investissement dans la recherche fondamentale, les droits de propriété intellectuelle, les incitations fiscales et le soutien direct de la R-D des entreprises, la coopération et les réseaux public-privé, et les politiques destinées à favoriser la croissance des jeunes entreprises.

Cependant, il faut souligner que l'élaboration de politiques d'innovation plus générales peut avoir des répercussions indirectes, mais importantes, sur l'innovation « verte ». Par exemple, les incitations fiscales à la R-D qui favorisent les entreprises historiques auront probablement des effets particulièrement pernicieux sur les nouveaux domaines technologiques à croissance rapide, tels que la plupart de ceux liés à l'innovation verte (voir le chapitre 6). Plus directement, un débat s'est ouvert sur la question de savoir s'il fallait différencier les régimes de propriété intellectuelle pour répondre à des objectifs d'action publique plus précis, y compris la réalisation d'objectifs environnementaux. La question des avantages qu'il y aurait à procéder ainsi, en prenant des mesures telles qu'un examen accéléré des brevets pour les technologies environnementales, par exemple, demeure ouverte (pour une analyse, voir Markus, 2010).

L'une des grandes questions est de savoir s'il existe une compensation entre les mesures qui cherchent à susciter des innovations respectueuses de l'environnement et les effets sur le rythme de l'innovation en général. Ainsi, l'accélération des innovations relatives à l'environnement, encouragée par des mesures spéciales, pourrait se faire aux dépens de l'innovation dans d'autres domaines, avec des conséquences potentiellement négatives sur le rendement social de l'innovation et sur les résultats économiques en aval, comme la productivité.

De façon générale, il y a peu de raisons de pencher pour des résultats négatifs de ce type, même si la situation peut varier selon les secteurs[3]. En outre, des données récentes de l'OCDE reliant la croissance de la PMF à l'évolution de la rigueur des politiques environnementales[4] semblent indiquer qu'un durcissement de ces dernières ne nuit nullement à l'augmentation globale de la productivité (Albrizio et al., 2014). Au niveau macroéconomique et sectoriel et à l'échelle des entreprises, les résultats montrent qu'il est probable que les effets sur la productivité du resserrement progressif des politiques environnementales se produiront sous la forme d'ajustements de faible ampleur et à court terme.

Pour les entreprises, les effets dépendent de l'avancement technologique – les entreprises innovantes voient généralement leur productivité augmenter, tandis qu'à l'inverse, les entreprises les moins avancées ont un risque de ralentissement temporaire de leur productivité. Les entreprises très innovantes sont peut-être mieux placées pour tirer rapidement parti de l'évolution des règles du jeu – en exploitant de nouveaux débouchés, en déployant rapidement de nouvelles technologies ou en réalisant des gains d'efficience jusque-là négligés (Lanoie et al., 2011). Les entreprises moins avancées sur le plan technologique auront probablement besoin d'effectuer de plus gros investissements pour se conformer à la nouvelle réglementation, d'où le ralentissement temporaire de leur productivité. Une partie de l'ajustement pourrait d'ailleurs prendre la forme de cessations d'activité[5], surtout pour ces entreprises moins avancées. L'innovation joue un rôle prépondérant, indépendamment du moyen par lequel la politique environnementale influe sur la productivité.

Le graphique 7.10 montre que, dans un large éventail de domaines, l'innovation « verte » (telle qu'elle ressort des inventions brevetées) a progressé plus rapidement que l'innovation en général. Font exception les technologies relatives à la gestion des déchets et au traitement des eaux polluées, dont on peut dire que ce sont des domaines technologiques parvenus à maturité, dans lesquels, et ce n'est pas un hasard, les premières incitations remontent à plusieurs années, voire à plusieurs décennies. De manière analogue, les domaines qui ont connu un rythme d'innovation relativement élevé ces dernières années sont ceux sur lesquels l'action publique s'est concentrée.

Graphique 7.10. **Activité inventive dans les technologies figurant dans l'indice relatif aux brevets « verts »**

(total mondial, évolution par rapport à 1990, inventions de haute valeur PF2)

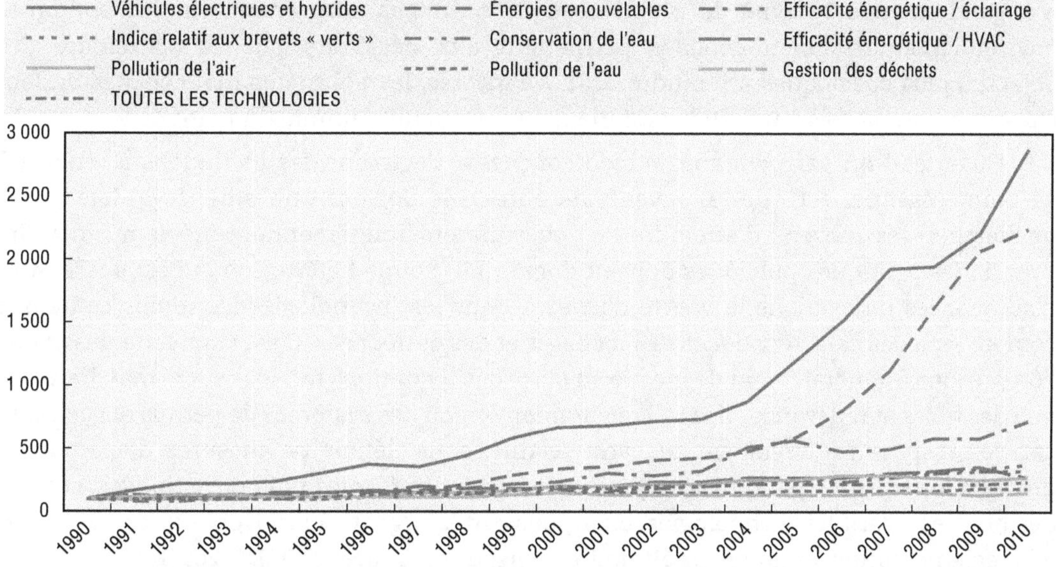

Notes : Seuls les brevets dont la protection a été demandée dans au moins deux offices des brevets (PF2) sont pris en compte. Cette mesure a fait ses preuves comme mesure de substitution des brevets de haute valeur. HVAC = chauffage, ventilation et climatisation

Source : Haščič et Migotto (2014), « Measuring environmental innovation using patent data », *http://dx.doi.org/10.1787/5js009kf48xw-en*.

Cependant, il faut souligner que l'évolution des possibilités offertes par les technologies tout comme l'ambition relative des objectifs de l'action publique peuvent se renforcer mutuellement. Ainsi, compte tenu des avancées dans des domaines tels que les biotechnologies et les nanotechnologies, même certains des domaines les plus « mûrs » pourront enregistrer un regain d'innovation, ce qui abaissera le coût à supporter pour atteindre des objectifs de politique plus spécifiques, et entraînera peut-être une nouvelle vague d'innovation[6].

Enseignements tirés de l'action publique

La conception des politiques joue à l'évidence un rôle important. Certaines politiques environnementales comprennent des éléments qui peuvent entraver la concurrence de façon similaire à la règlementation générale des marchés des produits (Nicoletti et Scarpetta, 2003). Entre autres exemples de la façon dont les politiques environnementales sont susceptibles d'avantager les entreprises historiques, on citera : 1) les charges administratives élevées à l'entrée ; 2) les règlements différenciés en fonction de l'ancienneté, qui font que les nouvelles entreprises sont soumises à des limites environnementales plus strictes ; 3) les subventions ou autres avantages fournis en contrepartie d'un historique de bons résultats en matière d'environnement, historique que les nouvelles entreprises ne sont pas nécessairement en mesure de présenter alors même qu'elles peuvent être « plus propres » que les entreprises plus anciennes ; 4) les allègements fiscaux sur les investissements destinés à améliorer la performance environnementale, allègements dont les nouvelles entreprises, qui ne dégagent pas encore de bénéfice, ne pourront pas profiter ; et 5) l'attribution de licences et de permis sur la base des droits acquis[7].

S'il est vrai que les grands obstacles à l'entrée et à la concurrence peuvent être des produits dérivés non intentionnels des politiques environnementales, il est néanmoins possible d'éviter ces effets néfastes en soignant la conception. De fait, quelques données probantes viennent appuyer l'idée que, de façon générale, les politiques rigoureuses n'engendrent pas ce type de problèmes[8]. Ce n'est pas surprenant, car les politiques environnementales bien conçues permettent aux décideurs publics d'atteindre des objectifs plus spécifiques à moindre coût. À l'inverse, les politiques mal conçues brident les ambitions, parfois à un niveau inférieur à ce qui serait optimal du point de vue social.

Qu'entend-on par politiques « bien conçues » s'agissant des incitations à innover ? Le point essentiel est que les inventeurs potentiels doivent être amenés à déterminer (rechercher) les moyens d'atteindre des objectifs environnementaux précis au moindre coût. Et les politiques publiques doivent donner au groupe hétérogène qui est susceptible d'adopter les innovations la liberté d'investir dans les technologies les moins coûteuses compte tenu des caractéristiques des ménages et des entreprises. C'est pour cette raison que l'on préconise généralement de mettre en place des incitations fondées sur le marché, telles que des taxes et redevances liées à l'environnement ou des systèmes de permis négociables, car ces dispositifs jouent sur les prix relatifs, sans définir de mesures d'abattement précises. Lorsque les politiques se présentent sous des formes plus prescriptives, comme des normes visant les technologies, elles poussent les agents à innover pour se conformer à la règlementation, et non pour atteindre l'objectif sous-jacent (OCDE, 2010b)[9].

Une analyse récente de l'OCDE a évalué l'effet des prix relatifs sur la nature et l'orientation de l'innovation dans le secteur énergétique (Lanzi, Haščič et Johnstone, 2012). Fondés sur 30 ans de données issues de 18 pays, les résultats montrent que le prix du pétrole a un effet positif sur l'innovation dans le domaine de la production d'énergies renouvelables. Cependant, lorsque ce prix est relativement bas, la hausse a pour premier effet d'encourager l'innovation qui tend à améliorer l'efficience des technologies de production d'électricité tributaires des combustibles fossiles. Ce n'est que lorsque le prix atteint un niveau de l'ordre de celui enregistré lors du dernier choc pétrolier, à la fin des années 2000, que le rythme de l'innovation dans les autres technologies (renouvelables) commence à dépasser celui de l'innovation ciblée sur les gains d'efficience des technologies classiques (combustibles fossiles).

Bien entendu, pour obtenir ce type de modification des prix relatifs, il faut mettre en œuvre des mesures visant à internaliser l'externalité, mais aussi supprimer les subventions qui ont des effets pervers sur l'environnement. Des travaux récents de l'OCDE et de l'Agence internationale de l'énergie (AIE) ont attiré l'attention sur l'importance réelle de ces mesures de soutien dans le cas des combustibles fossiles (OCDE, 2013k). Pour obtenir les prix justes, il faut donc prendre des mesures des deux côtés, et pour faire en sorte que le cadre d'action produise l'effet voulu sur l'innovation, il est sans doute plus important de commencer par supprimer les subventions perverses, qui, sans cela, viendront contrer les incitations induites par les mesures environnementales.

Il ne suffit pas d'obtenir le juste prix, il est également important, pour stimuler l'innovation, que les acteurs du marché aient une certaine assurance quant à l'évolution future de ce prix. Sachant que les prix liés à l'environnement sont fortement influencés par la conception des politiques, la prévisibilité et la fiabilité du cadre d'action sont essentielles pour encourager l'innovation. Les signaux d'incertitude de l'action publique poussent les investisseurs à temporiser, surtout dans le cas d'investissements risqués, non transférables et à forte intensité de capital, comme ceux associés à l'invention technologique et à l'adoption de nouvelles technologies.

Pour les investisseurs, et en particulier pour ceux qui sont peu enclins à prendre des risques, il est préférable de laisser aux politiques le temps de s'installer[10]. En ajoutant au risque auquel les investisseurs sont exposés sur le marché, l'incertitude de l'action publique peut donc faire obstacle à l'innovation. Il en résulte que les pouvoirs publics ont intérêt à avoir un comportement prévisible s'ils veulent stimuler les innovations qui permettent d'atteindre les objectifs environnementaux à moindre coût (Kalamova, Haščič et Johnstone, 2013).

Pour au moins quelques préoccupations environnementales pressantes, atteindre les objectifs écologiques annoncés nécessitera probablement des innovations radicales, pour lesquelles des ajustements marginaux des prix relatifs seront peut-être nécessaires, mais ne seront sûrement pas suffisants. Le cas du changement climatique en est l'illustration. Du fait de la nature persistante de la pollution de stock que représentent les gaz à effet de serre (GES), il est probable que les concentrations continueront d'augmenter pendant de nombreuses décennies, même si l'on parvient à réduire les émissions de manière significative à court et moyen termes. Le phénomène peut être aggravé par l'existence d'une dépendance au sentier qui favorise les technologies et les entreprises historiques, et ralentit la transition vers des trajectoires faiblement émissives[11].

En conséquence, si la communauté internationale veut atteindre les objectifs énoncés dans la Convention-cadre des Nations Unies sur les changements climatiques (CCNUCC) – à savoir un réchauffement climatique limité à 2°C au-dessus des niveaux préindustriels –, elle doit encourager des innovations plus radicales. Pour favoriser ce type d'innovations, l'introduction de « prix » au moyen d'instruments économiques, bien qu'indispensable à tout cadre d'action, risque de ne pas suffire. Le recours à des politiques plus dirigées ou plus ciblées pourrait être un complément utile. Par exemple, des travaux entrepris à l'OCDE (Haščič et Johnstone, 2012) ont permis d'analyser l'importance relative des prix et des normes sur l'innovation environnementale dans le secteur automobile. Les différents types de technologies associés aux véhicules hybrides et électriques se recouvrent sur certains aspects, mais c'est la mise au point de batteries dotées des caractéristiques de qualité nécessaires (capacité, fiabilité et poids) qui constitue le plus grand défi pour les véhicules électriques et requiert des innovations plus radicales.

Plus précisément, l'analyse a permis de constater que des changements dans le prix relatif des carburants encourageaient l'innovation dans la propulsion hybride, mais qu'il fallait des normes de performances pour stimuler le développement des technologies relatives aux véhicules tout électriques. Ainsi, pour provoquer un accroissement de 1 % des innovations relatives au véhicule électrique, la norme californienne sur les véhicules à émissions nulles devrait être durcie de 2 %, tandis que, pour obtenir le même accroissement des innovations relatives au véhicule hybride, il faudrait augmenter les prix des carburants de 5 % (voir aussi graphique 7.11).

Graphique 7.11. **Effet des prix, des normes et de la R-D sur l'innovation dans les véhicules alternatifs**

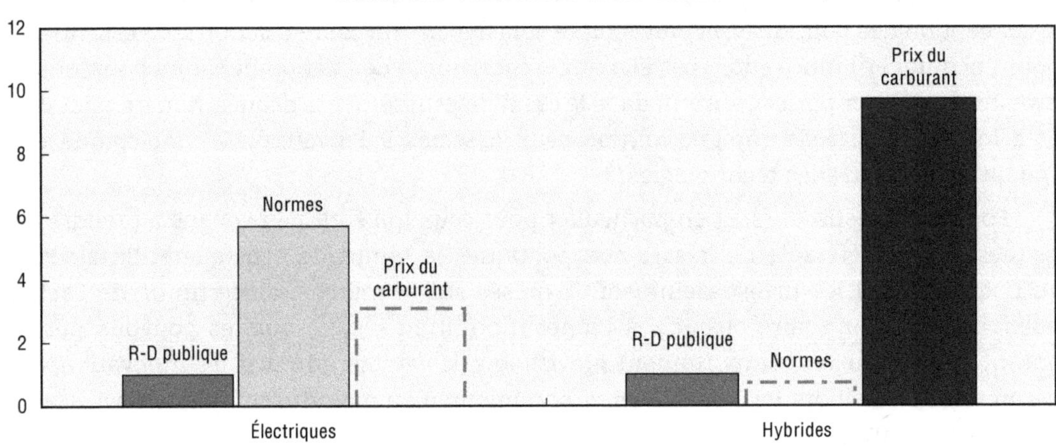

Note : L'histogramme montre les élasticités empiriques, évaluées à la moyenne de l'échantillon et normalisées en fonction de l'effet des dépenses publiques de R-D (R-D = 1.0). Les barres « vides » représentent les estimations qui ne sont pas statistiquement significatives à un niveau de 5 %.

Source : Haščič et Johnstone (2012), « L'innovation dans les technologies des véhicules électriques et hybrides : le rôle des prix, des normes et de la R-D », *http://dx.doi.org/10.1787/9789264168497-5-fr*.

Cet exemple illustre également l'importance de la complémentarité entre l'innovation technologique et l'innovation organisationnelle. Les véhicules électriques ont conquis moins de 1 % du marché automobile mondial, mais plus de 10 % du marché en expansion rapide du partage de véhicule. Plus généralement, associer le potentiel de stockage des véhicules électriques à des initiatives de mise au point d'un bouquet énergétique « plus écologique » (mais moins prévisible) dans le secteur de l'électricité nécessitera des changements organisationnels dans les ménages et les entreprises, ainsi qu'un régime réglementaire susceptible d'intégrer et d'encourager ces changements.

Les facteurs organisationnels jouent aussi un rôle complémentaire important dans l'adoption des technologies au niveau des entreprises. Il existe un lien entre, d'un côté, les structures et les pratiques organisationnelles à l'échelle de l'entreprise, et de l'autre, les choix technologiques. La conception des politiques environnementales peut jouer un rôle de médiation considérable, les instruments économiques aidant à faire en sorte que ces choix se trouvent au cœur des stratégies des entreprises. Ainsi, des données probantes attestent que l'utilisation d'instruments de politique environnementale souples, tels que des taxes et des permis négociables, est corrélée avec les situations suivantes : 1) les entreprises confient la gestion des questions environnementales à des cadres de direction plus chevronnés ayant des responsabilités plus larges en interne ; et 2) les investissements dans des technologies visant à répondre aux préoccupations environnementales sont mieux intégrés dans la stratégie de production plus générale de l'entreprise[12].

Outre les effets respectifs des différents instruments, la façon dont les politiques interagissent revêt une importance fondamentale. Dans certains cas, cette interaction implique d'utiliser des mesures qui soutiennent l'innovation verte à différents stades de développement et de maturité technologiques. L'exemple cité plus haut du système substitutif de propulsion des véhicules en est une illustration parmi d'autres. Différentes mesures peuvent être nécessaires pour susciter des innovations progressives et radicales. Cela montre qu'en matière d'innovation verte, comme dans d'autres domaines d'innovation, il faut tenir compte du fonctionnement de l'ensemble du système.

La question du panachage des mesures dépasse celle de la panoplie d'instruments d'action environnementale. Les domaines où les avantages environnementaux tirés de l'innovation sont les plus grands sont souvent ceux dans lesquels d'autres conditions de marché peuvent avoir des effets négatifs à toutes les étapes du cycle d'innovation. Nombre des secteurs qui représentent une lourde charge pour l'environnement (le transport ou l'énergie, par exemple) se caractérisent par plusieurs défaillances du marché, qui vont bien au-delà de celles constatées dans le domaine de l'environnement et de la connaissance. Ces défaillances sont notamment les suivantes :

- situation de monopole naturel, qui peut aboutir à un marché imparfaitement concurrentiel en l'absence d'une réglementation efficace
- externalités de consommation et de réseau, qui peuvent ralentir l'adoption de produits « innovants » dont les caractéristiques n'ont pas pleinement fait leurs preuves sur le marché
- défaillances du marché des capitaux associées à des déficits d'information et à une incertitude concernant l'évaluation des technologies à haut risque / à rendement élevé, ce qui se traduit par un manque de fonds pour la recherche.

Dans ces cas de figure, il sera nécessaire de prendre un ensemble de mesures qui, idéalement, cibleront chaque défaillance du marché aussi directement que possible. Par exemple, les marchés publics peuvent être un outil efficace pour remédier aux externalités de consommation / d'adoption, et ont souvent été utilisés pour « lancer » un marché (avec plus ou moins de réussite, toutefois)[13]. Les partenariats public-privé de développement d'infrastructures peuvent être essentiels pour permettre d'investir dans des équipements venant en complément d'activités économiques moins nocives pour l'environnement.

Le plus important est peut-être de remédier aux défaillances liées aux marchés financiers en raison de la prépondérance de cas, dans le domaine de l'environnement, qui supposent la coexistence de technologies nouvelles dont les performances sont incertaines et de jeunes entreprises sans réel historique ni garanties. En outre, par rapport à d'autres composantes du domaine de l'environnement, les risques liés au marché et à la technologie s'ajoutent à ceux associés à l'action publique, qui peuvent fortement influer sur l'accès au financement. De nombreux travaux ont étudié le rôle central des politiques publiques dans la disponibilité du financement des technologies « propres » dans les pays de l'OCDE[14]. D'autres sont nécessaires cependant pour évaluer l'efficacité des interventions publiques financières ciblées (comme l'investissement public dans des fonds de capital-risque « verts ») par rapport aux interventions plus générales en lien avec le fonctionnement des marchés de capitaux[15].

L'utilisation de plusieurs instruments soulève la question de la coordination. Le domaine de la biotechnologie, dans lequel apparaissent actuellement un certain nombre de mesures (voir OCDE, 2013l), en est un bon exemple, avec un chevauchement de stratégies allant de domaines très spécifiques (comme les bioraffineries) à des secteurs ou des applications plus vastes (tels que les biotechnologies industrielles ou la biologie de synthèse), et jusqu'à des stratégies générales applicables à la « bioéconomie » dans son ensemble. Pour faire en sorte que ces mesures se renforcent mutuellement et ne soient pas redondantes, les pouvoirs publics doivent les coordonner (voir OCDE, 2013l ; Schieb et Philp, 2014).

Plus généralement, les travaux récents de l'OCDE sur l'innovation systémique[16] soulignent l'importance de la coordination des politiques. Conscients de la nature complémentaire d'un grand nombre des investissements (technologiques et autres) nécessaires, certains pays de l'OCDE mettent en œuvre des innovations systémiques dans des domaines tels que les « villes intelligentes ». Pour prendre un exemple, les avantages associés à l'innovation dans un domaine (comme le transport) ne seront que partiellement concrétisés en l'absence d'innovation dans d'autres domaines complémentaires (tels que le logement). Malgré cela, les études de cas entreprises dans ces domaines ont montré que les politiques ont eu du mal à favoriser les transitions parce qu'elles limitaient leur justification à une seule défaillance de marché et qu'elles s'appuyaient sur des processus politiques à court terme et sur des structures et des processus de gouvernance fragmentés (OCDE, 2015h).

Soutien ciblé en faveur de l'innovation verte

Le recours à des interventions publiques plus spécifiques soulève la question de la sélection. Comment déterminer les domaines de connaissance et les technologies susceptibles d'apporter d'importants avantages environnementaux au moindre coût ? Il s'agit, à l'évidence, d'un exercice périlleux qui comporte un risque de « verrouillage » (technologique et institutionnel). La stratégie de l'OCDE pour l'innovation de 2010 attirait l'attention sur la complexité de cette tâche dans le domaine de l'environnement, en donnant un aperçu du large éventail de sources de connaissances dont dépendent les innovations environnementales. La motivation initiale du développement de technologies qui se révèlent ensuite bénéfiques pour l'environnement peut être très éloignée de l'écologie. Ainsi, les technologies de captage du carbone ont d'abord été mises au point pour des applications chimiques à forte valeur, avant qu'on ne découvre leur utilité potentielle dans la lutte contre la pollution des centrales électriques (voir AIE, 2015, et aussi l'encadré 7.9).

L'étendue des domaines qui peuvent donner naissance à des innovations respectueuses de l'environnement rend encore plus souhaitable l'augmentation des investissements publics dans la recherche fondamentale, un point développé au chapitre 5 du présent rapport, en particulier pour ce qui est des technologies transformatrices. Devant l'incertitude profonde quant aux technologies susceptibles de procurer des avantages environnementaux importants dans l'avenir, l'une des composantes essentielles d'une approche de type portefeuille minimisant les risques consiste à soutenir la recherche fondamentale même si les applications commerciales immédiates sont moins évidentes.

Encadré 7.9. **L'innovation dans le secteur énergétique**

La transformation du secteur énergétique est l'un des principaux enjeux de l'innovation verte. La série *Energy Technology Perspectives* de l'AIE met en évidence le besoin urgent de déployer une série de technologies bas carbone pour atteindre l'objectif d'une augmentation des températures à long terme limitée à 2°C. Le scénario des 2°C de l'AIE présente une voie vers la décarbonisation du secteur énergétique et la fourniture de l'énergie sûre, fiable et abordable nécessaire pour appuyer l'ensemble du développement économique et social.

Nul ne conteste la nécessité de développer de nouvelles technologies de l'énergie, et toutes les grandes économies ont reconnu l'importance de la transformation des systèmes énergétiques. Or, dans les pays de l'AIE, 4 % seulement des fonds publics pour la recherche sont consacrés à l'énergie. L'analyse de l'AIE fait apparaître que l'écart entre les besoins estimés et les investissements réels est trop grand, et que les aides publiques en faveur de la recherche, du développement et de la démonstration (R-DD) dans le domaine de l'énergie devraient être multipliées par trois au moins (AIE, 2013) pour permettre une transition réussie vers un système énergétique sobre en carbone.

Pour garantir une large adoption des nouvelles technologies, les gouvernements doivent compléter les programmes de financement public de la R-DD (subventions, prêts et crédits d'impôt, par exemple) en accordant des aides non liées à la R-DD pour soutenir l'innovation des entreprises (soutien du capital-risque, des partenariats public-privé et des activités entrepreneuriales naissantes) et en menant des politiques ciblées qui stimulent la demande et les marchés de l'énergie propre (mécanismes de fixation des prix, marchés publics, dispositifs d'étiquetage, normes minimales de performance énergétique, objectifs contraignants).

Les activités de R-DD et d'innovation devraient se concentrer sur un portefeuille de technologies, en tenant compte des ressources, compétences et connaissances disponibles dans le pays. Le développement et le déploiement de ce « portefeuille » devraient être appuyés par des cadres d'action et des mécanismes de marché qui les encouragent pour les technologies ciblées. Ce processus devrait également contribuer à trouver des partenariats prioritaires pour la coopération internationale, et améliorer l'efficience des initiatives nationales. Le document *Energy Technology Perspectives 2015* porte essentiellement sur l'innovation et étudie le potentiel que celle-ci offre dans les technologies de l'énergie pour réaliser des objectifs ambitieux en rapport avec le changement climatique (AIE, 2015). Le but est d'aider les décideurs publics à sélectionner les outils de stimulation de l'innovation et à évaluer l'efficience économique de ces outils.

Le changement et le développement technologiques élargiront nettement la palette des options disponibles pour parvenir à une économie sobre en carbone, et réduiront le coût d'instauration d'une croissance verte et de concrétisation des objectifs mondiaux liés au changement climatique. Les pouvoirs publics peuvent aider à opérer cette transformation en créant un environnement propice à la R-DD dans le domaine de l'énergie. Des politiques bien conçues en matière de technologies de l'énergie, axées aussi bien sur l'offre que sur la demande, sont indispensables dans une stratégie d'accélération de l'innovation dans l'énergie. La combinaison précise de mesures dépendra de la situation de chaque pays, mais il importera, dans tous les cas, d'établir le cadre permettant aux avancées de se produire.

Le projet de l'AIE d'accélération de l'innovation dans l'énergie propose six recommandations de bonne pratique lors de l'élaboration d'un cadre d'action pour la R-DD énergétique (voir graphique ci-après). L'une des premières étapes décisives consiste à énoncer ce que le gouvernement cherche à réaliser dans le secteur de l'énergie et au moyen de la R-DD. Pour concrétiser cette vision des choses, il faut ensuite une stratégie complète qui intègre une panoplie d'instruments d'action adaptée à la fois aux systèmes nationaux et aux différentes technologies. Une fois la stratégie en place, les pouvoirs publics doivent montrer qu'ils sont décidés à la mener à bien, en assurant un financement et un appui publics adaptés et stables de la R-DD.

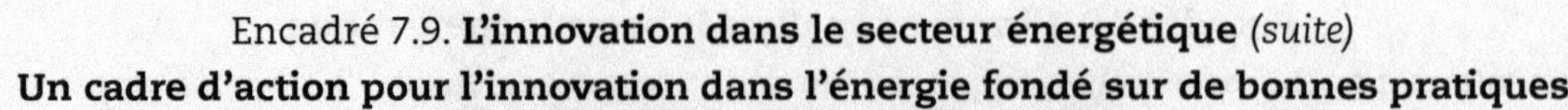

Encadré 7.9. **L'innovation dans le secteur énergétique** *(suite)*

Un cadre d'action pour l'innovation dans l'énergie fondé sur de bonnes pratiques

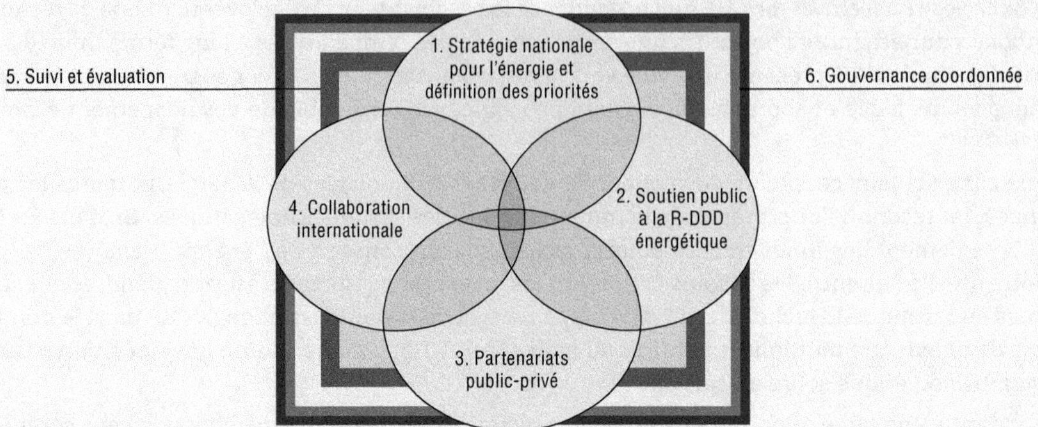

La gestion (gouvernance) des fonds est aussi importante que le niveau de financement. Lors de la mise au point de technologies bas carbone, il importe d'améliorer la structure et la coordination des différents organismes qui jouent un rôle dans le financement. La collaboration et la constitution de réseaux sont indispensables pour que les ressources de R-DD, limitées, soient utilisées efficacement, et cela comprend la collaboration entre organismes privés et publics, à l'échelon national et international. Pour mettre en œuvre une stratégie nationale de R-DD énergétique avec efficacité et efficience, il faut que le suivi et l'évaluation des résultats des politiques et programmes menés dans ce domaine soient effectifs et bien conçus. Enfin, il faut instaurer une collaboration stratégique à l'échelle internationale pour permettre aux pays de renforcer leurs activités de R-DD tout en diminuant les coûts et les doubles emplois. Toutes les grandes économies doivent y être associées de façon à encourager une adoption plus large des technologies bas carbone partout dans le monde.

La série de l'AIE intitulée *Energy Technology Roadmap* définit à l'intention des gouvernements, des industriels, des partenaires financiers et de la société civile des mesures prioritaires pour que progressent le développement et l'adoption des technologies de l'énergie les plus nécessaires à la concrétisation des objectifs liés au changement climatique. Chaque feuille de route représente un consensus international sur de grandes étapes du développement des technologies, sur les besoins juridiques et réglementaires, sur les exigences en matière d'investissement, sur la participation du public et sur la collaboration internationale. L'AIE agit depuis longtemps pour faciliter la coopération internationale dans le domaine de la R-DD énergétique à travers son réseau de coopération technologique, composé de 40 accords de mise en œuvre qui associent recherche coordonnée, projets conjoints, échange d'informations, modélisation, bases de données et renforcement des capacités. Les accords de mise en œuvre de l'AIE offrent aux gouvernements, aux industriels, aux entreprises et aux ONG un mécanisme souple pour tirer parti des ressources et améliorer les résultats des travaux de recherche dans les technologies de l'énergie et dans des domaines connexes. Dans le cadre de l'examen approfondi des politiques énergétiques de pays membres et non membres qu'elle effectue régulièrement, l'AIE évalue également les politiques de R-DD énergétique et fait des recommandations sur les moyens d'encourager une accélération de l'innovation dans le secteur de l'énergie.

Note : R-DDD = recherche, développement, démonstration et déploiement.

Source : Chiavari et Tam (2011), *Good Practice Policy Framework for Energy Technology RD&D*, AIE, 2012.

En outre, l'étendue des domaines qui peuvent générer des innovations respectueuses de l'environnement souligne aussi l'importance de soutenir les technologies qui offrent un vaste potentiel d'application dans l'économie. Sur un segment étroit, les travaux de l'OCDE ont montré qu'innover dans les « technologies génériques locales », telles que le stockage de l'énergie et la qualité du réseau, pouvait être plus avantageux que de parier sur quelques technologies jugées prometteuses de production d'énergies renouvelables. En effet, l'innovation dans les premières sera utile quelle que soit l'évolution future des trajectoires de coût des secondes (Johnstone et Haščič, 2013).

Les nanotechnologies sont un exemple intéressant de technologies ayant de vastes applications (voir OCDE, 2013j). Les premières motivations des recherches menées dans ce domaine n'étaient pas environnementales, pourtant des nanotechnologies « vertes » sont de plus en plus souvent utilisées dans la chimie verte, la fabrication durable, et les applications de suivi et de contrôle (nanocapteurs, par exemple), pour ne citer que celles-ci. Les TIC en offrent un autre bon exemple. La production décentralisée d'énergie, qui a connu une forte progression au cours des dernières décennies, a été rendue possible grâce aux TIC. De même, la logistique des transports et le suivi environnemental sont des applications des TIC susceptibles de générer des avantages environnementaux.

Devant la difficulté à déterminer les technologies émergentes qui pourraient avoir d'importantes applications environnementales, les travaux récents de l'OCDE ont cherché à élaborer un ensemble d'indicateurs « précoces » ou « avancés » de technologies environnementales de rupture permettant de guider l'attribution des mesures de soutien. Le graphique 7.12 compare les technologies d'atténuation du changement climatique à un groupe témoin de technologies non environnementales, à l'aune des deux indicateurs suivants : 1) l'originalité – qui donne une indication de l'« étendue » des domaines technologiques sur lesquels un brevet s'appuie[17] ; et 2) la généralité – qui donne une indication de l'éventail de domaines technologiques dans lesquels un brevet est cité par la suite[18].

Si l'on applique ces mesures, on découvre, par exemple, que les technologies photovoltaïques solaires sont très générales, les innovations dans ce domaine fournissant ensuite des connaissances utiles à une grande diversité de domaines – un « géant sur les épaules duquel de nombreux autres s'élèvent ». À l'inverse, les technologies environnementales liées au transport sont originales, ce qui signifie qu'elles « s'élèvent sur les épaules de nombreux géants différents ». Plus globalement, on peut considérer que les technologies d'atténuation du changement climatique sont en moyenne plus « originales » et « générales » que les technologies contrefactuelles représentatives des inventions en général[19]. Des travaux ultérieurs ont fait apparaître qu'une partie au moins de ces indicateurs, et en particulier celui qui a trait à la généralité, sont des indicateurs solides d'évolutions futures des technologies et des marchés.

Il faut rappeler que la fourniture d'un soutien discrétionnaire est un exercice périlleux et que, même si des travaux ultérieurs permettent de définir des indicateurs en apparence fiables des évolutions futures des technologies et des marchés, il demeurera toujours une forte incertitude. Il convient de garder à l'esprit les recommandations de Rodrik (2004), qui insiste sur l'importance de mécanismes de retrait transparents et non ambigus du soutien public accordé à des technologies précises. De fait, l'État doit se retirer non seulement lorsqu'une technologie déçoit les attentes, mais aussi lorsqu'elle permet d'obtenir des résultats suffisamment concluants pour que son développement soit conduit par des incitations privées.

Graphique 7.12. **Caractéristiques essentielles des technologies d'atténuation du changement climatique**

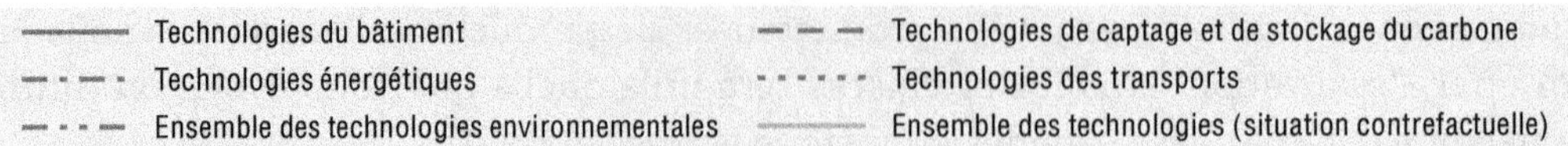

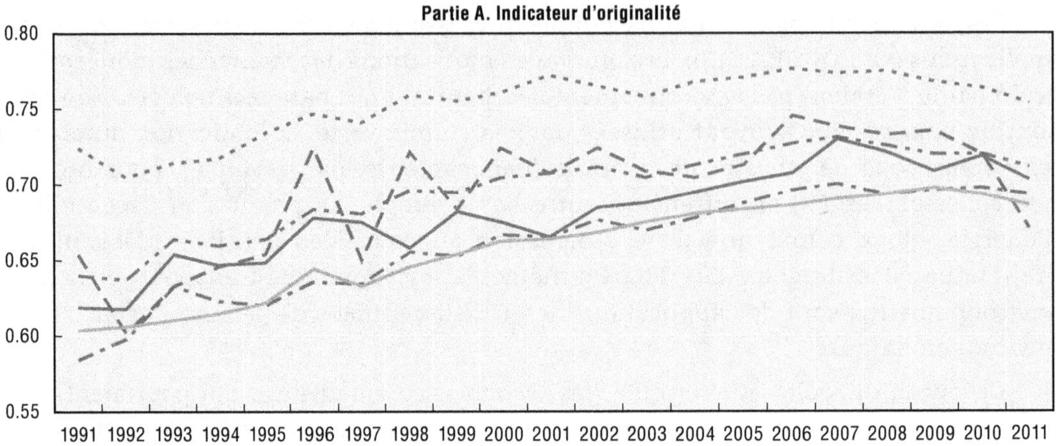

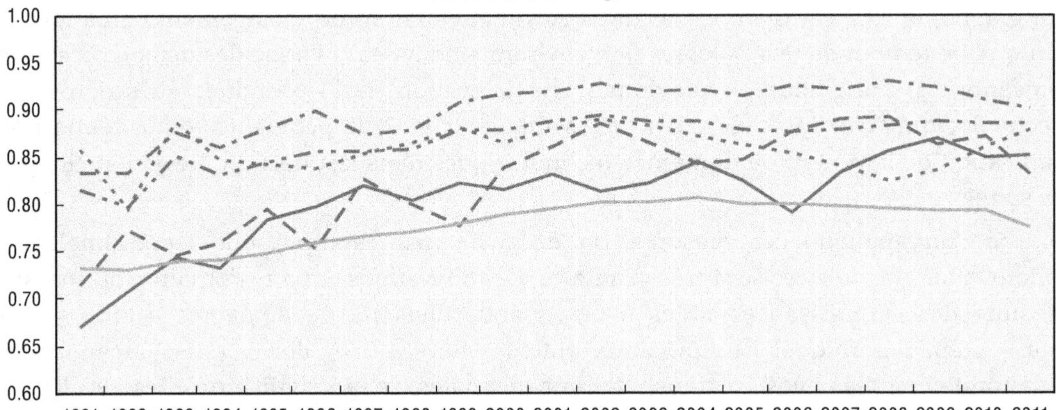

Note : Pour chaque classe technologique, l'indice correspond à l'indice HHI mesurant la distribution des parts de brevets dans l'ensemble des secteurs industriels NACE à trois chiffres du déposant,

$IGI_k = 1 - \Sigma_q \left(\frac{applications_q}{applications_k} \right)^2$, où k désigne la classe technologique du brevet et q le secteur NACE à trois chiffres du déposant.

Source : Egli, Menon et Johnstone (2014), « Identifying and inducing breakthrough inventions ».

Transfert de technologie et nécessité d'une coopération internationale dans l'innovation

Les incitations de la politique publique dans le domaine de l'innovation verte diffèrent de celles utilisées dans la plupart des autres domaines du fait de leur dimension internationale et parce que les avantages associés au développement et à l'adoption de technologies répondant à des préoccupations environnementales traversent les frontières et peuvent avoir des conséquences régionales, voire mondiales. La nature transfrontière de l'externalité[20] ajoute un mécanisme supplémentaire, absent d'autres domaines, à savoir qu'un pays situé « en aval » profite de l'adoption de technologies environnementales par un pays se trouvant « en amont » (OCDE, 2012c). Dans le cas des polluants mondiaux

 L'IMPÉRATIF D'INNOVATION : CONTRIBUER À LA PRODUCTIVITÉ, À LA CROISSANCE ET AU BIEN-ÊTRE © OCDE 2016

(GES, substances nocives pour la couche d'ozone) et des ressources offrant des avantages planétaires (biodiversité), le phénomène est encore plus marqué[21].

En outre, même si les avantages du développement et de l'adoption d'une technologie se circonscrivent au territoire national, les régions du monde où les avantages potentiels de l'adoption de cette même technologie seront les plus grands peuvent ne pas être celles d'où provient l'innovation. L'exemple de la pollution automobile en est une illustration, puisque le premier pays à bénéficier principalement des innovations (les États-Unis) n'est pas celui où ces innovations ont été mises au point (le Japon) (OCDE, 2008d). S'agissant des innovations en lien avec l'utilisation de ressources naturelles rares, le graphique 7.13 montre la relation, dans différentes régions du monde, entre l'innovation dans les technologies d'économie d'eau et la vulnérabilité aux pertes en eau induites par le climat. Cette dernière peut être interprétée comme une mesure des avantages associés à l'adoption de technologies d'économie d'eau.

Graphique 7.13. **Avantage technologique révélé (ATR) et vulnérabilité des ressources en eau**

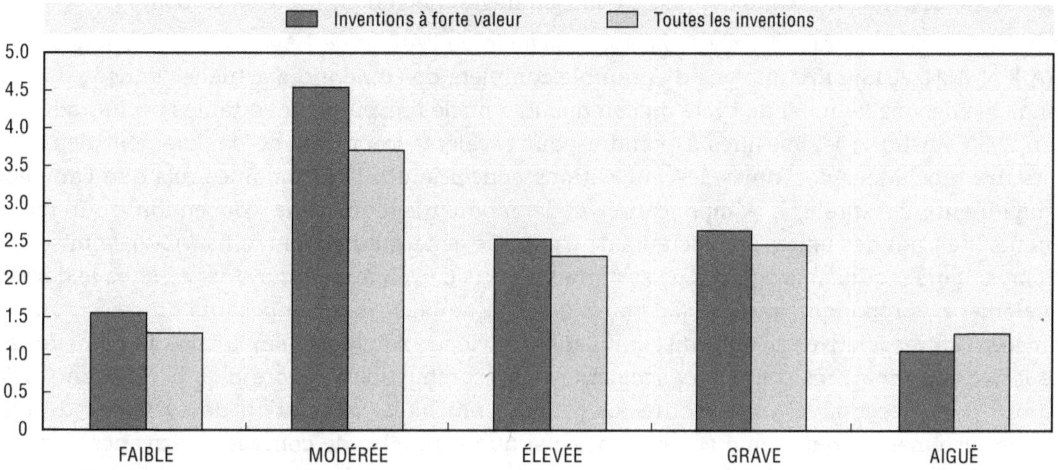

Note : Seuls les pays comptant plus de 100 brevets sont pris en compte. L'ATR de l'ensemble des régions est supérieur à 1 en raison de la nature asymétrique de la distribution, la valeur minimale étant égale à 0 et la valeur maximale étant proche de 12 pour cet échantillon.

Source : Dechezleprêtre et al. (2015).

Étant donné que beaucoup de pays ayant des ressources en eau particulièrement vulnérables sont moins développés sur le plan économique, il n'est pas surprenant de constater qu'en termes absolus, leur capacité d'innovation dans ce domaine est faible. Cependant, le graphique va un peu plus loin et fait apparaître que ces régions sont moins spécialisées dans le développement de technologies d'économie d'eau que dans d'autres domaines plus généralement. Encourager le transfert de technologie vers des pays où les avantages environnementaux potentiels sont importants est donc une priorité fondamentale.

Le transfert de technologie est essentiel, mais le renforcement des capacités locales d'innovation est encore plus important, et ce pour au moins deux raisons : 1) les capacités locales d'innovation permettent aux pays de profiter pleinement des avantages associés aux innovations nées ailleurs dans l'économie mondiale ; et 2) un grand nombre d'innovations doivent être adaptées à la situation locale. Le premier point s'applique de façon générale à tous les domaines technologiques, mais il est probable que le second sera particulièrement crucial pour les technologies environnementales, car ce qui importe, ce ne sont pas uniquement les conditions de marché (c'est-à-dire les préférences locales), mais aussi les conditions écologiques. En l'absence de capacités nationales d'innovation, il pourra être difficile de développer des technologies adaptées à la situation écologique locale[22].

Encadré 7.10. **Innovation dans l'énergie nucléaire**

L'énergie nucléaire est une technologie parvenue à maturité : elle fait tourner plus de 430 réacteurs dans le monde, qui produisaient 11 % de l'électricité mondiale en 2013. L'énergie nucléaire représente la première source d'électricité sobre en carbone dans les pays de l'OCDE, et la deuxième au niveau mondial derrière l'hydroélectricité. Elle continuera de jouer un rôle essentiel dans la nécessaire décarbonisation du système énergétique mondial. D'après le scénario de l'AIE tablant sur une augmentation des températures limitée à 2°C, il faudra augmenter la puissance installée de plus de 900 gigawatts (GW) d'ici à 2050, soit plus du double du chiffre actuel. L'innovation jouera un rôle majeur pour y parvenir, non seulement en répondant au besoin d'amélioration des performances et du rapport coût-efficacité de la technologie actuelle ou en mettant au point de nouvelles applications, mais aussi en apaisant les craintes du public quant à la sûreté. Il sera essentiel de lever les inquiétudes relatives à la gestion des déchets dangereux et au démantèlement sûr des centrales pour que le nucléaire devienne une composante clé d'une stratégie énergétique sobre en carbone.

La mise à jour de la *Nuclear Energy Technology Roadmap* de l'AIE et de l'Agence pour l'énergie nucléaire (AEN) (AIE et AEN, 2015) offre une vue d'ensemble complète des tendances actuelles dans le domaine de la technologie des réacteurs et du cycle du combustible nucléaire, et décrit certaines évolutions possibles jusqu'en 2050 ainsi que les mesures à prendre pour accélérer le rythme de déploiement des centrales. Au cours des prochaines décennies, les innovations concerneront des domaines tels que l'amélioration des équipements de sûreté, la simplification et la modularisation de la conception pour faciliter la construction des grandes unités de réacteurs de troisième génération (d'au moins 1 GW), la mise au point de petits réacteurs modulaires équipés de systèmes passifs d'évaluation innovants et, dans le domaine du démantèlement, la robotique avancée facilitant le désassemblage des composants des réacteurs arrêtés. Les avancées futures relatives au cycle du combustible nucléaire sont axées sur la mise au point de ce qu'on appelle les combustibles résistants aux accidents et de combustibles encore plus performants. D'autres innovations sont nécessaires pour mettre au point la prochaine génération de systèmes de réacteur, comme les systèmes de quatrième génération, ainsi que les cycles de combustible avancés : matériaux résistants à des températures plus élevées ; technologies permettant le multirecyclage du combustible usé et réduisant le volume et la radiotoxicité des déchets ultimes ; technologies d'inspection et de réparation en cours d'exploitation, surtout pour les systèmes de refroidissement par un métal liquide et les systèmes avancés de conversion de puissance destinés à remplacer les technologies actuelles de turbines à vapeur.

La mise à jour de la *Technology Roadmap Update for Generation IV Nuclear Energy Systems*, publiée en 2014 par l'AEN, dresse un tableau complet de ces besoins en R-D. Des innovations sont nécessaires également pour développer les applications non électrogènes de l'énergie nucléaire, telles que le dessalement ou la production d'hydrogène à grande échelle, qui pourraient remplacer certaines utilisations des combustibles fossiles et réduire les émissions de carbone associées. Enfin, il faut également innover pour relever le défi à long terme de l'adaptation au changement climatique : les futures centrales nucléaires, tout comme les autres centrales thermoélectriques, devront avoir une meilleure capacité de résistance aux phénomènes météorologiques extrêmes et à l'augmentation des températures de l'air et de l'eau. Des travaux sont déjà en cours pour élaborer des stratégies de réduction de la dépendance des systèmes de refroidissement à l'égard des ressources en eau et améliorer leur rendement thermique afin de compenser l'élévation des températures de l'eau de refroidissement.

Enfin, la poursuite du développement de la technologie nucléaire, notamment dans les pays qui commencent à s'intéresser à la mise au point de cette source de production en base d'électricité bas carbone, exige une main-d'œuvre instruite et formée. La mise en place de stratégies d'innovation et de programmes de R-D complets peut aider à attirer de jeunes talents dans ce secteur et à constituer la base de compétences nécessaire.

Comme on l'a noté au chapitre 5, l'enseignement général, les qualifications et les politiques d'innovation ciblées contribuent grandement au renforcement de ces capacités. Cependant, la coopération internationale dans la recherche est aussi importante, en particulier en matière d'environnement, car, comme indiqué précédemment, les retombées positives de l'innovation dans ce domaine ne sont pas uniquement économiques, mais aussi écologiques.

Des inventeurs de différents pays coopèrent déjà activement au développement de technologies environnementales. De fait, la co-invention internationale progresse près de deux fois plus vite dans des domaines tels que le captage et le stockage du carbone (CSC) que dans d'autres domaines (voir Kahrobaie, Haščič et Johnstone, 2012). On trouvera au tableau 7.2 des données sur les principales paires de pays co-inventeurs de certaines technologies environnementales. En outre, il est important de noter que cette coopération à la « frontière » ne se limite pas aux seuls inventeurs des pays de l'OCDE (les cas de collaboration faisant intervenir des inventeurs d'économies émergentes sont indiqués en caractères gras).

Tableau 7.2. **Dix principales paires de pays co-inventeurs, par niveau (2000-08)**

(Les paires de co-inventions comprenant au moins un pays non membre de l'OCDE sont indiquées en caractères gras)

Secteur Rang	Biocombustibles	CSC	Piles à combustibles	Photovoltaïque solaire	Hydrogène	Stockage de l'énergie	Éolien	Toutes technologies
1	DK-US	CA-US	JP-US	JP-US	DE-US	GB-US	DK-GB	GB-US
2	NL-US	NL-US	CA-US	DE-US	JP-NZ	CA-US	DE-US	DE-US
3	CA-US	GB-US	DE-US	GB-US	CH-DE	DE-US	CA-US	CA-US
4	DE-US	FR-US	GB-US	CH-DE	IT-US	JP-US	DE-NL	CH-DE
5	**CN-DK**	DE-US	**CN-US**	AT-DE	CA-US	JP-KR	NL-US	JP-US
6	DE-GB	AU-NL	KR-US	CA-US	CH-US	FR-US	DE-DK	FR-US
7	GB-US	DE-GB	FR-US	**CN-US**	FI-SE	CH-DE	**IN-US**	NL-US
8	CH-DE	GB-NL	CH-DE	DE-FR	DE-FR	CA-FR	**BE-ZA**	DE-FR
9	GB-NL	NO-US	CA-FR	DE-NL	DE-GB	**CN-US**	**RU-US**	CH-FR
10	JP-US	**CN-US**	CA-DE	GB-IT	**IN-US**	KR-US	DK-ES	CH-US

Note : Explication des codes internationaux standard à deux lettres utilisés pour les pays : Autriche (AT), Australie (AU), Belgique (BE), Canada (CA), Suisse (CH), Chine (CN), Allemagne (DE), Danemark (DK), Espagne (ES), Finlande (FI), France (FR), Royaume-Uni (GB), Inde (IN), Italie (IT), Japon (JP), Corée (KR), Pays-Bas (NL), Norvège (NO), Nouvelle-Zélande (NZ), Fédération de Russie (RU), Suède (SE), États-Unis (US) et Afrique du Sud (ZA). Voir aussi Haščič et Migotto (2014).

Source : Kahrobaie, Haščič et Johnstone (2012), « International technology agreements for climate change ».

Par ailleurs, les avantages découlant de la coopération internationale dans la recherche constituent aussi un argument en faveur de l'utilisation d'instruments d'action plus souples, tels que des mesures fondées sur le marché. Comme nous l'avons noté plus haut, des politiques plus prescriptives encouragent les initiatives d'innovation étroitement ciblées en fonction des caractéristiques de la réglementation. Lorsque les réglementations diffèrent, même légèrement, d'un pays à l'autre, le marché potentiel de toute innovation se restreint, les entreprises devant alors faire face à des marchés nationaux fragmentés. Les entreprises nationales innoveront en accord avec la réglementation en vigueur dans le pays, renonçant ainsi aux économies d'échelle potentielles. À l'inverse, avec des instruments d'action plus souples, les initiatives de recherche en coopération vont de pair avec l'exploitation des possibilités offertes par le marché international[23].

Cela étant, compte tenu du rôle central de la recherche en coopération et du transfert de technologie, de nombreux commentateurs font valoir qu'il sera important de compléter tout accord futur sur la réduction des émissions dans le domaine du changement climatique par un accord international axé sur les technologies (Popp, 2011 ; Ockwell et al., 2010)[24]. Parmi les exemples en cours figurent les accords de mise en œuvre de l'AIE dans des domaines liés au changement climatique (CSC, piles à combustible, photovoltaïque solaire, par exemple)[25]. Ces accords peuvent aider à aboutir plus rapidement à des innovations technologiques tout en réduisant les dépenses, par la mise en commun des connaissances et le partage des coûts et des tâches entre les pays participants. La collaboration apporte un gain d'échelle et permet d'effectuer des recherches dans des situations où l'échelle ou le champ de recherche est trop vaste pour un projet national.

De fait, des travaux récents de l'OCDE ont permis de constater que la participation à des accords de ce type pouvait avoir une nette incidence sur les activités de co-invention auxquelles prenaient part des inventeurs résidant dans des pays membres différents (voir Kahrobaie, Haščič et Johnstone, 2012). D'autres travaux ont révélé en outre que la coopération internationale dans le cadre de la création de connaissances (comme le montre la rédaction collégiale d'articles scientifiques) conduisait à générer des technologies de plus haute valeur dans le domaine de l'énergie éolienne que lorsque les auteurs étaient originaires du même pays. Il est intéressant de noter que ce point est particulièrement vrai si les pays qui collaborent en sont à des stades différents de développement économique (Poirier et al., 2014).

Cependant, même avec le renforcement des capacités d'innovation, il est peu probable que les technologies seront adoptées en l'absence de financements disponibles. Comme on l'a souligné plus haut, le cadre d'action joue un rôle central ici, et cette question est encore plus pertinente pour les pays émergents et les pays en développement, où les mesures d'incitations sont souvent moins répandues. Par exemple, s'appuyant sur des données issues d'environ 14 000 accords de financement dans le secteur des énergies renouvelables, Haščič et al. (2015) ont constaté que, sur la période 2000-11, le financement privé mobilisé aurait pu être entre 10 et 20 fois supérieur dans les économies en développement et les économies émergentes si un cadre d'action similaire à ceux en place dans les pays de l'OCDE avait été mis en œuvre (voir aussi OCDE, 2015f).

Un dernier point mérite d'être souligné de nouveau : dans de nombreux cas, les politiques publiques ont pris du retard, ce qui a entraîné, dans les écosystèmes, des perturbations susceptibles de se répercuter sur l'économie de multiples façons. Le cas du changement climatique en est une bonne illustration, mais c'est également vrai d'autres domaines (émissions de substances nocives pour la couche d'ozone ou surexploitation des stocks de ressources naturelles, par exemple). Bien sûr, les agents économiques s'adapteront à l'évolution de la situation, et modifieront tout à la fois leur comportement et leurs choix technologiques, mais, bien souvent, il sera nécessaire de fournir un soutien ciblé, en particulier si les conditions écologiques changent de façon soudaine et imprévisible (Mullan et al., 2013). Dans ce type de cas, l'innovation adaptative est un complément nécessaire à l'innovation aux fins d'atténuation. On trouvera ci-après certains des principaux messages qui se dégagent des travaux de l'OCDE sur l'innovation verte.

Principaux messages concernant l'innovation verte

- L'existence de défaillances du marché à la fois dans le domaine de l'environnement et dans celui des connaissances signifie qu'en l'absence de politiques publiques appropriées, les ménages et les entreprises polluent trop, exploitent les ressources naturelles de manière trop intensive et innovent trop peu par rapport à l'optimum social.
- Pour susciter l'innovation, le cadre dans lequel s'inscrit la politique environnementale doit permettre que le coût social de la pollution de l'environnement et de l'utilisation des ressources naturelles se retrouve dans les prix du marché qui s'imposent aux différents agents économiques (ménages, entreprises, pouvoirs publics).
- Pour faire en sorte que ce coût d'opportunité se répercute intégralement sur les prix du marché, il faut simultanément introduire des mesures environnementales efficientes et supprimer les distorsions, telles que les subventions, qui réduisent les effets de ces mesures.
- Pour encourager l'innovation à répondre aux objectifs publics dans le domaine de l'environnement, il faut que les mesures que l'on conçoit laissent une certaine souplesse aux inventeurs potentiels et à ceux qui sont susceptibles d'adopter leurs innovations environnementales. Dans un monde où l'information est imparfaite, il faut encourager la recherche.
- Du fait de la nature irrécupérable et irréversible des investissements nécessaires pour parvenir à une innovation verte, les politiques doivent être prévisibles et crédibles, de manière à encourager les investisseurs à prendre les risques inhérents au développement et à l'adoption de technologies environnementales.
- De nombreux secteurs susceptibles d'avoir d'importantes répercussions sur l'environnement présentent d'autres imperfections de marché (monopole naturel, externalités de réseau, etc.), d'où l'utilité de coordonner les politiques. La nature systémique de certains domaines, en particulier celui de l'énergie, renforce la nécessité d'aborder l'innovation de manière globale.
- Certaines préoccupations environnementales pressantes (le changement climatique, par exemple), pour lesquelles une modification à la marge des prix relatifs risque de ne pas suffire, appellent des mesures de soutien de l'innovation plus ciblées.
- La question des mesures de soutien ciblées pose celle de la sélection. Étant donné le climat de profonde incertitude et l'asymétrie de l'information et au vu de la diversité des sources potentielles d'innovations environnementales, la question de l'élaboration de mesures ciblées de soutien de l'innovation verte demeure ouverte en matière de recherche sur les politiques.
- Les éléments essentiels comprennent le soutien de la recherche fondamentale, les technologies transformatrices ayant de vastes applications et la définition d'un portefeuille de technologies de rupture plus spécifiques et plus prometteuses. Dans tous les cas, toute politique de soutien ciblé nécessite une stratégie claire de retrait.
- Le caractère mutuel et, dans certains cas, mondial des avantages de l'innovation environnementale crée des incitations à coopérer au développement, au transfert et à l'adoption des technologies liées à l'environnement.

7.5. Stimulation de l'innovation dans le secteur public

Le secteur public est face à la fois à des défis et à des possibilités, qui font de l'innovation dans ce secteur un enjeu majeur pour les pouvoirs publics de la zone OCDE et au-delà. Les problèmes sociaux, l'évolution démographique et la faible croissance économique ont augmenté les exigences pesant sur le secteur public, alors que les restrictions budgétaires limitent les moyens d'intervention des pouvoirs publics. L'innovation offre un levier pour aider ces derniers à améliorer les services publics de sorte qu'ils répondent mieux aux besoins de la société. C'est le cas dans toutes les activités, variées, de ce secteur, y compris la santé, l'éducation, la justice, la défense, la police et la politique sociale. Des services publics plus innovants et efficients sont également essentiels pour soutenir l'innovation dans d'autres parties de l'économie et dans l'ensemble de la société. C'est pourquoi les besoins d'innovation du secteur public doivent constituer une part importante du programme d'action général dans ce domaine.

Les enquêtes sur le secteur public indiquent que les organismes publics innovent. Ainsi, l'Innobaromètre de l'Union européenne de 2010 a révélé que, dans les 27 pays membres, 66 % des organismes en moyenne indiquaient avoir mis en œuvre une innovation de service. De la même façon, l'enquête pilote de 2011 de Nesta a permis de constater que plus de 90 % des collectivités locales et des *National Health Service trusts* au Royaume-Uni faisaient état d'une innovation de service, de procédé ou de technique de gestion[26]. Des éléments recueillis sur les innovations dans le secteur public à l'échelon local, national et international apportent également la preuve que ce secteur innove. De nombreux pays mènent des programmes consistant à recenser, évaluer et récompenser les meilleures innovations sur la base d'un examen comparatif. Les travaux entrepris par le Centre pour la recherche et l'innovation dans l'enseignement (CERI) de l'OCDE montrent que, contrairement à une idée répandue, on trouve un bon niveau d'innovation dans le secteur de l'éducation (voir encadré 7.11).

Encadré 7.11. **Vers des stratégies d'innovation dans l'éducation**

Comme pour d'autres secteurs, l'innovation dans l'éducation pourrait être un moteur majeur de productivité et de gains de bien-être. En moyenne, les pays dépensent 6 % de leur revenu national dans les établissements d'enseignement et, malgré les progrès accomplis dans certains pays, on ne sait pas toujours dire si les systèmes d'enseignement ont exploité toutes les possibilités qui auraient pu leur permettre d'améliorer les résultats d'apprentissage, de renforcer l'équité et l'égalité, d'améliorer l'efficience et de s'adapter aux besoins de la société. Dans de nombreux pays, on commence tout juste à prendre conscience des avantages que pourrait apporter une politique coordonnée d'innovation dans l'éducation.

Des travaux récents montrent que contrairement à une idée répandue, le niveau d'innovation dans l'éducation est assez bon, à la fois par rapport à d'autres secteurs de la société et en termes absolus. L'éducation fait moins bien que la moyenne pour ce qui est de la vitesse d'adoption des innovations, mais 58 % des professionnels de l'éducation diplômés de l'enseignement supérieur occupent un emploi hautement innovant, c'est-à-dire un emploi contribuant au processus d'innovation dans un organisme d'avant-garde en matière d'absorption des innovations, soit un pourcentage légèrement supérieur à la moyenne (55 %) dans l'ensemble de l'économie. L'enseignement supérieur est le sous-secteur de l'éducation le plus innovant, mais on trouve des exemples d'innovation à tous les niveaux (OCDE, 2014a, 2014r).

Encadré 7.11. **Vers des stratégies d'innovation dans l'éducation** *(suite)*

Ce bon niveau d'innovation ne signifie pas nécessairement que le secteur éducatif dispose d'un écosystème d'innovation solide. Certaines innovations peuvent résulter de réformes de politiques exigeant un changement. Néanmoins, les différents leviers de la politique d'innovation sont souvent mal coordonnés, et les connaissances issues d'expérimentations ou de projets pilotes antérieurs ne sont pas toujours partagées ni exploitées de façon cumulative.

Le cadre réglementaire de l'éducation peut être propice à l'innovation, mais il peut aussi ne pas l'être. Par exemple, les politiques relatives aux programmes d'études et à l'évaluation scolaire ont une incidence sur l'ampleur de l'innovation, et la plupart des pays ont instauré un équilibre des pouvoirs pour faire en sorte que l'innovation locale soit possible, mais contrôlée (Kärkkäinen, 2012). Comme dans d'autres secteurs, des quasi-marchés ont été utilisés dans le but de favoriser l'innovation, et l'on a pu constater qu'ils contribuaient à diffuser des modèles d'enseignement divers ; il ne semble pas cependant qu'ils conduisent à l'émergence de nouveaux modèles (Lubienski, 2009). L'accès au financement de l'innovation, les stratégies de diffusion et les politiques de formation du personnel sont également des éléments clés de ce cadre réglementaire.

Le deuxième pilier de la politique d'innovation est l'investissement dans la R-D, même si celui-ci varie généralement selon les secteurs. Compte tenu de l'importance du secteur éducatif, il est probable que les dépenses publiques dans la recherche en matière d'éducation seront inférieures aux besoins. En 2012, la recherche dans ce domaine était le moins bien financé de tous les objectifs socioéconomiques pour lesquels on disposait d'informations. Souvent, les entreprises qui produisent des ressources et des supports éducatifs n'ont guère d'incitations à investir dans le développement, même si le nombre d'entreprises éducatives innovantes spécialisées a augmenté ces dix dernières années (Foray et Raffo, 2012).

Le troisième pilier de la politique d'innovation est l'organisation du travail et la place qu'occupent les apprentissages individuel, organisationnel et sectoriel dans le secteur de l'éducation. Le rôle des communautés d'apprentissage professionnel est souvent mis en évidence, tout comme l'importance d'un pouvoir mobilisateur (OCDE, 2013n).

Le quatrième pilier est l'application de technologies génériques, en particulier des TIC, au secteur de l'éducation. Certains pays comme l'Italie ont essayé de changer leur système en élaborant un plan numérique pour l'éducation (Avvisati et al., 2013). La technologie est aussi utilisée pour transformer et améliorer la pédagogie (Kärkkäinen et Vincent-Lancrin, 2013) ou modifier le modèle économique de l'éducation, par exemple avec le soutien des ressources éducatives en libre accès ou des cours en ligne ouverts et massifs (MOOC). La technologie transforme aussi l'éducation grâce à l'innovation fondée sur les données, de plus en plus facilitée par la mise en place de systèmes longitudinaux d'information administrative qui suivent les étudiants durant tout leur parcours scolaire et universitaire.

Quelques pays ont déjà mis en place une politique d'innovation pour l'éducation. Ainsi, la loi française sur l'éducation comporte un chapitre sur l'innovation. Les États-Unis mènent plusieurs programmes visant à soutenir les efforts d'innovation et d'amélioration au niveau fédéral, notamment le fonds Invest in Innovation (i3) du ministère de l'Éducation. Dans la plupart des pays, pour ne pas dire dans tous, il manque une stratégie globale claire qui tienne compte des différents aspects et moteurs de l'innovation afin de créer un écosystème propice à celle-ci pour le secteur de l'éducation. Le Centre pour la recherche et l'innovation dans l'enseignement de l'OCDE travaille actuellement avec les pays à l'élaboration et au suivi de stratégies de ce type.

Sources : OCDE (2014a), Environnements pédagogiques et pratiques novatrices, *http://dx.doi.org/10.1787/9789264203587-fr* ; OCDE (2014r), Measuring Innovation in Education, *http://dx.doi.org/10.1787/9789264215696-en* ; Kärkkäinen, K. (2012), « Bringing about curriculum innovations », *http://dx.doi.org/10.1787/5k95qw8xzl8s-en* ; Lubienski, C. (2009), « Do quasi-markets foster innovation in education? », *http://dx.doi.org/10.1787/221583463325* ; Foray, D. et J. Raffo (2012), « Business-driven innovation », *http://dx.doi.org/10.1787/5k91dl7pc835-en* ; OCDE (2013n), *Leadership for 21st Century Learning*, *http://dx.doi.org/10.1787/9789264205406-en* ; Avvisati, F. et al. (2013), « Review of the Italian strategy for digital schools », *www.oecd.org/edu/ceri/Innovation%20Strategy%20Working%20Paper%2090.pdf* ; Kärkkäinen, K. et S. Vincent-Lancrin (2013), « Sparking innovation in STEM education with technology and collaboration », *http://dx.doi.org/10.1787/5k480sj9k442-en*.

En dépit des données attestant que le secteur public innove, il est clair que les résultats de ce dernier en la matière restent inférieurs au potentiel. L'Observatoire sur l'innovation dans le secteur public (OPSI) de l'OCDE a été créé afin d'aider les pays à renforcer la capacité d'innovation de leur secteur public, en recueillant, en partageant et en analysant les innovations dans l'ensemble des administrations[27]. Les données de la base de l'OPSI révèlent que les pays se heurtent à des difficultés considérables pour parvenir à un soutien adapté et trouver les ressources permettant d'encourager l'innovation. Le cadre opérationnel (ou « écosystème de l'innovation ») n'est pas non plus optimal. Les organismes publics n'ont pas la flexibilité, la culture ni l'encadrement nécessaires pour favoriser l'éclosion de l'innovation.

Un système de mesure susceptible d'informer sur les moteurs et les processus d'innovation dans les organismes publics aiderait à faire de ce secteur un levier clé de l'innovation. Il existe bien un cadre pour mesurer l'innovation des entreprises, mais les problèmes que pose l'évaluation de l'innovation dans le secteur public sont multiples et non négligeables. Des travaux récents de l'OCDE ont permis d'élaborer un ensemble de définitions et de propositions destinées aux enquêtes internationales sur l'innovation dans les organismes du secteur public (voir encadré 7.12), ce qui pourrait compléter les travaux sur l'innovation dans certains secteurs, comme l'éducation.

Encadré 7.12. **Définition et mesure de l'innovation dans le secteur public**

L'innovation est partout. Compte tenu du rôle moteur essentiel qu'elle joue dans la transformation de l'économie et de la société, il était naturel que l'on cherche à obtenir des mesures statistiques de ce concept pour les organisations, les secteurs et les pays, et ce pour des utilisations allant de l'analyse comparative à l'analyse des facteurs et des politiques qui sous-tendent l'innovation et ses effets. Le cadre établi par l'OCDE pour définir et mesurer l'innovation dans le secteur des entreprises (le *Manuel d'Oslo, OCDE/Eurostat*, 2005) est appliqué dans les enquêtes statistiques nationales depuis le début des années 90 dans près de 100 pays, mais on dispose de données statistiques limitées sur l'étendue de l'innovation dans d'autres secteurs. Dans un projet récent, l'OCDE a entrepris d'examiner la façon dont l'expérience acquise lors des enquêtes sur l'innovation des entreprises et les enseignements tirés de divers autres domaines pourraient aider à définir et à mesurer l'innovation dans le secteur public.

Pour définir l'innovation à des fins statistiques, il faut réfléchir à la manière dont les utilisateurs comptent se servir des données, ainsi qu'à la faisabilité d'une collecte cohérente et précise de l'information. Les principes directeurs de l'OCDE pour la mesure de l'innovation dans le secteur privé soulignent le rôle des entreprises en tant que protagonistes responsables de l'innovation à partir desquels il est possible de définir une population à étudier et dont on peut comparer la performance en matière d'innovation à d'autres caractéristiques telles que la productivité ou l'emploi. Cette approche « sujet » peut être complétée par des données sur les innovations introduites par les entreprises et sur les caractéristiques de ces innovations (approches « objet »). Les approches sujet ont été appliquées dernièrement au secteur public de certains pays, en en ciblant les unités administratives et les dirigeants afin d'obtenir des informations sur les nouveaux services et méthodes instaurés au cours de la période considérée. Bien que ces enquêtes aient été utiles pour tester l'applicabilité du cadre du secteur privé au secteur public, elles ont mis en évidence la difficulté de tenir compte des spécificités de l'innovation dans les organismes publics (comme la nature transfrontière de certaines innovations).

Une définition de travail utilisée pour les enquêtes sur les organismes publics décrit l'innovation dans ce secteur comme la mise en œuvre, par une unité, d'un service, d'un bien, d'une méthode d'organisation ou de communication ou d'un processus opérationnel nouveau ou substantiellement modifié, dans le but d'améliorer les opérations ou les résultats de l'unité en question. Dans ce contexte, la mise en œuvre désigne

Encadré 7.12. **Définition et mesure de l'innovation dans le secteur public** *(suite)*

la fourniture de produits (ou leur mise à la disposition d'utilisateurs potentiels) ou l'emploi de méthodes dans le cadre des fonctions dévolues à l'unité concernée. Les innovations doivent être nouvelles pour l'organisme considéré, mais peuvent avoir été développées par d'autres entités appartenant ou non au secteur public. Cette définition a été testée d'un point de vue cognitif dans une série d'entretiens, coordonnés, avec des responsables du secteur public de plusieurs pays de l'OCDE, et offre un point de départ pour les initiatives de mesure de l'innovation. De façon générale, les responsables du secteur public la comprennent, mais ils estiment souvent qu'il leur est difficile d'affirmer à quel moment un changement est suffisamment important pour être comptabilisé comme une innovation, et qu'ils auraient besoin de directives et d'exemples supplémentaires. Cette définition devrait être révisée sur la base des données probantes issues des travaux conjoints de l'OPSI et du Groupe de travail des experts nationaux sur les indicateurs de science et de technologie (GENIST), travaux qui porteront également sur la mise en pratique d'un certain nombre de concepts et de classifications en vue de la collecte de données statistiques sur l'innovation dans le secteur public.

L'innovation dans le secteur public présente quelques caractéristiques spécifiques qui ont une incidence sur les techniques que les pays doivent adopter pour la mesurer. La combinaison de plusieurs objectifs sous contrôle politique, l'absence d'une validation extérieure (par le marché) des données et le manque de données de performance sont autant de difficultés à surmonter pour instaurer un système de mesure. En outre, une innovation peut facilement être attribuée à plusieurs organismes, selon la répartition des rôles dans les domaines de la prise de décisions, du développement et de la mise en œuvre.

La mesure de l'innovation au niveau des différentes unités du secteur public peut donc être très utile, mais l'éclairage qu'elle apporte risque d'être limité si l'on ne dispose d'aucun moyen d'évaluer les résultats des activités de ces unités ainsi que les ressources dont elles bénéficient. Ainsi, la mesure de la productivité des services publics non marchands n'en est qu'à ses débuts, ce qui complique la portée des indicateurs de l'innovation pour apprécier le lien entre innovation et productivité dans le secteur public – une préoccupation majeure des décideurs publics et un motif essentiel de mesure de l'innovation dans ce secteur. La mesure de l'innovation dans le secteur public doit aller de pair avec l'amélioration de l'évaluation de la productivité et des actifs intellectuels dans les services publics, au niveau microéconomique comme macroéconomique. Dans les travaux relatifs à sa publication *Panorama des administrations publiques*, par exemple, l'OCDE élabore des indicateurs à la fois de l'efficience et de l'efficacité du secteur public, notamment un « cadre du service aux citoyens » qui prend en considération quatre dimensions de la qualité des services publics : satisfaction des usagers, accès, réactivité et fiabilité. Puisque des mesures de la performance très diverses peuvent s'appliquer aux différents pans du secteur public, il est justifié d'utiliser des approches plus ciblées visant des activités spécifiques. Ainsi, les données sur l'innovation dans les établissements scolaires pourraient en principe être reliées à celles relatives aux acquis des élèves et à d'autres objectifs éducatifs.

Étant donné qu'il n'existe généralement pas de test du marché/test concurrentiel de l'innovation dans le secteur public et que les décideurs publics sont diversement intéressés par l'élaboration d'une solide base de données factuelles ou ont des demandes différentes dans ce domaine, il est conseillé de chercher à recueillir les informations sur les innovations du secteur public sous plusieurs angles, en exploitant autant que possible des instruments de collecte déjà disponibles. Ainsi, les enquêtes auprès des agents de la fonction publique qui servent habituellement à déterminer le niveau de satisfaction du personnel peuvent donner des indications précieuses pour compléter et aussi valider les points de vue sur l'innovation communiqués par les chefs de service invités à s'exprimer au nom de leur organisme, conformément au modèle « employeur-salarié ». Ces enquêtes auprès du « personnel » deviennent monnaie courante dans les administrations de plusieurs pays de l'OCDE et peuvent fournir un support plus pérenne d'enquête statistique sur l'innovation dans ce secteur. De la même façon, les points de vue des usagers des services publics et des citoyens en général peuvent apporter un éclairage supplémentaire sur le processus et sur les résultats des innovations introduites par des organismes publics. Les enquêtes spécialisées sur ces derniers doivent donc être complétées par diverses autres sources pour élaborer des indicateurs de l'innovation dans le secteur public.

Encadré 7.12. **Définition et mesure de l'innovation dans le secteur public** *(suite)*

Les méthodes non statistiques axées sur la collecte d'exemples d'innovation peuvent être très éclairantes sur les caractéristiques communes à ces innovations et encourager l'apprentissage par le partage des connaissances. Ces bases de données peuvent faire l'objet d'analyses quantitatives, mais elles risquent de ne pas être entièrement représentatives de l'activité d'innovation des organismes du secteur public si, par exemple, les personnes interrogées sont incitées à faire état des réussites et non des échecs (informations recueillies en vue d'un prix de l'innovation, par exemple). Les données collectées aux fins de gestion des performances non plus ne sont pas toujours utilisables comme sources d'informations statistiques si les personnes qui répondent ont intérêt à exagérer leur capacité d'innovation. Pour les approches sujet comme pour les approches objet, des politiques bien conçues et des expérimentations documentées peuvent constituer une source d'information précieuse sur l'efficacité des activités d'innovation et sur les mesures visant à promouvoir celle-ci dans le secteur public plus généralement.

Faciliter une mesure plus complète de l'innovation dans différents secteurs est l'un des principaux objectifs de la révision à venir du *Manuel d'Oslo*. Les exemples d'innovation et les enquêtes menées de leur propre initiative par un certain nombre de pays et d'organisations sont la principale source de données probantes utilisée pour tester et recommander des approches permettant aux statisticiens de recueillir des données fiables et comparables internationalement sur le rôle du secteur public dans la conduite de l'innovation.

Composantes de l'innovation dans le secteur public

S'appuyant sur des travaux de recherche et sur les enseignements dont les pays font état par l'intermédiaire de l'OPSI, l'OCDE a commencé à définir certaines composantes clés d'un cadre opérationnel de l'innovation dans le secteur public et a déterminé quatre domaines auxquels les politiques publiques doivent s'attaquer pour renforcer la capacité d'innovation des organismes de ce secteur[28]. Chacune de ces composantes comprend des politiques et des outils dont les organismes publics peuvent se servir pour favoriser l'innovation. Ces domaines sont les suivants ;

- **Personnel :** Manière dont les fonctionnaires sont encouragés, au sein d'un cadre organisationnel, à étudier de nouvelles idées et à expérimenter de nouvelles méthodes, et répercussions sur leur propension à innover. La direction et la façon dont le personnel est sélectionné, récompensé, socialisé et géré influent également sur la capacité d'innovation d'un organisme.
- **Données, informations et connaissances :** Essentielles pour l'innovation ; leur mode de gestion peut soutenir ou freiner l'innovation. La difficulté consiste à renforcer les capacités permettant de mettre en commun les connaissances nécessaires pour améliorer les décisions publiques relatives aux solutions innovantes, et à partager les connaissances pour encourager l'innovation sociale[29].
- **Architecture organisationnelle :** La manière dont le travail est structuré au sein des organismes et entre eux peut avoir une incidence sur l'innovation dans le secteur public. Cela comprend l'aménagement d'espaces et la mise au point de méthodes innovantes pour structurer les équipes, faire tomber les cloisonnements et instaurer des partenariats entre organismes, voire entre secteurs.
- **Règles et processus :** Les règles, procédures et processus formels et informels guidant les opérations quotidiennes des organismes publics peuvent constituer une architecture qui donne un environnement flexible à l'innovation ou aboutit à un écheveau de complexité entravant la capacité d'innovation.

Personnel

Les fonctionnaires sont au centre de l'innovation dans le secteur public, et ce sont leur engagement et leur détermination qui alimentent le processus d'innovation, d'étape en étape. Les travaux de recherche montrent que les innovations naissent d'idées émises par des membres du personnel à tous les niveaux d'une organisation. Les agents et les responsables intermédiaires qui sont en contact direct avec les clients et mettent les politiques en pratique sont souvent ceux qui comprennent le mieux le besoin d'innover. Ce constat se retrouve dans divers cas examinés par l'OPSI, dans lesquels l'implication du personnel a été citée comme un élément déterminant.

Reconnaître que le facteur humain est au cœur de l'innovation nous amène à nous interroger sur les politiques et les pratiques de gestion des ressources humaines et sur leur rôle dans le renforcement des capacités, des motivations et des possibilités en matière d'innovation. Les leviers suivants de la gestion des ressources humaines sont particulièrement importants :

- **Organisation du travail :** les travaux de recherche semblent indiquer que l'organisation du travail peut avoir une incidence considérable sur la capacité d'innovation. L'innovation est positivement corrélée au travail d'équipe, à l'autonomie, à la motivation du personnel, à son engagement et à la flexibilité. Travailler en équipe permet de faire converger une somme d'opinions, de connaissances et de compétences plus vaste que celle à laquelle un individu aurait accès. Il est également probable que le fait d'associer les travailleurs aux décisions de l'équipe, de l'unité ou de l'organisme les incite davantage à innover. Certains pays de l'OCDE mettent en place des réseaux d'agents du changement pour multiplier les innovations par la stimulation des échanges entre divers acteurs.
- **Recrutement et sélection :** les travaux de recherche font apparaître que la diversité des idées est positivement corrélée à une résolution innovante des problèmes. Les politiques visant à favoriser le recrutement et la diversité peuvent comprendre des programmes de mobilité qui amènent les membres du personnel à passer d'un ministère, d'un niveau d'administration ou d'un secteur à un autre. La diversité de l'ensemble des compétences liées à l'innovation, telles que la capacité à résoudre des problèmes, la créativité, la communication, l'analyse et la synthèse, et la prospective, indique qu'il faut concevoir des processus de sélection plus fins, permettant de mesurer et d'apprécier davantage que le niveau d'études et les compétences techniques.
- **Gestion des performances :** pour favoriser l'innovation, il faut mettre en place des méthodes qui incitent à prendre des risques calculés et intègrent les échecs initiaux dans le processus d'apprentissage. On peut réduire l'aversion pour le risque en définissant des objectifs de résultat axés sur une prise de risques calculés et en aménageant des espaces de création sûrs qui permettent de tâtonner et d'apprendre. Certains gouvernements commencent à introduire des compétences comportementales axées sur l'innovation dans les systèmes de gestion des performances.
- **Formation et perfectionnement :** l'apprentissage se trouve au cœur de l'innovation. Faire tourner les membres du personnel sur des postes plus variés peut aider à renforcer leurs compétences et leur apprentissage. Il est également possible de mettre à profit les conférences, les partenariats et autres possibilités d'ouverture sur l'extérieur pour échanger des idées avec d'autres acteurs. Le processus de gestion et d'évaluation des performances offre l'occasion d'examiner les besoins et les possibilités d'apprentissage.

Il est aussi de plus en plus reconnu que le recours aux réseaux et à un travail d'équipe intersectoriel constitue une précieuse source d'apprentissage, qui peut déclencher l'innovation dans les organismes du secteur public.

- **Rémunération :** le recours à un mécanisme de rémunération pour stimuler l'innovation peut se révéler délicat et doit être abordé avec prudence afin d'être sûr que les primes accordées encouragent les bons comportements, comme le travail d'équipe, le libre partage de l'information et la coopération. L'adoption d'une démarche plus large englobant des prix et des gratifications peut s'avérer plus efficace pour favoriser l'innovation. De nombreux pays élaborent actuellement divers programmes d'attribution de récompenses aux innovateurs pour instaurer une culture qui valorise les inventions.
- **Direction :** les cadres donnent le ton d'une organisation ; jouent un grand rôle dans l'instauration, le renforcement et la modification de la culture de l'organisation ; et servent de modèles. Le soutien des projets innovants par la direction est l'un des facteurs déterminants de leur succès, mais, surtout dans les organisations fortement hiérarchisées, il est souvent difficile pour les hauts responsables de communiquer avec les membres du personnel de terrain directement chargés de la prestation de services, qui peuvent avoir des idées novatrices. Ce problème souligne un peu plus l'importance des mécanismes et des stratégies de communication internes aux organisations, que ce soit dans le sens ascendant ou descendant.

Données, informations et connaissances

Pour renforcer les capacités d'innovation, il faut que les organisations changent et s'adaptent, en apprenant de leurs expériences passées tout en anticipant les défis à venir par la prospective. Les données, les informations et les connaissances ont un rôle essentiel à jouer pour former l'ossature d'une organisation apprenante présentant ces caractéristiques. Elles étayent les opérations quotidiennes, aident l'organisation à comprendre l'évolution du contexte dans lequel elle évolue et lui permettent de prendre des décisions fondées sur des éléments probants. Utilisées de manière stratégique, elles peuvent aider une organisation à s'adapter et à être compétitive en tirant les enseignements de l'expérience pour promouvoir et nourrir l'apprentissage organisationnel.

Les données, les informations et les connaissances relatives à une organisation prennent de nombreuses formes et se trouvent dans des endroits très divers ; pour que celle-ci devienne une organisation apprenante, il lui faut mettre tous ces éléments au service d'un apprentissage continu. Cela suppose de déterminer leurs différentes sources, d'exploiter ce qu'elles disent de l'organisation en les intégrant régulièrement et systématiquement dans le processus décisionnel, et de les partager librement entre acteurs concernés que ce soit à l'intérieur ou à l'extérieur de l'administration. Comme on l'a déjà souligné dans les principaux messages sur l'action à mener en faveur de l'innovation verte, développer de nouvelles connaissances peut aussi nécessiter un effort systématique de R-D, qui est parfois insuffisant dans plusieurs pans du secteur public.

L'utilisation d'informations pour améliorer la capacité d'innovation des organismes publics soulève trois questions interdépendantes :

- **Recherche des sources :** déterminer les différents types et sources de données, d'informations et de connaissances pertinents. Cette activité peut aussi nécessiter des efforts délibérés pour générer de nouvelles connaissances.

- **Exploitation :** les organismes doivent acheminer les données, les informations et les connaissances sous une forme utilisable de sorte qu'elles puissent être pleinement exploitées pour fournir des éléments probants à l'appui des décisions et soutenir le renouveau organisationnel (pour favoriser l'avènement d'« organisations apprenantes »).
- **Partage :** les organismes doivent partager les informations recueillies avec un ensemble plus large d'acteurs, notamment d'autres organismes du secteur public et des citoyens, pour étayer la prise de décisions, promouvoir la reddition de comptes et la co-innovation et faciliter la création de valeur ailleurs dans l'économie.

Mesurer la façon dont les pouvoirs publics utilisent les données, les informations et les connaissances à l'appui de l'innovation reste difficile. Différents exemples montrent comment l'utilisation de ces éléments est susceptible d'aider le secteur public dans la détermination des besoins et possibilités, et d'offrir de nouveaux éclairages qui favorisent l'innovation, mais des travaux supplémentaires s'imposent si l'on veut comprendre comment exploiter tous ces éléments pour apporter à l'innovation un soutien systématique.

L'un des éléments indiquant à quel point les pouvoirs publics partagent l'information au-delà des frontières organisationnelles, et avec la société dans son ensemble, est la disponibilité des informations dans le domaine public. Partager l'information publique à grande échelle, en mettant à disposition des ensembles de données sur des portails d'information en accès libre, par exemple (graphique 7.14) peut aider d'autres acteurs à co-innover et créer de la valeur ailleurs dans l'économie.

Graphique 7.14. **Nombre d'ensembles de données proposés dans les guichets uniques centralisés d'accès aux données publiques**

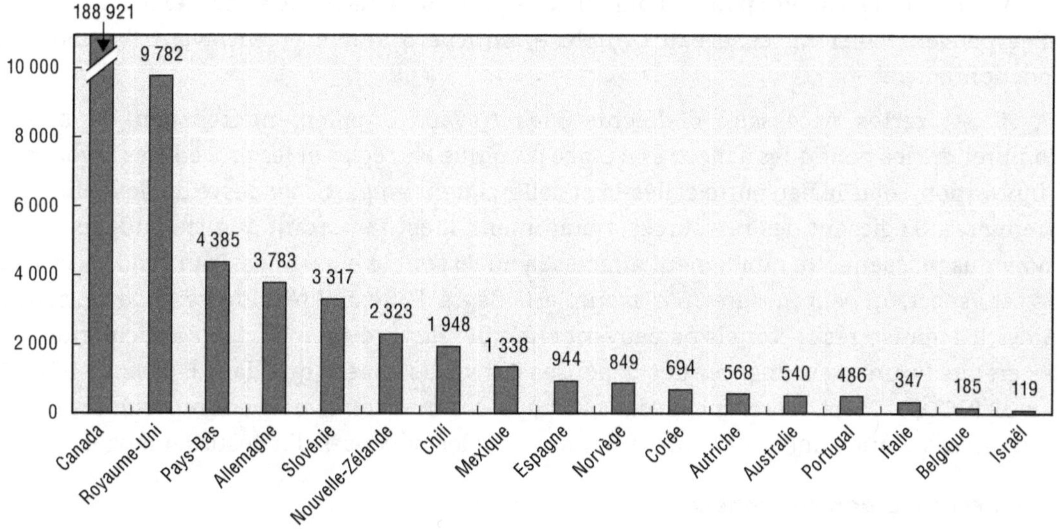

Source : Enquête 2013 de l'OCDE sur l'ouverture des données publiques.

Règles et procédures

Les gens doivent avoir la possibilité d'innover et doivent disposer des ressources pour le faire, d'où la nécessité d'examiner comment on peut concevoir les règles, les lois et les procédures bureaucratiques qui régissent le secteur public de façon à y encourager l'essor de l'innovation.

Les organismes du secteur public sont régis par un écheveau complexe de lois, de règles et de procédures : budgétisation, gestion des ressources, obligations d'information, procédures de gestion et d'approbation des projets, protocole de communication et cadres juridiques réglementant les activités des organismes du secteur public dans des domaines tels que la vie privée, la sécurité et les achats.

Ces règles sont établies pour de bonnes raisons (préserver l'intérêt général, garantir une utilisation éthique des ressources, promouvoir la reddition de compte, mettre en place des méthodes de travail communes dans un souci de cohérence et d'efficience), mais leur conception peut avoir des effets inattendus, susceptibles de limiter les capacités d'innovation des individus et des organismes. Ainsi, la réglementation peut freiner l'évolution des programmes ou bloquer la coopération entre les ministères ou au sein de partenariats avec d'autres secteurs.

On dénombre trois domaines distincts mais interdépendants touchant aux règles et aux procédures, qui sont susceptibles d'influer sur la capacité du secteur public à innover :

- la clarification et, dans certains cas, la simplification du contexte juridique et réglementaire pour encourager l'innovation dans le secteur public
- l'étude de la relation entre flexibilité des ressources, agilité budgétaire et innovation dans un environnement de secteur public
- les processus d'innovation – le fait que l'innovation exige des approches plus souples et plus expérimentales de la gestion de projets et de la conception des services publics.

La relation entre les règles et procédures et l'innovation est complexe. Dans certains cas, les premières peuvent agir pour soutenir la seconde, en fournissant l'architecture qui définit la marche à suivre pour les organismes publics. Dans d'autres contextes, toutefois, elles peuvent créer un écheveau complexe, difficile à suivre et entravant l'action des fonctionnaires.

Il est certes nécessaire d'effectuer des travaux supplémentaires afin de mieux comprendre les politiques à mettre en place pour que les règles et les procédures favorisent l'innovation, mais le lien entre celles-là et celle-ci tient en partie au degré de flexibilité des premières. S'agissant des ressources, notamment, il est important que les budgets et les individus puissent être rapidement affectés là où ils sont le plus utiles. Pour rendre compte de cet aspect, on peut mesurer, par exemple, le degré de flexibilité budgétaire de l'exécutif. Ainsi, les ministères sectoriels ne peuvent effectuer des prélèvements par anticipation sur les crédits futurs pour financer des dépenses d'investissement que dans 6 pays de l'OCDE sur 33 (OCDE, 2012b). En revanche, dans 25 pays, ces ministères peuvent reporter les fonds non utilisés d'une année sur l'autre pour financer les dépenses d'investissement.

Architecture organisationnelle

Définir l'architecture organisationnelle consiste à examiner le travail à réaliser et à établir comment les composantes de celui-ci peuvent être réparties, comment ces composantes sont reliées et comment les activités de l'organisation seront gérées. Dans un contexte public, il s'agit de prendre une question telle que l'emploi des jeunes ; de réfléchir aux composantes qui façonnent cette question (telles que la croissance économique, les politiques relatives au marché du travail et l'éducation) ; de se demander où se trouvent les connaissances, les ressources et la capacité d'exécution en rapport avec ces composantes (élaboration des politiques dans différents ministères sectoriels, mise en application dans les écoles, les universités et les entreprises, ou transmission de connaissances spécialisées par des universitaires, par exemple) ; d'examiner comment le travail peut être géré de sorte que les ressources de chaque acteur soient acheminées efficacement pour apporter une solution concertée ; puis de mettre en place une architecture organisationnelle pour appuyer cette solution. L'architecture organisationnelle influe donc sur la façon dont les individus, les organismes, l'administration publique dans son ensemble et la société en général échangent et travaillent ensemble.

Repenser certains éléments des structures organisationnelles, systémiques et institutionnelles peut être un levier pour améliorer la collaboration au sein des entités et entre elles. On reproche souvent au secteur public son manque de capacité à instaurer des méthodes de travail intégrées et collaboratives. On constate un cloisonnement du travail tant au sein des organismes qu'entre eux, les responsables consacrant sans doute plus d'énergie à défendre leur pré carré qu'à travailler à l'échelle de l'ensemble de leur organisation. Par ailleurs, l'orientation vers l'intérieur peut limiter les débats sur les politiques aux seuls pouvoirs publics. Repenser l'architecture organisationnelle – des emplois individuels jusqu'aux échelons supérieurs, en passant par les équipes – pourrait s'avérer utile pour dépasser certaines de ces tendances et favoriser plus efficacement le partage des informations et des données.

La collaboration avec la société, au-delà des frontières de l'administration, est peut-être plus importante que jamais. Les citoyens échangent avec les services publics de diverses façons, que ce soit pour leur santé, leur famille, leur emploi, leur formation ou leur revenu, et ce ne sont que quelques exemples. De plus en plus souvent, ces échanges passent par les TIC (graphique 7.15), qui offrent de nouvelles possibilités de renforcer les liens avec les citoyens, mais aussi l'implication de ces derniers. En outre, des questions telles que le vieillissement de la population ou les inégalités ne relèvent pas d'une seule organisation, mais concernent différents organismes appartenant à diverses composantes des secteurs public et privé et de la société civile.

Graphique 7.15. **Individus utilisant les services de l'administration électronique, 2010 et 2013**

Pourcentage d'individus ayant obtenu des informations et rempli des formulaires sur des sites web publics au cours des 12 derniers mois

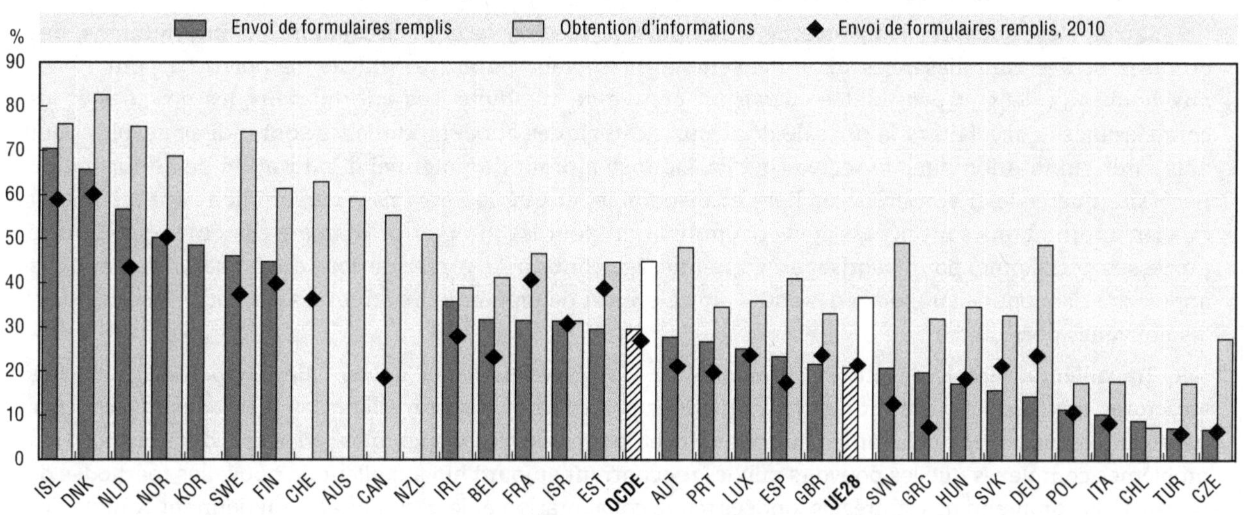

Source : OCDE (2014q), *Measuring the Digital Economy, http://dx.doi.org/10.1787/9789264221796-en.*

Pour que les institutions et les organismes publics aient la capacité d'élaborer des solutions innovantes à ces problèmes, ils doivent être en mesure de collaborer efficacement et de nouer des partenariats fructueux avec des acteurs de l'ensemble de la société. Certains pays expérimentent de nouvelles structures et unités qui permettent au secteur public de faire appel plus facilement au large éventail d'acteurs concernés par chaque question. Ces équipes, unités ou organisations chargées d'innover (« i-teams ») fonctionnent de différentes façons. Dernièrement, Nesta a commencé à s'intéresser à ces équipes, à leurs méthodes de travail, à leurs structures et à la manière dont elles sont gouvernées (Puttick, Baeck et Colligan, 2014). Certaines initiatives visant à encourager l'innovation, telles que les concours thématiques, peuvent contribuer à renforcer la capacité d'innovation du secteur public. On trouvera ci-après certains messages préliminaires qui se dégagent des travaux de l'OCDE sur l'innovation dans le secteur public.

Principaux messages concernant l'innovation dans le secteur public

Pour relever le défi de l'innovation, il faut adopter une approche systémique, en s'intéressant principalement aux personnes concernées, aux informations qu'elles utilisent, à la façon dont elles travaillent ensemble et aux règles et procédures qui régissent leur travail. Les gouvernements sont invités à s'attaquer d'urgence à ces quatre domaines pour promouvoir et permettre l'innovation dans le secteur public. Ils sont également encouragés à renforcer la mesure de l'innovation et à enrichir la base de données probantes servant à l'élaboration des politiques.

1. **Un personnel qui compte : les gouvernements doivent investir dans les capacités et les compétences des fonctionnaires, qui sont les catalyseurs de l'innovation dans le secteur public. Il s'agit notamment ici de développer la culture, les incitations et les normes susceptibles de faciliter l'adoption de nouvelles méthodes de travail.** Aucun gouvernement ne peut bâtir un pays fort et sûr sans une fonction publique professionnelle, compétente et innovante. Les exigences qui pèsent sur le secteur public et sur les ressources correspondantes continuant d'évoluer dans des sens opposés, il sera de plus en plus important de disposer d'une fonction publique capable d'innover pour répondre aux besoins à l'échelle nationale comme mondiale. Compte tenu de l'ampleur de la zone d'impact du secteur public, tous les gouvernements ont intérêt à faire en sorte que leur fonction publique dispose des compétences, des incitations et du champ nécessaires à une prise de risques calculés et à une recherche habile de solutions, de façon à stimuler l'innovation et à améliorer les résultats pour les citoyens.

2. **Savoir, c'est pouvoir : les gouvernements doivent faciliter la libre circulation des informations, des données et des connaissances dans l'ensemble du secteur public, et utiliser ce potentiel pour réagir aux nouveaux défis et possibilités en faisant preuve de créativité.** Les informations, les données et les connaissances qui éclairent la prise de décisions stratégiques et opérationnelles sont indispensables pour alimenter l'innovation dans le secteur public. La mise à profit du potentiel d'innovation de l'information nécessite que celle-ci soit en accès libre et disponible, et que les organisations étudient attentivement quelles informations sont nécessaires et comment on peut les intégrer de manière systématique dans le processus décisionnel pour favoriser un apprentissage continu. Les organisations qui ne parviennent pas à apprendre risquent de supporter des coûts plus élevés et de répéter leurs erreurs, sans pouvoir concrétiser les nouvelles possibilités.

3. **Travailler ensemble résout les problèmes : les gouvernements doivent développer de nouvelles structures organisationnelles et mettre à profit des partenariats pour améliorer les méthodes et les outils, partager les risques et exploiter les informations et les ressources disponibles à des fins d'innovation.** Les problèmes complexes que les pouvoirs publics rencontrent aujourd'hui appellent de nouvelles méthodes de travail. Cela comprend des stratégies fondées sur la collaboration et le partenariat – qui tiennent compte des points de vue essentiels des citoyens, de la société civile, des milieux universitaires et des entreprises – et

Principaux messages concernant l'innovation dans le secteur public *(suite)*

des échanges au sein du secteur public. Il faut également créer des organisations plus ouvertes, travaillant davantage en réseau et structurées de manière plus horizontale, qui cherchent à collaborer à l'intérieur et à l'extérieur des administrations. Des approches plus flexibles du travail s'imposent aussi, comme la mise en commun des talents et la création d'équipes de gestion pluridisciplinaires pour resserrer la collaboration. Les équipes temporaires, les projets pilotes et les missions de courte durée sont autant de moyens pour les pouvoirs publics de tester et de mieux aligner les talents et les ressources pour encourager le dialogue, l'expérimentation, la prise de risques, la résolution des problèmes et l'innovation.

4. Des règles et des procédures pour soutenir, et non pas freiner, l'innovation : les pouvoirs publics doivent faire en sorte que les règles et les procédures internes soient équilibrées et parviennent à atténuer les risques tout en protégeant les ressources et en permettant l'innovation. Les contrôles, règles et procédures internes sont nécessaires pour assurer une gestion avisée et une reddition de compte solide, mais peuvent, involontairement, étouffer l'innovation. Pour éviter cet écueil, les gouvernements doivent faire en sorte que leur fonction publique obéisse à des règles raisonnables et à des procédures simplifiées. Toutes ces actions doivent concourir à mettre en place un système de responsabilisation qui soit à la fois robuste et facile à parcourir, tout en étant axé de manière plus systématique sur la stimulation de l'innovation. Les nouvelles approches de gestion de projet axées sur les résultats sont une étape permettant de s'écarter des rigidités d'un modèle contraignant.

5. Renforcer l'évaluation de l'innovation dans le secteur public. Il est essentiel de disposer d'indicateurs plus efficaces pour enrichir la base de données probantes sur l'innovation dans le secteur public, effectuer des analyses comparatives des performances et pouvoir évaluer certaines actions.

Notes

1. Voir le document *2008 OECD Review of Innovation Policy for Hungary* (OCDE, 2008b).
2. Dans le même temps, les essais doivent être mieux coordonnés de façon à s'appuyer sur des populations plus grandes.
3. L'une des rares études examinant cette question est celle de Popp et Newell (2012).
4. La rigueur des politiques environnementales est construite comme un indice composite des politiques environnementales axées sur le marché et des politiques contraignantes (pour plus d'informations, voir Albrizio et al., 2014).
5. Les résultats de l'OCDE mentionnés dans Albrizio et al. (2014) permettent de mieux comprendre les effets de la PMF sur la croissance. Des travaux sont en cours sur d'autres composantes du PIB, telles que le capital et la main-d'œuvre, pour dresser un tableau plus complet de l'impact économique.
6. Il est à noter que, dans certaines conditions de marché, cet « effet de cliquet » peut en réalité ralentir le rythme de l'innovation par rapport à l'optimum. On trouvera dans Milliman et Prince (1989) une analyse de la manière dont le comportement stratégique peut influer sur la relation entre la rigueur des politiques et les incitations à innover.
7. Pour une analyse des effets de la conception des politiques environnementales sur la concurrence, voir Heyes (2009). Les politiques environnementales entravant la concurrence n'ont guère d'incidence directe sur de grands pans de l'économie, car les procédures et les caractéristiques les plus contraignantes se concentrent dans les industries et les secteurs très polluants, mais les études sur les effets de la réglementation montrent que les règlements qui ont un impact sur la concurrence et l'entrée dans un secteur précis ont tendance à percoler dans l'ensemble de l'économie (Barone et Cingano, 2011 ; Bourlès et al., 2013).
8. Voir Koźluk (2014).
9. Voir aussi Greene et Braathen (2014).
10. Voir Baker, Bloom et Davis (2013) pour un examen général de cette question.
11. Voir Aghion et al. (2014).

12. Par exemple, l'introduction d'instruments économiques va de pair avec l'adoption de technologies qui nécessitent des modifications intégrées des processus de production plutôt que des technologies « autonomes » de réduction de la pollution en bout de chaîne. Il est ainsi possible de réaliser des économies de gamme. Parallèlement, l'adoption de stratégies de ce type dépend du fait que la responsabilité globale sur les questions environnementales soit confiée à des gestionnaires qui ont une vue d'ensemble de la stratégie de l'entreprise, et non à un service s'occupant uniquement d'environnement (voir Johnstone, Labonne et Thevenot, 2008).
13. Voir OCDE (2003).
14. Voir Cárdenas Rodríguez et al. (2014), Criscuolo et Menon (2014) et Criscuolo et al. (2014). Voir aussi OCDE (2015b).
15. Pour une analyse, voir Lerner (2011).
16. L'« innovation systémique » est un concept utilisé pour illustrer une approche horizontale de l'action publique, qui mobilise des technologies, des mécanismes de marché, des règlements et des innovations sociales pour résoudre des problèmes sociétaux complexes, dans un ensemble de composantes interdépendantes ou agissant les unes sur les autres.
17. Plus précisément, l'indicateur mesure le degré de dispersion, dans différents domaines, des citations de diverses classes technologiques.
18. Plus précisément encore, pour chaque classe technologique, l'indice correspond à l'indice de Hirschman-Herfindahl (HHI) mesurant la distribution des parts de brevets dans l'ensemble des secteurs industriels NACE à trois chiffres du déposant.
19. Cela pourrait aussi signifier que les innovations vertes sont particulières et pourraient avoir des effets plus vastes que d'autres technologies. Cette question nécessite toutefois des recherches supplémentaires.
20. La situation s'apparente à celle de l'innovation dans la santé lorsqu'elle permet de lutter contre des pandémies internationales.
21. Voir Barret (2010).
22. Voir, par exemple, Beattie et al. (2012) pour une analyse du cas des technologies photovoltaïques solaires.
23. Pour obtenir des données probantes à ce sujet, voir Johnstone et Haščič (2011).
24. De Coninck et al. (2008) définissent les accords axés sur la technologie comme « comprenant les accords internationaux qui visent à faire avancer la recherche, le développement, la démonstration et/ou le déploiement des technologies » et non à réduire les émissions en tant que telles.
25. Voir l'analyse dans AIE (2015).
26. OCDE, Groupe de travail des experts nationaux sur les indicateurs de science et de technologie, « Measuring Public Sector Innovation: A Review and Assessment of Recent Studies », 15 juin 2011, *DSTI/EAS/STP/NESTI(2011)8*.
27. *www.oecd.org/governance/observatory-public-sector-innovation/home/*.
28. Daglio, M., D. Gerson et H. Kitchen (2014), « Building organisational capacity for public sector innovation », document de travail de l'OCDE, Éditions OCDE, Paris ; et OCDE (2015g), *Promoting Public Sector Innovation*, Éditions OCDE, Paris.
29. L'innovation sociale désigne l'innovation qui se produit, au-delà des pouvoirs publics, entre les acteurs de la société civile et les citoyens, ciblant les problèmes sociaux de façon à générer des avantages pour l'ensemble de la société.

Références

Acs, Z.J., D.B. Audretsch et M.P. Feldman (1994), « R&D spillovers and recipient firm size », *The Review of Economics and Statistics*, vol. 76, n° 2, pp. 336-40.

Aghion, P. et al. (2014), « Path dependence, innovation and the economics of climate change », *Policy Paper*, Centre for Climate Change Economics and Policy, Grantham Research Institute on Climate Change and the Environment.

AIE (Agence internationale de l'énergie) (2015), *Energy Technology Perspectives 2015*, Éditions OCDE, Paris.

AIE (2013), *Tracking Clean Energy Progress*, Éditions OCDE, Paris.

AIE et AEN (Agence de l'OCDE pour l'énergie nucléaire) (2015), *Nuclear Energy 2015*, IEA Technology Roadmaps, Éditions OCDE, Paris, *http://dx.doi.org/10.1787/9789264229938-en*.

Albrizio, S. et al. (2014), « Do environmental policies matter for productivity growth? Insights from new cross-country measures of environmental policies », *Documents de travail du Département des affaires économiques de l'OCDE*, n° 1176, Éditions OCDE, Paris, *http://dx.doi.org/10.1787/5jxrjncjrcxp-en*.

Alston, J. (2010), « Les avantages de la recherche-développement, de l'innovation et de l'accroissement de la productivité dans le secteur agricole », *Documents de l'OCDE sur l'alimentation, l'agriculture et les pêcheries*, n° 31, Éditions OCDE, Paris, *http://dx.doi.org/10.1787/5km91nfjnhq3-fr*.

Arrow, K. (1962), *The Rate and Direction of Inventive Activity: Economic and Social Factors*, National Bureau of Economic Research, Princeton University Press, Princeton.

Arthur, W.B. (2007), « The structure of invention », *Research Policy*, vol. 36, n° 2, pp. 274-287.

Audretsch, D. et M. Feldman (1996), « R&D spillovers and the geography of innovation and production », *The American Economic Review*, pp. 630-640.

Avvisati, F. et al. (2013), « Review of the Italian strategy for digital schools », *OECD Education Working Papers*, n° 90, Éditions OCDE, Paris, *www.oecd.org/edu/ceri/Innovation%20Strategy%20Working%20Paper%2090.pdf*.

Baker, S., N. Bloom et S. Davis (2013), « Measuring economic policy uncertainty », *Chicago Booth Research Paper*, n° 2.

Barone, G. et F. Cingano (2011), « Service regulation and growth: Evidence from OECD countries », *Economic Journal*, vol. 121, n° 555.

Barrett, S. (2010), *Why Cooperate? The Incentive to Supply Global Public Goods*, Oxford University Press.

Beattie, N.S. et al. (2012), « Understanding the effects of sand and dust accumulation on photovoltaic modules », *Renewable Energy*, vol. 48, décembre, pp. 448-452.

Bloom, N., M. Schankerman et J. Van Reenen (2013), « Identifying Technology Spillovers and Product Market Rivalry », *Econometrica*, vol. 81, n° 4, pp. 1347-1393.

Bourlès, R. et al. (2013), « Do product market regulations in upstream sectors curb productivity growth? Panel data evidence for OECD countries », *Review of Economics and Statistics*, vol. 95, n° 5, pp. 1750-1768.

Braconier, H., G. Nicoletti et B. Westmore (2014), « Policy *Challenges for the Next 50 Years* », *OECD Economics Department Policy Papers*, n° 9, Éditions OCDE, Paris.

Cárdenas Rodríguez, M. et al. (2014), « Inducing private finance for renewable energy projects: Evidence from micro-data », *Documents de travail de l'OCDE sur l'environnement*, n° 67, Éditions OCDE, Paris, *http://dx.doi.org/10.1787/5jxvg0k6thr1-en*.

CASTED (Chinese Academy of Science and Technology for Development) (2014), *China's Report on Inclusive Innovation*, CASTED, Beijing.

Chiavari, J. et C. Tam (2011), *Good Practice Policy Framework for Energy Technology RD&D*, OCDE/AIE, Paris.

Claxton, K. (2007), « OFT, VBP: QED? », *Health Economics*, vol. 16, n° 6, pp. 545-558.

Commission européenne (2013), *2013 EU Industrial R&D Investment Scoreboard*, Office des publications de l'Union européenne, Luxembourg.

Crescenzi, R., A. Rodríguez-Pose et M. Storper (2012), « The territorial dynamics of innovation in China and India », *Journal of Economic Geography*, vol. 12, pp. 1055-1085.

Criscuolo, C. et al. (2014), « Renewable energy policies and cross-border investment: Evidence from mergers and acquisitions in solar and wind energy », *OECD Science, Technology and Industry Working Papers*, vol. 2014, n° 03, Éditions OCDE, Paris.

Criscuolo, C. et C. Menon (2014), « Environmental policies and risk finance in the green sector: Cross-country evidence », *OECD Science, Technology and Industry Working Papers*, vol. 2014, n° 01, Éditions OCDE, Paris.

Daglio, M., D. Gerson et H. Kitchen (2014), « Building organisational capacity for public sector innovation », document préparé pour la Conférence de l'OCDE intitulée *L'innovation dans le secteur public : de l'idée à l'impact*, Paris, 12-13 novembre 2014.

De Coninck, H. et al. (2008), « International technology-oriented agreements to address climate change », *Energy Policy*, vol. 2008, n° 36, pp. 335-356.

Dechezleprêtre, A., N. Johnstone et I. Haščič (2015), « Invention and international diffusion of water conservation and availability technologies », *Documents de travail de l'OCDE sur l'environnement*, n° 82, Éditions OCDE, Paris, *http://dx.doi.org/10.1787/5js679fvllhg-en.*

Ding, W.W. et al. (2010), « The impact of information technology on academic scientists' productivity and collaboration patterns », *Management Science*, vol. 56, n° 9, pp. 1439-1461.

Egli, F., C. Menon et N. Johnstone (2015), « Identifying and inducing breakthrough inventions: An application related to climate change mitigation », *OECD Science, Technology and Industry Working Papers*, vol. 2015, n° 04, Éditions OCDE, Paris, *http://dx.doi.org/10.1787/5js03zd40n37-en.*

Feldman, H.H. et al. (2014), « Alzheimer's disease research and development: A call for a new research roadmap », *Annals of the New York Academy of Science*, vol. 1313, *http://dx.doi.org/10.1111/nyas.12424.*

Fernandes, A. et C. Paunov (2015), « The Risks of Innovation: Are Innovating Firms Less Likely to Die? », *The Review of Economics and Statistics*, July, vol. 97, n° 3, pp. 638-653, Cambridge, Massachusetts.

Foray, D. et J. Raffo (2012), « Business-driven innovation: Is it making a difference in education? An analysis of educational patents », *OECD Education Working Papers*, n° 84, Éditions OCDE, Paris, *http://dx.doi.org/10.1787/5k91dl7pc835-en.*

Forbes Africa (2012), « Ranking of top 20 African startups », *Forbes Africa*, February, Forbes Magazine Press.

Foster, N.L. et al. (2014), « Justifying reimbursement for Alzheimer's diagnostics and treatments: Seeking alignment on evidence », *Alzheimer's & Dementia*, vol. 10, n° 4, pp. 503-508, *http://dx.doi.org/10.1016/j.jalz.2014.05.003.*

Frey, C.B. et M. Osborne (2013), « The future of employment: How susceptible are jobs to computerisation? », *Oxford Martin School Working Paper*, University of Oxford.

Galea, G. et M. McKee (2014), « Public-private partnerships with large corporations: Setting the ground rules for better health », *Health Policy*, vol. 115, n° 2-3, *http://dx.doi.org/10.1016/j.healthpol.2014.02.003.*

Görg, H. et D. Greenaway (2004), « Much ado about nothing? Do domestic firms really benefit from foreign direct investment? », *The World Bank Research Observer*, vol. 19, n° 2, pp. 171-197.

Grameen Bank (2013), *Annual Report 2012*, Grameen Bank.

Greene, J. et N.A. Braathen (2014), « Tax preferences for environmental goals: Use, limitations and preferred practices », *Documents de travail de l'OCDE sur l'environnement*, n° 71, Éditions OCDE, Paris, *http://dx.doi.org/10.1787/5jxwrr4hkd6l-en.*

Gupta, R., S. Sankhe, R. Dobbs, J. Woetzel, A. Madgavkar et A. Hasyagar (2014), *From poverty to empowerment: India's imperative for jobs, growth, and effective basic services*, McKinsey Global Institute,McKinsey & Company, New York.

Haščič, I. et M. Migotto (2014), « Measuring environmental innovation using patent data », *Documents de travail de l'OCDE sur l'environnement*, n° 89, Éditions OCDE, Paris, *http://dx.doi.org/10.1787/5js009kf48xw-en.*

Haščič, I. et al. (2015), « Public Interventions and Private Climate Finance Flows: Empirical Evidence from Renewable Energy Financing », *Documents de travail de l'OCDE sur l'environnement*, n° 80, Éditions OCDE. *http://dx.doi.org/10.1787/5js6b1r9lfd4-en.*

Haščič, I. et N. Johnstone (2012), « L'innovation dans les technologies des véhicules électriques et hybrides : le rôle des prix, des normes et de la R-D », dans OCDE, *Invention et transfert de technologies environnementales*, Éditions OCDE, Paris. DOI : *http://dx.doi.org/10.1787/9789264168497-5-fr.*

Heyes, A. (2009), « Is environmental regulation bad for competition? A Survey », *Journal of Regulatory Economics*, vol. 36, n° 1, pp. 1-28.

Hsieh, C.-T. et B.A. Olken (2014), « The Missing 'Missing Middle' », *Journal of Economic Perspectives*, American Economic Association, vol. 28, n° 3, pp. 89-108, été.

Hsieh, C.-T. et P. Klenow (2009), « Misallocation and Manufacturing TFP in China and India », *Quarterly Journal of Economics*, vol. 124, pp. 1403-1448.

Hu, A.G., G.H. Jefferson et Q. Jinchang (2005), R&D and technology transfer: Firm-level evidence from Chinese industry, *Review of Economics and Statistics*, vol. 87, n° 4, pp. 780-786.

Isen, A., M. Rossin-Slater et W.R. Walker (2014), « Every breath you take – every dollar you'll make: The long-term consequences of the Clean Air Act of 1970 », *NBER Working Paper*, n° 19858, National Bureau of Economic Research, Cambridge.

Jaffe, A.B., M. Trajtenberg et R. Henderson (1993), « Geographic knowledge spillovers as evidenced by patent citations », *Quarterly Journal of Economics*, vol. 108, n° 3, pp. 577-598.

Johnstone, N., J. Labonne et C. Thevenot (2008), « Environmental policy and economies of scope in facility-level environmental practices », *Environmental Economics and Policy Studies*, vol. 9, n° 3, pp. 145-166.

Johnstone, N. et I. Haščič (2013), « Increasing the penetration of intermittent renewable energy: Innovation in energy storage and grid management », in Fouquet, R. (dir. pub.), *Handbook on Energy and Climate Change*, Edward Elgar.

Johnstone, N. et I. Haščič (2011), « Environmental policy design and the fragmentation of international markets for innovation », in V. Ghosal (dir. pub.), *Reforming Rules and Regulations*, MIT Press, Cambridge, Massachusetts.

Kahrobaie, N., I. Haščič et N. Johnstone (2012), « International technology agreements for climate change: Analysis based on co-invention data », in OCDE, *Energy and Climate Policy: Bending the Technological Trajectory*, Éditions OCDE, Paris.

Kalamova, M., I. Haščič et N. Johnstone (2013), « Implications of policy uncertainty for innovation in environmental technologies: The case of public R&D budgets », in Constantini, V.et M. Mazzanti (dir. pub.), *The Dynamics of Environmental and Economic Systems*, Springer, Berlin.

Kärkkäinen, K. (2012), « Bringing about curriculum innovations: Implicit approaches in the OECD area », *OECD Education Working Papers*, n° 82, Éditions OCDE, Paris, *http://dx.doi.org/10.1787/5k95qw8xzl8s-en*.

Kärkkäinen, K. et S. Vincent-Lancrin (2013), « Sparking innovation in STEM education with technology and collaboration: A case study of the HP Catalyst Initiative », *OECD Education Working Papers*, n° 91, Éditions OCDE, Paris, *http://dx.doi.org/10.1787/5k480sj9k442-en*.

Koh, H., A. Karamchandani et R. Katz (2012), *From Blueprint to Scale: The Case for Philantropy in Impact Investing*, The Monitor Group.

Kokko, A., R. Tansini et M.C. Zejan (1996), « Local technological capability and productivity spilloversfrom FDI in the Uruguayan manufacturing sector », *The Journal of Development Studies*, vol. 32, n° 4, pp. 602-611.

Kothandaraman, P. et S. Mookerjee (2008), « Healthcare for all: Narayana Hrudayalaya, Bangalore », *GIM Case Study*, n° A031, Programme des Nations Unies pour le développement, New York.

Haščič, T. (2014), « The indicators of the economic burdens of environmental policy design: Results from the OECD questionnaire », *OECD Economics Department Working Papers*, n° 1178, Éditions OCDE, Paris.

Krugman, P. (1991), « Increasing Returns and Economic Geography », *The Journal of Political Economy*, vol. 99, n° 3, pp. 483-499.

Lanjouw, J. et M. Schankerman (2004), « Protecting intellectual property rights: Are small firms handicapped? », *The Journal of Law and Economics*, vol. 47, n° 1, pp. 45-74.

Lanoie, P. et al. (2011) « Environmental policy, innovation and performance: New insights on the Porter hypothesis », *Journal of Economic Management and Strategy*, vol. 20, n° 3, pp. 803-842.

Lanzi, E., I. Haščič et N. Johnstone (2012), « The determinants of invention in electricity generation technologies: A patent data analysis », *Documents de travail de l'OCDE sur l'environnement*, n° 45, Éditions OCDE, Paris.

Lee, K. (2014), « Innovation and Upgrading for Inclusive Growth: Implications for LICs/MICs », communication présentée lors du Growth Dialogue Forum en Malaisie.

Lembcke, A., R. Ahrend et K. Maguire (à paraître), « Spatial Aspects of Inclusive Growth: The Distribution of Regional Benefits from Innovation », *Documents de travail de l'OCDE sur le développement régional*.

Lerner, Josh (2011), « Venture capital and innovation in energy », in Henderson, R. and R. Newell (dir. pub.), *Accelerating Innovation in Energy*, University of Chicago Press.

Lubienski, C. (2009), « Do quasi-markets foster innovation in education? A comparative perspective », *OECD Education Working Papers*, n° 25, Éditions OCDE, Paris, *http://dx.doi.org/10.1787/221583463325*.

Maes, J.P. et L.R. Reed (2012), *State of the Microcredit Summit Campaign Report 2012*, Microcredit Summit Campaign (MCS), Washington, DC.

Maskus, K. (2010), « Differentiated intellectual property regimes for environmental and climate technologies », *Documents de travail de l'OCDE sur l'environnement*, n° 17, Éditions OCDE, Paris.

Mendoza, R.U. (2011), « Why do the poor pay more? Exploring the poverty penalty concept », *Journal of International Development*, vol. 23, n° 1, pp. 1-28.

Milliman, S.R. et R. Prince (1989), « Firm incentives to promote technological change in pollution control », *Journal of Environmental Economics and Management*, vol. 17, pp. 247-265.

Mullan, M. et al. (2013), « National adaptation planning: Lessons from OECD countries », *Documents de travail de l'OCDE sur l'environnement*, n° 54, Éditions OCDE, Paris.

Muto, M. et T. Yamano (2009), « The impact of mobile phone coverage expansion on market participation: Panel data evidence from Uganda », *World Development*, vol. 37, n° 12, pp. 1887-1896.

Nicoletti, G. et S. Scarpetta (2003), « Regulation, productivity and growth: OECD evidence », *OECD Economics Department Working Papers*, n° 347, Éditions OCDE, Paris.

NInC (National Innovation Council, Government of India) (2013), « Financing innovation: The India Inclusive Innovation Fund », *Report to the People: Third Year*, National Innovation Council, pp. 12-14.

OCDE (2015a), *Innovation Policies for Inclusive Growth*, Éditions OCDE, Paris, *http://dx.doi.org/10.1787/9789264229488-en*.

OCDE (2015b), *The Future of Productivity*, Éditions OCDE, Paris, *http://www.oecd.org/eco/growth/OECD-2015-The-future-of-productivity-book.pdf*.

OCDE (2015c), *Addressing Dementia – the OECD Response*, Études de l'OCDE sur les politiques de santé, Éditions OCDE, Paris, *http://dx.doi.org/10.1787/9789264231726-en*.

OCDE (2015d), « Enhancing Translational Research and Clinical Development for Alzheimer's Disease and other Dementias », *OECD Science, Technology and Industry Policy Papers*, n° 22, Éditions OCDE, Paris, *http://dx.doi.org/10.1787/5js1t57jts44-en*.

OCDE (2015e), *Dementia Research and Care: Can Big Data Help?*, Éditions OCDE, Paris, *http://dx.doi.org/10.1787/9789264228429-en*.

OCDE (2015f), *Mapping Channels to Mobilise Institutional Investment in Sustainable Energy*, Éditions OCDE, Paris, *http://dx.doi.org/10.1787/9789264224582-en*.

OCDE (2015g), *The Innovation Imperative in the Public Sector - Setting an Agenda for Action*, Éditions OCDE, Paris, *http://dx.doi.org/10.1787/9789264236561-en*.

OCDE (2015h), *Enabling the Next Industrial Revolution: Systems Innovation for Green Growth*, Éditions OCDE, Paris.

OCDE (2015i), *Science, technologie et industrie : Perspectives de l'OCDE 2014*, Éditions OCDE, Paris, *http://dx.doi.org/10.1787/sti_outlook-2014-fr*.

OCDE (2015j), *Perspectives du développement mondial 2014 : Accroître la productivité pour relever le défi du revenu intermédiaire*, Éditions OCDE, Paris, *http://dx.doi.org/10.1787/persp_glob_dev-2014-fr*.

OCDE (2014a), *Environnements pédagogiques et pratiques novatrices*, La recherche et l'innovation dans l'enseignement, Éditions OCDE, Paris, *http://dx.doi.org/10.1787/9789264203587-fr*.

OCDE (2014b), *Réformes économiques 2014 : Objectif croissance rapport intermédiaire*, Éditions OCDE, Paris, *http://dx.doi.org/10.1787/growth-2014-fr*.

OCDE (2014c), *Examens de l'OCDE des politiques d'innovation : France 2014*, Éditions OCDE, Paris, *http://dx.doi.org/10.1787/9789264214019-fr*.

OCDE (2014d), *OECD Reviews of Innovation Policy – Netherlands*, Éditions OCDE, Paris, *http://dx.doi.org/10.1787/9789264213159-en*.

OCDE (2014e), *Compendium des indicateurs agro-environnementaux de l'OCDE*, Éditions OCDE, Paris, *http://dx.doi.org/10.1787/9789264181243-fr*.

OCDE (2014f), *OECD Reviews of Innovation Policy – Industry and Technology Policies in Korea*, Éditions OCDE, Paris, *http://dx.doi.org/10.1787/9789264213227-en*.

OCDE (2014g), *OECD Reviews of Innovation Policy – Colombia*, Éditions OCDE, Paris, *http://dx.doi.org/10.1787/9789264204638-en*.

OCDE (2014h), *OECD Reviews of Innovation Policy – Science, Technology and Innovation in Viet Nam*, Éditions OCDE, Paris, *http://dx.doi.org/10.1787/9789264213500-en*.

OCDE (2014i), *Dynamique de la croissance de la productivité des exploitations laitières : Comparaison entre pays*, Éditions OCDE, Paris [*TAD/CA/APM/WP(2014)37/FINAL*].

OCDE (2014j), *L'innovation au service de la productivité et de la durabilité de l'agriculture : Examen des politiques australiennes*, Éditions OCDE, Paris [TAD/CA/APM/WP(2014)22/FINAL].

OCDE (2014k), *L'innovation au service de la productivité et de la durabilité de l'agriculture : Examen des politiques brésiliennes*, Éditions OCDE, Paris [TAD/CA/APM/WP(2014)23/FINAL].

OCDE (2014l), *L'innovation au service de la productivité et de la durabilité de l'agriculture : Examen des politiques canadiennes*, Éditions OCDE, Paris [TAD/CA/APM/WP(2014)24/FINAL].

OCDE (2014m), *Politiques agricoles : suivi et évaluation 2014 : Pays de l'OCDE*, Éditions OCDE, Paris, *http://dx.doi.org/10.1787/agr_pol-2014-fr*.

OCDE (2014n), *All on Board: Making Inclusive Growth Happen*, Éditions OCDE, Paris, *http://dx.doi.org/10.1787/9789264218512-en*.

OCDE (2014o), « Time to terminate termination charges? », *Les essentiels de l'OCDE*, 13 juin, *http://oecdinsights.org/2014/06/13/time-to-terminate-termination-charges/*.

OCDE (2014p), « International cables, gateways, backhaul and international exchange points », *OECD Digital Economy Papers*, n° 232, Éditions OCDE, Paris, *http://dx.doi.org/10.1787/5jz8m9jf3wkl-en*.

OCDE (2014q), *Measuring the Digital Economy*, Éditions OCDE, Paris, *http://dx.doi.org/10.1787/9789264221796-en*.

OCDE (2014r), *Measuring Innovation in Education: A New Perspective*, Éditions OCDE, Paris, *http://dx.doi.org/10.1787/9789264215696-en*.

OCDE (2013a), *OECD Reviews of Innovation Policy – Sweden*, Éditions OCDE, Paris, *http://dx.doi.org/10.1787/9789264184893-en*.

OCDE (2013b), *OECD Reviews of Innovation Policy – Knowledge-Based Start-Ups in Mexico*, Éditions OCDE, Paris, *http://dx.doi.org/10.1787/9789264193796-en*.

OCDE (2013c), *OECD Reviews of Innovation Policy – Peru*, Éditions OCDE, Paris, *http://dx.doi.org/10.1787/9789264128392-en*.

OCDE (2013d), *Perspectives on Global Development 2013: Industrial Policies in a Changing World*, Éditions OCDE, Paris, *http://dx.doi.org/10.1787/persp_glob_dev-2013-en*.

OCDE (2013e), *Les systèmes d'innovation agricole : Cadre pour l'analyse du rôle des pouvoirs publics*, Éditions OCDE, Paris, *http://dx.doi.org/10.1787/9789264200661-fr*.

OCDE (2013f), *Start-up Latin America: Promoting Innovation in the Region*, OECD Development Centre Studies, OECD, Paris, *http://dx.doi.org/10.1787/9789264202306-en*.

OCDE (2013g), *Science, technologie et industrie : Tableau de bord de l'OCDE 2013 : L'innovation au service de la croissance*, Éditions OCDE, Paris,*http://dx.doi.org/10.1787/sti_scoreboard-2013-fr*.

OCDE (2013h), *Statistiques régionales de l'OCDE* (base de données), OCDE, *http://dx.doi.org/10.1787/region-data-fr*.

OCDE (2013i), *Strengthening Health Information Infrastructure for Health Care Quality Governance: Good Practices, New Opportunities and Data Privacy Protection Challenges*, Études de l'OCDE sur les politiques de santé, Éditions OCDE, Paris, *http://dx.doi.org/10.1787/9789264193505-en*.

OCDE (2013j), *ICTs and the Health Sector: Towards Smarter Health and Wellness Models*, Éditions OCDE, Paris, *http://dx.doi.org/10.1787/9789264202863-en*.

OCDE (2013k), *Inventory of Estimated Budgetary Support and Tax Expenditures for Fossil Fuels*, Éditions OCDE, Paris, *http://dx.doi.org/10.1787/9789264187610-en*.

OCDE (2013l), « Biotechnology for the environment in the future: Science, technology and policy », *OECD Science, Technology and Industry Policy Papers*, n° 3, Éditions OCDE, Paris, *http://dx.doi.org/10.1787/5k4840hqhp7j-en*.

OCDE (2013m), « Nanotechnology for green innovation », *OECD Science, Technology and Industry Policy Papers*, n° 5, Éditions OCDE, Paris, *http://dx.doi.org/10.1787/5k450q9j8p8q-en*.

OCDE (2013n), *Leadership for 21st Century Learning*, Éditions OCDE, Paris, *http://dx.doi.org/10.1787/9789264205406-en*.

OCDE (2012a), *Politiques agricoles: suivi et évaluation 2012 : Pays de l'OCDE*, Éditions OCDE, Paris, *http://dx.doi.org/10.1787/agr_pol-2012-fr*.

OCDE (2012b), *Survey on Budgeting Practices and Procedures*, Éditions OCDE, Paris, *http://www.oecd.org/gov/budgeting/2012-Budgeting-survey.pdf*.

OCDE (2012c), *Invention et transfert de technologies environnementales*, Études de l'OCDE sur l'innovation environnementale, Éditions OCDE, Paris, *http://dx.doi.org/10.1787/9789264168497-fr*.

OCDE (2011a), *OECD Reviews of Innovation Policy – Russian Federation*, Éditions OCDE, Paris, *http://dx.doi.org/10.1787/9789264113138-en*.

OCDE (2011b), *Regions and Innovation Policy*, Examens de l'OCDE sur l'innovation régionale, Éditions OCDE, Paris, *http://dx.doi.org/10.1787/9789264205307-en*.

OCDE (2011c), *Science, technologie et industrie : Perspectives de l'OCDE 2010*, Éditions OCDE, Paris, *http://dx.doi.org/10.1787/sti_outlook-2010-fr*.

OCDE (2010a), *SMEs, Entrepreneurship and Innovation*, Éditions OCDE, Paris, *http://dx.doi.org/10.1787/9789264080355-en*.

OCDE (2010b), *Taxation, Innovation and the Environment*, Éditions OCDE, Paris, *http://dx.doi.org/10.1787/9789264087637-en*.

OCDE (2009a), *OECD Reviews of Innovation Policy – Mexico*, Éditions OCDE, Paris, *http://dx.doi.org/10.1787/9789264075993-en*.

OCDE (2009b), *OECD Reviews of Innovation Policy – Korea*, Éditions OCDE, Paris, *http://dx.doi.org/10.1787/9789264067233-en*.

OCDE (2008a), *OECD Reviews of Innovation Policy – China*, Éditions OCDE, Paris, *http://dx.doi.org/10.1787/9789264039827-en*.

OCDE (2008b), *The Internationalisation of Business R&D*, Éditions OCDE, Paris, *http://dx.doi.org/10.1787/9789264044050-en*.

OCDE (2008c), *OECD Reviews of Innovation Policy – Hungary*, Éditions OCDE, Paris, *http://dx.doi.org/10.1787/9789264054059-en*.

OCDE (2008d), *Environmental Policy, Technological Innovation and Patents*, Éditions OCDE, Paris, *http://dx.doi.org/10.1787/9789264046825-en*.

OCDE (2003), *The Environmental Performance of Public Procurement*, OECD Publishing, Paris, *http://dx.doi.org/10.1787/9789264101562-en*.

OCDE/Eurostat (2005), *Manuel d'Oslo : Principes directeurs pour le recueil et l'interprétation des données sur l'innovation, 3e édition*, La mesure des activités scientifiques et technologiques, Éditions OCDE, Paris, *http://dx.doi.org/10.1787/9789264013124-fr*.

Ockwell, D. et al. (2010), « Enhancing developing country access to eco-innovation: The case of technology transfer and climate change in a post-2012 policy framework », *Documents de travail de l'OCDE sur l'environnement*, n° 12, Éditions OCDE, Paris.

Paris, V. et A. Belloni (2013), « Value in pharmaceutical pricing », *Documents de travail de l'OCDE sur la santé*, n° 63, Éditions OCDE, Paris, *http://dx.doi.org/10.1787/5k43jc9v6knx-en*.

Paunov, C. (2014), « Democratizing Intellectual Property Systems: How Corruption Hinders Equal Opportunities for Firms », document non publié.

Paunov, C. et C. Lavison (à paraître), « How to scale-up inclusive innovation? Policy lessons from a cross-country perspective », *Documents de travail STI*, à paraître.

Poirier, J. et al. (2014), « The benefits of international co-authorship in scientific papers: The case of wind energy technologies », *Documents de travail de l'OCDE sur l'environnement*, n° 81, Éditions OCDE, Paris, *http://dx.doi.org/10.1787/5js69ld9w9nv-en*.

Popp, D. (2011), « International technology transfer, climate change, and the clean development mechanism », *Review of Environmental Economics and Policy*, vol. 5, pp. 131-152.

Popp, D. e R.C. Newell (2012), « Where does energy R&D come from? », *Energy Economics*, vol. 34, n° 4, pp. 980-991.

Porter M. (2010), « What is value in health care? », *New England Journal of Medicine*, vol. 363, n° 26, pp. 2477-2481.

Prahalad, C.K. et S. Hart (2002), « The fortune at the bottom of the pyramid », *Strategy + Business*, n° 26.

Puttick, R, P. Baeck et P. Colligan (2014), *I-teams: The Teams and Funds Making Innovation Happen Around the World*, Nesta and Bloomberg Philanthropies, Londres.

Radjou, N., J. Prabhu et S. Ahuja (2013), *L'Innovation jugaad. Redevenons ingénieux!*, Éditions Diateino, Paris.

Rodrik, D. (2004), « Industrial policy for the twenty-first century », document préparé pour l'ONUDI, Université de Harvard, *https://myweb.rollins.edu/tlairson/pek/rodrikindpolicy.pdf*.

Salmi, J. (2013), « The race for excellence – A marathon not a sprint », *University World News* 254, 13 janvier, *www.universityworldnews.com/article.php?story=20130108161422529* (consulté le 7 mars 2013).

Schieb, P.-A. et J.C. Philp (2014), « Biorefinery policy needs to come of age », *Trends in Biotechnology*, vol. 32, pp. 496-500.

Scott, T.J. et al. (2014), « Economic analysis of opportunities to accelerate Alzheimer's disease research and development », *Annals of The New York Academy of Sciences*, *http://dx.doi.org/10.1111/nyas.12417*.

SFI (Société financière internationale) (2013), *IFC and Microfinance Factsheet*, SFI, octobre 2013, *http://www.ifc.org/wps/wcm/connect/0cf7a70042429b19845aac0dc33b630b/Fact+Sheet+Microfinance+_October+2013.pdf?MOD=AJPERES*.

Siemens (2011), *Annual Report 2011: Creating Sustainable Cities*, Siemens, *www.siemens.com/annual/11/_pdf/Siemens_AR_2011.pdf*.

Stiglitz, J.E., A. Sen et J.-P. Fitoussi (2009), *Report of the Commission on Measurement of Economic Performance and Social Progress*, *www.stiglitz-sen-fitoussi.fr/en/index.htm*.

Suárez Franco, C.F. (2010), « EPM: Antioquia Iluminada », *Growing Inclusive Markets Case Study*, n° C109, Programme des Nations Unies pour le développement.

Syverson, C. (2004), « Product Substitutability and Productivity Dispersion », *Review of Economics and Statistics*, MIT Press Journals, Cambridge, MA.

Tufts Center for the Study of Drug Development (2014), « CNS drugs take longer to develop and have lower success rates than other drugs », *Impact Report*, vol. 16, n° 6.

Tybout, J. (2000), « Manufacturing Firms in developing countries: How well do they do, and why? », *Journal of Economic Literature*, vol. 38, n° 1, American Economic Association, pp. 11-44.

UIT (Union internationale des télécommunications) (2014), data on telecommunication statistics, *http://www.itu.int/en/ITU-D/Statistics/Pages/stat/default.aspx*.

Von Hippel, E. (2005), *Democratizing Innovation*, MIT Press, Cambridge, Massachusetts.

L'impératif d'innovation
Contribuer à la productivité, à la croissance et au bien-être
© OCDE 2016

Chapitre 8

Gouvernance et mise en œuvre

Le présent chapitre aborde un certain nombre de questions primordiales pour la gouvernance et la mise en œuvre des politiques d'innovation. La première section est consacrée à l'amélioration de la gouvernance à plusieurs niveaux, c'est-à-dire à l'harmonisation des actions entre les différents ministères, organismes et parties prenantes, mais aussi entre les différents niveaux de l'administration publique et entre les pays. La deuxième porte sur la question de la confiance dans les politiques publiques d'innovation, notamment le rôle de l'intervention des pouvoirs publics et la gestion des risques liés à l'innovation. Enfin, la dernière section s'intéresse à la mise en œuvre et à l'évaluation des politiques d'innovation, notamment à ce que les pouvoirs publics peuvent faire pour surmonter les difficultés liées à la réalisation des réformes.

Les données statistiques concernant Israël sont fournies par et sous la responsabilité des autorités israéliennes compétentes. L'utilisation de ces données par l'OCDE est sans préjudice du statut des hauteurs du Golan, de Jérusalem-Est et des colonies de peuplement israéliennes en Cisjordanie aux termes du droit international.

8.1. Cohérence de la gouvernance et des actions

En quoi la gouvernance est-elle importante pour l'innovation ?

L'innovation est un domaine de l'action publique qui fait intervenir plusieurs niveaux de gouvernance, ce qui signifie que les autorités publiques chargées de cette question relèvent de niveaux de responsabilités et de compétences différents, et que les ressources budgétaires sont réparties entre ces différents niveaux. Par ailleurs, même au sein d'un seul niveau de gouvernance, les politiques d'innovation, pour être efficaces, doivent être cohérentes avec les actions et réalisations relatives à un vaste ensemble de domaines (notamment la fiscalité, la science, l'éducation, l'immigration, l'entreprise, l'investissement direct étranger [IDE], voire la santé). Cela veut dire que la cohérence exige la coordination d'un plus grand nombre d'acteurs, d'organisations, de programmes et de politiques publiques. Deux évolutions de taille ont contribué à accroître l'importance des différents niveaux de l'administration publique :

- **La première est la mondialisation**, qui se caractérise par l'émergence de nouveaux acteurs internationaux puissants – les entreprises multinationales –, et par l'extension géographique de la portée des partenariats d'innovation et des pressions concurrentielles. Les organisations intergouvernementales et les instruments internationaux exercent également une influence croissante sur la configuration des systèmes de gouvernance, notamment en Europe, où la Commission européenne joue un rôle majeur dans le soutien des programmes de recherche et d'innovation (OCDE, 2010a).
- **La seconde est la régionalisation/décentralisation**, qui confère davantage de pouvoir aux administrations locales et régionales et a accru leur capacité à concevoir et gérer leurs propres politiques de développement (OCDE, 2005a, 2010b et 2014a).

Les activités de recherche-développement (R-D) et d'innovation sont de plus en plus mondialisées en raison de la modification de l'organisation des fonctions des multinationales, dont les activités de R-D s'internationalisent plus rapidement et à plus grande échelle que par le passé (OCDE, 2010a). La complexité croissante de l'innovation et la généralisation des nouvelles technologies entraînent une évolution vers des partenariats de beaucoup plus grande ampleur, qui s'étendent au-delà des frontières nationales. Du fait de cette évolution, les politiques d'innovation nationales s'inscrivent de plus en plus dans une optique internationale, qui correspond au sentiment émergent d'une identité mondiale, à la dimension, elle aussi mondiale, d'un grand nombre de questions et de problèmes, ainsi qu'à la mondialisation des marchés et de la production. Les politiques d'innovation nationales ont pour but de dynamiser le potentiel innovant des pays, de renforcer les capacités et de développer les compétences locales ; elles peuvent aussi être conçues explicitement pour accroître l'attrait du pays à l'égard des inventeurs et des talents du monde entier (OCDE, 2015b).

Les politiques publiques, tant nationales que supranationales (les programmes-cadres de R-D de l'Union européenne en sont un exemple emblématique), favorisent la participation des acteurs nationaux dans les réseaux de R-D et d'innovation internationaux. Les coûts indivisibles, notamment dans les très grandes infrastructures de recherche, créent la nécessité d'une coopération internationale pour financer et exploiter ces ressources. Les systèmes éducatifs deviennent, eux aussi, de plus en plus ouverts, avec l'harmonisation des programmes d'étude et la perméabilité des parcours éducatifs entre les pays, ainsi que les mesures d'incitation visant à accroître la mobilité internationale des étudiants, des enseignants et des chercheurs.

L'importance des régions dans la politique d'innovation est liée à deux tendances (OCDE, 2011). D'une part, les régions jouent un rôle croissant dans les politiques d'innovation nationales, preuve de l'importance du lieu et de la proximité de l'innovation. D'autre part, les modèles de la politique de développement régional ont changé, l'accent étant mis de plus en plus sur la mobilisation des actifs intellectuels et la promotion de l'innovation au service d'une croissance endogène, avec parallèlement l'abandon du modèle de la politique de redistribution.

Les autorités infranationales – principalement les régions, mais aussi, dans certains pays, les villes – sont donc devenues des acteurs importants en ce qui concerne la définition et la mise en œuvre des politiques d'innovation territorialisées. La volonté de tirer parti des avantages de la proximité géographique et culturelle entre les entreprises et d'autres organisations (comme les universités et les établissements publics de recherche) est à la base de ces évolutions, la proximité facilitant la circulation du savoir informel – lequel est important pour développer de nouvelles combinaisons d'idées, de technologies et de compétences, ainsi que pour encourager la coopération et les processus d'apprentissage interactifs (voir le chapitre 6).

En conséquence de ces deux grandes évolutions, la gouvernance de la politique d'innovation sort du cadre strictement national dans lequel était jusqu'à présent élaborée et mise en œuvre la politique d'innovation pour s'exercer aux niveaux infranational et international. L'action publique en faveur de l'innovation à ces deux niveaux a en effet gagné en importance et s'est intensifiée, tout en ciblant souvent les mêmes acteurs que les politiques d'innovation nationales. Pour que l'action soit cohérente, la gouvernance de l'innovation à plusieurs niveaux nécessite une claire répartition des tâches et de fortes complémentarités entre les niveaux ; elle doit en outre chercher à éviter les formes nocives de duplication des actions ou les actions incomplètes.

La gouvernance à plusieurs niveaux n'est toutefois pas simple. Les autorités présentes aux différents niveaux doivent non seulement disposer des capacités et des ressources adéquates pour exercer leur compétence de manière efficace, mais aussi des aptitudes et des moyens nécessaires pour engager des négociations, faire coïncider leurs actions et conclure des accords avec les autorités des autres niveaux. Le manque de capacités et de ressources peut avoir des conséquences non négligeables sur les processus et les résultats des efforts de gouvernance à plusieurs niveaux[1]. La *Recommandation du Conseil sur l'investissement public efficace entre niveaux de gouvernement* (OCDE, 2014b), qui a été adoptée récemment, propose un cadre de traitement de l'investissement public dans un contexte de gouvernance à plusieurs niveaux, en abordant les questions de la coordination, des capacités (en particulier au niveau infranational) et des conditions-cadres.

La coordination entre les différents niveaux de l'administration publique n'est que l'un des aspects de la complexité des modes de gouvernance de la politique d'innovation. Une autre complémentarité indispensable est la coordination entre les domaines d'action au même niveau d'administration, c'est-à-dire la gouvernance horizontale. Pour que l'action soit cohérente, une gouvernance réfléchie de la politique d'innovation doit tenir compte des dimensions horizontale et verticale (sur plusieurs niveaux) de la gouvernance.

Par ailleurs, l'émergence de partenariats public-privé dans le cadre de l'élaboration des politiques entraîne une plus grande diversification des parties prenantes et accroît la complexité de la gouvernance à plusieurs niveaux. Les acteurs publics chargés de la conception et de la mise en œuvre des stratégies d'innovation et des instruments d'action ont donc besoin d'un ensemble de compétences incluant de plus en plus une fonction d'échange avec les parties prenantes extérieures à l'administration publique.

La gouvernance à plusieurs niveaux de la politique d'innovation comporte plusieurs difficultés. Tout d'abord, l'articulation des objectifs et des moyens entre les différents niveaux de l'administration publique est un processus de longue haleine, qui nécessite beaucoup de ressources et s'avère coûteux. Ensuite, la coordination et l'harmonisation des actions publiques sont rendues difficiles par l'imperfection des informations. Les déficiences de la gouvernance horizontale à un certain niveau de l'administration compliquent en outre les négociations et la recherche d'une meilleure adéquation des actions avec un autre niveau de l'administration. L'insuffisance des ressources et des budgets publics disponibles pour l'innovation à un certain niveau devient également un obstacle aux efforts de coordination avec les autres niveaux. Enfin, le besoin de flexibilité des dispositifs à plusieurs niveaux entre souvent en conflit avec le besoin de stabilité et de perspective à long terme de la politique publique.

Améliorer la gouvernance horizontale

L'innovation – au même titre que la croissance ou la compétitivité, l'atténuation du changement climatique, la gestion de l'évolution démographique et la gestion de crise – est une question qui nécessite des réponses de la part des pouvoirs publics mais qui dépasse les compétences d'un seul ministère ou organisme gouvernemental. Les citoyens et les entreprises attendent de plus en plus des politiques et des services publics qu'ils soient transparents et répondent aux attentes, et qu'ils ne dépendent pas des structures administratives. La bonne gouvernance de l'innovation repose donc sur la conjugaison des efforts, les administrations transnationales travaillant de façon coordonnée et collaborative et en adoptant le point de vue de l'utilisateur (par exemple en fournissant un point de contact unique pour les entreprises ou les établissements d'enseignement). Une mauvaise coordination peut entraîner un risque accru de doublon, des dépenses inefficientes, une faible qualité de service, ainsi que des objectifs et des cibles contradictoires. Dans un contexte de pression budgétaire, l'amélioration de la coordination est un impératif.

Les structures et les instruments de l'État ont toutefois du mal à suivre l'évolution du contexte opérationnel. La modernisation des capacités stratégiques ainsi que des structures de conception et de gestion organisationnelles du secteur public peut certes être aidée par les nouvelles technologies, mais une meilleure gouvernance commence par des aspects plus fondamentaux, notamment un encadrement efficace et une mobilisation des ressources dans les différentes administrations. On trouvera un examen de certains de ces aspects dans l'encadré 8.1.

Encadré 8.1. **Améliorer la gouvernance : le rôle du Centre de gouvernement**

Lors de l'enquête réalisée par l'OCDE en 2013 sur les Centres de gouvernement (OCDE, 2014c), une majorité de pays (environ 59 %) ont confirmé que le nombre d'initiatives interministérielles avait augmenté ces dernières années, et la quasi-totalité des pays ont indiqué que l'une des tâches prioritaires du Centre de gouvernement était désormais de coordonner les actions. Ce rôle pilote du Centre de gouvernement est assuré de différentes manières : 1) en intégrant les perspectives des différentes disciplines dans des conseils d'action formulés à l'intention du chef de gouvernement et/ou de son cabinet ; 2) en pilotant la coordination des actions, à la fois par l'intermédiaire de structures de commissions traditionnelles et de canaux plus novateurs et informels ; 3) en facilitant le partage de ressources à l'aide d'un partenariat plus étroit avec les ministères des finances ; enfin 4) en encourageant l'expérimentation et la mise à l'essai des nouveaux systèmes de prestation, souvent conjoints.

Il est clair que dans les grandes organisations, la coordination est toujours difficile, et ce pour de nombreuses raisons : inertie et culture du cloisonnement très enracinée ; tromperies et autres pratiques de détournement des mesures incitatives ; manque de souplesse des systèmes financiers. L'enquête de l'OCDE sur les Centres de gouvernement montre que 62 % des fonctionnaires des Centres de gouvernement considèrent avoir peu d'influence sur les ministères pour les encourager à la coordination. L'exercice d'une telle influence suppose d'éviter certains risques ; par exemple, l'interaction entre le Centre de gouvernement et les ministères doit être homogène et structurée, non déterminée au cas par cas en fonction du temps et des ressources disponibles.

La coordination a de tout temps été assurée par des organes interministériels, généralement présidés par un haut fonctionnaire du Cabinet du Président ou du Premier ministre. Plus des trois quarts des pays possèdent des groupes de coordination au niveau du secrétaire d'État, ainsi que d'autres au niveau des directeurs, des chefs d'unité ou des experts. La gestion stratégique des initiatives intersectorielles – sur laquelle l'accent est mis depuis peu – expérimente les méthodes traditionnelles de coordination, qui ont été conçues pour gérer des problèmes de coordination plus « routiniers ». Le Centre de gouvernement joue aujourd'hui davantage un rôle de pilote au regard de certaines priorités stratégiques : il conçoit les plans d'action avec la collaboration des ministères compétents et gère des projets. Dans certains cas, il s'agit d'initiatives axées sur un problème en particulier ou une réforme ponctuelle, mais leur champ d'action est souvent large et elles sont parfois controversées. Un exemple caractéristique est une réforme du secteur public en période d'austérité, mais l'on peut également citer les stratégies de relance économique ou de transition vers une économie sobre en carbone.

Exercer une influence sur plusieurs ministères et orienter les réformes qui y sont menées supposent d'agir sans créer de résistance ni de centralisation excessive. Les Centres de gouvernement de plusieurs pays fournissent aujourd'hui un appui technique et consultatif aux ministères sectoriels (par exemple, des compétences en matière de gestion des projets et des programmes), afin de les aider à s'adapter aux exigences supplémentaires des projets horizontaux et à les satisfaire. De cette manière, il devient plus facile d'intégrer le travail horizontal ou la participation à des projets horizontaux dans les systèmes de gestion des performances, que ce soit au niveau d'une organisation ou des individus. Ces systèmes arrivent en tête des mesures visant à inciter à la participation à des initiatives transministérielles (presque 60 % des mesures incitatives), les incitations financières étant moins courantes (environ 30 %).

Les processus de coordination horizontale gérés par le Centre de gouvernement ont une portée et une participation de plus en plus larges. Pour citer un exemple, l'action multilatérale sur les questions économiques, sociales et environnementales touche aujourd'hui les fondements de la politique publique intérieure des différents pays. Travailler efficacement à l'échelle mondiale est un aspect de plus en plus important de la bonne gouvernance et appartient de plus en plus à la sphère d'action du Centre de gouvernement (même si, comme l'indique l'enquête, les responsabilités officielles en

Encadré 8.1. **Améliorer la gouvernance : le rôle du Centre de gouvernement** *(suite)*

matière d'aide internationale et de politique étrangère ne relèvent généralement pas du Centre lui-même). La coopération mondiale entre les autorités de réglementation pour débloquer des négociations commerciales, ainsi que la coordination de réponses complexes au changement climatique sont deux exemples des considérations qui entrent en ligne de compte lors de l'élaboration des politiques intérieures au niveau mondial.

Les Centres de gouvernement comprennent en outre qu'il est nécessaire d'innover pour encourager l'innovation. Le fait de disposer d'un espace d'expérimentation est ainsi couramment cité comme un important facteur d'innovation. Le Centre de gouvernement peut jouer un rôle crucial à l'égard de plusieurs des facteurs de faisabilité de l'innovation : par exemple, solliciter la participation de hauts responsables gouvernementaux, faire accepter l'innovation comme l'une des composantes du travail quotidien, expérimenter de nouvelles idées et encourager leur adoption à tous les niveaux de l'administration. Dans certains pays, ces tâches font clairement partie des attributions du Centre de gouvernement qui, soit utilise ses propres ressources, soit collabore étroitement avec d'autres organisations gouvernementales et non gouvernementales pour mettre au point des « prototypes ». Le Centre de gouvernement peut aussi jouer un rôle en travaillant avec les ministères de manière individuelle et collective pour organiser la transition entre les systèmes et infrastructures existants et les nouveaux. Pour les ministères, et pour les fonctionnaires travaillant directement avec les systèmes existants, il peut être difficile d'envisager l'adoption de quelque chose de totalement nouveau.

Source : OCDE (2014c), *Centre Stage – Driving Better Policies from the Centre of Government, http://www.oecd.org/gov/Centre-Stage-Report.pdf.*

Un exemple de la nécessité d'améliorer la gouvernance au service de l'innovation est celui qui concerne l'innovation systémique. Il est de plus en plus admis que des économies durables sur les plans social, économique et environnemental, supposent des changements systémiques. Bien que de nombreux gouvernements nationaux aient placé les objectifs de durabilité et de croissance verte au centre de leurs stratégies de développement économique, la réalisation de ces objectifs nécessitera des changements de grande envergure dans leurs organisations économiques, technologiques et sociales sous-jacentes (depuis les systèmes de transport et d'approvisionnement en eau et en énergie, jusqu'aux modes de consommation et de gestion des déchets). L'amélioration de la durabilité des dispositifs socio-techniques est un défi de taille pour les pouvoirs publics, mais aussi pour la société civile.

Ces transitions passent nécessairement par la modification des structures de gouvernance qui, non seulement, permet au changement de se produire, mais oriente et dirige certaines des mutations. Les initiatives dites de « villes intelligentes », qui misent sur les innovations technologiques et sociales pour améliorer la viabilité écologique de la production et de la consommation des biens et des services dans les villes, illustrent bien ce phénomène (par exemple, l'initiative de ville intelligente à Santiago du Chili). Au niveau national, des mécanismes de gouvernance plus performants et des procédés plus efficaces pour faire participer les différentes parties prenantes sont également nécessaires pour faciliter l'innovation systémique. La Finlande et les Pays-Bas ont ainsi mis en place des partenariats public-privé pour favoriser la coordination et l'alignement (Les *Strategic Centres for Science, Technology and Innovation* [SHOK] en Finlande et l'approche axée sur les grands secteurs d'activité aux Pays-Bas). Un autre exemple est la méthode des « *Growth Teams* » utilisée au Danemark (encadré 8.2).

Encadré 8.2. L'approche danoise de la spécialisation intelligente

Pour exploiter au mieux les possibilités offertes par la mondialisation, le gouvernement danois a adopté en 2011 une nouvelle approche à l'égard des entreprises et de la croissance, en incluant dans sa politique les domaines dans lesquels le secteur privé danois a acquis une position forte au niveau mondial. Huit « *Growth Teams* » (ou « équipes pour la croissance ») composées de chefs d'entreprise et d'experts ont donc été créées pour évaluer comment les modifications de la réglementation, les partenariats public-privé, etc. peuvent stimuler davantage la croissance.

S'appuyant sur les recommandations de ces équipes, le gouvernement danois a mis sur pied des programmes spécifiques de croissance pour chacun des huit domaines suivants : transport maritime (*Blue Denmark*) ; industries créatives et design ; eau, ressources naturelles et environnement ; santé et soins ; énergie et climat ; secteur alimentaire ; tourisme et économie de l'expérience ; enfin, TIC et croissance numérique.

Le but de cette approche n'était pas de « sélectionner les champions », mais de prendre conscience des avantages comparatifs mis en évidence dans les huit domaines précités, de leur importance pour l'économie danoise, de leurs interactions différentes avec les pouvoirs publics et les réglementations, ainsi que de leur capacité à contribuer au règlement des grands enjeux sociétaux tels que le changement climatique, la santé publique et l'augmentation de la population mondiale – une approche qui se retrouve également dans la stratégie de l'innovation danoise. Cette méthode ne visait pas à mettre en place un versement ciblé des subventions au profit de tel ou tel secteur, mais plutôt à adopter des mesures complémentaires telles que l'allégement ou la rationalisation de la réglementation, l'offre d'une quantité suffisante de main-d'œuvre possédant des compétences appropriées, ainsi que l'amélioration des partenariats public-privé, par exemple dans la R-D.

Les programmes d'action pour la croissance ciblent donc les obstacles à l'investissement spécifiques à chaque secteur ainsi que les domaines dans lesquels de nouveaux marchés peuvent être développés. Un exemple caractéristique est l'amélioration de la réglementation du secteur des eaux usées, où des gains d'efficience permettront de mettre au point des technologies offrant un bon rapport coût-efficacité, qui pourront aussi être à l'origine d'une hausse des exportations des solutions danoises. Un autre exemple est celui des activités de R-D des entreprises, où la création d'un point d'accès unique et transparent aux données médicales danoises contribuera à renforcer la recherche médicale au Danemark et à attirer de nouvelles activités de R-D.

L'amélioration des conditions-cadres – très générales – demeure un axe essentiel des politiques danoises de promotion de la croissance, mais le travail des « *Growth Teams* » a montré que de nombreuses questions de fond plus pointues peuvent être résolues uniquement à l'aide d'une approche sectorielle.

Tirer le meilleur parti des initiatives locales et régionales dans le domaine de la science, la technologie et l'innovation

Les villes et les régions adoptent de plus en plus des mesures visant explicitement à encourager l'innovation au sein de leurs zones d'influence. Les villes privilégient les projets de développement urbain destinés à inciter les entreprises (souvent créatives ou de haute technologie) à s'installer à proximité des universités, centres de recherche, etc. Ces projets peuvent concerner un quartier de la ville ou, à une échelle plus réduite, un parc scientifique et technologique ou une pépinière de petites entreprises, parfois en lien avec une sélection de « pôles d'activité ». Pour ce qui est des régions, les administrations disposent d'un plus large éventail d'outils. S'agissant des organismes stratégiques de haut niveau et des exercices de prospective technologique, les régions sont presque aussi actives que les administrations nationales. Elles financent en outre la R-D des entités publiques et, dans une moindre mesure, celle menée dans le secteur privé. Dans la plupart des pays, les régions encouragent les activités de transfert de technologie et les services de conseil en matière d'innovation aux entreprises existantes et nouvelles. Les programmes de soutien aux pôles d'activité et aux centres d'excellence sont fréquemment utilisés, davantage au niveau régional que national. C'est le cas également pour les pépinières d'entreprises et les parcs scientifiques et technologiques (OCDE, 2011).

Il est courant pour les institutions régionales et nationales du même pays d'employer des instruments similaires, qui peuvent jouer un rôle complémentaire ou redondant. Il n'existe pas de stricte répartition des tâches entre les différents niveaux d'administration en ce qui concerne les instruments relatifs à la science, la technologie et l'innovation (STI). La structure du pays (fédérale, composée de régions élues unitaires ou de régions administratives unitaires) ne semble pas déterminer le nombre d'instruments existant au niveau régional ou la proportion d'instruments communs avec le niveau national (graphique 8.1). L'une des explications au nombre élevé d'instruments communs qui sont vraisemblablement utilisés par les deux niveaux de gouvernement est la diversité des usages possibles pour chaque instrument. Le même type d'instrument peut avoir un usage complémentaire si on le dote d'une configuration, d'une population cible, d'une portée territoriale ou d'une approche pratique différentes. Dans certains cas, le même instrument peut, grâce à un cofinancement, être employé par les deux niveaux et donc présenter une adéquation. Certaines redondances entre les niveaux sont difficiles à éviter et peuvent en fait renforcer la stabilité du système.

Une redondance excessive peut toutefois être attribuée à un manque de connaissance des instruments mis au point à un autre niveau, ou à l'incapacité à faire la distinction entre les populations cibles ou les sujets traités dans les instruments proposés. Cela peut entraîner un gaspillage des ressources, des programmes de taille insuffisante et une complexité excessive des populations cibles (c'est-à-dire les entreprises et les établissements de recherche). La simplification de l'éventail des instruments d'action est donc une tâche importante pour les pouvoirs publics, même si elle est souvent difficile à réaliser.

Les administrations régionales représentent par ailleurs une part importante et croissante des dépenses publiques relatives à l'innovation. Dans des pays comme l'Allemagne, la Belgique et la Chine, la part des administrations infranationales dans les différents volets des dépenses STI (généralement les dépenses publiques de R-D) peut atteindre 50 %, voire plus. Ces chiffres n'incluent pas de nombreux programmes de développement des entreprises qui soutiennent également l'innovation. Dans d'autres pays, ce pourcentage peut être inférieur à 10 %, comme par exemple en Autriche – État fédéral – ou au Danemark – État unitaire (graphique 8.1). La presque totalité des pays ont indiqué que la part des régions s'était accrue ces cinq dernières années[2]. Les augmentations des dépenses STI au niveau infranational proviennent d'une tendance globale à la décentralisation, y compris des responsabilités en matière de gestion financière et d'élaboration des politiques.

Graphique 8.1. **De nombreux instruments STI sont utilisés à la fois par les administrations régionales et nationales**

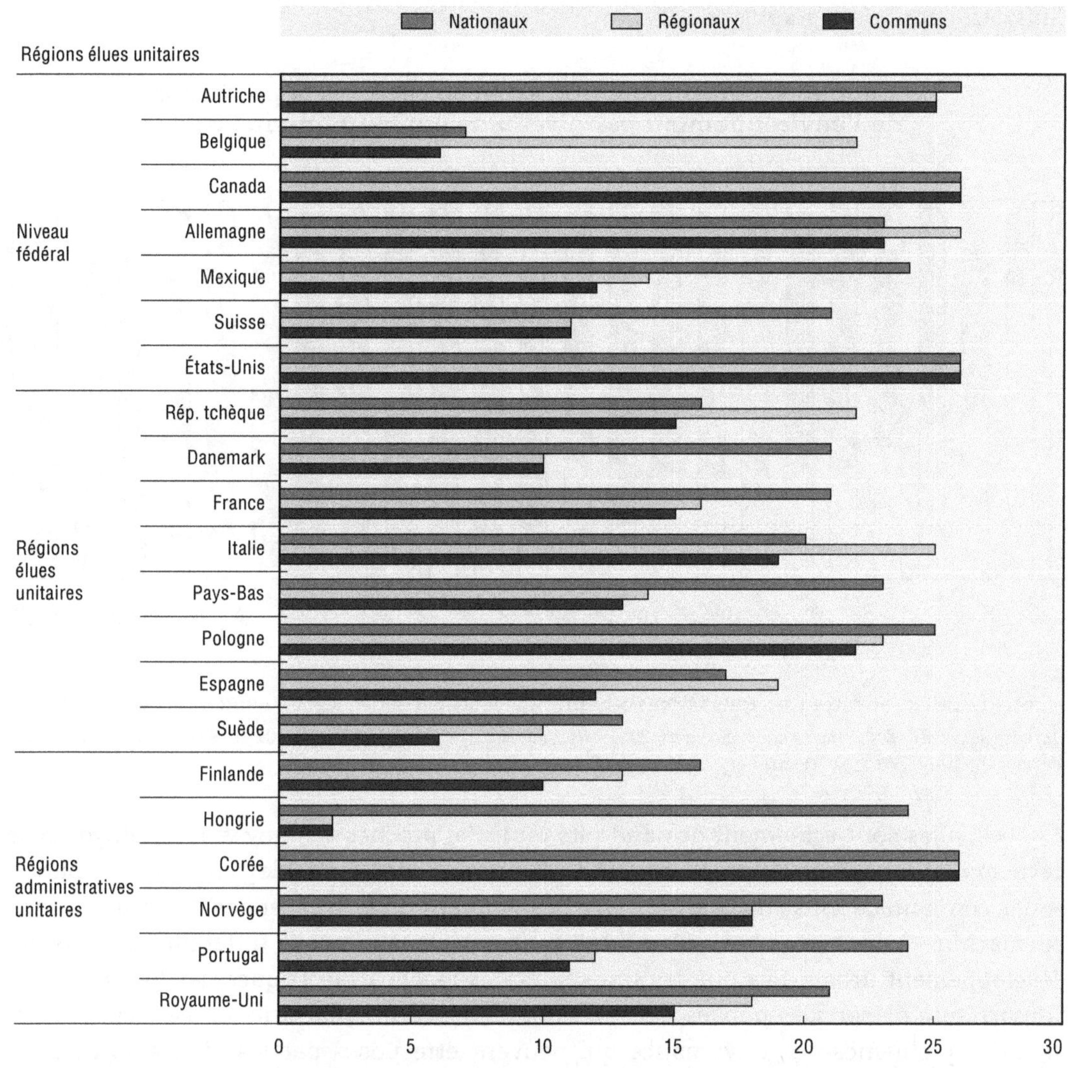

Notes : « Nationaux » concerne les instruments utilisés au niveau national, indépendamment du fait qu'ils soient aussi utilisés à d'autres niveaux. « Régionaux » fait référence aux instruments utilisés au niveau régional, indépendamment du fait qu'ils soient aussi utilisés à d'autres niveaux. Les instruments « communs » sont ceux répertoriés à la fois aux niveaux national et régional, donc ceux inclus dans la comptabilisation des instruments nationaux et régionaux.

Source : OCDE (2011), *Regions and Innovation Policy*, Éditions OCDE, Paris, *http://dx.doi.org/10.1787/9789264097803-en*, d'après les données de OCDE (2009a), OECD-GOV Survey on the Multi-level Governance of Science, Technology and Innovation Policy.

Les régions et les villes peuvent en outre représenter une échelle plus adaptée pour mettre au point des mesures novatrices pouvant ensuite être appliquées à l'échelle nationale. Les villes, en particulier, sont des sources très importantes de croissance pour un pays, de la même manière qu'elles jouent un rôle extrêmement déterminant dans les performances nationales relatives à l'économie, à la création de savoir et à l'environnement. Comparées aux niveaux d'administration supérieurs, les villes offrent des synergies et des complémentarités d'action plus facilement repérables. Compte tenu de l'interconnectivité des systèmes urbains (par exemple les transports, l'aménagement de l'espace et le développement économique), les responsables de la politique de la ville sont plus susceptibles de trouver dans les différents secteurs des mesures climatiques complémentaires qu'ils peuvent combiner (OCDE, 2010c). Les villes sont notamment responsables d'une part importante des investissements dans l'infrastructure verte (graphique 8.2).

Graphique 8.2. **Formation brute de capital dans la protection de l'environnement par niveau de gouvernement, 2012**

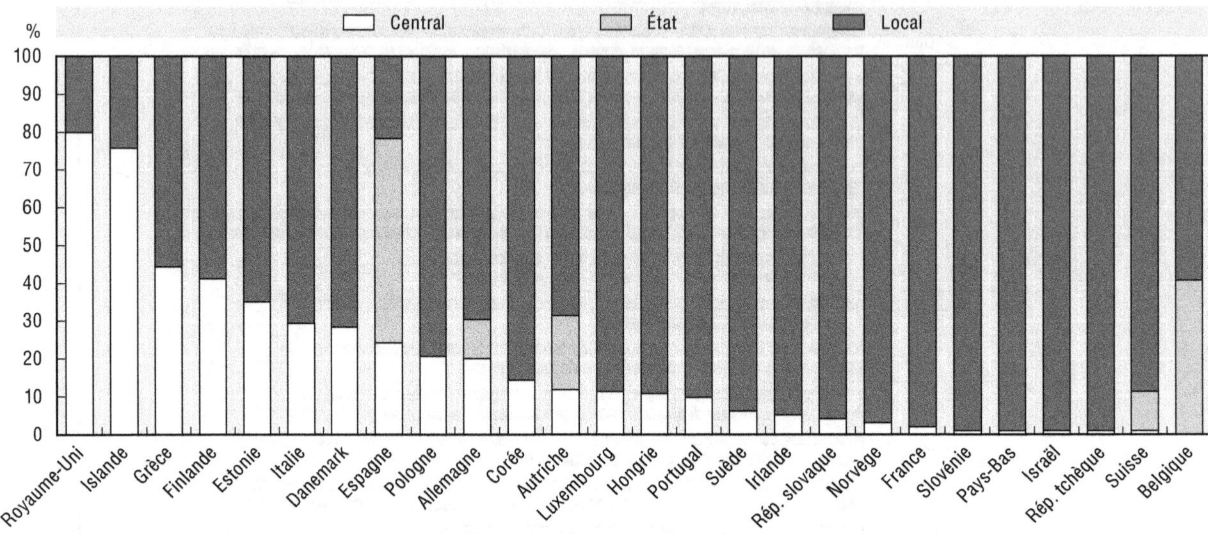

Note : Les données recueillies au niveau des États/régions concernent uniquement l'Allemagne, l'Autriche, la Belgique et l'Espagne.

Source : OCDE, *base de données des Comptes nationaux*, avril 2014, *http://data.oecd.org/*, d'après OCDE (2013a), *Regions at a Glance*, Éditions OCDE, Paris, *http://dx.doi.org/10.1787/reg_glance-2013-en*.

Les villes sont également des endroits où les approches d'innovation intelligente se développent tout naturellement du fait de l'existence des technologies de l'information et des communications (TIC), de l'analyse des données (massives) et des communications de machine à machine. Les villes intelligentes ciblent souvent différents aspects du développement urbain tels que les transports, les réseaux électriques, les bâtiments ou la fourniture de services publics dans des domaines comme la santé ou l'éducation. Au-delà des problèmes de gouvernance qui peuvent être posés par les différents niveaux d'administration et les nombreuses parties prenantes, les villes intelligentes sont susceptibles d'améliorer le bien-être des citoyens et d'accroître l'efficience de l'appareil urbain dans son ensemble.

Le nombre et la diversité des situations d'une région et d'une ville à l'autre se prêtent à l'expérimentation en matière de politiques publiques lorsque le contexte du pays le permet. Les instances nationales peuvent alors juger de ce qui fonctionne et ne fonctionne pas avant de mettre en place un programme ajusté et approprié à l'échelle nationale (voir aussi dans la section 8.3 du présent chapitre l'examen de la question de l'expérimentation). Il est donc capital de mieux harmoniser les stratégies et les actions régionales et nationales, car cela peut accroître l'efficacité de l'action publique sur les deux niveaux. Dans un contexte où se multiplient les mesures infranationales, l'impératif de cohérence est plus important que par le passé. Cette cohérence peut, qui plus est, accroître l'impact des mesures concernées. Pour citer un exemple, une administration nationale peut financer un établissement public de recherche, mais une initiative régionale visant à instaurer des liens entre cet établissement et les entreprises travaillant dans le domaine peut contribuer à améliorer la rentabilité économique de l'investissement national. Les concepteurs des politiques nationales peuvent disposer de données ou d'analyses utiles pour l'élaboration des politiques régionales, mais les organismes publics régionaux peuvent en fait être en possession d'informations plus précises sur les besoins des entreprises locales, qui sont susceptibles d'être utiles pour élaborer la politique nationale. Dans ces deux exemples, les échanges d'informations entre les niveaux d'administration deviennent extrêmement importants pour améliorer la coordination intergouvernementale de la politique STI.

La clarification du rôle des régions dans l'élaboration de la politique STI d'un pays donné favorise une meilleure coordination. Les régions peuvent intervenir dans différents volets du processus d'élaboration de la politique nationale : 1) Définition de la stratégie d'ensemble et du cadre ; 2) Conception des mesures ; 3) Financement des mesures ; 4) Mise en œuvre des programmes et des instruments ; 5) Évaluation (des stratégies, programmes et instruments). Pour certaines stratégies STI nationales, les régions présentent de la pertinence du fait de leur dimension spatiale dans le processus d'innovation et du rôle de certains pôles d'innovation. Dans les pays où les capacités régionales affichent de grandes disparités, les plans nationaux ont montré que le rééquilibrage de ces capacités permet d'améliorer les performances au niveau national. Dans les pays à structure fédérale, le rôle des régions dans la politique STI peut être défini par la Constitution, par une loi spécifique sur la science et la technologie, ou par un acte administratif concernant un autre domaine que la politique STI, par exemple le développement régional. Généralement – mais pas toujours –, ces rôles formels sont les mêmes pour toutes les régions d'un pays. Même si les régions ont théoriquement des pouvoirs similaires, la politique STI peut, dans les faits, présenter une décentralisation asymétrique du fait des différences de capacités (financières ou autres) entre les régions (OCDE, 2011).

Dans les pays de l'OCDE, la coordination des efforts nationaux et régionaux s'effectue par différents biais, mais la consultation et le dialogue sont considérés comme les plus courants et les plus efficaces (graphique 8.3). Dans certains pays, l'État a par ailleurs mis en place des organismes ou des représentants nationaux qui sont chargés de certaines régions et coordonnent les actions entre les différents niveaux d'administration. Dans d'autres cas, une certaine forme de contrat peut être utilisée pour assurer le financement d'un objectif de la politique STI ; le cofinancement peut aussi être employé pour des projets STI particuliers. Il n'existe pas de « bonne » approche a priori, car les différents outils de coordination peuvent s'avérer plus ou moins efficaces dans la pratique. À terme, cependant, tout instrument utilisé pour améliorer l'échange d'informations permettra une meilleure cohérence de l'action intergouvernementale.

La mise au point d'une stratégie régionale est une autre méthode importante pour clarifier et communiquer les priorités régionales, mais cette stratégie doit reposer sur une évaluation judicieuse des atouts et des besoins des régions. De manière générale, les régions de l'OCDE ont mis en place, sous une forme ou sous une autre, des stratégies de développement des entreprises ou – explicitement – d'innovation, qui sont d'efficacité variable. En Europe, l'obligation d'utiliser une stratégie de spécialisation intelligente pour les régions – une condition *sine qua non* pour bénéficier des fonds structurels et d'investissement européens – a été instaurée pour aider les régions à déterminer clairement quels sont leurs atouts relatifs ; cela permet un meilleur usage des fonds ainsi que des investissements plus réalistes et moins redondants (voir le chapitre 6).

Graphique 8.3. **Mise en concordance des actions dans le domaine STI entre les administrations régionales et nationales**

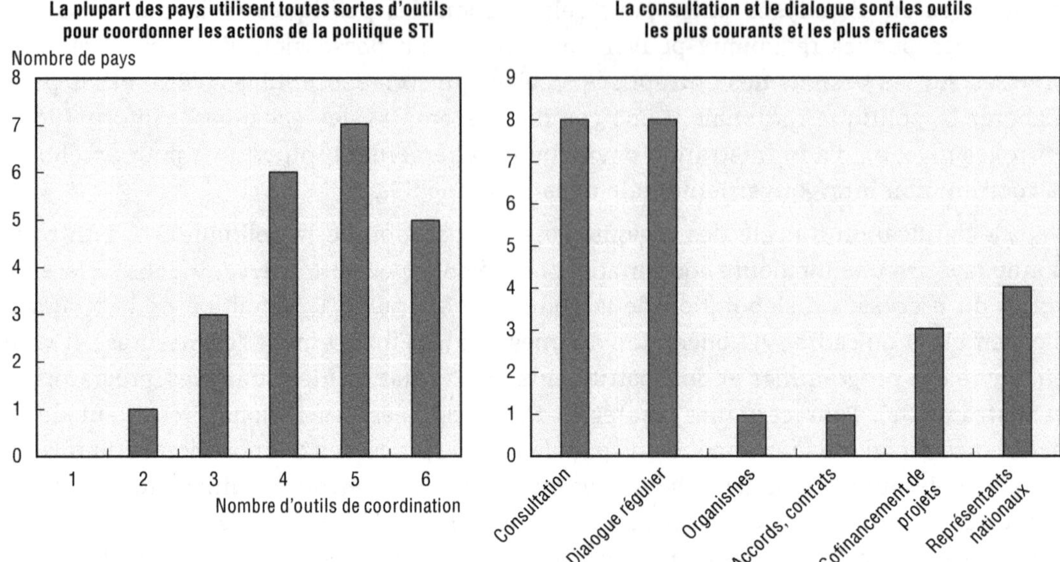

Source : OCDE (2011), *Regions and Innovation Policy*, *Éditions OCDE, Paris, http://dx.doi.org/10.1787/9789264097803-en*, d'après les données de OCDE (2009a), *OECD-GOV Survey on the Multi-level Governance of Science, Technology and Innovation Policy*.

La mise en place de stratégies et de mécanismes de classement des actions au niveau national peut être une bonne méthode d'harmonisation, mais son efficacité serait plus grande si les régions étaient associées aux phases de conception et de mise en œuvre. Il est très courant pour les régions d'un pays donné de faire coïncider leurs priorités sectorielles avec les priorités nationales. Elles le font en partie pour attirer les fonds alloués par l'État à la politique STI. La qualité et la pertinence du rôle que peut jouer une région particulière au regard de l'objectif national doivent être clarifiées, car toutes les régions ne peuvent pas être performantes dans tous les domaines prioritaires[3]. Dans certains pays de l'OCDE, le processus de définition de la stratégie passe par une consultation des régions à des degrés divers (depuis la participation à un atelier jusqu'à un rôle plus formel). Le fait que l'administration nationale présente un pôle d'activité, un centre de recherche ou un parc scientifique comme ayant une « envergure internationale » ou une grande portée nationale permet également de recueillir des fonds auprès de plusieurs niveaux différents et de les mettre au service d'atouts pour l'innovation reconnus par tous.

Il arrive que les intérêts en faveur d'une politique d'innovation divergent à juste titre entre les niveaux national et régional ; il faut donc que les dispositifs nationaux permettent une certaine souplesse et favorisent le renforcement des capacités. En fin de compte, une région doit déterminer ce qui est le plus utile pour sa structure et ses actifs industriels. Dans certaines régions, les centres de recherche et les universités peuvent simplement être moins compétitifs dans les appels d'offres nationaux, ou spécialisés dans des domaines de recherche qui ne sont pas des priorités au niveau national. Ces régions doivent malgré tout œuvrer en faveur du développement économique induit par l'innovation, ce qui peut nécessiter de la flexibilité dans certains programmes nationaux. Lorsque les régions ne possèdent tout simplement pas les atouts considérés comme prioritaires à l'échelle nationale, l'administration nationale peut décider d'apporter son soutien au renforcement des capacités des acteurs du système d'innovation régional (depuis les entreprises jusqu'aux universités, en passant par le secteur public lui-même).

La gouvernance transfrontière

La gouvernance transfrontière de la politique STI nécessite un minimum de coordination, voire la délégation partielle ou totale de l'élaboration des politiques de l'échelon national vers l'échelon international. Cela suppose, entre autres, la coordination internationale des initiatives publiques nationales, l'élimination des obstacles au mouvement des ressources, l'adoption de normes et de réglementations internationales, ainsi que le transfert de responsabilité aux organisations intergouvernementales et autorités infranationales. Cette forme de gouvernance s'inscrit dans un processus de double délégation de la gestion des questions STI, d'une part au niveau mondial et d'autre part au niveau infranational (voir le chapitre 5).

S'agissant des objectifs de l'internationalisation de la politique STI, la plupart des pays espèrent tirer de la mise en commun des orientations, de la planification, de la réglementation et des ressources des gains d'efficience et/ou d'efficacité. Le problème est que les administrations nationales centrent leur action sur les défis intérieurs et peuvent être réticentes à adopter une vision mondiale, voire collective. La crise économique et financière a exacerbé cette réticence, au même titre que l'émergence des enjeux STI en tant que priorité de la politique industrielle. Les pays ont également des craintes concernant l'appropriation des bienfaits des investissements publics dans l'éducation, la recherche et l'innovation, car la concurrence internationale pour se procurer des talents et des investissements – devenus rares – est de plus en plus rude. Par conséquent, des objectifs plus restreints déterminent souvent la nature et l'ampleur de la participation des pays à des initiatives STI transfrontières. Cela concerne par exemple la politique étrangère et la diplomatie économique, l'accès au financement pour le développement des capacités STI nationales, et l'accès aux réseaux scientifiques internationaux. L'engagement à l'égard de la politique STI transfrontière dépend donc souvent des circonstances, et a tendance à évoluer avec le temps. Au bout du compte, la réticence à internationaliser certains aspects de la gouvernance de la politique STI reflète les imperfections des dispositifs actuels à fournir des assurances crédibles quant à la répartition des coûts et des avantages qui en résultent.

De vastes cadres de coopération internationale concernant la politique de la R-D se sont mis en place en Europe ; en revanche, dans d'autres régions et domaines STI, la coopération en est encore au stade embryonnaire. Pour citer un exemple, il reste encore beaucoup à faire dans le domaine du développement de normes technologiques sur l'environnement ou de l'amélioration de la coordination internationale de la cybersécurité.

La gouvernance transfrontière de la politique STI peut être menée à bien à l'aide de dispositifs indépendants (par exemple des accords bilatéraux ou multilatéraux de courte durée ou la coordination des politiques nationales), sans intervention d'un organe supranational. Cette méthode est, semble-t-il, celle qui est privilégiée hors de l'Europe. Même en Europe, les cadres de la gouvernance internationale de la STI – de loin les plus élaborés sur le plan mondial – ont toujours été conçus comme des compléments, plus que comme des substituts, aux cadres nationaux.

Cela dit, un certain nombre de volets de la politique STI peuvent bénéficier de la délégation des prises de décision et d'une meilleure intégration. Ces volets sont ceux qui se caractérisent non seulement par des coûts fixes élevés, mais aussi par des transactions internationales coûteuses du fait de la nécessité d'accéder à conditions égales à des actifs très spécialisés, conçus pour un seul usage (par exemple l'Organisation européenne pour la recherche nucléaire [CERN] et son Réacteur thermonucléaire expérimental international [ITER]), ainsi que par une grande fréquence d'interaction et une profonde incertitude. Un exemple récent de ce dernier aspect est l'activité de recherche à haut risque – et au potentiel élevé – qui est financée par le Conseil européen de la recherche (CER), et dont la réussite sera d'autant plus importante que le plus large éventail possible de scientifiques de haut vol y participera. En dehors de l'Europe, le Groupe consultatif pour la recherche agricole internationale (CGIAR) est un exemple de dispositif stratégique à long terme ayant mutualisé la programmation et les travaux en matière de R-D (OCDE, 2012b).

L'analyse, effectuée par l'OCDE, des problèmes rencontrés pour créer des infrastructures de recherche internationales (notamment en ce qui concerne la mutualisation du financement, de la gouvernance et du cadre juridique) semble indiquer qu'il n'existe pas en la matière de modèle unique. Des enseignements peuvent toutefois être tirés, par exemple à partir des différents dispositifs de partage des coûts qui ont été mis en place. Progressivement, les infrastructures de recherche distribuées à l'échelle mondiale se multiplient, en partie du fait de l'évolution vers une science et une innovation plus ouvertes. Ces infrastructures sont installées dans plusieurs pays, partagent un objectif commun et sont coordonnées d'une manière ou d'une autre, mais peuvent cependant être à géométrie très variable[4].

Des initiatives ambitieuses visant à promouvoir la gouvernance transfrontière des politiques STI ont été engagées récemment dans plusieurs régions, dont l'Asie du Sud-Est et l'Amérique latine, par exemple la Commission de la science et de la technologie de l'Association des nations de l'Asie du Sud-Est (ASEAN). Toutefois, contrairement à l'Europe, ces régions sont jeunes et n'ont à ce jour qu'une continuité limitée. Le cas de l'Europe est unique, dans la mesure où son évolution vers une gouvernance transfrontière de la politique STI s'inscrit dans le cadre d'une intégration économique plus générale.

Les politiques d'innovation transfrontières présentent également de l'importance à l'échelle régionale. Lorsque la géographie fonctionnelle de l'innovation ne correspond pas aux frontières administratives nationales, il devient nécessaire d'harmoniser les actions entre les régions, ce qui implique dans la plupart des cas de faire participer à la fois les autorités nationales et infranationales intervenant dans la zone transfrontière (OCDE, 2013b). En Europe, les dispositifs de coopération territoriale entre les pays ajoutent un niveau supranational qu'il faut également mettre en adéquation avec les stratégies et les politiques nationales et locales.

En répondant au questionnaire préparatoire de la publication *Science, technologie et industrie : Perspectives de l'OCDE 2014*, de nombreuses autorités nationales ont réaffirmé leur engagement à l'égard de la gouvernance transfrontière de la politique STI, spécifiant quelques-unes des raisons qui les motivent, mais citant aussi des obstacles importants et les initiatives mises en œuvre pour les surmonter (OCDE, 2015b). L'apprentissage mutuel de la politique publique et le transfert de bonnes pratiques semblent être des motivations importantes pour participer à des forums internationaux sur la politique STI. Les « grands enjeux mondiaux » tels que le changement climatique et les menaces pour la santé et l'approvisionnement en ressources sont d'autres facteurs constituant de fortes incitations à la coopération internationale. Pour certains pays, le principal problème réside dans la non-exploitation des économies d'échelle ; pour d'autres, en revanche, le plus gros obstacle est le manque de ressources à consacrer à la coopération de grande ampleur et sur le long terme. La fragmentation des organismes de financement – ainsi que des règles et des procédures applicables au financement de la recherche – est considéré comme un obstacle important. Un certain nombre de pays considèrent comme un problème de taille l'absence de politiques ou de mécanismes nationaux détaillés pour assurer la coordination au niveau national des dispositifs de gouvernance transfrontières. Des progrès peuvent éventuellement être accomplis sur ces points comme sur d'autres, ainsi que pour aider à renforcer les cadres internationaux qui régissent l'innovation à travers le monde.

Quelques-uns des principaux enseignements tirés des travaux de l'OCDE sur la gouvernance et l'innovation sont résumés ci-après.

Principaux messages sur la gouvernance des politiques d'innovation

- La gouvernance et la mise en œuvre des stratégies nationales d'innovation sont essentielles pour produire les résultats recherchés. Le processus d'élaboration d'une stratégie nationale réclame l'association précoce et adéquate des principales parties prenantes – entreprises, universités, partenaires sociaux et autres acteurs importants.
- Compte tenu de la diversité des politiques qui influent sur l'innovation, il est important de veiller à la cohérence entre toutes les politiques publiques qui ont des répercussions sur l'innovation, pas uniquement au niveau de l'administration centrale, mais également entre les administrations centrale et régionales et les autorités locales, qui sont nombreuses à intervenir activement dans les activités d'innovation.
- L'élaboration et la mise en œuvre des politiques d'innovation nécessitent de solides capacités au sein du secteur public, et notamment l'adhésion de l'ensemble des acteurs.
- L'importance croissante de la gouvernance traduit également une nouvelle façon d'envisager les politiques d'innovation dans de nombreux pays. Les pouvoirs publics agissent de plus en plus comme facilitateur face à la complexité et à l'incertitude. Ils favorisent une coordination plus étroite entre les divers agents économiques et davantage d'expérimentation au sein de l'économie. Ils privilégient notamment la constitution de réseaux, l'amélioration de la coordination et de la réglementation, la sensibilisation et la réduction de la dépendance à l'égard du financement public.
- La gouvernance transfrontière acquiert une importance croissante au regard de l'innovation ; elle aide à relever les défis communs, à partager les coûts et à bénéficier de l'apprentissage mutuel. Les mécanismes de gouvernance sont toutefois insuffisamment développés et entravés par plusieurs obstacles, notamment la fragmentation du financement et le manque de ressources pour la coopération à long terme.

8.2. Confiance, participation du public et gestion des risques

Comme nous l'avons vu dans la précédente section, la réussite des stratégies d'innovation dépend dans une large mesure de l'engagement des parties prenantes dans la conception des politiques et des stratégies. Cette réussite est également influencée par un certain nombre de facteurs plus généraux tels que le degré de confiance dans l'État et le degré de participation du public à l'élaboration des politiques relatives à la science et l'innovation. La façon dont les pouvoirs publics gèrent et traitent les risques liés à l'innovation conditionne également cette innovation. La présente section s'intéresse à ces trois aspects.

Améliorer la confiance dans les pouvoirs publics

En moyenne, 40 % des citoyens de l'OCDE seulement déclarent aujourd'hui faire confiance aux pouvoirs publics, et 57 % estiment que la corruption est très répandue dans les entreprises (Gallup, 2013). Une telle perception des choses peut affaiblir le respect des lois et règlementations, de même que la confiance des investisseurs, et se traduire par une forte aversion au risque, ce qui peut avoir un impact sur l'innovation. Si le niveau de confiance était déjà faible, la crise lui a porté un coup particulièrement rude en raison des nombreuses défaillances de la réglementation et erreurs de gestion qu'elle a révélées, non seulement de la part des pouvoirs publics mais aussi des entreprises. La conséquence est que la confiance dans les institutions publiques et dans certaines institutions du secteur privé (banques et sociétés financières, grandes entreprises) a été ébranlée. Le renforcement de cette confiance permettra de rétablir la prévisibilité de l'environnement économique, condition nécessaire pour prendre des décisions d'investissement liées à l'innovation qui sont risquées et s'étendent sur le long terme.

Le rétablissement de la confiance suppose une action sur tout un ensemble de facteurs connexes qui synthétisent ce que les citoyens attendent des pouvoirs publics, à savoir :

- **Fiabilité :** aptitude des pouvoirs publics à réduire au minimum l'incertitude de l'environnement économique, social et politique de leur pays, et à agir de manière cohérente et prévisible ; ce type d'attitude a des répercussions relativement claires sur la propension des entreprises à investir dans l'innovation dans un pays donné. Les précédentes sections du présent rapport ont mis en évidence l'importance de la stabilité et de la prévisibilité des politiques d'innovation, compte tenu des décisions d'investissement à long terme qui sont prises dans le domaine.
- **Réactivité :** prestation de services publics accessibles, efficaces et axés sur les besoins des citoyens, qui répondent de fait aux besoins et aux attentes des contribuables. Cela renvoie à la capacité des pouvoirs publics à cerner les besoins des entreprises et à fournir un appui approprié, y compris aux activités d'innovation.
- **Ouverture et inclusivité :** démarche visant à institutionnaliser une communication bilatérale avec les parties prenantes dans le but d'améliorer la transparence, la responsabilité et la participation. Cette démarche permet d'encourager la collaboration entre les secteurs public et privé, y compris en ce qui concerne les activités liées à l'innovation.
- **Intégrité :** adhésion des pouvoirs et institutions publics à des normes de conduite et des principes généraux qui contribuent à la préservation de l'intérêt général tout en prévenant la corruption ; cet aspect a un impact direct sur l'innovation car les entreprises sont moins susceptibles de mener des activités innovantes dans les pays où l'État de droit et l'intégrité sont défaillants.
- **Gestion des risques :** la confiance à l'égard de l'innovation doit en outre être soutenue par de solides politiques publiques permettant de gérer les risques associés à cette activité, comme cela est expliqué plus loin.

Bien que bon nombre de ces aspects ne soient pas abordés spécifiquement dans le présent rapport, ils influent de manière importante sur l'efficacité de l'action des pouvoirs publics en faveur de l'innovation, et ne doivent donc pas être négligés. La Stratégie de l'OCDE pour la confiance (à paraître) s'intéressera à l'évaluation de la confiance, à l'impartialité de la prise de décisions et aux effets de la confiance sur des domaines spécifiques de l'action des pouvoirs publics (notamment la fiscalité, la gouvernance des entreprises, l'éducation et la réglementation).

L'un des domaines de l'action publique présentant une importance particulière pour l'innovation est la confiance dans la science. La confiance qu'inspirent les scientifiques, le système scientifique et l'utilisation de la science pour éclairer les politiques publiques sont des questions essentielles qui influent sur la capacité des pouvoirs publics à promouvoir le changement. La communauté scientifique est de plus en plus sollicitée par les pouvoirs publics pour leur fournir des conseils et des données probantes pouvant être utilisés pour prendre des décisions et des mesures dans toute une série de domaines, depuis les questions urgentes à court terme relatives à la santé publique jusqu'aux défis à long terme (par exemple, la sécurité énergétique). Ces conseils peuvent être très précieux, voire primordiaux, pour l'élaboration des politiques ; leur utilité dépend toutefois de la manière dont ils sont formulés et transmis, ainsi que de la façon dont ils sont reçus par le public cible et les autres parties intéressées. Il est rare que les données scientifiques soient les seuls éléments pris en considération dans une décision des pouvoirs publics ; sur les sujets complexes en particulier, de nombreux intérêts doivent être mis en balance dans les cas où la science elle-même n'est pas en mesure de produire des certitudes. Les progrès rapides des TIC et l'évolution vers un processus décisionnel plus démocratique et participatif exercent une pression supplémentaire sur la science en tant que source de réponses et de solutions, et soumettent les milieux universitaires à la surveillance et à la critique. Alors qu'autrefois, les conseils scientifiques étaient formulés le plus souvent dans la plus grande discrétion, les nouvelles normes en la matière sont aujourd'hui l'ouverture, la transparence et la responsabilité. L'OCDE mène actuellement des études concernant les mécanismes les plus appropriés pour fournir des conseils scientifiques aux responsables de l'action publique, en établissant notamment les obligations et les responsabilités juridiques des institutions comme des individus.

La participation et la perception du public

La question de la confiance est étroitement liée à la participation du public et à sa perception des choses. Le débat public concernant l'impact de la science et de la technologie sur la vie des individus dure depuis des siècles et a évolué au gré des crises et des événements. À titre d'exemple, les progrès rapides de l'automatisation et de la robotique suscitent des inquiétudes quant aux évolutions techniques et leurs conséquences sur le niveau futur de l'emploi et la répartition des richesses au sein des pays et entre eux. Bon nombre des préoccupations de la société concernant les applications de la science et de la technologie semblent apparaître dans les situations où les données scientifiques sont, certes, persuasives mais pas totalement ; cela dit, les répercussions socio-économiques et les solutions pouvant être apportées par les pouvoirs publics d'un point de vue sociétal au sens large sont beaucoup plus incertaines.

Il est extrêmement important que les pouvoirs publics trouver des modalités efficaces pour dégager un consensus – en particulier sur les questions difficiles relatives à la science et la technologie – en y associant les parties concernées – notamment les citoyens et les scientifiques, mais aussi les médias –, et en encourageant l'adhésion du public à la chose scientifique. La perception qu'a le public de ces processus et son niveau de participation effectif serviront de base à la conception des politiques publiques. Un autre aspect important est l'image qu'ont les scientifiques du public et le rapport qu'ils entretiennent avec lui. Les responsables de l'action publique souhaitent de plus en plus encourager les scientifiques à démontrer, ou tout au moins à expliquer, les bienfaits de leurs activités pour l'économie et la société (OCDE, 2015b).

Si l'on s'accorde largement à reconnaître l'importance de l'innovation pour soutenir la croissance économique et améliorer les niveaux de vie, il existe aussi de nombreux éléments révélant des lacunes importantes dans les mentalités et dans la connaissance que le public a de ces questions. Les enquêtes menées plusieurs pays sur la perception du public indiquent que, même si la plupart des répondants ont une opinion positive de l'impact de la science et la technologie sur leur bien-être personnel, une forte proportion ont un avis mitigé ou négatif sur les effets de la recherche scientifique (graphique 8.4 ; OCDE, 2013c). En ce qui concerne l'adoption de nouveaux biens et services, un sondage réalisé en Europe a montré que près de la moitié de la population de l'UE25 était particulièrement hostile aux récentes innovations ou très réticente à essayer de nouveaux produits ou services ou à payer plus cher pour se les procurer (Commission européenne, 2005). La participation du public et une meilleure gestion des risques (voir ci-après) sont quelques-unes des principales solutions au problème.

Graphique 8.4. **Perception publique des bénéfices de la recherche scientifique, 2010**

Réponses à la question : « Les bénéfices de la recherche scientifique sont-ils supérieurs aux effets néfastes ? »

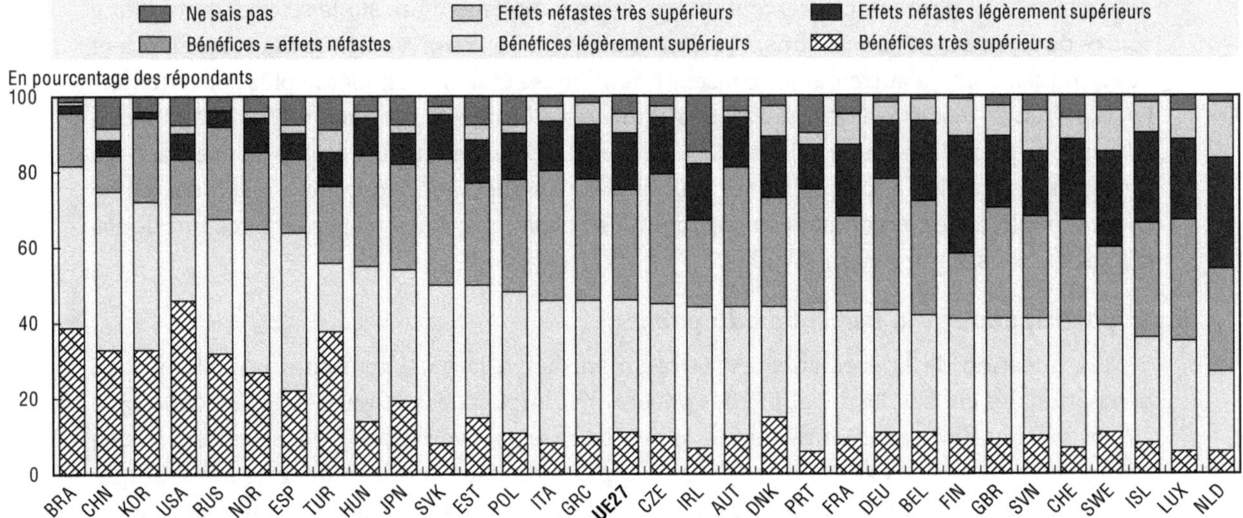

Note : La comparabilité internationale des données peut être limitée. Les réponses proviennent de sondages réalisés à l'aide d'entretiens en face à face. Pour la Fédération de Russie, le Japon et le Mexique, les données se rapportent à 2011. Pour la Corée, les données concernent 2006. Pour plus de détails, se reporter à la source.

Source : OCDE (2013c), *Science, technologie et industrie : Tableau de bord de l'OCDE 2013*, *http://dx.doi.org/10.1787/sti_scoreboard-2013-fr*, d'après des sources nationales et de l'UE.

Les responsables de l'action publique vont devoir recenser les compétences et les attitudes qui présentent de l'importance pour la science et pour l'innovation, et assurer systématiquement leur suivi afin de les améliorer. Les attitudes individuelles et collectives sont un phénomène complexe et en constante évolution, même si certains changements nécessitent parfois plusieurs générations. D'un autre côté, certains enjeux sociaux et environnementaux nécessitent une action plus immédiate en termes de comportements sociaux et d'habitudes de consommation, par exemple. Les efforts pour mettre en place une culture de la science et de l'innovation peuvent être mis à mal non seulement par des accidents et des crises de confiance très médiatisés (Fukushima, par exemple), mais aussi par une érosion moins apparente de la confiance dans le processus décisionnel et son usage de la science et des données empiriques. Cette situation a entraîné une sérieuse remise à plat des impacts de la science et la technologie sur l'économie et la société, ainsi qu'une réévaluation des réponses des pouvoirs publics considérées comme appropriées, y compris dans le domaine des conseils scientifiques (OCDE, 2015a).

Dans la mesure où l'innovation est induite par les scientifiques, les entreprises, les professionnels et les utilisateurs, et où elle imprègne de nombreux secteurs de l'activité humaine (tableau 8.1), les mesures prises par les pouvoirs publics à l'intention de la société civile, des établissements d'enseignement et des professionnels cherchent à développer une culture de l'innovation (Vincent-Lancrin, 2012). Le but de ces mesures est d'améliorer l'accès du public à des informations sur l'avenir de la politique STI et d'encourager la société à prendre part à l'élaboration des politiques. Pour citer un exemple, la Déclaration de l'OCDE sur les politiques futures en matière de science et de technologie soulignait l'importance de la sensibilisation à la science et la technologie, et recommandait de faciliter la participation du public à la définition des grandes orientations technologiques (OCDE, 1981).

Tableau 8.1. **Typologie des mesures prises par les pouvoirs publics pour promouvoir une culture de la science et de l'innovation**

Zones d'action	Principales populations cibles	Principaux instruments d'action	Exemples de pays
Société civile	Jeunes et adultes	Dialogue public (ateliers de sensibilisation, conférences, normes).	République slovaque (*Scientific Patisserie*), France (Observatoire de la biologie).
		Participation à la conception de la politique STI (consultation publique).	Finlande (conférence nationale des parties prenantes), Nouvelle-Zélande (projet scientifique), Turquie (feuille de route technologique).
		Communication de la part des scientifiques (centre/musée des sciences, semaines/foires/années/expositions consacrées à la science, médias scientifiques (TV, radio, site web et médias sociaux), programme de vulgarisation (par des scientifiques).	Australie (Questacon), Canada (Science.gc.ca), Chili (VA!), Corée (festival de la science et festival des idées ; expo et foire sur les jeunes entreprises), Allemagne (camion BIOTechnikum), Turquie (programme de soutien aux foires scientifiques TÜBİTAK 4006).
Établissements d'enseignement et systèmes éducatifs	Étudiants de tous niveaux	Récompenses/Prix et concours dans le domaine de la science et l'innovation.	Chine (course à l'innovation et à l'entrepreneuriat), Nouvelle-Zélande (prix du scientifique de demain), République slovaque (exploit de l'année en matière d'innovation), Russie (concours d'innovation dans l'éducation).
		Initiatives d'apprentissage institutionnalisé (cours magistraux, nouveaux programmes d'étude).	Danemark (Fondation pour l'entrepreneuriat et les jeunes entreprises), Norvège (plan d'action pour l'entrepreneuriat dans l'éducation), Suède (enseignement obligatoire de l'entrepreneuriat), Turquie (projet FATIH).
		Nouvelles pratiques pédagogiques et activités d'échange (exercices pratiques, laboratoires d'expérimentation, apprentissage participatif, jeux de rôles et mentorat).	Autriche (Young Science), Allemagne (Little Scientists' House), Norvège (programme d'enseignement sur les DPI), République slovaque (Scientific Patisserie).
	Enseignants	Renforcement des capacités pédagogiques, avec notamment la conception de méthodes et de supports novateurs.	Autriche (nouvelles méthodes pédagogiques), Irlande (projet concernant les maths).
		Possibilités de formation, conférences et ateliers de sensibilisation, incitations financières.	Estonie (formation des enseignants d'université à l'entrepreneuriat), Nouvelle-Zélande (bourses pour les enseignants en science et technologie), Norvège (Young Enterprise).
Professionnels	Universitaires (chercheurs, doctorants et post-doctorants)	Possibilités de formation (par exemple sur les DPI, les jeunes entreprises, etc.), conférences et ateliers de sensibilisation.	Bureaux de transfert de technologie dans de nombreux pays.
		Soutien à la commercialisation des résultats de la recherche publique et instauration de liens entre la science et l'industrie (mécanismes de rémunération, critères de performance et avancement, doctorat en génie industriel).	Chili (InnovaChile – Corfo), Colombie (alliances régionales), Allemagne (bourses VIP et EXIST), Nouvelle-Zélande (bourses pour les étudiants en R-D de Callaghan Innovation).
	Entreprises	Soutien aux liens entre la science et l'industrie et assistance technique aux entreprises (chèques-innovation, mise à disposition d'experts, doctorats en génie industriel, programmes de vulgarisation).	Bureaux de transfert de technologie dans de nombreux pays. Colombie (programme pilote de formation et de conseil sur la gestion de l'innovation).
		Possibilités de formation, séminaires et ateliers d'information, soutien et visibilité.	Costa Rica (centre CATI et portail national sur l'innovation), Nouvelle-Zélande (programme de développement de l'entrepreneuriat), Afrique du Sud (prime de sensibilisation à la science), Royaume-Uni (*Business Link*).

Note : DPI = droits de propriété intellectuelle.

Source : OCDE (2015b), *Science, technologie et industrie : Perspectives de l'OCDE 2014*, Éditions OCDE, Paris, *http://dx.doi.org/10.1787/sti_outlook-2014-fr*, d'après les réponses des pays au questionnaire 2014 sur la politique STI, et les commentaires transmis par les délégations nationales.

D'autres mesures visent également à mieux faire connaître la science et la technologie et à stimuler l'intérêt à leur égard, en particulier chez les jeunes. Ces mesures sont traditionnellement les suivantes : diffusion à grande échelle des données scientifiques (via les moyens de communication de masse), publicité des manifestations et autres initiatives scientifiques, et soutien aux activités des musées de la science. Le développement et l'utilisation des TIC, l'accès croissant aux infrastructures numériques et à l'internet, ainsi que l'intensification de la communication interactive en ligne (avec les médias sociaux, par exemple) ont permis de mieux faire participer le public, mais ont aussi réduit l'utilisation des sources d'information traditionnelles.

La sensibilisation des jeunes à la science et l'innovation a lieu principalement à l'école. Or, les données dont on dispose indiquent que dans beaucoup de pays, les citoyens considèrent que les établissements scolaires ne sont pas très actifs au regard du développement des compétences et des attitudes entrepreneuriales. Les grandes réformes des systèmes éducatifs tentent d'ajouter de nouvelles disciplines et de nouvelles méthodes d'apprentissage. Elles concernent tous les niveaux de l'enseignement (du primaire au supérieur), et nécessitent un renforcement des capacités, tant sur le plan de la pédagogie que des infrastructures.

Les mesures axées sur l'instauration d'une culture de la science et de l'innovation s'adressent également aux professionnels. Dans le cas des universités, elles les aident à remplir leur « troisième » mission, qui consiste à transférer et à créer collectivement du savoir avec le reste de la société. Les formations, ateliers d'information et nouveaux cadres de rémunération et d'avancement ont pour but de sensibiliser la communauté des chercheurs aux DPI et d'éveiller leur intérêt à la commercialisation des résultats de la recherche publique. Les chercheurs, en particulier en début de carrière, bénéficient d'une aide pour créer une nouvelle entreprise. Les entreprises reçoivent quant à elles une assistance technique par le biais de canaux financiers et non financiers (tels que chèques-innovation, programmes de vulgarisation et mise à disposition d'experts).

Gérer les risques liés à l'innovation

Le changement climatique, l'appauvrissement de la biodiversité, l'érosion de la couche arable, les menaces pathologiques (telles que les bactéries multirésistantes aux médicaments), la nocivité de l'utilisation des produits chimiques pour la santé et l'environnement, ainsi que les conséquences du vieillissement de la population sont quelques-uns des nombreux risques complexes auxquels est confrontée la planète. Comme décrit dans plusieurs parties du présent rapport, des progrès décisifs doivent être accomplis dans le domaine scientifique et technologique pour relever ces défis mondiaux de manière rentable. Parmi les nombreuses avancées récentes figurent par exemple les technologies numériques, qui ont permis de suivre les épisodes de maladie menaçant de se transformer en pandémies, et les technologies d'identification des acides nucléiques, grâce auxquelles on peut déterminer rapidement quels sont les agents pathogènes. Les technologies spatiales sont dotées de fonctionnalités uniques permettant d'améliorer les données et les connaissances concernant le changement climatique. Récemment, des travaux de recherche ont identifié les molécules du sang qui permettent de prédire, avec au moins 90 % de fiabilité, si un individu va subir une simple dégradation de ses capacités cognitives ou contracter la véritable maladie d'Alzheimer (Mapstone et al., 2014). La biologie de synthèse pourrait par ailleurs permettre de fabriquer des produits pétroliers à partir de microbes présents dans le sucre (OCDE, 2014e). Enfin, les matériaux nanocomposites offrent la promesse de pouvoir fabriquer des véhicules plus légers, moins gourmands en carburant (OCDE, 2014f).

Si les nouvelles technologies peuvent avoir des effets bénéfiques divers sur le plan économique et social, elles peuvent également produire des effets négatifs. Il est par exemple inévitable que les pouvoirs publics devront gérer un avenir dans lequel les TIC permettront à un nombre de gens encore plus grand d'avoir accès à un éventail de données scientifiques encore plus large, certaines de ces données pouvant s'avérer dangereuses. Par ailleurs, à mesure que la biotechnologie progressera, la compréhension des mécanismes permettant d'accroître délibérément le pouvoir de nuisance des maladies se développera également (pour citer un exemple, l'ajout d'un gène au virus responsable de la variole de la souris – une variante de la variole – peut rendre cette pathologie plus mortelle et permettre au virus d'infecter des individus vaccinés)[5]. En fait, la question de savoir s'il est convenable de publier les génomes détaillés de microbes dangereux fait actuellement débat.

Les exemples de la biotechnologie – comme ceux cités précédemment – figurent parmi les plus évidents, mais il en existe beaucoup d'autres. Ainsi, certaines nanoparticules manufacturées pourraient avoir des effets nocifs pour la santé. À l'avenir, la fabrication des armes pourrait avoir la précision de l'atome, et avoir lieu à très grande échelle. Un autre risque des expériences scientifiques est la survenue d'accidents, en particulier lorsque les expériences créent des conditions qui n'existent pas dans le monde réel (Rees, 2003). Les systèmes TIC vitaux qui sont présents partout et sont interconnectés pourraient en outre avoir des comportements imprévisibles et soudains (à titre d'exemple, c'est l'interaction entre des algorithmes qui a provoqué en mai 2010 un « crash éclair », au cours duquel plus de mille milliards de dollars ont été perdus en l'espace de quelques minutes sur les marchés boursiers mondiaux). En vérité, la compréhension scientifique de ces systèmes complexes est insuffisante. L'améliorer est une nécessité si l'on veut que les pouvoirs publics puissent protéger la société contre des dysfonctionnements potentiellement graves (Nesse, 2014).

De façon plus générale, l'incertitude est une caractéristique courante de la politique scientifique. La R-D est un investissement basé sur la probabilité, et la voie empruntée par la science et l'innovation – et ses ramifications – implique des éléments de hasard, ainsi que des résultats souvent longs à obtenir et difficiles à prévoir. Même les questions de fond prosaïques et à relatif court terme peuvent être difficiles à traiter en pleine connaissance de cause. Les pouvoirs publics doivent donc déployer toute une variété d'instruments (études prospectives, avis d'experts et modélisation quantitative, par exemple) pour orienter l'action publique et réduire les risques inutiles. Toutes ces techniques présentent toutefois des avantages et des inconvénients.

La récente Recommandation du Conseil sur la gouvernance des risques majeurs (OCDE, 2014g) énonce une série de conseils pour permettre aux pays de renforcer la gestion des risques, à savoir :

1. Définir et promouvoir une approche holistique, multialéas et transfrontières de la gouvernance des risques au niveau national comme fondement d'une meilleure résilience et réactivité du pays, notamment en développant une stratégie nationale de gouvernance des risques majeurs.
2. Renforcer le niveau de préparation en s'appuyant sur la prospective et l'évaluation des risques ainsi que sur une architecture financière pour mieux anticiper l'ampleur et la complexité des impacts potentiels.

3. Mobiliser les citoyens, les entreprises et les acteurs internationaux en les sensibilisant aux risques majeurs et en les incitant à investir dans la prévention et l'atténuation des risques.
4. Développer des capacités de gestion de crise évolutives pour permettre une prise de décision, une communication et des réponses d'urgence en temps utile, par une coordination des ressources à l'échelle de l'État, de ses agences et de réseaux de réponses élargis.
5. Faire preuve de transparence et de responsabilité dans le processus décisionnel lié aux risques et rendre des comptes en intégrant de bonnes pratiques de gouvernance et en tirant en permanence les leçons de l'expérience et des progrès scientifiques.

Au Royaume-Uni, le conseiller scientifique en chef du gouvernement (GSCA, 2014) présente un aperçu utile de la façon dont les pouvoirs publics peuvent gérer les risques liés à l'innovation et de la contribution que la science peut apporter à l'évaluation des risques dans les domaines non scientifiques. Les principales observations émanant de ses travaux sont résumées dans l'encadré 8.3.

Encadré 8.3. **Science, innovation et gestion des risques**

L'innovation est capitale pour gérer un large éventail de risques graves. La compréhension scientifique des systèmes complexes de notre société doit impérativement s'améliorer si l'on veut que les pouvoirs publics puissent protéger la société contre des dysfonctionnements éventuels de ces systèmes. Parallèlement, la science et l'innovation créent elles-mêmes des risques qui doivent être gérés. Pour citer un exemple, les nanomatériaux manufacturés offrent toutes sortes d'avantages possibles, mais présentent également des risques pour la santé et la sécurité qui doivent être gérés.

Le conseiller scientifique en chef du gouvernement britannique (GCSA, 2014) fournit d'utiles conseils pratiques sur l'innovation et la gestion des risques, dont les suivants :

- Les décisions prises par les pouvoirs publics concernant les risques et les applications d'une innovation doivent tenir compte des coûts et des avantages de l'inaction, mais aussi de l'action.
- La prise de décision doit prendre en considération les différentes voies permettant d'atteindre un résultat identique ou similaire.
- La science est certes un cadre qui permet d'évaluer l'innovation et les risques y afférents, mais les aspects économiques, sociaux et politiques doivent également être pris en compte. Les valeurs sociales et éthiques applicables sont très variables selon les populations et les pays.
- Il est important de faire la distinction entre le danger, la vulnérabilité et le risque. Confondre ces concepts peut nuire à la communication et à la prise de décision.
- Lorsque le risque est quantifié, il convient d'indiquer en toute transparence comment les chiffres ont été obtenus. La façon dont les chiffres sont présentés ou énoncés a également des conséquences sur leur interprétation.
- Les incitations dont disposent les régulateurs doivent permettre l'innovation. Outre le bien-être du consommateur, la tâche économique des régulateurs de l'infrastructure et des installations doit inclure l'innovation et la capacité d'adaptation du système. Les régulateurs doivent être comptables de toutes les grandes décisions qu'ils prennent.

Ces questions sont également au cœur du débat actuel sur l'innovation et les politiques d'innovation. Comme l'indique le rapport britannique, plusieurs difficultés font que la gestion des risques occupe une place centrale dans les discussions sur la politique d'innovation (GSCA, 2014) :

- Les pouvoirs publics mettent en place les cadres juridiques, les institutions et les grandes orientations qui sont à l'origine des risques et des incitations auxquels sont exposés les différents acteurs du système d'innovation.
- Les innovations peuvent avoir des effets aussi bien positifs que négatifs, d'où un débat sur les risques liés à l'innovation. Les sociétés modernes étant devenues plus sûres et moins exposées au risque, l'aversion au risque est de plus en plus forte dans de nombreux pays.
- La conception des systèmes qui gèrent les risques associés à l'innovation est une tâche difficile qui nécessite une base solide d'éléments probants. C'est également un domaine fortement influencé par les valeurs sociales et culturelles qui déterminent si les inventeurs peuvent bénéficier de la caution de la société pour mener certaines activités d'innovation.

Ces difficultés ont également été examinées dans les travaux de l'OCDE sur l'innovation, notamment dans les études consacrées à la gouvernance des nanotechnologies et des biosciences. Un récent rapport sur la nouvelle gouvernance de la biomédecine et des technologies médicales (OCDE, 2013d) souligne l'importance de l'équilibrage des risques et des avantages, compte tenu des connaissances limitées dont on dispose et du contexte d'incertitude. Dans une autre étude, l'OCDE (2014f) s'intéresse à l'utilisation des nanomatériaux dans les pneus. Ces travaux montrent que s'il est facile de démontrer les bienfaits de cette innovation pour la société, on en sait en revanche beaucoup moins sur les risques qu'elle présente pour la santé et l'environnement.

Compte tenu de la vitesse des découvertes qui sont faites dans les domaines de la biomédecine et de la santé, de nouveaux produits ou de nouvelles procédures peuvent être soumis aux régulateurs avant que ceux-ci ne disposent d'informations complètes ou suffisantes sur ces innovations pour pouvoir prendre des décisions véritablement avisées. Une consultation anticipée apparaît donc comme une méthode indispensable pour permettre aux régulateurs de disposer du maximum d'informations. Les inventeurs détiennent souvent des informations plus nombreuses et de meilleure qualité que les régulateurs, tout au moins en ce qui concerne certains types de progrès techniques et scientifiques. Le rapport précité note également la nécessité de la communication et de la participation du public en temps voulu. L'innovation biomédicale est source de défis en ce qui concerne le risque, l'équité, le respect de la vie privée, la confidentialité, la dignité humaine, le droit à la vie et la liberté de la recherche. Il en résulte un environnement particulièrement complexe pour les responsables de l'action publique comme pour les citoyens, d'où la nécessité de déployer des efforts particuliers en matière de communication et de consultation.

Une autre dimension des risques liés à l'innovation présente également de l'importance au regard de l'action publique : il s'agit des risques économiques et de la nécessité ou non de les gérer et, dans l'affirmative, de quelle manière. L'innovation étant intrinsèquement risquée, les entreprises et autres acteurs de l'innovation se trouvent dans une situation de grande incertitude lorsqu'ils investissent dans des activités innovantes. Pour citer un exemple, l'avenir de la biologie de synthèse dépend de la capacité à réaliser une synthèse d'ADN (qui est la transcription du code génétique) qui soit fiable, précise, avec un faible taux d'erreur et peu coûteuse. Les difficultés techniques pour parvenir à un équilibre des coûts entre la synthèse et le séquençage de l'ADN sont considérables, et exposent les entreprises travaillant dans le domaine de la biologie de synthèse – souvent petites – à de gros risques financiers. Ces entreprises sont les destinataires évidents des différentes formes d'aide publique qui permettent d'atténuer les risques financiers auxquels sont exposés les petits projets de haute technologie (par exemple, garanties de prêts, marchés publics ou amélioration de l'accès au financement par apport de fonds propres).

Les nanotechnologies vertes sont soumises elles aussi à un ensemble complexe de dispositions fiscales et législatives. Un objectif important des pouvoirs publics est de réduire l'incertitude liée à l'utilisation des nanotechnologies environnementales. Des méthodes innovantes de partage des risques et des connaissances sont, à cet égard, sont à l'étude avec l'aide de grands consortiums composés d'entreprises ainsi que de laboratoires et organismes publics (par exemple : NanoNextNL, Genesis). L'un des avantages de ces consortiums est qu'ils peuvent aider à gérer l'incertitude de la mise sur le marché d'un produit lorsqu'aucune technologie similaire n'a encore été commercialisée, ou lorsque la demande de la technologie en question n'est pas encore bien claire.

La réflexion créatrice peut se révéler utile pour déterminer la façon dont la politique publique pourrait gérer au mieux les risques. Un exemple récent concerne les travaux d'Andrew Lo, professeur de finance au *Massachusetts Institute of Technology* (MIT). Lo et ses collègues ont utilisé les concepts de l'ingénierie financière pour résoudre le problème de l'insuffisance du financement de la recherche médicale sur certains types de maladies (par exemple, celles qui touchent principalement les populations des pays pauvres). La plupart des axes de recherche dans le domaine de la médecine coûtent cher et sont infructueuses. Le montant élevé des coûts de cette recherche et l'asymétrie des résultats, ajoutés aux caractéristiques du marché de certains médicaments (par exemple, le fait que les autorités médicales cherchent à réduire l'utilisation d'antibiotiques pour ralentir le développement d'une résistance à ces médicaments), ont conduit les laboratoires pharmaceutiques à abandonner des secteurs vitaux de la recherche. Lo et ses collègues ont cependant démontré qu'une solution pourrait être d'adopter une approche globale au tout début des travaux de recherche (Fernandez, Stein et Lo, 2012). Au-delà d'un certain seuil de dépenses de recherche, une structure financière pourrait être créée pour mettre en commun les résultats des projets de R-D présentant des profils différents en termes de risque, de rendement et de durée. Cette entité globale pourrait financer ces activités en empruntant, un aspect extrêmement avantageux car l'endettement permet de disposer d'une réserve de capital beaucoup plus importante que les fonds propres. D'après l'analyse des données datant de 1990 à 2011, un fonds créé pour les nouvelles entités moléculaires utilisées en cancérologie pourrait obtenir des taux de rendement suffisants pour attirer des investisseurs institutionnels comme des fonds de pension et des compagnies d'assurance.

Des politiques d'innovation bien conçues (voir le chapitre 6) peuvent permettre d'atténuer certains des risques économiques de l'innovation, notamment dans des domaines où celle-ci contribue de façon importante à la réalisation des objectifs fondamentaux de la politique publique (par exemple, la santé ou l'environnement). Par ailleurs, comme nous l'avons vu plus haut dans le présent rapport, des cadres d'action stables et prévisibles sont importants pour aider les entreprises à gérer les risques économiques de l'innovation.

8.3 Mise en œuvre et évaluation

Mettre en œuvre les stratégies d'innovation

La plupart des pays de l'OCDE et des économies émergentes ont, au cours des dix dernières années, adopté des stratégies d'innovation. Ces stratégies offrent généralement un aperçu des principales difficultés auxquelles se heurte le système national de recherche et d'innovation, et proposent des pistes pour les surmonter. Les stratégies d'innovation peuvent avoir de nombreuses utilités : susciter un échange de vues entre les parties prenantes et permettre un alignement avec les priorités en matière de recherche et d'innovation ; favoriser la convergence des points de vue entre les parties prenantes et les responsables de l'action publique ; aider à la planification des ressources ; enfin, établir un programme d'action complet pour les pouvoirs publics.

Dans la pratique, les stratégies d'innovation comportent souvent des objectifs divers ; certains ne sont pas atteints, et d'autres ne sont même pas mis en œuvre (OCDE, 2015b). Les problèmes qui se posent sont généralement liés à la mauvaise conception de la stratégie, notamment au manque de réalisme dans le choix de certains objectifs (dû éventuellement à l'utilisation d'un processus d'élaboration inadapté, ou à la mise en œuvre elle-même). Les autres obstacles à la mise en œuvre proviennent du manque d'implication, voire de la résistance, de certains acteurs dont les préoccupations et les activités n'ont pas été suffisamment prises en compte dans la stratégie. Les problèmes peuvent aussi provenir du cadre institutionnel, quand ils ne sont pas dus à l'éventuelle réorientation des ressources par d'autres stratégies. Par ailleurs, dès l'instant où l'innovation devient un instrument permettant d'atteindre un large éventail d'objectifs, il devient de plus en plus difficile de mettre au point une stratégie cohérente, car tout un ensemble de ministères et de parties prenantes doivent être mis à contribution (voir la section 8.1).

Les stratégies d'innovation nationales ont, dans la plupart des cas, une large portée qui englobe l'innovation, la recherche, l'entrepreneuriat et une partie de l'enseignement supérieur (OCDE, 2015b). Elles font donc souvent intervenir tout un éventail d'acteurs dont chacun possède une culture, une structure, des contraintes et des objectifs qui lui sont propres. Ces acteurs sont notamment les ministères chargés de la recherche, de l'enseignement supérieur et de l'économie, ainsi que les organismes s'occupant du financement, de l'exécution et de l'évaluation des travaux de recherche. Hormis les pouvoirs publics, les équipes de recherche et les universités, différents types d'entreprises (multinationales, jeunes entreprises, PME) ainsi que d'associations professionnelles peuvent apporter leur contribution.

L'innovation a également un grand rôle à jouer dans les domaines où les objectifs concernant la sécurité, ainsi que les objectifs sociaux ou environnementaux sont primordiaux (par exemple la défense, la santé et l'environnement) et où les ministères correspondants sont aux commandes du programme d'action. Par conséquent, même si l'innovation est essentielle, les ministères directement responsables de la politique en la matière n'exercent pas un rôle pilote dans les domaines en question. La difficulté est donc de trouver le moyen de garantir la cohérence entre les initiatives axées sur l'innovation qui sont menées sur ces différents sujets, chacune sous la direction d'entités distinctes. De nombreux pays ont eu du mal à mobiliser tout l'éventail des acteurs concernés par la mise en œuvre des stratégies nationales (OCDE, 2015b). Il est souvent essentiel, pour assurer le bon fonctionnement du système d'innovation, de comprendre les raisons de ces difficultés et de mettre en évidence les obstacles. Une autre difficulté particulière consiste à ne pas faire participer uniquement les entreprises existantes (déjà en place), mais aussi les jeunes entreprises innovantes et les concurrents engagés dans des innovations plus radicales.

Surmonter les difficultés liées à la réforme des politiques[6]

Comme pour d'autres domaines d'action, la mise en œuvre d'une nouvelle politique d'innovation peut s'avérer difficile, pour diverses raisons : financement insuffisant, manque de compréhension, cadre institutionnel peu satisfaisant ou mauvaise gouvernance ; plusieurs de ces aspects ont déjà été abordés dans les sections précédentes. La mise en œuvre d'une nouvelle politique peut en outre rencontrer la résistance de certains groupes d'intérêts touchés par la réforme. Bien que les nouvelles politiques d'innovation n'aient souvent que des objectifs modestes et ne suscitent donc pas nécessairement une telle résistance, ce n'est pas le cas pour d'autres (telles que les réformes en profondeur des universités ou les vastes réaffectations des crédits alloués à la science et/ou à l'innovation).

Les obstacles aux réformes proviennent souvent de la grande hétérogénéité des acteurs touchés par les réformes (citoyens, entreprises, institutions scientifiques et autres), ce qui implique que les réformes auront un impact différent sur les uns et les autres, parfois en modifiant profondément la valeur relative des différents types de capital humain et physique. Par voie de conséquence, même les réformes bénéfiques sur le plan social peuvent aller à l'encontre des intérêts de nombreux acteurs, en grande partie à cause des effets qu'elles auront en termes de redistribution et qui n'auront peut-être pas de lien avec leurs objectifs de base. Cette hétérogénéité influe en outre sur le processus politique, notamment parce qu'elle structure les motivations électorales des responsables politiques.

Par conséquent, lorsqu'il est question de réformer la politique publique, le défi est double. D'une part, les réformes doivent être conçues pour améliorer le bien-être général, fût-ce avec des coûts éventuels pour certains acteurs. D'autre part, l'adoption des réformes doit être garantie à l'aide de stratégies qui empêchent les opposants au changement de bloquer les réformes, mais qui permettent également de prendre en compte leurs préoccupations légitimes concernant les effets des réformes en termes de redistribution.

Malgré ces difficultés communes à toutes les situations, il n'existe pas de solution unique pour surmonter les obstacles à la réforme, ni même pour recenser les priorités de réforme les plus urgentes. Cela tient à l'hétérogénéité des institutions et des structures économiques d'un pays à l'autre, qui fait que les difficultés rencontrées par les futurs réformateurs varient considérablement dans le temps et dans l'espace. La conception des réformes et les stratégies visant à les faire adopter doivent donc tenir compte du contexte culturel et institutionnel du pays concerné. Même lorsque des pays différents présentent des problèmes similaires, les caractéristiques institutionnelles de chaque pays font qu'il est rarement possible de transposer simplement, sans ajustement, des actions et des institutions d'un environnement à l'autre. Un certain degré d'adaptation est généralement nécessaire. C'est l'une des leçons de l'expérience dont il convient de se souvenir.

Pour autant, les données dont on dispose tendent à montrer que les comparaisons internationales peuvent être utiles. Tout d'abord, malgré leurs nombreuses différences institutionnelles, politiques et économiques, les pays ont en commun un grand nombre de difficultés, y compris dans le domaine de l'innovation (par exemple, pour accroître la productivité, favoriser l'expansion des entreprises innovantes, relever les défis sociaux et renforcer l'intégration), comme cela a été vu plus haut. Ensuite, pour ce qui est d'un grand nombre des domaines d'action liés à l'innovation, la récente édition de la publication *Science, technologie et industrie : Perspectives de l'OCDE* montre que les pays adoptent de plus en plus des approches communes, même si leurs institutions et leurs politiques publiques respectives sont très disparates (OCDE, 2015b).

Bien que les travaux de l'OCDE sur la politique d'innovation ne se soit pas intéressée spécifiquement à ces questions, l'expérience acquise dans d'autres domaines permet de tirer quelques enseignements utiles (OCDE, 2010d). Un constat important est le nombre de points communs dans la façon dont les processus de réforme se déroulent dans les différents domaines et les différents pays, ce qui laisse entendre que malgré la grande diversité de difficultés et de circonstances qu'ils rencontrent, les responsables de l'action publique qui envisagent de procéder à des réformes doivent, lorsqu'ils amorcent le processus, répondre à un certain nombre de questions de base (encadré 8.4). Bien que les enseignements tirés ne relèvent pas tous de la politique d'innovation, ils sont néanmoins d'une grande aide pour les responsables de l'action publique.

Les interrogations concernant la façon de procéder pour mener la réforme structurelle – qui sont présentées dans l'encadré 8.4 – ne sont pas été aussi présentes dans le débat sur les politiques d'innovation que dans celui portant sur les autres volets de la politique structurelle tels que l'éducation ou l'environnement. Elles ont pourtant de l'importance et ont un lien avec le succès des mesures prises en la matière. Pour citer un exemple, les récents travaux de l'OCDE sur l'innovation systémique soulève des questions quant aux aspects de la réforme ayant trait à l'économie politique, comme par exemple l'innovation dans les transports, la croissance verte et les villes. Les actions publiques visant à modifier ces systèmes peuvent avoir des effets négatifs sur les intérêts en place, et provoquer des conflits politiques et des luttes de pouvoir qu'il faudra gérer. L'innovation systémique ne fait pas seulement des gagnants, mais aussi des perdants, en particulier lorsque les anciens systèmes sont remplacés par des nouveaux. Les organisations ayant des intérêts dans les anciens systèmes risquent de résister et de s'opposer aux changements. Beaucoup de travailleurs possèdent des compétences qui ne sont valables que dans une entreprise ou un emploi en particulier ; de même, de nombreuses entreprises ont réalisé des investissements productifs qui risquent de n'être utiles que pour certaines activités et sur certains sites. Ce capital humain ou technologique risque d'être difficile à redéployer en cas de modification de l'environnement. L'innovation systémique peut également nécessiter des ajustements en ce qui concerne les politiques publiques, les cadres institutionnels, les structures incitatives et les modes d'investissement.

L'étude *Making Reform Happen* de l'OCDE (OCDE, 2010d) présente également d'autres constats intéressants pour la politique d'innovation. Tout d'abord – fait particulièrement révélateur concernant la difficulté de la réforme –, les coûts ont parfois tendance à se manifester dès le début et à se concentrer sur quelques agents, alors que les avantages mettent plus longtemps à apparaître et sont généralement plus diffus. Cela peut être le cas avec les politiques d'innovation qui entraînent un changement structurel rapide de l'économie.

L'incertitude scientifique représente souvent une autre difficulté, dans la mesure où les éléments probants avancés pour justifier la réforme seront souvent contestés, et où les individus menacés par celle-ci essaieront d'introduire dans le débat des données plus « favorables ». Il en résulte que le choix d'une technique d'analyse prend souvent un tour hautement politique. Dans beaucoup de pays, une attitude généralisée de défiance à l'égard de l'État ajoute à la difficulté, car les voix officielles invoquant la nécessité d'une réforme risquent d'être entendues avec scepticisme par une grande partie de l'électorat.

Encadré 8.4. **Aide-mémoire pour les réformes**

Bien que ni les travaux de l'OCDE, ni les ouvrages d'économie politique en général, ne puissent fournir de recette universelle pour garantir la réussite des réformes, les études menées jusqu'ici et synthétisées dans cette section semblent indiquer que les responsables de l'action publique, lorsqu'ils élaborent les réformes et les stratégies visant à les faire adopter et à les mettre en œuvre, devraient se poser les questions suivantes :

- *Les autorités disposent-elles d'un mandat clair pour engager le changement ?* Le premier constat de l'OCDE, en particulier pour les réformes générales, est qu'il est important d'avoir un **mandat électoral**. Réformer « en douce » en adoptant tranquillement une série de changements plus ou moins techniques, peut parfois produire des résultats, mais avec de sérieuses limites.
- *Comment convaincre le public et les principales parties prenantes de la nécessité de procéder à des changements et/ou de l'utilité des solutions proposées ?* Le deuxième constat de l'OCDE est l'importance d'une **communication efficace**. Les réformes réussies s'accompagnent en général d'efforts coordonnés et homogènes visant à persuader les parties prenantes de la nécessité d'engager une réforme et, en particulier, des coûts de l'absence de réforme.
- *Quelle est la force de conviction des données et des analyses utilisées pour justifier la réforme ?* Il est important que la conception de la politique publique **repose sur des études et des analyses solides**. L'utilisation de données issues de l'observation et d'une analyse raisonnée permet à la fois d'améliorer la qualité de la politique publique et d'augmenter les chances d'adoption des réformes.
- *Existe-t-il déjà des institutions capables de gérer la réforme efficacement – de sa conception à sa mise en œuvre –*, ou ces institutions sont-elles à créer/renforcer ? Cette question est plus susceptible d'être résolue lorsque les **institutions compétentes** existent déjà et sont en mesure de porter la réforme, depuis la prise de décision jusqu'à la mise en œuvre. La mise en place d'institutions de ce type peut prendre du temps car leur efficacité dépend de leur réputation. En revanche, lorsqu'elles existent, l'analyse préalable réalisée par leurs soins semble avoir amélioré les perspectives de réforme dans certains domaines.
- *La réforme a-t-elle des « responsables » clairement identifiables*, c'est-à-dire des hommes politiques et des institutions chargés de la mener à bien ? La presque totalité des évaluations effectuées dans le cadre des travaux de l'OCDE soulignent **l'importance d'une autorité forte** – qu'il s'agisse d'un responsable de l'action publique ou d'une institution chargée de mener la réforme. Cela dit, l'autorité résulte souvent plus de l'adhésion à une réforme que de son imposition.
- *Quel est le calendrier prévu pour concevoir, adopter et mettre en œuvre la réforme ?* Les réformes les plus réussies ayant été examinées par l'OCDE ont généralement nécessité **plusieurs années pour les concevoir et les adopter**, et souvent plus encore pour les mettre en œuvre. Il s'en suit des difficultés pour ce qui concerne les politiques d'innovation, qui sont par nature axées sur le long terme et souvent gérées par plusieurs gouvernements différents.
- *Quelle sera la stratégie pour faire participer ceux qui seront menacés par la réforme ?* Peut-on les convaincre de soutenir la réforme ? Dans quelle mesure peut-on/doit-on passer outre à leur opposition ? Doivent-ils être indemnisés pour les préjudices qu'ils subiront – si oui, comment et à quelle hauteur ? L'expérience des réformes menées dans les pays de l'OCDE montre que **la plupart du temps, il est payant de faire participer ceux qui seront les plus directement touchés par la réforme**. Ensuite, il est important de bien comprendre que les concessions faites aux éventuels perdants ne doivent pas compromettre les fondements mêmes de la réforme : elles peuvent en réalité être cohérentes avec la logique d'ensemble et les objectifs généraux de la réforme tout en améliorant les perspectives de certains groupes.

Source : OCDE (2010d), *Making Reform Happen: Lessons from OECD Countries*, Éditions OCDE, Paris, *http://dx.doi.org/10.1787/9789264086296-en*.

La section 8.2 relative à la confiance dans les pouvoirs publics, et celle consacrée aux conseils scientifiques au chapitre 5 du présent rapport sont à cet égard éclairantes, de même que les informations et indicateurs proposés dans l'encadré 8.4.

Les récentes réformes engagées dans les pays de l'OCDE fournissent un certain nombre d'enseignements sur la façon de s'y prendre. Premièrement, comme nous l'avons vu plus haut, la participation du public et des parties prenantes est cruciale. Deuxièmement, bien que la science ne soit pas un « remède miracle » à la politique, il n'existe pas, lorsque l'on a affaire à des parties prenantes et des électeurs, d'autre moyen pour justifier une réforme que des éléments concrets et convaincants. L'acceptation par le public d'un certain degré de consensus scientifique est importante. Troisièmement, compte tenu de la dépendance au sentier, le choix des instruments d'action dépend dans une certaine mesure des institutions et des régimes réglementaires existants. Les responsables de l'action publique doivent par exemple évaluer la facilité avec laquelle un cadre juridique particulier peut accueillir de nouveaux instruments d'action. Les efforts visant à assurer la compatibilité entre les modifications de la politique publique et l'environnement institutionnel et réglementaire au sens large sont plus susceptibles de porter leurs fruits lorsque l'État crée des institutions ou des processus permettant d'avoir une approche gouvernementale globale des politiques d'innovation. Souvent, ces considérations mettent également en évidence la nécessité de recourir à des instruments variés pour remédier aux multiples dysfonctionnements du marché.

Renforcer le suivi et l'évaluation

Une autre question clé est de déterminer comment intégrer le suivi, l'évaluation et les enseignements utiles dégagés à la conception des stratégies d'innovation. Une évaluation efficace est primordiale pour apporter la preuve de la responsabilité en matière de dépenses publiques, établir la légitimité et la crédibilité de l'intervention des pouvoirs publics dans les processus d'innovation, mais aussi permettre d'en tirer les enseignements utiles, et de hiérarchiser et d'améliorer les mesures gouvernementales au fil du temps. Le problème est que beaucoup de pays de l'OCDE continuent de privilégier le volet relatif à la responsabilité, ce qui peut conduire à ignorer les avantages dynamiques des enseignements que l'on peut tirer au fil du temps. Il est capital, pour la conception et la gouvernance de la politique d'innovation, de mettre en place des dispositifs de mesure, de suivi et d'évaluation appropriés afin que les responsables de l'action publique et les analystes puissent :

- Évaluer la contribution de l'innovation à la réalisation des objectifs sociaux et économiques.
- Comprendre les facteurs qui favorisent et bloquent l'innovation, ce qui est primordial pour concevoir des politiques d'innovation efficaces.
- Déterminer l'impact des actions publiques et des programmes (souvent de façon groupée) et la mesure dans laquelle l'action gouvernementale a permis de résoudre ou d'atténuer le problème qu'elle était censée régler (par exemple, mettre fin aux dysfonctionnements du marché qui ont des effets négatifs sur la disponibilité des financements, des compétences, des conseils et des technologies).
- Évaluer l'efficacité des différentes méthodes d'action, afin de permettre aux pouvoirs publics de prendre des décisions avisées concernant l'affectation des crédits. L'évaluation peut aider les responsables de l'action publique à déterminer l'efficacité relative des politiques et des programmes, et leur permettre de sélectionner les actions à mener pour obtenir le meilleur rapport coût-efficacité. Elle peut donc contribuer à améliorer l'efficacité, la rentabilité et la pertinence des interventions des pouvoirs publics a posteriori, et justifier les actions futures.
- Améliorer en continu la conception et la gestion des programmes. L'évaluation est un instrument essentiel pour connaître les résultats des politiques et des programmes publics, les problèmes éventuels, les pratiques efficaces et les pistes d'amélioration pour l'avenir.

- Stimuler un débat éclairé. Les résultats des évaluations peuvent fournir l'occasion d'organiser un débat public entre diverses parties prenantes (instigateurs des programmes, gestionnaires et bénéficiaires), afin de réfléchir à la pertinence et à l'efficacité des politiques, des programmes et des institutions.
- Renforcer la transparence des politiques menées à l'égard du public.

Un point important à prendre en considération pour l'évaluation est de déterminer dans quelle mesure les résultats souhaitables auraient pu être obtenus sans l'intervention des pouvoirs publics (le « scénario contrefactuel »). Il existe en la matière deux tendances. La première est ce que l'on appelle le « faux raisonnement », c'est-à-dire le fait d'attribuer entièrement (ou majoritairement) à l'action gouvernementale examinée des résultats qui, en réalité, se produisent en cascade sous l'effet de l'interaction de plusieurs facteurs. Ce phénomène est aggravé par le fait que les instruments de la politique d'innovation s'articulent parfois comme un tout et peuvent être difficiles à évaluer séparément. La deuxième tendance est la sous-estimation des effets d'une action publique du fait du ciblage trop étroit de l'évaluation ou de la période à laquelle celle-ci est réalisée. Dans ce cas de figure, les effets risquent de ne pas s'être encore fait sentir, ou d'être survenus il y a si longtemps que les bénéficiaires ne font pas le lien avec l'action gouvernementale. Il est important d'avoir conscience de ces tendances, même si les problèmes qu'elles suscitent ne peuvent être complètement résolus.

L'évaluation représente l'une des nombreuses sources d'information utilisées pour concevoir les processus de gestion des politiques et des programmes, et il importe d'en être conscient pour avoir des attentes raisonnées quant à son utilité. Un autre point important est d'accepter et de comprendre qu'il est inévitable de commettre des erreurs dans le processus d'élaboration des politiques. Une partie de la difficulté de ce processus consiste donc à mettre au point des procédures de gouvernance pour détecter et corriger les erreurs (Rodrik, 2008). C'est pour cette raison que l'évaluation est devenue un élément central de la politique d'innovation. Heureusement, la tendance parmi les évaluateurs est à faire un usage accru de techniques plus rigoureuses qui présentent deux caractéristiques connexes : la désignation d'un événement contrefactuel (que serait-il arrivé en l'absence de l'action gouvernementale) et la mise en évidence du lien de causalité (plutôt que de la simple corrélation).

À titre d'exemple, l'utilisation accrue de tests de contrôle aléatoires dans des pays comme le Royaume-Uni et les Pays-Bas, dans des domaines comme l'aide à la R-D, est motivée par la prise de conscience que des différences même minimes dans la conception des politiques publiques peuvent avoir des répercussions majeures en termes d'efficience et d'efficacité (voir Warwick et Nolan [2014] pour un examen de la question). Les progrès dans les techniques d'économétrie structurelle (comme l'utilisation plus répandue des méthodes d'estimation des variables instrumentales) ont largement contribué à accroître la fiabilité des évaluations des actions gouvernementales actuelles. Quelques-uns des principaux enseignements à dégager pour l'évaluation des politiques d'innovation sont résumés ci-après.

Encadré 8.5. **Enseignements à tirer pour l'évaluation des politiques d'innovation**

Les principes qui suivent – résultant des récents débats d'un groupe d'experts animé par l'OCDE – s'inspirent des bonnes pratiques mises en œuvre dans le domaine de l'évaluation de la politique d'innovation (mais également transposables à d'autres secteurs de l'action gouvernementale) :

- **Prendre explicitement, au plus haut niveau, l'engagement de procéder à l'évaluation de l'action publique.** Un engagement explicite doit être pris d'entreprendre a posteriori l'évaluation des importantes politiques et stratégies industrielles et d'innovation. La reconnaissance officielle, par les

Encadré 8.5. **Enseignements à tirer pour l'évaluation des politiques d'innovation** *(suite)*

hauts responsables de l'action publique et les directeurs d'organismes publics, de l'importance de l'évaluation pour élaborer des politiques pragmatiques, est primordiale pour s'assurer de la disponibilité des ressources humaines et financières nécessaires à l'évaluation.

- **Envisager de rendre les évaluations obligatoires lorsque des fonds publics sont utilisés.** Aux États-Unis, l'une des principales raisons pour lesquelles différents programmes ont été intégralement évalués (par exemple le programme « *Manufacturing Extension Partnerships* ») est que l'utilisation de fonds fédéraux était conditionnée à l'obligation de réaliser des évaluations.
- **Insister, comme condition préalable au démarrage des programmes, sur la nécessité de produire des données et d'élaborer des stratégies d'évaluation.** Une stratégie d'évaluation des programmes doit être établie clairement dès le début et comporter un plan d'évaluation *ex ante* qui, dans la mesure du possible, énonce clairement la théorie du changement et montre les principaux mécanismes devant produire des effets (depuis les intrants et les activités jusqu'aux extrants et aux résultats). Il est nécessaire de mettre en place une stratégie pour s'assurer que les données nécessaires à l'évaluation sont recueillies dès le début. Les pouvoirs publics ont également le devoir de mettre à disposition davantage de données, afin que les chercheurs et autres parties intéressées puissent aussi évaluer l'efficacité de l'action gouvernementale.
- **Choisir la technique d'évaluation en fonction de l'ampleur et de la nature du programme concerné.** Les évaluations des programmes les plus importants – en particulier les projets pilotes qui pourraient être développés ultérieurement – doivent faire appel à diverses méthodes : attribution aléatoire, évaluations quasi-expérimentales, entretiens avec les bénéficiaires ou approches participatives avec les parties prenantes. Les tests aléatoires devraient occuper une plus grande place dans l'évaluation des impacts a posteriori.
- **S'agissant des politiques d'innovation et des stratégies industrielles, un panachage de méthodes d'évaluation peut être nécessaire.** Les méthodes économétriques les plus récentes sont utiles pour évaluer les composants d'une stratégie, mais elles ne sont pas forcément très adaptées pour évaluer un ensemble de mesures. Les indicateurs de niveau général ou intermédiaire, comparaisons internationales, évaluations subjectives (basées sur des sondages), comptes rendus, études de cas et autres techniques ont tous un rôle à jouer.
- **Insister sur la diffusion des rapports d'évaluation dans leur intégralité.** Un engagement doit être pris de rendre publics les résultats de l'évaluation des programmes financés sur fonds publics. Le choix des méthodes et des paramètres d'évaluation utilisés, les inconvénients de chaque méthode et les domaines donnant lieu à des évaluations subjectives doivent être décrits de façon précise. Il est préconisé de veiller à la transparence et à la publication précoce des résultats de l'évaluation et des données sur lesquelles ils s'appuient. La publication des résultats de l'évaluation doit inclure des métadonnées, afin de faciliter les recherches en ligne.
- **Des mécanismes de gouvernance robustes sont nécessaires pour garantir une évaluation objective.** Les programmes doivent être évalués par – ou en collaboration avec – des experts véritablement indépendants, appartenant éventuellement à un cabinet d'audit. Dans l'idéal, l'organisme chargé de réaliser l'évaluation travaillera avec les gestionnaires du programme mais ne sera lié par des contrats continus avec l'instigateur du programme.
- **Il est nécessaire de mettre en place des mécanismes efficaces qui permettent de tirer des enseignements utiles des résultats de l'évaluation en vue de les intégrer à l'élaboration des politiques ultérieures.** Des mesures peuvent s'avérer nécessaires pour sensibiliser davantage les acteurs concernés à l'utilisation de l'évaluation – et, plus généralement, à la prise de décisions fondées sur des données probantes –, et d'autres pour rendre obligatoire l'évaluation de certaines actions gouvernementales. Il est particulièrement important que les plus hautes instances fassent clairement de l'évaluation une priorité.

Source : Warwick et Nolan (2014), « Evaluation of industrial policy », *http://dx.doi.org/10.1787/5jz181jh0j5k-en*.

Expérimenter les politiques publiques

L'utilisation de tests de contrôle aléatoires permet une expérimentation plus large des politiques publiques (OCDE/Banque mondiale, 2014) : il est en effet possible d'expérimenter certaines initiatives à petite échelle, puis de les déployer plus largement si les évaluations montrent que le programme remplit efficacement ses objectifs. Les méthodes expérimentales répondent en partie à la prise de conscience croissante que l'approche centralisée n'est pas la bonne méthode pour mener les politiques d'innovation. Les raisons de l'échec de cette méthode sont bien connues, telles que : risques de captation par des intérêts catégoriels, manque d'informations sur l'économie et grande asymétrie d'informations avec les acteurs privés, souvent associés à une insuffisance des capacités dans le secteur public pour élaborer et mettre en œuvre des politiques publiques efficaces.

Une autre méthode plus appropriée pour aborder la politique d'innovation (et industrielle) regroupe différentes tâches – recherche, expérimentation, suivi, apprentissage et adaptation – qui doivent avoir lieu dans le contexte d'une ouverture internationale au savoir, aux échanges, à l'investissement et à la concurrence. Cette nouvelle approche repose en outre sur une étroite coopération avec les acteurs privés et non gouvernementaux, qui sont souvent mieux placés que les pouvoirs publics pour repérer les obstacles à l'innovation, et pour orienter l'action gouvernementale ou l'investissement productif vers certains secteurs.

Cette nouvelle méthode met en outre beaucoup plus l'accent sur le suivi (diagnostic) et l'évaluation, qui doivent être intégrés dès le début aux programmes et aux politiques publics. Cela est particulièrement important pour les domaines d'action nouveaux et émergents, où l'expérimentation occupe une grande place et où les possibilités d'apprentissage et de détection des bonnes pratiques sont les plus nombreuses. Cet apprentissage devrait pouvoir être favorisé par le partage précoce et régulier des leçons tirées de l'expérimentation des politiques publiques au niveau mondial, lequel nécessitera le renforcement des mécanismes de recensement et de diffusion des bonnes pratiques, notamment à l'aide de plateformes et de réseaux du savoir spécifiques.

Les travaux sur l'expérimentation suscitent par ailleurs des interrogations concernant les aspects suivants : comment les responsables de l'action publique – et les acteurs privés – tirent des enseignements de l'expérience et des erreurs qu'ils ont commises ; comment encourager non seulement les entreprises, mais aussi les responsables de l'action publique, à engager davantage de travaux d'expérimentation et à prendre davantage de risques ; comment les échecs – et pas seulement les réussites – peuvent donner matière à débat et être mis à profit ; enfin, comment l'apprentissage peut être structuré, intégré et institutionnalisé au sein du processus d'élaboration des politiques. Les travaux portant sur l'expérimentation mettent également en évidence la nécessité de mieux comprendre les systèmes et leur comportement, ainsi que l'influence que l'action publique peut exercer sur le comportement de systèmes (de plus en plus) complexes pour parvenir à une croissance plus durable et une prospérité partagée. Les travaux conjoints OCDE/Banque mondiale sur l'expérimentation ont en outre conduit aux recommandations suivantes (OCDE/Banque mondiale, 2014) :

- Les responsables de l'action publique doivent prévoir des plans de suivi et d'évaluation dès l'étape de conception des mesures gouvernementales s'ils veulent améliorer la qualité et l'efficience des dépenses publiques finançant la politique d'innovation.

- Les pouvoirs publics peuvent parfois obtenir de meilleurs résultats dans le domaine de l'innovation s'ils font participer des organismes et des acteurs dont l'activité se situe à la périphérie de l'élaboration des politiques, car cela peut limiter la captation de l'action publique par des intérêts catégoriels et contribuer à l'élaboration de politiques plus créatives et plus collaboratives que celles conçues par des agences plus centralisées. Ces acteurs peuvent aussi être capables de faire plus avec moins.

Améliorer les méthodes de mesure

L'amélioration de la mesure de l'innovation est essentielle pour définir et évaluer l'action publique, mais aussi pour encourager l'innovation dans les entreprises, le secteur public et la société dans son ensemble. Toutefois, et bien que les choses progressent , les indicateurs actuels de l'innovation mettent trop l'accent sur les intrants du processus d'innovation plutôt que sur ses résultats, et les chiffres ou indices agrégés disponibles ne rendent pas compte de façon adéquate de la diversité des acteurs et processus de l'innovation ainsi que des liens qui existent entre eux. Les efforts doivent être poursuivis pour faire progresser ces questions et adapter le programme de mesure à l'expérience menée aux niveaux national et international. Un certain nombre de questions de fond – en particulier le rôle de l'innovation au sens large (pas seulement de la R-D), l'importance croissante du secteur public dans l'innovation et l'amélioration de l'évaluation de l'impact économique de l'innovation, pour n'en citer que quelques-unes – obligent à améliorer les indicateurs. Cela dit, il n'est pas justifié de mettre en place une infrastructure de données de haut niveau si elle n'est pas accessible aux utilisateurs de façon simple et normalisée. De plus, pour améliorer l'évaluation des politiques publiques, une attention accrue devrait être accordée à la quantification des variables de politique ainsi qu'à leurs caractéristiques en termes de conception et de mise en œuvre. Les priorités sont les suivantes :

1. **Améliorer la mesure de l'innovation au sens large et de ses liens avec les résultats macroéconomiques.** Cela doit s'articuler comme suit :
   - perfectionner la mesure du capital intellectuel et de l'investissement dans les TIC, ainsi que sa prise en compte dans les statistiques sur la productivité
   - repenser les enquêtes menées dans le domaine STI afin d'en tirer une vision plus large de l'innovation
   - investir dans une infrastructure de données complète et de qualité afin de mesurer les déterminants et les retombées de l'innovation en rapprochant différents ensembles de données et en exploitant les possibilités offertes par les fichiers administratifs.
2. **Reconnaître le rôle de l'innovation dans le secteur public et en promouvoir la mesure.** Comme cela a déjà été abordé à la section 4.5, il importe de rendre compte de l'utilisation des deniers publics, de mesurer l'efficacité de l'élaboration et de l'application des politiques et des services publics, et d'améliorer les résultats et la qualité des services publics grâce à l'innovation.
3. **Promouvoir l'élaboration de nouvelles méthodes statistiques et approches pluridisciplinaires de la collecte des données.** La politique de l'innovation doit prendre en compte les caractéristiques des technologies, des acteurs et des lieux, de même que leurs interactions et leurs synergies. De nouvelles méthodes d'analyse de caractère pluridisciplinaire sont nécessaires pour comprendre le comportement innovant, ses déterminants et ses incidences au niveau des individus, de l'entreprise et de l'organisation. Un meilleur usage des nouvelles sources de données, notamment de l'internet, serait également utile.

4. **Promouvoir la mesure de l'innovation à visée sociale et des retombées sociales de l'innovation.** Le cadre de mesure actuel ne couvre pas les retombées sociales de l'innovation. L'élaboration d'indicateurs permettant d'évaluer les incidences de l'innovation sur le bien-être ou leur contribution à la réalisation des objectifs sociaux doit être encouragée. Cela inclut l'amélioration de la mesure de la dimension humaine de l'innovation – notamment les compétences requises dans le contexte de l'économie numérique –, ainsi que la mesure de composantes importantes de la politique publique (par exemple, la sécurité, le respect de la vie privée et la protection du consommateur dans l'économie numérique).
5. **Intégrer et normaliser les données relatives à la politique STI.** D'importants efforts sont actuellement déployés dans la zone OCDE et au-delà pour accroître la disponibilité et l'accessibilité des données relatives à la politique STI, une démarche encouragée par les progrès récents de la technologie de l'internet, les données massives et la recherche de transparence. Toutefois, ces initiatives sont souvent disparates et non coordonnées, et l'accès aux données est restreint par un ensemble complexe de lois, réglementations et pratiques qui ne sont pas appliquées ni interprétées de manière homogène. Les initiatives visant à développer ces infrastructures essentielles et à améliorer leur accessibilité tout en assurant la confidentialité des données doivent être encouragées et coordonnées, de manière à éviter la duplication inutile des efforts. Il faudra en outre être attentif à la conception et à la réglementation des nouvelles plateformes d'échange, de l'interopérabilité et des normes correspondantes.
6. **Intégrer le suivi et l'évaluation des politiques dès leur conception.** Pour améliorer la conception des mesures gouvernementales et en tirer des enseignements utiles au fil du temps, les méthodes de mesure doivent être pensées à l'avance et élaborées après avoir mis en œuvre et expérimenté la politique publique à petite échelle. Il faut en outre que des données soient recueillies sur la conception et les caractéristiques des politiques publiques elles-mêmes. L'ampleur et la complexité du cadre de l'action gouvernementale dans le domaine de la science et de l'innovation n'ont pas permis jusqu'ici d'effectuer un classement systématique de ses différents attributs entre les différents pays, ce qui a conduit à une utilisation poussée des avis qualitatifs ou des indicateurs existants concernant le financement de la R-D publique. L'aide financière, la demande publique, la fiscalité, la réglementation et de nombreuses autres mesures gouvernementales peuvent en principe être répertoriées et codifiées de manière systématique.

La conférence Blue Sky 2016, qui aura lieu en Belgique, permettra de faire progresser les dossiers dans ces domaines et dans d'autres, le but étant de renforcer la base d'éléments probants permettant d'étayer l'élaboration des politiques.

Notes

1. D'un autre côté, le fait d'être confrontés à différentes approches de l'innovation peut être riche d'enseignements pour les responsables de l'action publique ; faire coïncider les actions ne veut donc pas dire les harmoniser.
2. Pour la zone OCDE, 14 pays sur les 15 ayant répondu à l'enquête *OECD-GOV Survey on the Multi-level Governance of Science, Technology and Innovation Policy* (OCDE, 2009a).
3. Ce problème est décrit, entre autres, dans les publications suivantes : OCDE (2012a), *OECD Reviews of Regional Innovation: Central and Southern Denmark*, et OCDE (2009b), *OECD Reviews of Regional Innovation: 15 Mexican States*.
4. L'OCDE a facilité la mise en place de ce type d'infrastructures distribuées (le cas le plus récent étant celui des collections scientifiques [SciColl, 2013]), et les enseignements tirés – notamment différentes options de gouvernance – ont été analysés (OCDE, 2014d).

5. *www.theguardian.com/commentisfree/2014/jul/21/five-biggest-threats-human-existence.*

6. Cette section, qui s'appuie sur la publication de l'OCDE (2010d), fournit une synthèse des principaux enseignements de l'expérience, en les appliquant au contexte des réformes de la politique d'innovation.

Références

Commission européenne (2005), « Population Innovation Readiness », *Rapports Eurobaromètre spéciaux*, Commission européenne, Bruxelles, août, *http://ec.europa.eu/public_opinion/archives/ebs/ebs_236_en.pdf.*

Fernandez, J.M, R.M. Stein et A.W. Lo (2012), « Commercializing biomedical research through securitization techniques », *Nature Biotechnology*, vol. 30, n° 10, pp. 964-975, *http://dx.doi.org/10.1038/nbt.2374.*

Gallup (2013), Gallup World Poll, *www.gallup.com.*

GCSA (UK Government Chief Scientific Adviser) (2014), *Annual Report of the Government Chief Scientific Adviser 2014: Innovation: Managing Risk, Not Avoiding It*, The Government Office for Science, Londres.

Mapstone, M. et al. (2014), « Plasma phospholipids identify antecedent memory impairment in older adults », *Nature Medicine*, vol. 20, pp. 415-418, *http://dx.doi.org/10.1038/nm.3466.*

Nesse, R. (2014), « The fragility of complex systems », dans Brockman, J. (dir. pub.), *What Should We Be Worried About?*, Harper Perennial.

OCDE (2015a), « Scientific Advice for Policy Making : The Role and Responsibility of Expert Bodies and Individual Scientists », *OECD Science, Technology and Industry Policy Papers*, n° 21, Éditions OCDE, Paris, *http://dx.doi.org/10.1787/5js33l1jcpwb-en.*

OCDE (2015b), *Science, technologie et industrie : Perspectives de l'OCDE 2014*, Éditions OCDE, Paris. *http://dx.doi.org/10.1787/sti_outlook-2014-fr.*

OCDE (2014a), *Regional Outlook Regions and Cities: Where Policies and People Meet*, Éditions OCDE, Paris, *http://dx.doi.org/10.1787/9789264201415-en.*

OCDE (2014b), *Recommandation du Conseil de l'OCDE pour un investissement public efficace entre niveaux de gouvernement*, OCDE, Paris, *http://www.oecd.org/fr/gov/politique-regionale/recommendation-investissment-public-efficace.htm.*

OCDE (2014c), *Centre Stage – Driving Better Policies from the Centre of Government*, OCDE, Paris, *http://www.oecd.org/gov/Centre-Stage-Report.pdf.*

OCDE (2014d), *International Distributed Research Infrastructures: Issues and Options*, Éditions OCDE, Paris, *http://www.oecd.org/sti/sci-tech/international-distributed-research-infrastructures.pdf.*

OCDE (2014e), *Emerging Policy Issues in Synthetic Biology*, Éditions OCDE, Paris, *http://dx.doi.org/10.1787/9789264208421-en.*

OCDE (2014f), *Nanotechnology and Tyres: Greening Industry and Transport*, Éditions OCDE, Paris, *http://dx.doi.org/10.1787/9789264209152-en.*

OCDE (2014g), *Recommandation du Conseil sur la gouvernance des risques majeurs*, Éditions OCDE, Paris, *http://www.oecd.org/fr/rcm/C-MIN(2014)8-FRE.pdf.*

OCDE (2013a), *Panorama des régions de l'OCDE 2013*, Éditions OCDE, Paris. DOI: *http://dx.doi.org/10.1787/reg_glance-2013-fr.*

OCDE (2013b), *Regions and Innovation: Collaborating across Borders*, Éditions OCDE, Paris, *http://dx.doi.org/10.1787/9789264205307-en.*

OCDE (2013c), *Science, technologie et industrie : Tableau de bord de l'OCDE 2013 : L'innovation au service de la croissance*, Éditions OCDE, Paris. *http://dx.doi.org/10.1787/sti_scoreboard-2013-fr.*

OCDE (2013d), « Toward new models for innovative governance of biomedicine and health technologies », *OECD Science, Technology and Industry Policy Papers*, n° 11, Éditions OCDE, Paris, *http://dx.doi.org/10.1787/5k3v0hljnnlr-en.*

OCDE (2012a), *OECD Reviews of Regional Innovation: Central and Southern Denmark 2012*, Examens de l'OCDE sur l'innovation régionale, Éditions OCDE, Paris, *http://dx.doi.org/10.1787/9789264178748-en.*

OCDE (2012b), *Meeting Global Challenges through Better Governance: International Co-operation in Science, Technology and Innovation*, Éditions OCDE, Paris, *http://dx.doi.org/10.1787/9789264178700-en.*

OCDE (2011), *Regions and Innovation Policy*, Examens de l'OCDE sur l'innovation régionale, Éditions OCDE, Paris, *http://dx.doi.org/10.1787/9789264097803-en*.

OCDE (2010a), *The OECD Innovation Strategy: Getting a Head Start on Tomorrow*, Éditions OCDE, Paris, *http://dx.doi.org/10.1787/9789264083479-en*.

OCDE (2010b), *Regional Development Policies in OECD Countries*, Éditions OCDE, Paris, *http://dx.doi.org/10.1787/9789264087255-en*.

OCDE (2010c), *Cities and Climate Change*, Éditions OCDE, Paris, *http://dx.doi.org/10.1787/9789264091375-en*.

OCDE (2010d), *Making Reform Happen: Lessons from OECD Countries*, Éditions OCDE, Paris, *http://dx.doi.org/10.1787/9789264086296-en*.

OCDE (2009a), « Enquête de l'OCDE sur la gouvernance multiniveaux de la politique de la science, de la technologie et de l'innovation », GOV/TDPC/RD(2009)9, OCDE, Paris.

OCDE (2009b), *OECD Reviews of Regional Innovation: 15 Mexican States*, Éditions OCDE, Paris, *http://dx.doi.org/10.1787/9789264060135-en*.

OCDE (2005), *Governance of Innovation: Synthesis Report*, Éditions OCDE, Paris, *http://dx.doi.org/10.1787/9789264011038-en*.

OCDE/Banque mondiale (2014), *Making Innovation Policy Work – Learning from Experimentation*, Éditions OCDE, Paris, *http://dx.doi.org/10.1787/9789264185739-en*.

OCDE (1981), « Déclaration sur les politiques futures en matière de science et de technologie », 19 mars 1981, *http://acts.oecd.org/Instruments/ShowInstrumentView.aspx?InstrumentID=154&Lang=fr&Book=False*.

Rees, M. (2003), *Our Final Century: Will the Human Race Survive the Twenty-First Century?*, William Heinemann, Royame-Uni.

Rodrik, D. (2008), « Normalizing industrial policy », *Commission on Growth and Development Working Paper*, n° 3, Commission on Growth and Development, Washington, DC.

SciColl (Scientific Collections International) (2013), *www.scicoll.org/*, initiative lancée par le Forum mondial de la science de l'OCDE, avril 2013.

Vincent-Lancrin, S. (2012), « Towards a culture of innovation: Motors and brakes », exposé présenté lors de l'initiative Inde/OCDE intitulée Collaborative Workshop on Education and Innovation, New Delhi, 9-10 mai 2012, *www.oecd.org/edu/ceri/50477243.pdf*.

Warwick, K. et A. Nolan (2014), « Evaluation of industrial policy: Methodological issues and policy lessons », *OECD Science, Technology and Industry Policy Papers*, n° 16, Éditions OCDE, Paris, *http://dx.doi.org/10.1787/5jz181jh0j5k-en*.

ORGANISATION DE COOPÉRATION ET DE DÉVELOPPEMENT ÉCONOMIQUES

L'OCDE est un forum unique en son genre où les gouvernements oeuvrent ensemble pour relever les défis économiques, sociaux et environnementaux que pose la mondialisation. L'OCDE est aussi à l'avant-garde des efforts entrepris pour comprendre les évolutions du monde actuel et les préoccupations qu'elles font naître. Elle aide les gouvernements à faire face à des situations nouvelles en examinant des thèmes tels que le gouvernement d'entreprise, l'économie de l'information et les défis posés par le vieillissement de la population. L'Organisation offre aux gouvernements un cadre leur permettant de comparer leurs expériences en matière de politiques, de chercher des réponses à des problèmes communs, d'identifier les bonnes pratiques et de travailler à la coordination des politiques nationales et internationales.

Les pays membres de l'OCDE sont : l'Allemagne, l'Australie, l'Autriche, la Belgique, le Canada, le Chili, la Corée, le Danemark, l'Espagne, l'Estonie, les États-Unis, la Finlande, la France, la Grèce, la Hongrie, l'Irlande, l'Islande, Israël, l'Italie, le Japon, le Luxembourg, le Mexique, la Norvège, la Nouvelle-Zélande, les Pays-Bas, la Pologne, le Portugal, la République slovaque, la République tchèque, le Royaume-Uni, la Slovénie, la Suède, la Suisse et la Turquie. L'Union européenne participe aux travaux de l'OCDE.

Les Éditions OCDE assurent une large diffusion aux travaux de l'Organisation. Ces derniers comprennent les résultats de l'activité de collecte de statistiques, les travaux de recherche menés sur des questions économiques, sociales et environnementales, ainsi que les conventions, les principes directeurs et les modèles développés par les pays membres.

ÉDITIONS OCDE, 2, rue André-Pascal, 75775 PARIS CEDEX 16
(92 2015 04 2P) ISBN 978-92-64-25120-5 – 2016

www.ingramcontent.com/pod-product-compliance
Lightning Source LLC
LaVergne TN
LVHW081401110826
845149LV00010B/1632

* 9 7 8 9 2 6 4 2 5 1 2 0 5 *